高职高专机电类专业系列教材

机械装配与维修技术

主　编　李淑芳
参　编　周小蓉　许明智　唐秀永
主　审　刘茂福

西安电子科技大学出版社

内 容 简 介

本书采用典型的项目引导方式，包括五个模块共 12 个学习项目，内容涵盖机械装配与维修基础知识，装配及维修现场 6S 操作规范，典型零部件、常用传动机构及典型机械设备的拆卸、清洗、装配和维修技术，失效机械零件修复技术，机械设备故障诊断技术、机械润滑技术、机械设备精度检测与试车验收技术等多个方面。通过 12 个项目的学习和任务实施逐步展现上述知识点和技能点，以达到循序渐进培养学生在机械装配和设备维修方面职业素养的目的。

本书针对性强，结构上基于装配和维修典型工作过程循序渐进、深入浅出，全书图文并茂，便于学生学习；每个学习项目后都附有相关习题，可以帮助读者巩固知识，提高学习效率和学习兴趣。

图书在版编目(CIP)数据

机械装配与维修技术/李淑芳主编. —西安：西安电子科技大学出版社，2017.10
(2025.7 重印)
ISBN 978-7-5606-4723-4

Ⅰ.① 机…　Ⅱ.① 李…　Ⅲ.① 装配(机械)　② 机械维修　Ⅳ.① TH163
② TH17

中国版本图书馆 CIP 数据核字(2017)第 248064 号

策　　划　杨丕勇
责任编辑　张　玮
出版发行　西安电子科技大学出版社（西安市太白南路 2 号）
电　　话　(029)88202421　88201467　邮　　编　710071
网　　址　www.xduph.com　电子邮箱　xdupfxb001@163.com
经　　销　新华书店
印刷单位　西安日报社印务中心
版　　次　2017 年 10 月第 1 版　2025 年 7 月第 6 次印刷
开　　本　787 毫米×1092 毫米　1/16　印张 20
字　　数　475 千字
定　　价　48.00 元
ISBN 978－7－5606－4723－4
XDUP 5015001-6

前　　言

“机械装配与维修技术”是高职院校机械大类专业学生的主要课程，也是机械制造与自动化专业的核心专业课程。此课程的教学目标是使学生系统地掌握机械装配与维修的有关理论知识，熟练掌握高精度装配与现代机械设备维修的操作技能技巧，养成良好的职业习惯。本书建议此课程的学时数为 108，可实施理实一体化教学。

本书包括五个模块：小型组件拆卸与组装模块、典型零部件装配与调整模块、失效零件检测与修复模块、机械故障诊断与维修模块及整机检修与试车验收模块。前两个模块主要涉及机械拆装技术，以截止阀拆卸与组装等六个项目承载教学内容；后三个模块主要涉及机械维修技术，以减速器失效零件检测与修复等六个项目承载教学内容。

本书学习的内容涵盖机械装配与维修基础知识，装配及维修现场 6S 操作规范，典型零部件、常用传动机构及典型机械设备的拆卸、清洗、装配和维修技术，失效机械零件修复技术，机械设备故障诊断技术，机械润滑技术，机械设备精度检测与试车验收技术等多个方面，由 12 个项目逐步展现上述知识点和技能点。通过本书的学习应达到以下要求：

(1) 能进行装配方法、装配工艺和装配组织形式的选择和应用。

(2) 能识读和绘制装配单元系统图、装配示意图，能识读和编制装配工艺、拆卸工艺、清洗工艺和维修工艺，能将装配尺寸链及装配方法相关知识应用到装配及维修精度控制中。

(3) 能运用通用拆装工具和测量工具进行机械设备拆卸、装配及维修操作。

(4) 能进行机械设备故障诊断、原因分析及故障排除。

(5) 能识别机械零件失效形式，可进行失效零件检测并进行失效判别。

(6) 能判别和选择失效零件的修换，能选择和使用适当机械零件修复技术完成失效修复。

(7) 能使用正确方法和程序完成设备试车、检验和调整。

(8) 能在操作中严格执行 6S 规范。

本书由李淑芳老师主编，参编人员为湖南机电职业技术学院“机械装配与维修技术”课程建设团队全体成员，刘茂福教授主审；另外，湖南机电职业技术学院教材委员会对本书的内容和结构提出了宝贵的修改意见，在此一并表示感谢。

由于编者水平有限，特别是本书教学内容均以项目导入，故在知识的系统性、操作的实践性和内容的全面性方面难免欠缺，殷切希望广大读者批评指正。

与本教材配套的“机械装配与维修技术”课程已经在超星泛雅平台上建成网络课程，按照每个学习项目的任务配有知识点讲解视频以及任务实施视频，学习教案、课件、题库等教学资料完整，可供老师和学生学习、下载。

课程网址：http://moocl.chaoxing.com/course/81320479.html

编　者

2017年5月

目　　录

模块一　小型组件拆卸与组装

项目 1.1　截止阀拆卸与组装

▶▶▶ 项目内容

(1) 识读图 1-1-1 所示截止阀的装配单元系统图，识读装配工艺规程。

(2) 完成截止阀拆卸与组装。

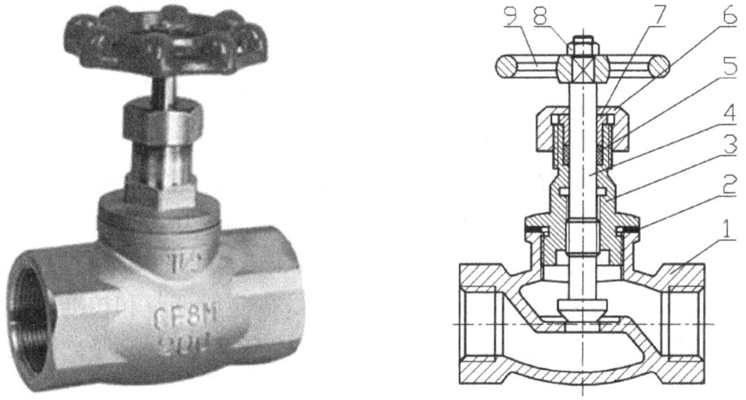

1—阀体；2—垫片；3—阀盖；4—阀杆；5—填料；6—压盖螺母；7—填料压盖；8—六角螺母；9—手轮

图 1-1-1　截止阀实物图及装配图

▶▶▶ 项目要求

(1) 掌握机械装配、拆卸和清洗工艺过程。

(2) 会识读装配单元系统图及装配工艺规程，会使用扳手、螺钉旋具等常用拆装工具。

(3) 掌握固定连接件的拆装技术，会拆装螺纹连接、键销连接等固定连接件。

(4) 熟悉 6S 含义，能按照 6S 管理的要求规范机械拆装操作，养成良好的职业习惯。

❖知识链接

一、装配概述

(一) 装配简介

1. 装配的基本概念

装配是将若干零件或部件按规定的技术要求组装起来，并经过调试、检验使之成为合格产品的过程。机械装配通常包括产品的装配和设备修理后的装配，其中产品的装配又包括在工厂装配工段或装配车间进行的装配和在现场进行的装配(常称为安装)。

装配是由大量成功的操作来完成的，包括安装、连接、调整、检验和测试等主要操作，以及贮藏、运输、清洗和包装等次要操作。

2．与装配有关的几个基本概念

(1) 零件、部件、组件、分组件。零件是组成机器的基本元件；两个或两个以上零件结合成机器的一部分，称为部件；部件的划分是多层次的，直接进入产品总装的部件称为组件，直接进入组件装配的部件称为一级分组件，直接进入一级分组件装配的部件称为二级分组件，依此类推。

图 1-1-1 所示的截止阀由阀体、阀盖等 9 种零件组成，在装配时以组件形式进入总装的有由阀体 1 和垫片 2 组成的阀体组件以及由阀盖 3、阀杆 4、填料 5、压盖螺母 6 及填料压盖 7 组成的阀盖组件，其余则以零件形式进入总装。

(2) 装配单元。可以独立进行装配的部件称为装配单元，任何一个产品一般都能分为若干个装配单元。卧式车床总装时，进给箱部件、溜板箱部件、主轴箱部件、尾座部件、刀架部件等就是独立进行装配的装配单元。

(3) 装配基准件及装配顺序。装配基准件即最先进入装配的零件或部件，其作用是连接需要装在一起的零件或部件，决定这些零部件间正确的相互位置。卧式车床的主轴箱部件装配就是以箱体作为装配基准件的。

装配涉及许多操作，如零件的准确定位、紧固、固定前调整和校准等，这些操作必须以一个合理顺序进行，这就是装配顺序。安排装配顺序的一般原则是：首先选择装配基准件，然后根据装配结构的具体情况和零件之间的连接关系，按先下后上、先内后外、先难后易、先重后轻、先精密后一般的原则确定其他零件或部件的装配顺序。

(4) 装配工序、装配工步。由一个工人或一组工人在不更换设备或地点的情况下完成的装配工作称为装配工序；用同一工具，不改变工作方法，并在固定的位置上连续完成的装配工作称为装配工步。

(二) 装配工作的组织形式

机械装配生产类型按照生产批量分为大批量生产、成批生产和单件小批量生产；装配工作的组织形式根据产品结构特点和生产类型分为固定式装配、移动式装配和现场装配。

1．固定式装配

固定式装配是将产品或部件固定在一个工作地点进行的，产品的位置不变，装配过程中所需的零、部件都汇集在固定场地的周围。工人进行专业分工，按装配顺序进行装配，这种方式用于成批生产或单件小批量生产，如机床、飞机的装配。

2．移动式装配

移动式装配一般用于大批大量生产，是将产品置于装配线上，通过连续或间歇的移动使其顺序经过各装配工位以完成全部装配工作。连续移动即装配线连续缓慢移动，工人在装配时一面装配一面随装配线走动，装配完毕后再回到原位；间歇移动即在装配时装配线不动，工人在规定的时间内装配完后，产品(半成品)被输送到下一工位。对于大批量的定型产品还可采用自动装配线，如汽车、拖拉机、电子产品的装配。

3. 现场装配

(1) 在现场进行部分制造、调整和装配。如化工设备安装，有些零部件是现成的，而有些零件(如管道)则需要在现场根据具体的现场尺寸要求进行制造，然后才可以进行现场装配。

(2) 与其他现场设备有直接关系的零部件必须在工作现场进行装配。比如在带式输送机安装时，齿轮减速器输出轴与工作机输入轴之间的联轴器必须进行现场校准，以保证它们之间的轴线在同一条直线上，使轴连接后轴与轴间不会产生任何附加载荷，否则就会引起轴承超负荷运转或轴的疲劳破坏。

(三) 机械装配现场6S管理规范

所谓 6S 就是指整理、整顿、清扫、清洁、素养、安全六个方面，6S 管理的核心是素养。

1. 整理

将工作场所中任何物品区分为必要的与不必要的，必要的留下来，不必要的物品彻底清除，这是改善现场的第一步。其目的是腾出空间，发挥更大的价值。

2. 整顿

把需要的人、事、物加以定量、定位，在现代企业管理中这项工作被称为定置管理。其目的在于现场物品及标识一目了然，现场环境整整齐齐，消除找寻物品的时间，有利于提高工作效率和产品质量，保障生产安全。

3. 清扫

将生产现场清扫干净，设备如有异常则及时处理使之恢复正常，现场保持干净整齐的环境。在生产过程中，现场会产生灰尘、油污、铁屑、垃圾等；脏的环境将降低设备精度，增加设备故障，影响产品质量，甚至可使安全事故频发；另外，脏的现场也会影响人的工作情绪，降低工作质量和工作效率；因此，清扫的目的在于清除脏物，创建一个明快、舒畅的工作环境。

4. 清洁

将上面的3S实施的做法制度化、规范化，并贯彻执行及维持结果。其目的在于维持上面3S的成果，从而消除发生安全事故的根源，创造一个良好的工作环境，使员工能够愉快地工作。

5. 素养

素养即教养，应使员工养成好习惯，严格遵守规章制度，培养积极进取的精神。其目的在于培养具有好习惯、遵守规则的员工，提高员工文明礼貌水准，营造团队精神。

6. 安全

要重视全员的安全教育，每时每刻都有安全第一的观念，防患于未然。其目的在于建立起安全生产的环境，所有的工作应建立在安全的前提下。

二、装配工艺过程

(一) 装配工艺过程

装配的工艺过程主要包括装配前的准备工作，装配工作，调整、精度检验和试车以及喷漆、涂油和装箱四个过程。

1．装配前的准备工作

(1) 熟悉装配图，了解产品的结构、零件的作用以及相互连接关系。

(2) 检查装配用的资料与零件是否齐全。

(3) 确定正确的装配方法、顺序。

(4) 准备装配所需的工具与设备。

(5) 整理装配工作场地，清洗待装零件，去掉零件上的毛刺、锈斑、切屑和油污；对某些零件还需要进行修配、密封试验或平衡工作。

(6) 采取安全措施。

2．装配工作

结构复杂的产品装配工作一般分为部装和总装。部装就是指把零件装配成部件的装配过程；总装就是把零件和部件装配成最终产品的过程。

3．调整、精度检验和试车

(1) 调整是指调节零件或机构的相互位置、配合间隙、结合程度等，目的是使机构或机器工作协调。如轴承间隙、镶条位置、蜗轮轴向位置的调整。

(2) 精度检验是指对几何精度和工作精度的检验，以保证装配质量满足设计要求或产品说明书的要求。如卧式车床几何精度和工作精度的检验。

(3) 试车是指设备装配后试验机构或机器运转的灵活性、工作温升、密封性、转速、功率、振动和噪声等性能是否符合要求。

4．喷漆、涂油和装箱

机器装配好之后，为了使其美观、防锈和便于运输，还要做好喷漆、涂油和装箱工作。

(二) 装配过程注意事项

1．清理和清洗

清理是指去除零件上残留的型砂、铁锈及切屑等，清洗是指对零件表面的洗涤。清理和清洗应达到零件表面的油污、灰尘、沙粒、毛刺和飞边等不会影响该产品的装配质量的程度。

2．加油润滑

相配表面在配合或连接前，一般都需要加润滑油。如将密封圈装配到活塞环上、将滚动轴承装配到轴颈上之前，在配合面均需涂抹润滑油(脂)。

3．配合尺寸准确

装配时对于某些较重要的配合尺寸应进行复验或抽验。例如内燃机曲柄连杆机构中活塞销与活塞的装配要求应有 0.0025～0.0075 mm 的过盈量，在装配时就必须对该配合尺寸进行检验以保证配合尺寸准确。

4. 边装配边检查

当所装配的产品较复杂时，每装配完各级组件就应检查一下是否符合要求。

5. 试车时的事前检查和启动过程的监视

试车前应全面检查装配工作的完整性、各连接部分的准确性和可靠性、活动件运动的灵活性及润滑系统是否正常等，在确保都准确无误和安全的条件下，方可开车运转，且必须由慢到快分段加速。开车后应立即全面观察主要工作参数和各运动件的运动是否正常。

三、装配工艺规程

(一) 装配单元系统图及装配技术术语

装配工艺规程是规定产品或部件装配工艺过程和操作方法等的工艺文件，是制订装配计划和技术准备、指导装配工作和处理装配工作问题的重要依据。装配工艺规程往往是在装配单元系统图的基础上编制的，在装配操作描述中要用到装配技术术语。

1. 识读装配单元系统图

表示产品装配单元的划分及其装配顺序的图称为装配单元系统图。装配单元系统图的基本格式是：中间一条横线，横线左端代表基准件，右端代表产品；横线上方按装配顺序从左向右代表直接装到产品上的零件，横线下方代表组件(或各级分组件)；长方格内为零件或组件(分组件)的名称、编号和件数。本项目要求学会识读装配单元系统图。

图 1-1-2 是图 1-1-1 所示截止阀的装配单元系统图。

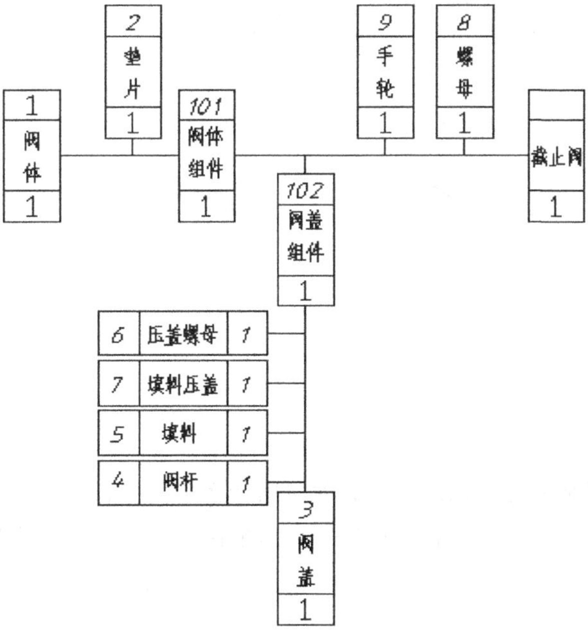

图 1-1-2　某截止阀的装配单元系统图

首先读出装配基准件及装配单元划分。横线左端代表基准组件阀体组件 101，右端代表产品截止阀；横线上方代表直接装到产品上的零件手轮 9 和螺母 8，横线下方代表阀盖组件 102，零件或组件件数均可从长方格读出。装配单元有阀体组件 101 和阀盖组件 102。阀体组件 101 由阀体 1 与垫片 2 组成，阀体 1 为其基准件；阀盖组件 102 由阀盖 3、阀杆 4、填料 5、填料压盖 7、压盖螺母 6 组成，阀盖 3 为其基准件。

然后读出装配顺序。阀体组件 101：阀体 1—垫片 2；阀盖组件 102：阀盖 3—填料 5—填料压盖 7—压盖螺母 6—阀杆 4；总装：阀体组件 101—阀盖组件 102—手轮 9—螺母 8。

识读图 1-1-3 所示的某锥齿轮组件装配单元系统图。

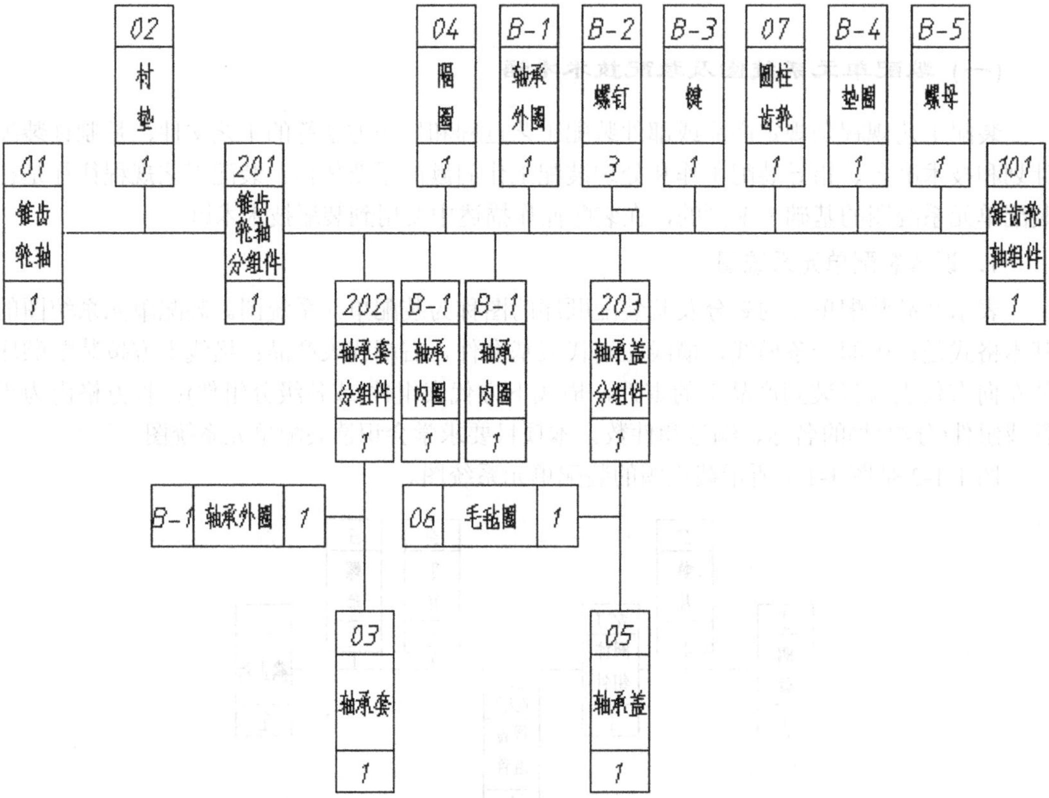

图 1-1-3　锥齿轮轴组件装配单元系统图

2. 识读装配技术术语

装配技术术语是用来描述装配操作方法时使用的一种通用技术语言，具有通用性、功能性和准确性。采用装配技术术语描述装配时用什么工具、怎样操作以及有什么动作，并逐步给出操作流程和操作方法，我们把每一步装配操作中的子操作称为标准操作，装配活动就是由这些标准操作组成的。表 1-1-1 为部分标准操作名称及其解释。

表 1-1-1　标准操作名称及其解释

标准操作名称	标准操作解释	标准操作名称	标准操作解释
熟悉任务	装配之前阅读与装配有关的资料以熟悉装配任务	初检	着重于装配前对装配准备工作情况进行检查
整理工作场地	准备一块装配场地并进行认真整理、整顿、清扫，将必需的工具和附件备齐、定位放置	过程检查	确定装配过程或操作是否依照预定的要求进行
清洗	去除影响装配或零件功能的污物，如油、油脂和污垢	最后检查	确定在装配结束时各项操作的结果是否符合产品说明书的要求
采取安全措施	包含个人安全措施和预防损坏装配件的措施	紧固	通过紧固件来连接两个或多个零件
定位	将零件或工具放在正确的位置上以进行后续装配	拆松	是与紧固相反的操作
调整	为了达到参数上的要求而采取的操作，如距离、时间、转速、温度、电流、电压和压力等	固定	用工具紧固那些在装配中用手拧紧的零件，其目的是防止零件的移动
夹紧	利用压力或推力使零件固定在某一位置上	密封	为了防止气体或液体的渗漏或是预防污物的渗透
按压 (压入/压出)	利用压力工具或设备使装配或拆卸的零件在一个持续推力下移动	填充	用糊状物、粉末或液体来完全或部分地填满一个空间
选择工具	如果有几种工具可以用来进行相应的操作，则选择其中某种更适合的工具	腾空	从一个空间中去除填充物，是填充的相反操作
测量	借助测量工具进行量的测定，如长度、时间、速度和温度等	标记	在零件上做标记

(二) 装配工艺规程

1. 装配工艺规程内容及格式

装配工艺规程必须具备下列内容：

(1) 规定所有的零件和部件的装配顺序。

(2) 对所有的装配单元和零件规定出既保证装配精度，又生产率最高和最经济的装配方法。

(3) 划分工序，确定装配工序内容。

(4) 决定必需的工人技术等级和工时定额。

(5) 选择完整的装配工作所必需的工夹具及装配用的设备。

(6) 确定验收方法和装配技术条件。

装配工艺规程一般以装配工艺过程卡(大批量生产还包括工序卡)的形式体现，目前没有统一格式，如表 1-1-2 所示。图 1-1-4 为某锥齿轮轴组件的装配工艺过程卡。

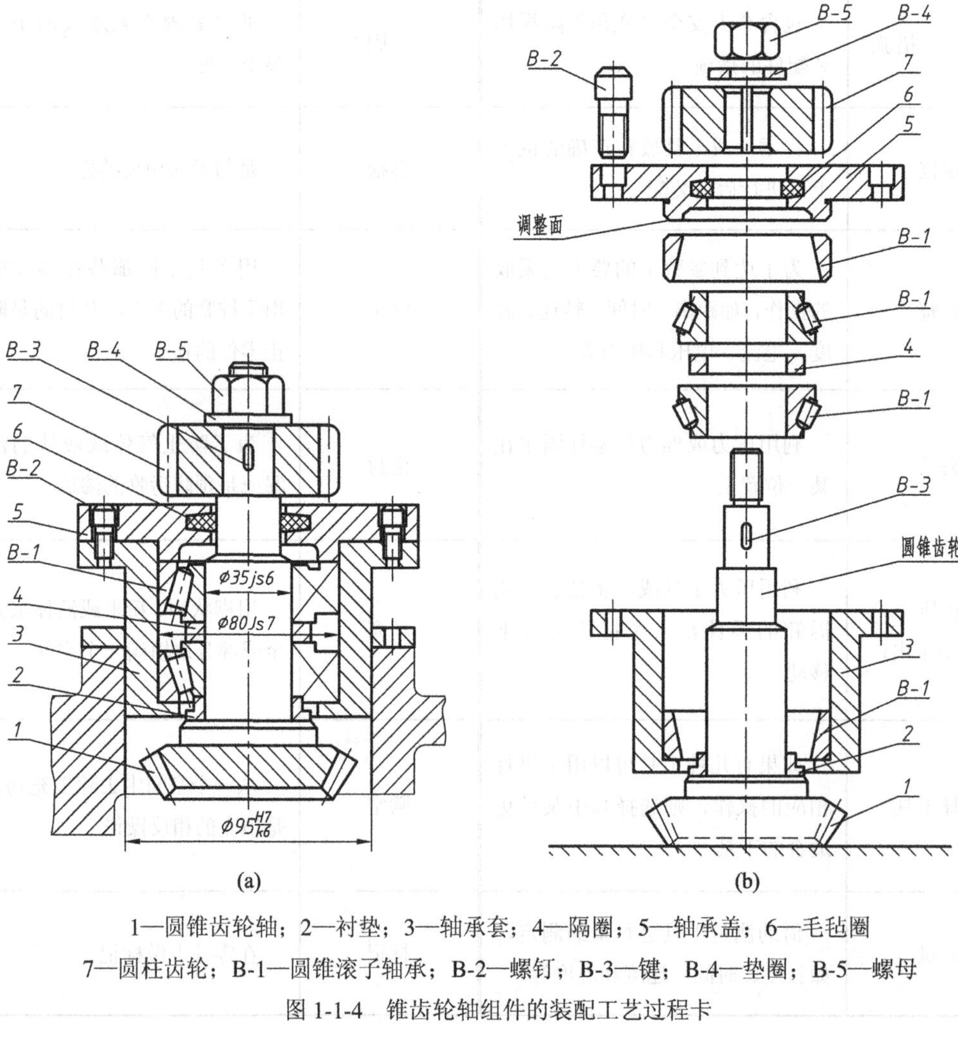

1—圆锥齿轮轴；2—衬垫；3—轴承套；4—隔圈；5—轴承盖；6—毛毡圈

7—圆柱齿轮；B-1—圆锥滚子轴承；B-2—螺钉；B-3—键；B-4—垫圈；B-5—螺母

图 1-1-4 锥齿轮轴组件的装配工艺过程卡

表 1-1-2 锥齿轮轴组件装配工艺过程卡

(锥齿轮轴组件装配图)	装配技术要求 (1) 组装时，各装入零件应符合图样要求 (2) 组装后圆锥齿轮应转动灵活，无轴向窜动				
XX 公司 装配工艺过程卡片	产品型号		部件图号		
	产品名称		部件名称	锥齿轮轴组件	共 2 页 第 1 页

工序号	工序名称	工序内容及技术要求	装配部门	设备及工艺装备	辅助	工时定额 min
1	领料	根据装配图明细领取相应零件及标准件				
2	清洗	将相关零件放入煤油(柴油)清洗待用				
3	锥齿轮轴	以锥齿轮轴 01 为基准，将衬垫 02 套装在轴上				
	分组件装配					
4	轴承盖	将已剪好的毛毡圈 06 塞入轴承盖槽内				
	分组件装配					
5	轴承套	5-1 用专用量具分别检查轴承套孔及轴承外圆尺寸		内、外径千分尺		
	分组件装配	5-2 在配合面上涂上全损耗系统用油				
		5-3 以轴承套 03 为基准，将圆锥滚子轴承 B-1 的外圈压入孔内至底面		压力机		

										设计(日期)	审核(日期)	标准化(日期)	会签(日期)
标记	处数	更改文件号	签字	日期	标记	处数	更改文件号	签字	日期				

续表

(锥齿轮轴组件装配图)			装配技术要求 (1) 组装时，各装入零件应符合图样要求 (2) 组装后圆锥齿轮应转动灵活，无轴向窜动			
XX 公司		装配工艺过程卡片	产品型号	部件图号		
			产品名称	部件名称 锥齿轮轴组件	共 2 页	第 2 页
工序号	工序名称	工序内容及技术要求	装配部门	设备及工艺装备	辅助	工时定额 min
6	轴承套组件	6-1 以锥齿轮轴分组件为基准，将轴承套分组件套装在轴上				
	装配	6-2 在配合面上加油，将圆锥滚子轴承 B-1 的内圈压装在轴上，并紧贴衬垫		压力机		
		6-3 套上隔圈 04，将另一轴承内圈压装在轴上，直至与隔圈接触				
		6-4 将另一轴承外圈涂上油，轻压至轴承套内				
		6-5 装入轴承盖分组件，调整端面的高度使轴承间隙符合要求后，拧紧三个螺钉 B-2		游标卡尺 内六角扳手		
		6-6 安装平键 B-3，套装圆柱齿轮 07、垫圈 B-4，拧紧螺母 B-5，注意应在配合面加油		手锤、铜棒 开口扳手		
		6-7 检查锥齿轮转动的灵活性及轴向窜动				

										设计(日期)	审核(日期)	标准化(日期)	会签(日期)
标记	处数	更改文件号	签字	日期	标记	处数	更改文件号	签字	日期				

本书采用表 1-1-3 所示格式的装配工艺规程，结合了一些外资企业所用格式，为学生装配训练用。此表是图 1-1-1 所示截止阀的装配工艺规程。

表 1-1-3　截止阀装配工艺规程

装配目标： 1. 会识读装配工艺规程 2. 认识装配工艺过程		工量具准备： 游标卡尺、开口扳手、活动扳手、剪刀及冲头、填料螺杆、木质半轴套、润滑脂少量、清洁布、记号笔
操作步骤	标准操作	解　　释
工作准备	熟悉任务	图样与零件清单、装配任务要求、装配步骤
	初检	装配用资料和零件是否齐全
	选择工具	见装配工具列表
	整理工作场地	选择并整理工作场地，备齐工具和装配所需材料
	清洗	用清洁布清洁零件
装配垫片 2	定位	用手将垫片 2 粘少许润滑脂放置在阀体 1 与阀盖 3 间密封槽内
装配阀杆 4	定位	将阀杆 4 用手旋入至阀盖 3 螺孔中到全开(上)极限位置
装配填料 5	压入	装填填料 5 至阀盖 3 填料腔内，用两个木质半轴套把填料推入填料腔的底部
	定位	填料压盖 7 套入阀杆至接触填料 5 位置
	紧固	用手旋入压盖螺母 6 四至五个丝扣
装配阀盖组件	定位	阀盖组件旋入阀体组件中
	紧固	用手拧紧阀盖组件
	固定	用开口扳手拧紧固定阀盖组件
	调整	用手转动阀杆，使装配后的压紧力趋于抛物线分布
	调整	用活动扳手调整压盖螺母对填料压盖施加一定的力使填料预压缩
	固定	略为放松一下压盖螺母 6 后用扳手固定螺母
	调整	用活动扳手在两极限位置间调整阀杆 4，使之运动灵活
装配手轮 9	定位	将手轮 9 套在阀杆 4 上至轴肩位置
	紧固	用手拧紧螺母 8
	固定	用开口扳手拧紧固定螺母 8
检查	最后检查	阀杆活动的灵活性检查，各密封点的泄漏情况检查

2. 识读装配工艺规程

所谓识读装配工艺规程，就是要明确装配件的装配工艺，如装配顺序、工序(操作步骤)

和工步(标准操作)划分、工序或工步(标准操作)的内容及技术要求(解释)等，另外还有各工序或工步(标准操作)所采用的装配工器具与设备等。

通过识读表 1-1-3，可知该截止阀装配包含工作准备、装配垫片 2 等 7 个操作步骤，分为熟悉任务等 21 个标准操作。

这些标准操作是用装配技术术语来表达的，“解释”一栏描述了具体操作内容及要求，如“熟悉任务”是指熟悉图样与零件清单、装配任务要求及装配步骤，“初检”是指检查装配用资料和零件是否齐全，“选择工具”是指选择装配用工具，如扳手、尖嘴钳、剪刀及冲头、填料装填专用工具等，“整理工作场地”是指选择并整理工作场地，备齐工具和装配所需材料，如填料、石棉垫，这几项操作都属于准备工作；在“装配垫片 2”这个操作步骤中只有一个标准操作，就是“定位”，即用手将垫片 2 粘少许润滑脂放置在阀体 1 与阀盖 3 间密封槽内；同样的定位操作在“装配手轮 9”时表示的是将手轮 9 套在阀杆 4 上至轴肩位置，定位都是为了进行后续操作。

请对比识读表 1-1-1 和表 1-1-4 所示锥齿轮轴组件(见图 1-1-4)的装配工艺。

表 1-1-4　锥齿轮组件装配工艺规程

装配目标： 1. 学会识读产品的装配工艺规程 2. 学会圆锥滚子轴承的装配方法		工量具及附件准备：压力机、外径千分尺、内径千分尺、游标卡尺、塞尺、手锤、铜棒、开口扳手、内六角扳手、润滑油、清洁布
操作步骤	标准操作	解　释
工作准备	熟悉任务	图样与零件清单、装配任务
	初检	装配用资料和零件是否齐全
	选用工具	见装配工具列表
	整理工作场地	选择并整理工作场地，备齐工具和装配所需材料
	清洗	用清洁布清洁零件
装配衬垫 2	定位	将衬垫 2 套装在锥齿轮轴 1 上
装配毛毡圈 6	定位	将已剪好的毛毡圈 6 塞入轴承盖 5 槽内
装配轴承外圈 B-1	润滑	在配合面上涂上润滑油
	压入	以轴承套 3 为基准，将轴承外圈 B-1 压入孔内至底面
装配轴承套 3	定位	以锥齿轮轴组件 201 为基准，将轴承套 3 套装在轴上
装配轴承内圈 B-1	润滑	在配合面上涂上润滑油
	压入	将轴承内圈 B-1 压装在锥齿轮轴 1 上，并紧贴衬垫 2
装配隔圈 4	定位	将隔圈 4 装在锥齿轮轴 1 上
装配轴承内圈 B-1	润滑	在配合面上涂上润滑油
	压入	将另一轴承内圈压装在锥齿轮轴 1 上，直至与隔圈 4 接触
装配轴承外圈 B-1	润滑	在轴承外圈 B-1 涂上润滑油
	压入	将轴承外圈 B-1 压至轴承套 3 内

续表

装配轴承盖 5	定位	将轴承盖 5 放置在轴承套 3 上
	紧固	用手拧紧 3 个螺钉 B-2
	调整	调整端面的高度，使轴承间隙符合要求
	固定	用内六角扳手拧紧 3 个螺钉 B-2
装配圆柱齿轮 7	压入	将键 B-3 压入锥齿轮轴键槽内
	压入	将圆柱齿轮压至轴肩
	检查	用塞尺检查齿轮与轴肩的接触情况
	定位	套装垫圈 B-4
	紧固	用手拧紧螺母 B-5
	固定	用扳手拧紧螺母 B-5
检查	最后检查	检查锥齿轮转动的灵活性及轴向窜动

四、拆卸工艺过程

（一）拆卸目的与应用

1. 拆卸目的

拆卸就是按照一定的顺序拆卸下装配好的零部件，它是装配的反过程，其目的是重新获得单独的各级分组件或零件。

2. 拆卸应用场合

(1) 定期检修。定期检修包括定期保养和维护，其目的是防止机器出现故障，延长机器使用寿命。

图 1-1-5 所示 CA6140 车头箱滤油器的保养操作步骤为：松开并取下螺钉，将滤油器三角盖取下，拆出铜网；将铜网在清洁的煤油中洗净，再装入滤油器中；盖上三角盖，用螺钉拧紧。

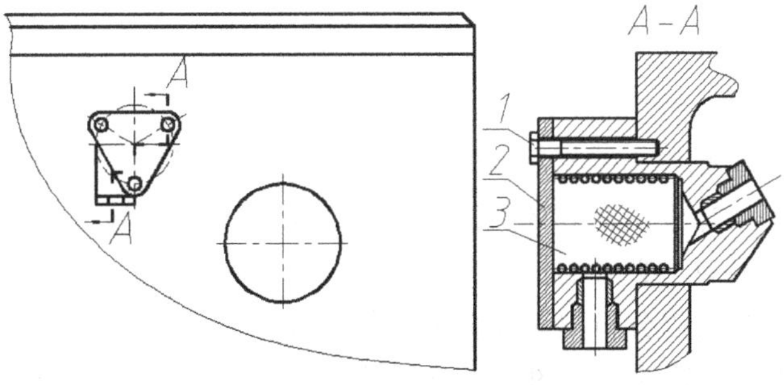

1—螺钉；2—三角盖；3—铜网

图 1-1-5　CA6140 车头箱滤油器

(2) 故障检修。故障检修的目的是查出故障并排除。例如在卧式车床运行过程中，发现床头箱刹车带断裂，这时维修人员需要分析故障原因，打开床头箱更换刹车带并调整好。

(3) 设备搬迁。设备搬迁即为了将设备搬迁至另一地点而进行的拆卸，以方便机器和设备的运输。

(二) 拆卸工艺过程

1. 拆卸准备阶段

(1) 阅读装配图、拆卸指导书等技术资料。

(2) 掌握设备的使用情况，研究分析机器设备出现的问题，掌握现有的工作性能和特点，分析设备的故障原因(故障检修时)。

(3) 明确拆卸顺序及所拆零件的拆卸方法。

(4) 检查所需要的工具、设备和装置。

(5) 如有要求，应按拆卸顺序在所拆零部件上进行标记。

(6) 确定零部件清洗方法和清洗剂，在拆卸之前应考虑好清洗的方式方法。

(7) 整理好工作场地。

(8) 做好安全措施。

2. 拆卸实施阶段

(1) 按装配的反顺序将设备拆卸成组件、各级分组件和零件。

(2) 按组件、各级分组件、零件做好拆卸记录，并做好顺序编号。

(3) 合理放置拆卸件。小件系在大件上，轴尽量悬挂放置，精密零件应合理存放。

(4) 清洗零部件。对拆卸的零部件要尽快清洗干净，以便检查零件的磨损与损坏的程度。

(5) 检查测量拆下的零部件。检查外观，主要是查看零件是否有裂纹、损伤、锈蚀、扭曲和弯曲变形等，重要的零件需进行探伤检查；对零件的尺寸和几何形状进行检测，以决定哪些需要更换，哪些需要修复。

(三) 机械产品的拆卸原则

1. 拆卸的基本原则

拆卸基本原则是按照与装配相反的顺序进行，即从外部到内部、从上部到下部、从组件到各级分组件，直至零件；在具体拆卸中应从实际出发决定拆卸部位，能不拆的尽量不拆，该拆的必须拆，避免不必要的拆卸。

通过装配图等资料可以分析出装配件的拆卸顺序。

图 1-1-6 为某矿车车轮的装配图，可分析其从轮盖 3 直至轴 4 的拆卸顺序。需要说明的是在通常情况下滚动轴承 7 和油封 10 都是尽量不拆的组件。

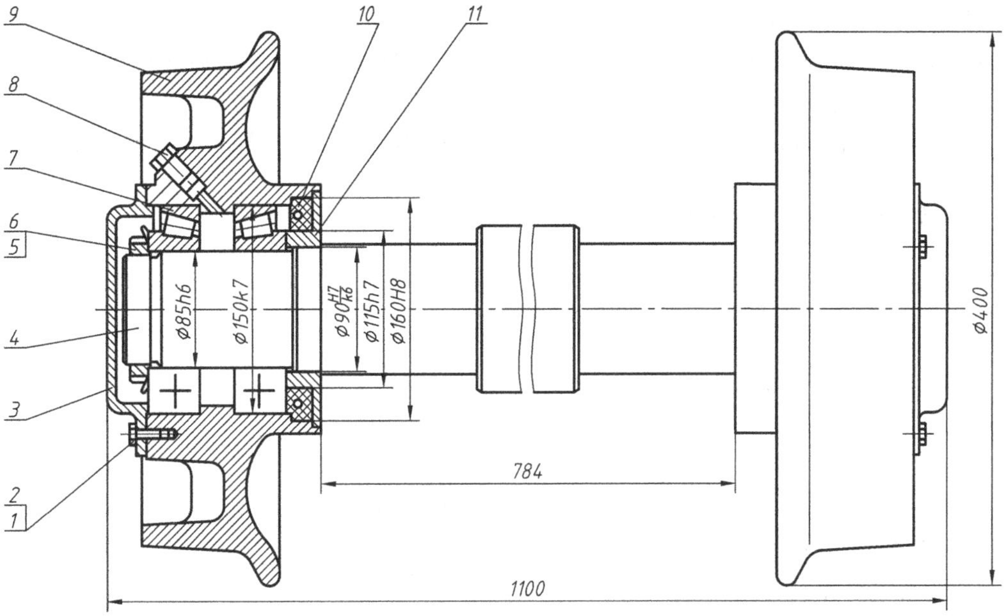

1—螺栓(6 件)；2—弹簧垫圈(6 件)；3—轮盖(2 件)；4—轴；5—止动垫圈(2 件)；6—圆螺母(2 件)
7—轴承 7517(4 件)；8—螺赛(2 件)；9—车轮(2 件)；10—油封(2 件)；11—压盖(2 件)

图 1-1-6　某矿车车轮装配图

图 1-1-7 为一圆钻模的装配图及轴测装配图，请拟定其拆卸顺序。

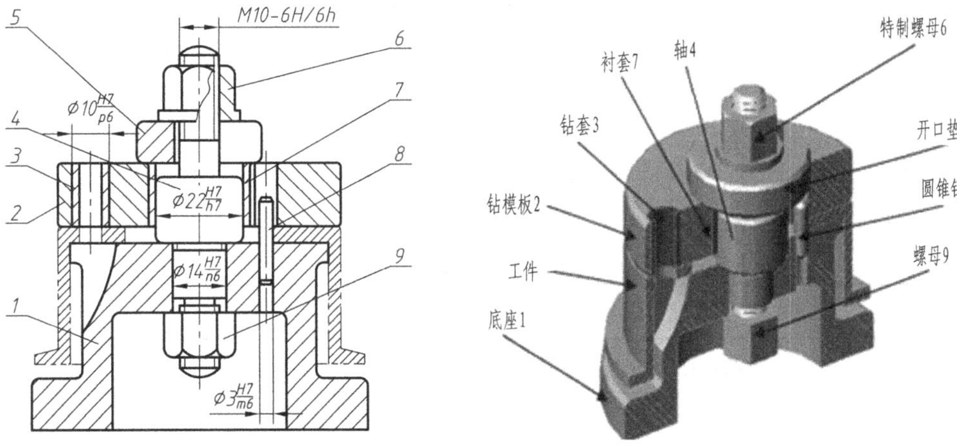

图 1-1-7　圆钻模装配图及轴测装配图

2. 其他原则

(1) 尽量避免拆卸不易拆卸或拆后降低连接质量和损坏连接零件的连接。

(2) 在拆装中冲击力较大时应加软垫或用软材料(如紫铜)制成的工具。

(3) 拆卸时用力恰当，注意保护主要结构件，不使其发生任何损坏。对于相配合的两零件，在不得已必须拆坏一个零件时，应保存价值较高或难以制造或本身质量较好的零件。

(4) 长径比较大的零件，如较精密的细长轴、丝杠等，在拆下后应立即清洗涂油、垂直悬挂。重型零件可用多支点支承卧放，以免变形。

(5) 细小而易丢失的零件，在拆下清洗后应尽可能再装到主要零件上，以防遗失。

(6) 拆下的润滑或冷却用的油(气、水)路零件、各种液压件，清洗后应将进出口封好。

(7) 在拆卸旋转部件时，应尽量避免破坏旋转部件原来的平衡状态。

(8) 容易产生位移而又无定位装置或有方向性的相配件，在拆卸时应先做好标记。

五、机械零件清洗工艺过程

清洗是将影响零件工作的污物移到一个不影响零件工作的地方，如从产品移到清洗剂中。通过清洗，所有对零件有不良影响的污物均被清除。

(一) 清洗的作用及方法

1. 清洗设备

为完成各道清洗工序，可使用一整套各种用途的清洗设备，包括喷淋清洗机、浸浴清洗机、喷枪机、环流清洗机等。

2. 清洗的作用及方法

(1) 美观外表。

(2) 清除油污，又称脱脂，即清除诸如油和油脂之类的有机污染物。

(3) 清除水垢，主要有用磷酸盐清除、碱溶液清除及酸洗溶液清除水垢等几种方法。

(4) 清除积炭，包括机械清除法、化学法、电化学法等几种方法。

(5) 除锈，包括机械法、化学酸洗法和电化学酸蚀法等。

(6) 清除漆层，可用手工工具对漆层进行刮、磨、刷等；也可用各种配制好的有机溶剂、碱性溶液等作退漆剂，涂刷在零件的漆层上，使之溶解软化，再借助手工工具清除漆层。

其中脱脂常用清洗液，包括有机溶剂、碱性溶剂和化学清洗液。脱脂主要有五种清洗形式，具体操作方法见表 1-1-5。

表 1-1-5　脱脂的五种清洗形式及其操作方法

清洗形式	操 作 方 法
擦洗	将零件放入装有柴油、煤油或其他清洗液的容器中，用棉纱或毛刷刷洗
煮洗	将配制好的溶液和被清洗的零件一起放入用钢板焊制适当尺寸的清洗池中。在池下设有加温炉灶，将零件加温到 80～90℃煮洗
喷洗	将具有一定压力和温度的清洗液喷射到零件表面，以清除油污
振动清洗	将零部件放在振动清洗机的清洗篮或清洗架上，通过清洗机产生振动来模拟人工刷洗动作
超声清洗	靠清洗液的化学作用和引入清洗液中的超声波振动作用相配合达到去污目的

(二) 机械零件清洗工艺过程

机械零件清洗工艺过程主要包括预清洗、中间清洗、精细清洗、最终清洗、漂洗和干燥。

1．预清洗

通过预清洗先除去大部分的污物，然后才进行精细清洗或最终清洗工作。如果根据生产要求，产品(或修理件)要存放一段时间后才能进行清洗，则通常对其进行人工预清洗。

2．中间清洗

在一系列的机械操作中，有时产品要在下一步操作前进行清洗，这就是中间清洗。中间清洗的要求并不高，但产品的清洁度必须满足其后续工序的操作要求。

3．精细清洗

精细清洗的要求较高，因为精细清洗以后的加工过程对清洁度的要求通常是很高的，比如涂胶、上漆、焊接或电镀。

4．最终清洗

最终清洗的要求最高，如装饰性的金属表面、高规格的军用印刷线路板等。

5．漂洗

漂洗的目的是通过大量的清洗液将附着在零件表面的清洗液进行充分的稀释，从而获得清洁的表面。漂洗后稀释的漂洗液还会附在清洗过后的产品上，故有时还需进行重复漂洗。

6．干燥

(1) 冷风或氮气吹干，存在于产品表面的液体会从盲孔和缝隙中被吹出。

(2) 热风干燥，采用热风、烘干箱或红外线等方法，此时的干燥效果是通过蒸发得到的。

(3) 借助防水剂或溶液。

(4) 真空干燥。

影响清洗效果的主要因素有化学作用、时间、温度及清洗中的运动。如用肥皂清洗时，40℃以上每升高 10℃，可达双倍清洗效果；60℃时有四倍清洗效果；70℃时有八倍清洗效果。

❖技能链接

一、螺纹连接件拆装

(一) 螺纹连接件拆卸

1．小型组件拆装常用工具

机械组件拆装必须配置的设备有钳桌、台虎钳、台钻和简单起重设备，如千斤顶、单梁起重机等。常用工具如图 1-1-8 所示，其中各种扳手和起子是拆装螺纹连接件的常用工具，使用时应根据具体情况进行合理选用。

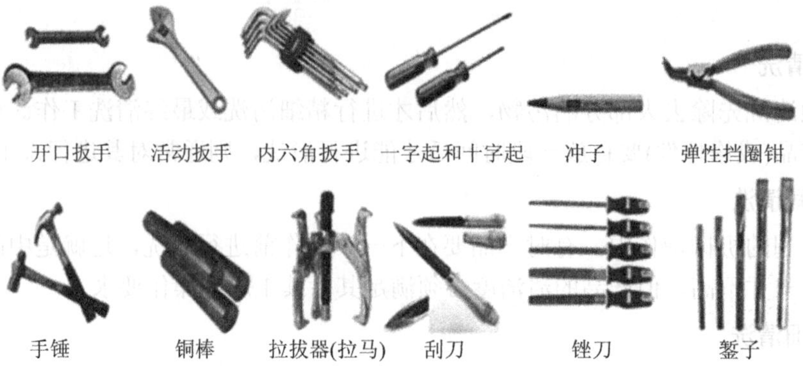

图 1-1-8　小型组件拆装常用工具

2. 螺纹连接件拆卸方法

在一般情况下，螺纹连接件的拆卸要点为“认清旋向，工具合适，用力均匀”，受力大的特殊螺纹允许用加长杆；在特殊情况下，如断头螺钉、打滑螺钉和锈死螺钉的拆卸有所不同。

如果是断头螺钉或者打滑螺钉，如图 1-1-9 所示，可采用下列不同的拆卸方法：

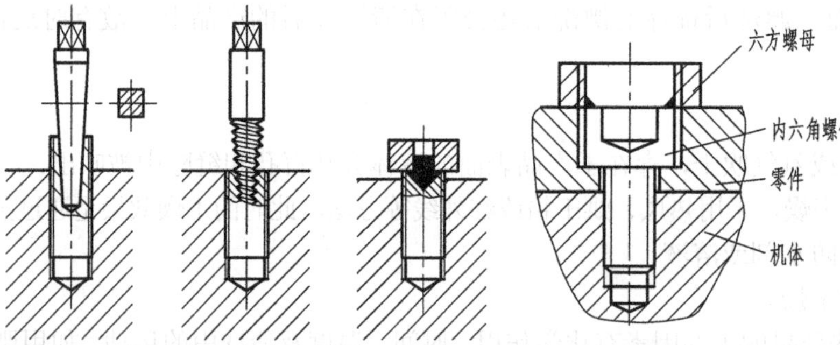

图 1-1-9　断头螺钉及打滑内六角螺钉的拆卸方法

(1) 在螺钉上钻孔，打入多角淬火钢杆，再把断头螺钉拧出。

(2) 在断头端的中心钻孔，攻反向丝，拧入反向螺钉拧出。

(3) 在断头上加焊螺母(或弯杆)拧出，或把断头加工成扁头或方头，用扳手拧出。

(4) 当内六角磨圆后出现打滑时，可用一个孔径比螺钉头外径稍小些的六方螺母放在内六角螺钉头上，将螺母和螺钉焊接成一体，用扳手拧螺母即可拧出螺钉。

如果遇到锈死螺钉，则有多种拆卸方法：

(1) 可向拧紧方向拧动一下，再拧松，如此反复，逐步拧出。

(2) 用锤子敲击螺钉头、螺母及四周，锈层震松后即可拧出。

(3) 可在螺纹边缘处浇一些煤油或柴油，浸泡 20 min 左右，待锈层软化后可逐步拧出。

(4) 在许可条件下可快速加热包容件，使其膨胀，再拧出。

(5) 还可用錾、锯、钻等方法破坏螺纹件。

对于成组螺纹连接件的拆卸，还要注意以下几个要点：

(1) 拆卸顺序一般为先四周后中间，对角线方向轮换。

(2) 先将其拧松少许或半周，然后再顺序拧下，以免应力集中到最后的螺钉上，损坏零件或使结合件变形，造成难以拆卸的困难。

(3) 要注意先拆难以拆卸部位的螺纹件。

(二) 螺纹连接件装配

1. 螺纹连接件装配技术要求

螺纹连接件的装配技术要求主要有保证一定的拧紧力矩、有可靠的防松装置和保证其规定的配合精度。

(1) 保证有一定的拧紧力矩。为了达到螺纹连接的紧固和可靠，对螺纹副施加一定的拧紧力矩，使螺纹间产生相应的摩擦力矩，这种措施称为预紧。

首先确定拧紧力矩。拧紧力矩 M_A 取决于摩擦因数 f_G 和 f_K 的大小，f_G 和 f_K 的值与螺纹类型、螺纹材料及表面处理、润滑状态等有关。根据螺纹直径及性能等级即可查到在某种 f_G 值时的装配时预紧力和在某种 f_K 值时的拧紧力矩，具体数据参见附表 1～附表 3。

例如某螺栓连接使用 M20 镀锌(Zn6)钢制螺栓，性能等级为 8.8，经润滑油润滑，用镀锌螺母旋紧，弹簧垫圈防松，被连接材料是表面经铣削加工的铸钢，查表可知 $f_G=0.10$～0.18，选 $f_G=0.10$，同样查得 $f_K=0.10$，再根据螺栓公称直径、性能等级及已经确定的摩擦因数 f_G 和 f_K，查表可得预紧力 $F_M=12\,600$ N，拧紧力矩 $M_A=350$ N·m。

规定预紧力的螺纹连接常用控制扭矩法、控制螺母扭角法和控制螺栓伸长法三种方法来控制拧紧力矩。

控制扭矩法是指用测力扳手和定扭矩扳手控制拧紧力，使预紧力达到预定值，适用于中、小型螺栓；控制螺母扭角法是通过控制螺母拧紧时应转过的角度来控制预紧力，操作时先用定扭角扳手对螺母施加一定预紧力矩，使连接零件紧密地接触，然后在刻度盘上将角度设定为零，再将螺母扭转一定角度来控制预紧力；控制螺栓伸长法则用于当要求精确时，用液力拉伸器使螺栓达到规定的伸长量以控制预紧力，螺栓不受附加力矩，误差较小。

(2) 保证有可靠的防松装置。在冲击、振动或交变载荷的作用下，螺纹纹牙间正压力突然减小，摩擦力矩减小，螺母回转造成连接松动，故应有可靠的防松装置。

常用的防松装置有摩擦力防松、机械防松、永久防松。

摩擦力防松主要有锁紧螺母(双螺母)、弹簧垫圈、自锁螺母、扣紧螺母及 DUBO 弹性垫圈防松。图 1-1-10 所示分别为扣紧螺母防松、DUBO 弹性垫圈与杯型弹性垫圈合用防松的用法。

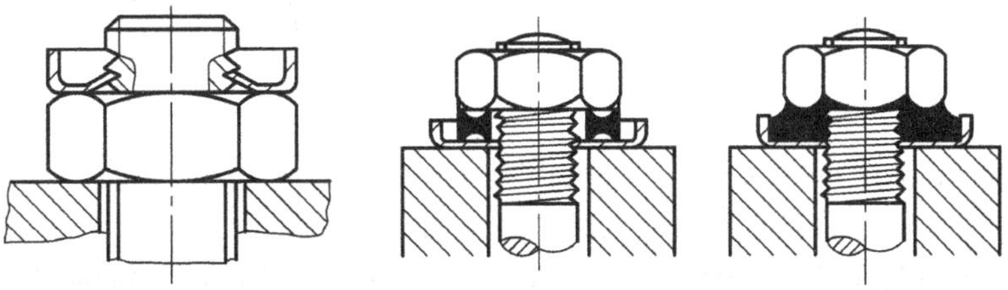

图 1-1-10　扣紧螺母防松、DUBO 弹性垫圈与杯型弹性垫圈合用防松

在使用扣紧螺母时，先用普通六角螺母将被连接件紧固，然后旋上扣紧螺母并用手拧紧，使其与普通螺母的支承面接触，再用扳手旋紧 60°～90°即可；松开扣紧螺母时，必须

再拧紧普通六角螺母使其与扣紧螺母之间产生间隙，才能松开扣紧螺母，以免划伤螺栓的螺纹。

DUBO 弹性垫圈具有防回松和防泄漏的双重作用，被锁紧的螺母不可过度旋紧，且要求缓慢操作。

机械防松主要包括开口销与开槽螺母防松、止动垫圈防松、串联钢丝防松。

永久性防松包括胶接防松、冲点防松及焊接防松等，目前厌氧型胶粘剂应用广泛，如 Loctite 胶应用于各种机修场合。

(3) 保证螺纹连接的配合精度。由螺纹公差带和旋合长度两个因素确定，分为精密、中等和粗糙三种。

2．常用螺纹连接件装配

螺栓和螺母的装配要点：零件的接触表面应光洁、平整；并紧连接件时，要拧螺母，不拧螺栓；成组螺栓或螺母拧紧时，应根据被连接件的形状和螺栓的分布情况，按一定的顺序(长方形布置时应从中间开始，逐渐向两边对称地扩展，圆形或方形布置时，应对称进行，如有定位销，则从靠近销的位置开始)分 2～3 次拧紧螺母；有振动或受冲击力的螺纹连接必须采用防松装置；一般情况下凭经验用扳手紧固，对拧紧力矩有特殊要求时，用扭矩扳手紧固；沉头螺栓拧紧后，螺栓头不应高于沉孔外表面。

图 1-1-11 为螺母螺栓装配图。螺栓和螺母的装配步骤：

首先读图，图中的防松装置为弹簧垫圈。其次选择工具：开口扳手、活动扳手。然后检查装配零件，要求尺寸正确、表面无毛刺、无伤，若螺栓或螺母与零件相接触表面不平整、光洁，则应用锉刀修至要求，并清洗零件。最后装配：首先将六角螺钉穿入光孔中，并用手将垫圈套入螺栓，再将螺母拧入螺栓；然后拧紧，拧紧时左手扶螺栓头，右手拧螺母，轻压在弹簧垫圈上，用活动扳手卡住螺栓头，用开口扳手卡住螺母，逆时针、对角、顺次拧紧；最后检查装配质量。

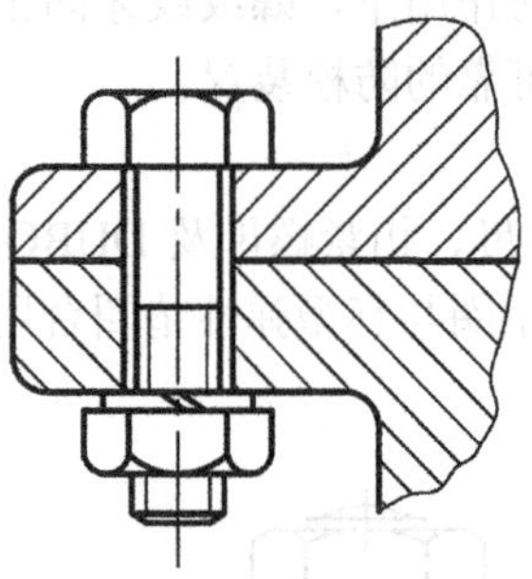

图 1-1-11　螺母、螺栓装配

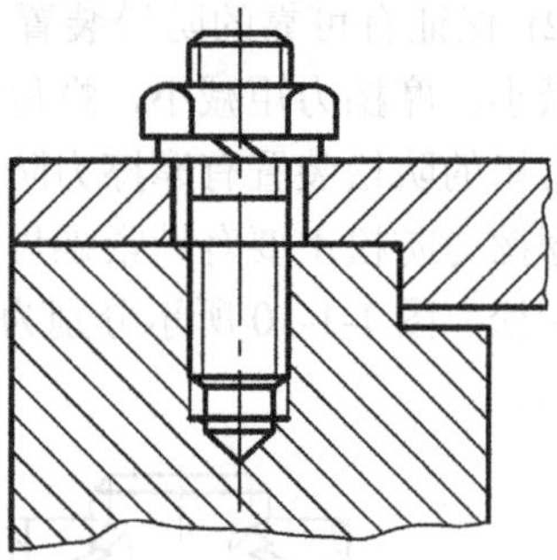

图 1-1-12　双头螺柱装配

双头螺柱的装配要点：双头螺柱与机体螺纹的连接必须紧固并固定；双头螺柱的轴心线必须与机体表面垂直；双头螺柱拧入时，必须加注润滑油。

图 1-1-12 为双头螺柱装配图，装配步骤：首先读图，采用弹簧垫圈防松；然后选择工具，开口扳手、活扳手、90°角尺，L-AN32 全损耗系统用油适量；再检查装配零件，要求尺寸正确、表面无毛刺、无伤、无脏物；最后完成装配，见表 1-1-6。

表 1-1-6　双头螺柱的装配过程

序号	双螺母装配	操作方法	长螺母装配	操作方法
1	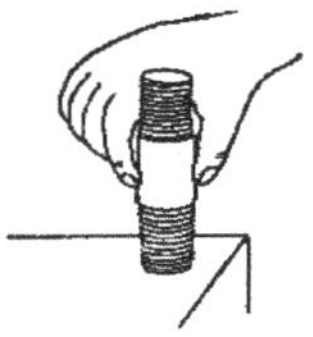	机体螺孔内加注润滑油后用手将螺柱拧入	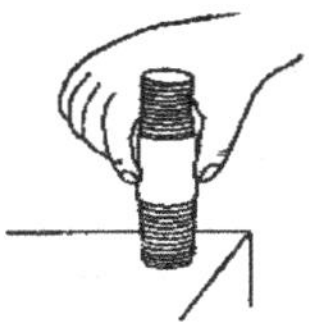	机体螺孔内加注润滑油后用手将螺柱拧入
2	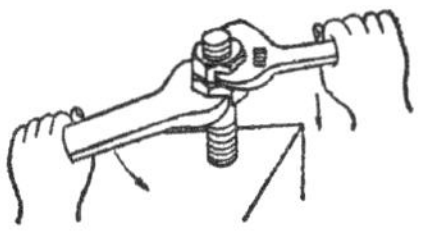	用手将螺母旋入并稍微拧紧，右手卡住上螺母顺时针旋转，左手卡住下螺母逆时针旋转，锁紧螺母		将长螺母旋入双头螺柱上，深度约为螺母高度的 1/2
3	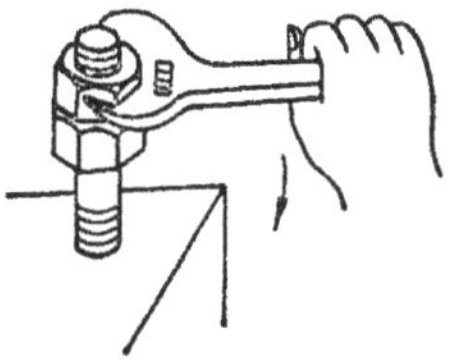	用扳手按顺时针方向扳动上螺母，将双头螺柱锁紧在机体上	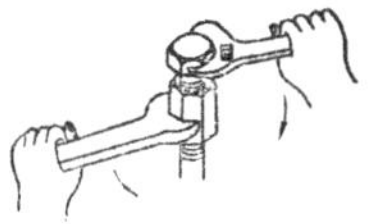	在长螺母上再旋入一个止动螺钉，并用扳手拧紧
4	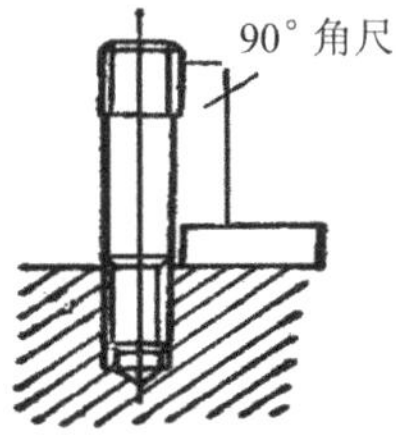	卸下螺母，用 90° 角尺检查双头螺柱中心线与机体表面垂直(或目测)	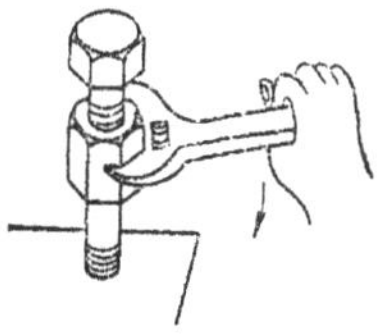	用扳手按顺时针方向拧动长螺母，将双头螺柱拧紧在机体上
5	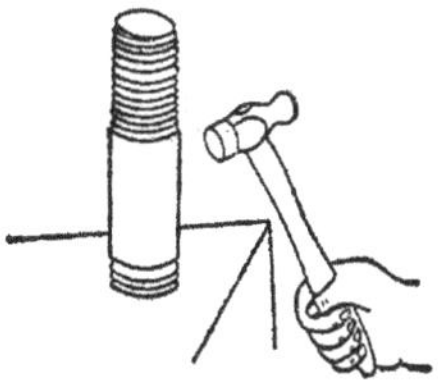	若稍有偏差，则可用手锤锤击光杆部位校正或拆下螺柱用丝锥回攻校正螺孔	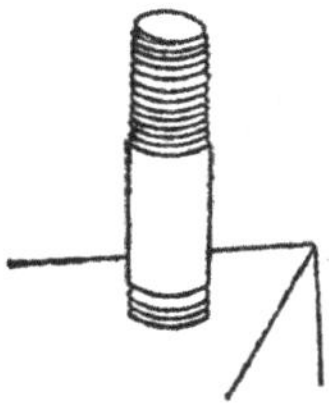	用扳手按逆时针方向拧松止动螺钉，用手旋出止动螺钉和长螺母

3. 防松装置装配

弹簧垫圈的装配方法是：首先将弹簧垫圈套在螺柱上；再用手将六角螺母旋入螺柱上；最后用扳手卡住螺母，按顺时针方向旋转，使螺母将弹簧垫圈压平，防止螺母松动。

开口销与开槽螺母、止动垫圈、串联钢丝的装拆方法，分别见表 1-1-7、表 1-1-8 及表 1-1-9。

表 1-1-7 开口销与开槽螺母的装拆方法

序号	开口销与开槽螺母装配	操 作 方 法
1	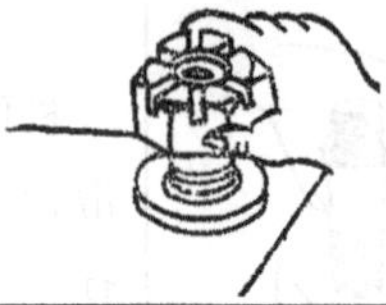	在已装配好工件的螺栓上套上垫圈，旋上带槽的六角螺母；用扳手拧紧六角螺母，将工件压紧
2	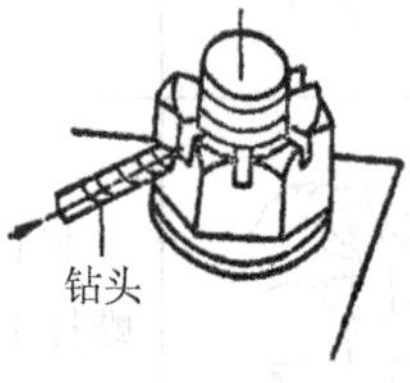	选择与开口销直径相等的钻头装夹在手电钻上，插入开槽六角螺母的任一槽内，并使钻头外径贴住槽底，钻头轴线垂直并通过螺栓轴线；启动手电钻，在螺栓上钻通孔
3	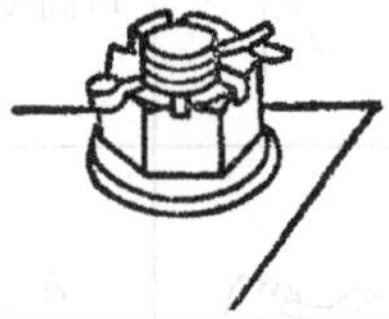	将开口销插入已配钻好的孔内，并用尖嘴钳将开口处拨开
备注	拆卸步骤：1. 用尖嘴钳将拨开的开口处合拢。2. 拔出开口销，用扳手松开带槽的六角螺母并旋出	

表 1-1-8 止动垫圈的装拆方法

序号	止动垫圈的装配	操 作 方 法
1	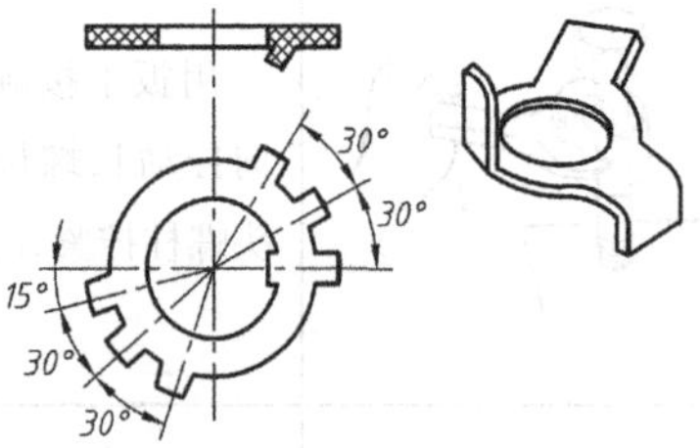	根据螺母的形状和螺栓的大小，选择止动垫圈
2	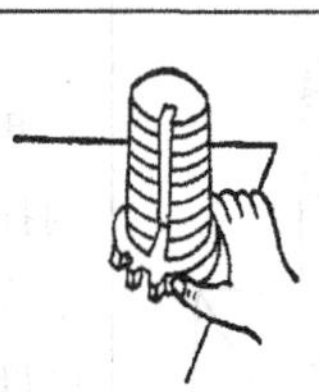	将止动垫圈套入已装配好工件的带槽螺柱上，止动垫圈的内翅应套入螺栓的槽中
3	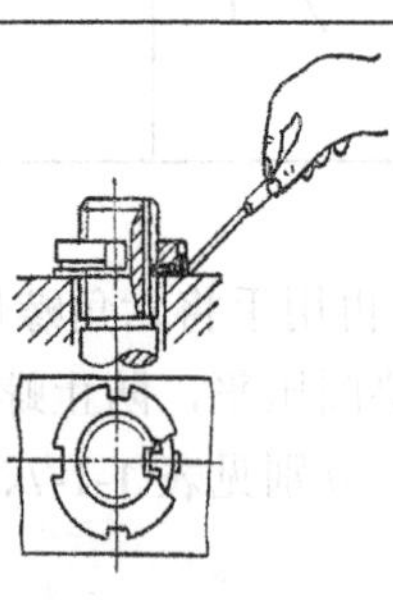	用手将螺母旋入螺栓，用扳手将螺母拧紧
4		选择止动垫圈上一个外翅与圆螺母槽口对齐，用一字螺钉旋具把外翅撬起弯入圆螺母槽内
备注	拆卸步骤：1. 将外翅从槽内扳出、压平。2. 用扳手拧松螺母	

表 1-1-9　串联钢丝的装拆方法

序号	串联钢丝的装配	操 作 方 法
1	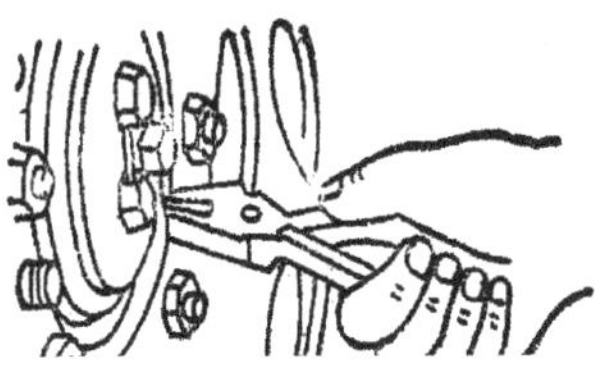	将一组螺母套入螺栓上，分别按装拆螺母的方法拧紧
2		按图样要求选择钻头，用手电钻配钻螺母、螺栓上的孔
3		用钢丝穿过一组螺母的小孔，并用尖嘴钳或钢丝钳扎牢，利用钢丝的牵制作用即可防松
4	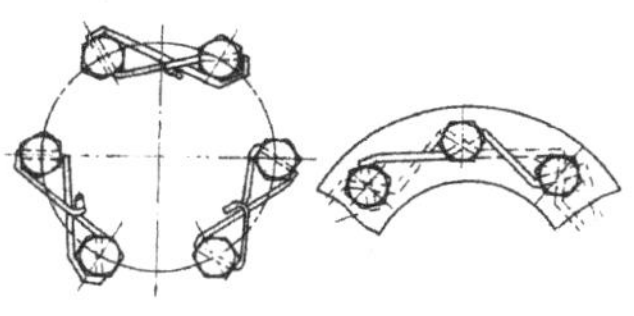	注意钢丝穿绕的方向与螺纹旋紧的方向应相同。图中虚线所示的钢丝穿绕方向是错误的
备注	拆卸步骤：拆卸时，先将钢丝扭松、抽出，再用扳手松开螺母即可	

二、键销连接件拆装

（一）键连接装配

1．平键连接装配要点

装配要点：键的棱边要倒角，键的两端倒圆后，长度与轴槽留有适当的间隙；要保证键侧与轴槽、孔槽的配合正确；键的底面要与轴槽底接触，顶面与零件孔槽底面留有一定的间隙；穿入孔槽时，平键要与轮槽对正。

图 1-1-13 为平键连接装配示意图。

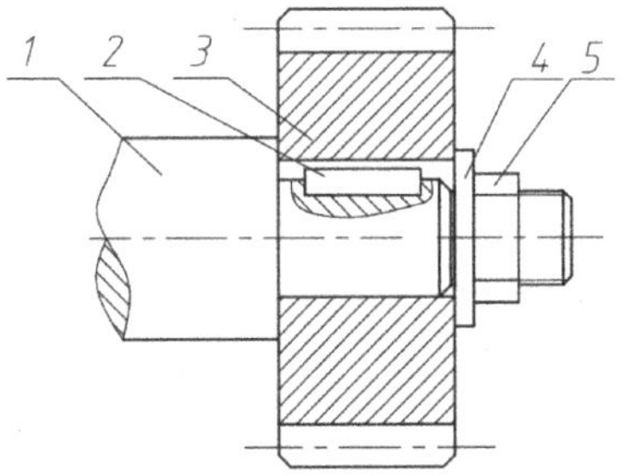

1—轴；2—平键；3—齿轮；4—挡圈；5—螺母

图 1-1-13　平键连接装配

以图 1-1-13 所示的键连接为例，该平键连接的装配步骤：首先读图，查键的两侧面与轴槽两面的配合性质，键的类型；然后准备装配工具、量具，包括 300 mm 锉刀、平刮刀各一，铜棒一根，锤子一把，游标卡尺(或千分尺)一把，内径百分表一块；再检查装配零件，如分别用千分尺和内径百分表检查轴和齿轮轴孔的配合尺寸；最后装配，见表 1-1-10。

表 1-1-10　平键的装配过程

序号	平键的装配	操 作 方 法
1	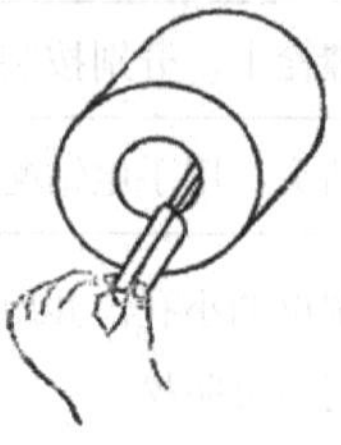	用锉刀去除轴槽边上的锐边
2		试装配轴和轴上的齿轮，要求配合稍紧
3		修磨平键与键槽的配合精度，要求配合稍紧
4	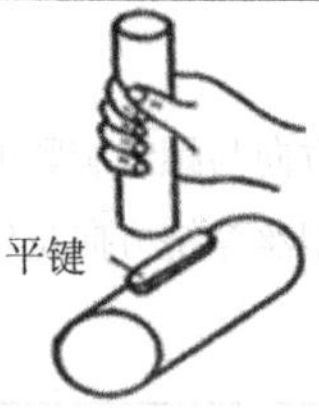	按轴上键槽的长度，配锉平键半圆头与轴上键槽间留有 0.1 mm 左右的间隙，将平键的棱边倒角，去除锐边。将平键安装于轴的键槽中，在配合面上加注 LAN32 油，用铜棒敲击，将键压入轴上键槽内，并与槽底接触
5	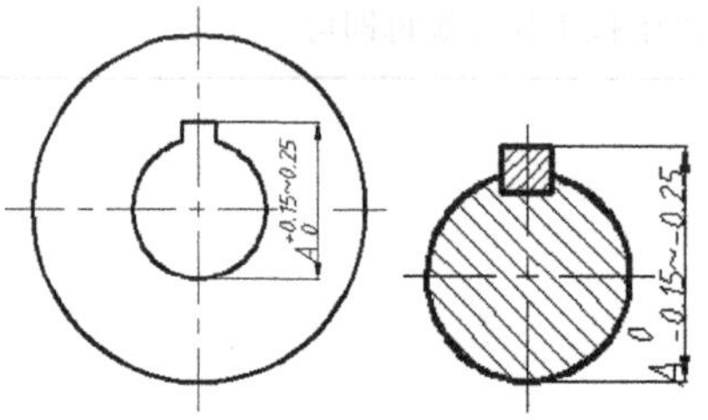	用卡尺测量平键装入后的高度应小于孔内槽深度尺寸，允差 0.3～0.5 mm
6	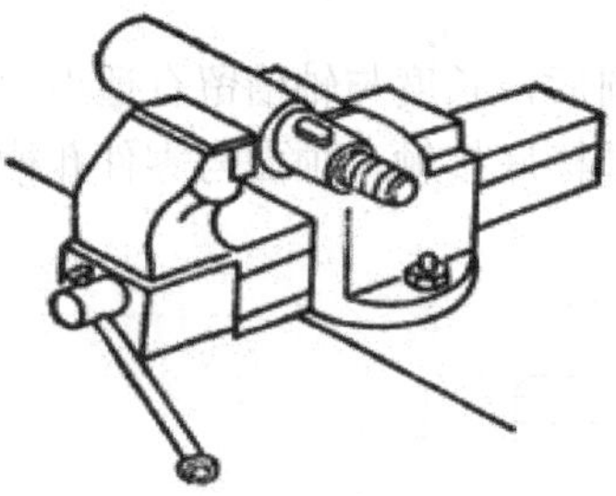	将装配完平键的轴，夹在钳口带有软钳口的台虎钳上，并在轴和孔表面加注润滑油
7	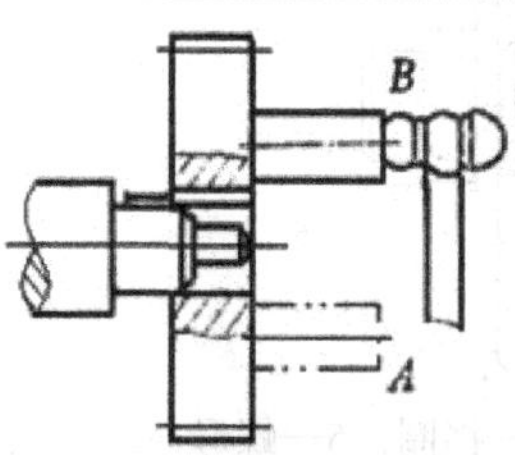	把齿轮上的键槽对准平键，以目测齿轮端面与轴的轴心线垂直后，用铜棒、手锤敲击齿轮，慢慢地将其装入到位(应在 A、B 两点外轮换敲击)
8		装上垫圈，旋上螺母
备注	拆卸步骤：用扳手松开螺母，取下挡圈，将齿轮用拉卸工具拆下即可	

2．楔键连接装配要点

图 1-1-14 为楔键连接装配示意图，其装配要点是：楔键结合面接触良好，键侧留有一定间隙；楔键的钩头应与轮件的端面保持一定的距离；楔键的斜面应楔紧。

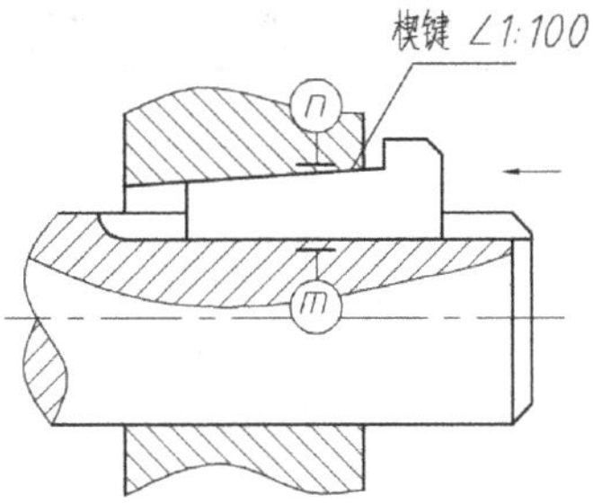

图 1-1-14　楔键装配

装配步骤：首先读图，了解装配关系、技术要求和配合性质；然后准备工量具，包括300 mm 锉刀、刮刀各一把，铜棒一根，锤子一把，游标卡尺一把，内径千分表一块，红丹粉适量；再检查装配件，用游标卡尺、内径千分表检查各配合尺寸是否正确；最后完成装配，见表 1-1-11。

表 1-1-11　楔键的装配过程

序号	楔键的装配	操 作 方 法
1	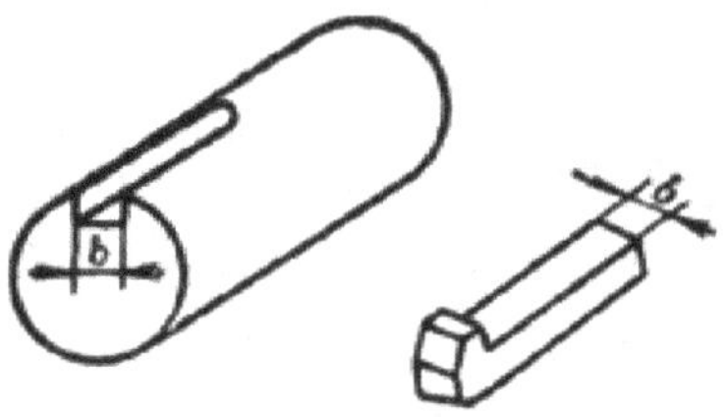	用锉刀去除键槽上的锐边，以防造成过大过盈
2		将轴与轴上的配件试装，以检查轴和孔的配合状况，避免装配时轴与孔配合过紧
3		根据键的宽度，修配键槽槽宽，使键与键槽保持一定的配合间隙
4		将轴上配件的键槽与轴上键槽对齐，在楔键的斜面上涂色后稍敲入键槽内
5	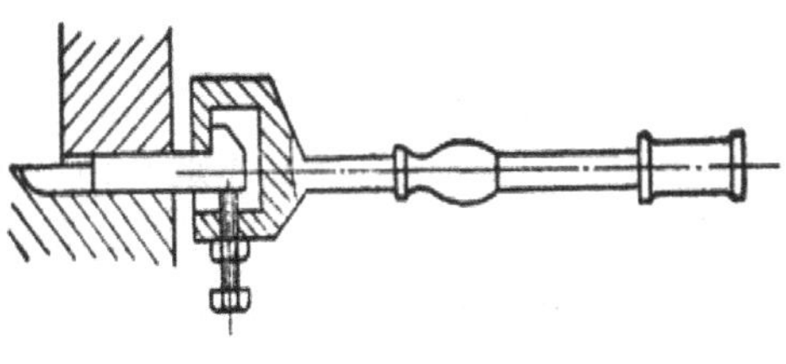	拆卸楔键，根据接触斑点来判断斜度配合是否良好，用锉削或刮削方法进行修整，使键与键槽的上、下结合面紧密贴合
6		用煤油清洗楔键和键槽
7		将轴上配件的键槽与轴上键槽对齐，将楔键加注机械油(N32)后，用铜棒和锤子敲入键槽中
备注	拆卸步骤：用专用拉卸工具拆下即可	

3. 花键连接装配要点

花键连接的装配要点：花键轴在花键孔中应滑动自如，无忽松忽紧、无阻滞现象；转动轴时，不应感觉有较大的间隙。首先读图，了解装配关系、技术要求和配合性质；然后准备装配工量具，包括铜棒一根、锤子一把、游标卡尺一把、规格适当的花键推刀一把、刮刀一把；再检查装配件，用游标卡尺检查花键各配合尺寸是否正确；最后完成装配，见表 1-1-12。

表 1-1-12　花键的装配过程

序号	花键的装配	操 作 方 法
1	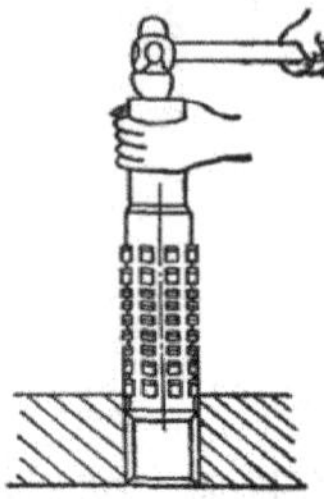	将花键推刀前端的锥体部分塞入花键孔中，并用铜棒敲击花键推刀的柄部，使花键推刀的轴线与花键孔的轴线保持一致，垂直度目测合格
2		把装有花键推刀的花键放在压力机的工作台中间，将花键孔与工作台的孔对齐
3		按下压力机的启动按钮，将花键推刀从花键孔的上端面压入，从下端面压出
4		将花键推刀转换一个角度再次从花键孔的上端面压入，从下端面压出，重复 2～4 次，使花键孔达到要求
5		将花键轴的花键部位与花键装配，并来回抽动花键轴，要求运动自如，但又不能有晃动现象
6		如有阻滞现象，应在花键轴上涂上红丹粉，用铜棒敲入，以检查接触点
7		用刮削方法，将接触点刮去，刮削 1～2 次，至要求
8		将花键轴清洗、加油并装入花键内

(二) 销连接件装配

1．圆柱销连接装配要点

圆柱销连接靠过盈固定，装配时要保证被连接零件间的位置度，保证圆柱销在销孔内有 0.01 mm 左右的过盈量，保证圆柱销外圆与销孔的接触精度。安装不通孔销钉时，应磨出排气孔。

图 1-1-15 所示某圆柱销连接的装配步骤：首先读图，可知销与孔过盈配合，销孔表面粗糙度为 *Ra* 0.8；然后准备工量具，包括锉刀、锤子各一把，铜棒一根，$\phi10$ 圆柱铰刀一把，$\phi9.8$ 钻头一支，游标卡尺、千分尺各一把；再检查装配零件，用千分尺测量圆柱销的直径；最后装配。

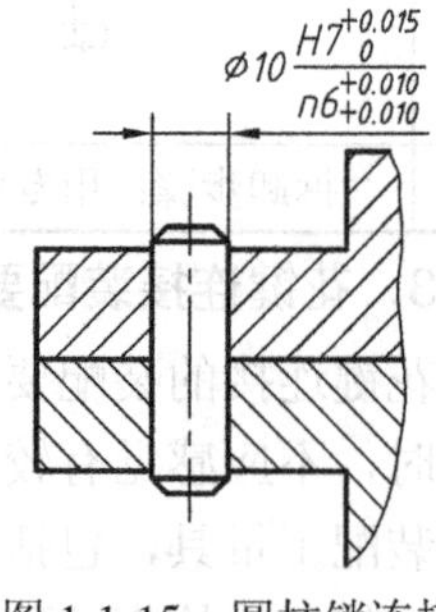

图 1-1-15　圆柱销连接

具体装配过程如下：

① 经测量合格后，用锉刀去除圆柱倒角处的毛刺。

② 按图样要求将两个连接件经过精确调整，使位置度达到允差之内并叠合在一起装夹，在钻床上钻$\phi9.8$ 孔。

③ 对已钻好的孔用手铰刀分粗、精铰两次加工，达到 $Ra0.8$。

④ 用煤油清洗销孔，并在销表面涂上 LAN32 全损耗系统用油，将铜棒垫在销子端面上，用锤子将销子敲入孔中。

⑤ 检查。

2. 圆锥销连接装配要点

圆锥销连接装配要点是：锥销与销孔的配合必须有过盈量；锥销与销孔的表面接触率要大于 75%；销子大小端应保持少量的长度露出销孔表面。圆锥销的销孔是用不同直径的钻头分步钻出，采用圆锥铰刀铰出锥孔，铰孔时用相配的圆锥销来检查孔的深度或在铰刀上做出标记，在装配时应先试装，并检查圆锥孔深度，以销能自由插入销长的 80%为宜，见图 1-1-16。

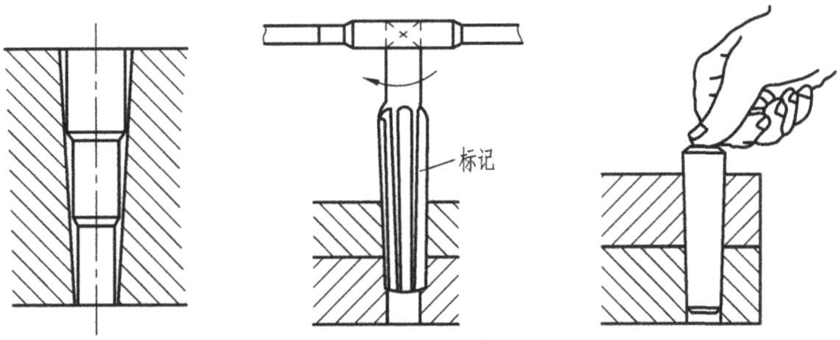

图 1-1-16　圆锥销的装配过程

三、过盈连接件拆装

过盈连接通过包容件(孔)和被包容件(轴)配合后的过盈值达到紧固连接的目的。

(一) 圆柱面过盈连接装配

如图 1-1-17 所示，圆柱面过盈连接的装配方法一般有锤击装配、压合装配、温差装配等，根据零件配合尺寸和过盈量大小来选择装配方法。

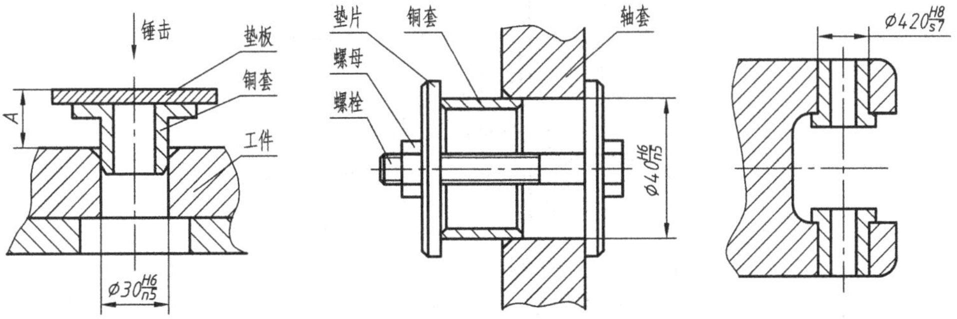

(a)　(b)　(c)

图 1-1-17　圆柱面过盈连接装配方法示意

1. 锤击装配法

装配要点：装配前孔端、轴端应倒角；配合表面应涂润滑油；锤击时应在工件锤击部位垫上软金属垫；锤击力要均匀，沿四周对称施加力，不要使零件产生偏斜。

装配步骤：如图 1-1-17(a)所示，首先读图，了解装配关系、技术要求和配合性质；然后准备装配工量具，包括锤子、垫板、锉刀和千分尺各一把，内径百分表一块；再检查装配件，用千分尺测量铜套外径，用内径百分表测量工件孔径；最后完成装配。

具体装配过程：首先用锉刀在铜套压入端外圆修出倒角，去除铜套、工件表面毛刺，擦净，并在铜套外圆上涂润滑油；然后将铜套压入端插入工件孔，放正，将垫板放在铜套端面上摆平，用锤子轻轻捶击垫板，锤击时锤击力不要偏斜，保持四周 *A* 尺寸一致，锤击四周；最后按装配要求检查是否合格，整理现场。

2. 压合装配法

压合装配的装配步骤与锤击装配基本一致，所不同的是需要准备一套图示压入铜套附具，在铜套先被轻轻锤入轴套一小部分后，用扳手拧紧螺母，强迫铜套慢慢被压入至装配位置。如图 1-1-17(b)所示。

3. 温差装配法

装配要点：冷却铜套，要使其产生足够的收缩量；装配铜套，动作要准确、迅速，否则会使装配进行到一半而卡住，造成废品。

在进行温差装配图示铜套至床身铜套孔内时，除锤击法所采用的一般工量具外，还需准备干冰适量，冷却用密封箱附具一套，并需起重工配合取出冷却后的铜套，对正方向，摆正位置，迅速插入床身铜套孔内，再用锤击法均匀用力锤入，如图 1-1-17(c)图所示。

(二) 圆锥面过盈连接装配

圆锥面过盈连接的装配方法一般有螺纹拉紧法、液压胀内孔法和加热包容件使内孔胀大法等，根据零件配合尺寸和过盈量大小来选择装配方法。

1. 螺纹拉紧法

如图 1-1-18 所示，螺纹拉紧法的装配要点是：螺母拧紧的程度要保证使配合表面间产生足够的过盈量；配合表面粗糙度值应达 Ra 0.8 μm，要保证接触面积达 75%以上。

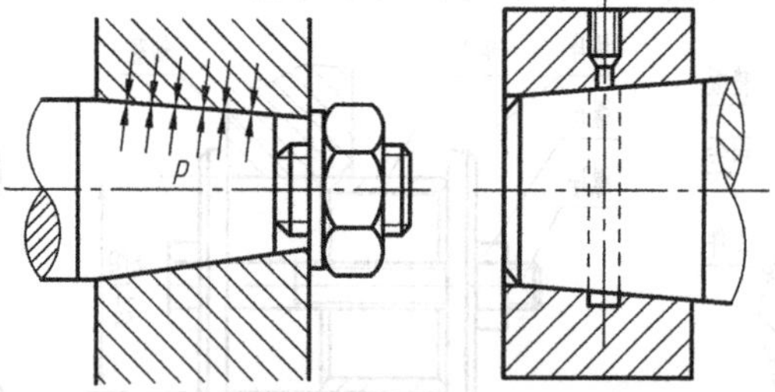

图 1-1-18　螺纹拉紧法装配圆锥面过盈

装配步骤：首先读图，然后准备装配工具，包括活动扳手、游标卡尺、内孔刮刀、细锉刀各一把，红丹粉适量；再检查装配零件，最后完成装配。

具体装配步骤：首先用细锉刀、刮刀去除零件配合表面毛刺，擦拭干净后，在轴的外锥侧母线上涂一条薄而均匀的红丹粉；其次将涂过红丹粉的外锥面插入内锥孔中，压紧后，轻转 30°～40°，反复一至两次，取出轴外锥，检查锥体接触情况，应达 75%以上，若锥体接触不良，则应在磨床上配磨外锥至接触要求；然后擦净外锥配合表面，涂润滑油后装入锥孔，装上垫片，拧上螺母再用活扳手拧紧螺母，使轴、孔获得足够的过盈量；最后检查装配，整理现场。

2. 液压胀内孔法

液压胀内孔法适用于配合精度较高的场合。

如图 1-1-19 所示，液压胀内孔法的工作原理是：将手动泵产生的高压油经管路送进轴颈或孔颈上专门开出的环形槽中，由于锥孔与锥轴贴合在一起，使环形槽形成一个密封的空间，高压油进入后，将孔胀大，此时，施以少量的轴向力，使轴和孔相对轴向位移，撤掉高压油，锥孔和锥轴间相互压紧而获得配合过盈。

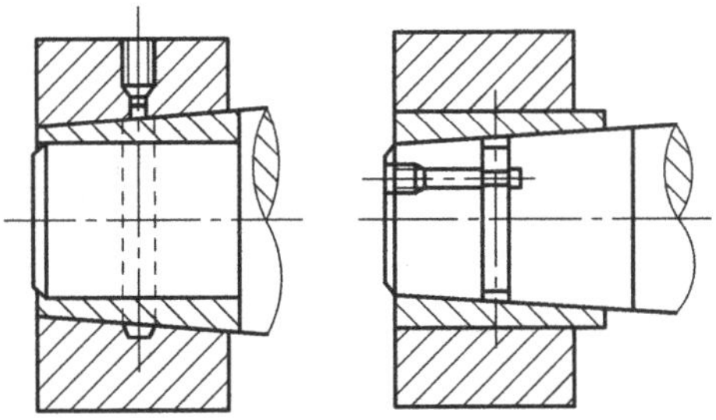

图 1-1-19　液压胀内孔法装配圆锥面过盈

3. 加热包容件使内孔胀大法

加热包容件使内孔胀大法即对包容件加热使内孔胀大，套入被包容件，待冷却收缩后两配合面获得要求的过盈量。

❖项目实施

一、项目实施步骤

（一）截止阀拆装工具及场地准备

1. 截止阀组成与原理分析

如图 1-1-1 所示，该截止阀由阀体、阀盖、阀杆、填料、填料压盖、压盖螺母及手轮等组成。其工作原理是：旋转手轮 9，带动阀杆 4 上下升降，流体从左边入口，当阀瓣开时，流体从右端流出，阀为开通状态；当阀瓣关闭时，阀呈关闭状态，流体不能流出，此时必须向阀瓣施加压力，以强制密封面不泄漏；手轮 9 通过螺母 8 紧固在阀杆 4 上，是该组件的动力输入部位。

2. 安装与连接部位分析

该组件主要采用螺纹连接方式，具体部位为件 1 阀座与件 3 阀盖、件 3 与件 4 阀杆、件 3 与件 6 填料螺母以及件 4 与件 8 螺母间；另外，为保证阀的密封性要求，在件 1 与件 3、件 3 与件 4 间分别采用了石棉垫和填料密封。

3. 拆装方法分析

主要应用螺纹连接件以及包括石棉垫和填料密封在内的密封件拆装方法。

4. 工量具准备

表 1-1-13 为截止阀拆装工具及机物料准备。

表 1-1-13　截止阀拆装工具及机物料准备

名称	材料或规格	件数	备注
工具准备			
开口扳手	套	1	用于螺纹连接拆装
活动扳手	200×24	1	用于螺纹连接拆装
游标卡尺	150 m	1	用于石棉垫制作与装配
剪刀	大号	1	用于石棉垫制作
填料螺杆及木质半轴套		1	拆卸填料用
清洁布			清洁零件
记号笔	中号	1	标记零件
机物料准备			
润滑脂		少量	

(二) 截止阀拆装步骤

(1) 检查待拆件。

(2) 完成截止阀拆卸、清洗和装配。

① 拟定拆卸顺序。首先按照螺母 8—手轮 9—阀盖组件 102—阀体组件 101 的顺序拆出上述组件和零件；然后进行组件分解，分解阀盖组件 102 的顺序是阀杆 4—压盖螺母 6—填料压盖 7—填料 5—阀盖 3，分解阀体组件 101 的顺序是垫片 2—阀体 1。

② 按照拟定的拆卸顺序完成截止阀拆卸，检查、清点并标记零件。

③ 完成装配操作。在装配单元系统图和装配工艺规程的指导下完成组件装配，并参照截止阀的装配技术要求完成截止阀的调整、检验。

④ 整理现场。

二、项目作业

(一) 选择题

1. 装配通常是产品生产过程中的________一个阶段。

A) 中间　　B) 最后　　C) 开始

2. 部件装配是指产品进入________的装配工作。

A) 最后装配　　B) 总装配前　　C) 总装配后

3. 总装配是将________组装成一台完整产品的过程。

A) 零件　　B) 部件　　C) 零件和部件　　D) 组件

4. 调整是指调节________的相互位置、配合间隙、结合程度等工作。

A) 零件　　B) 部件　　C) 机构　　D) 零件或机构

5. 装配基准件是________进入装配的零件或部件。

A) 最后　　B) 最先　　C) 中间　　D) 合适时候

6. 满足用户特殊要求的零部件一般在_____装配。

A) 装配前　　B) 装配中　　C) 装配后　　D) 无所谓

7. 装配时，_____不可以直接敲击零件。

A) 钢锤　　B) 塑料锤　　C) 铜锤　　D) 橡胶锤

8. 利用压力工具将装配件在一个持续的推力下移动的装配操作称为______。

A) 夹紧　　B) 测量　　C) 压入　　D) 定位

9. 脱脂常用清洗液主要分为________。

A) 两类　　B) 三类　　C) 四类

10. 手工清洗特别在________中应用较多。

A) 中间清洗　　B) 预清洗　　C) 最终清洗　　D) 精细清洗

11. 清洗一般的机械零件，应优先选用______为清洗剂。

A) 汽油　　B) 煤油　　C) 合成清洗剂　　D) 四氯化碳

12. 锁紧螺母是________。

A) 一种特殊螺母　　B) 使用主、副两个螺母　　C) 反向螺母

13. 楔键的上表面和毂槽的底面各有______的斜度。

A) 1∶50　　B) 1∶80　　C) 1∶100　　D) 1∶120

14. 圆柱销与销孔的过盈量一般在______左右为适宜。

A) 0.005　　B) 0.008　　C) 0.010

D) 0.012　　E) 0.015

15. 装配圆锥销时以销能自由插入销长的________为宜。

A) 60%　　B) 70%　　C) 80%　　D) 90%

16. 常使用______控制螺钉的拧紧力矩。

A) 开口扳手　　B) 内六角扳手　　C) 扭矩扳手　　D) 梅花扳手

17. 下列零件不属于锁紧元件的是______。

A) 垫圈　　B) 销　　C) 螺钉　　D) O 形圈

18. 下列锁紧元件中______是靠零件的变形方法进行锁紧螺纹件的。

A) 自锁螺母　　B) 弹簧垫圈　　C) 止动垫片　　D) 弹性挡圈

(二) 判断题

1. 装配是将若干零件或部件按规定的技术要求组装起来，并经过调试、检验使之成为合格产品的过程。

2. 拆卸是按照一定的顺序将所有的装配好的零部件拆卸出来，重新获得单独的零件。

3. 清洗是将影响零件工作的污物移到一个不影响零件工作的地方，如从产品移到清洗剂中。通过清洗，所有对零件有不良影响的污物均被清除。

4. 两个或两个以上零件结合成机器的一部分称为组件。

5. 部件的划分是多层次的，其中直接进入产品总装的部件称为组件。

6. 表示产品装配单元的划分及其装配顺序的图称为装配单元系统图。

7. 装配工艺规程是规定产品或部件装配工艺过程和操作方法等的工艺文件，是制订装配计划和技术准备，指导装配工作和处理装配工作问题的参考依据。

8. 装配技术术语是用来描述装配操作工作方法时使用的一种计算机语言，具有通用性、功能性和准确性。

9. 拆卸下来的细长轴应该立即清洗涂油并水平位置摆放好。

10. 对于容易产生位移而又没有定位装置或方向性的相配件，在拆卸时应先做好标记。

(三) 识图并回答问题

1. 识读项目作业图 1-1-1，写出该组件的装配基准件、装配单元划分及装配顺序。

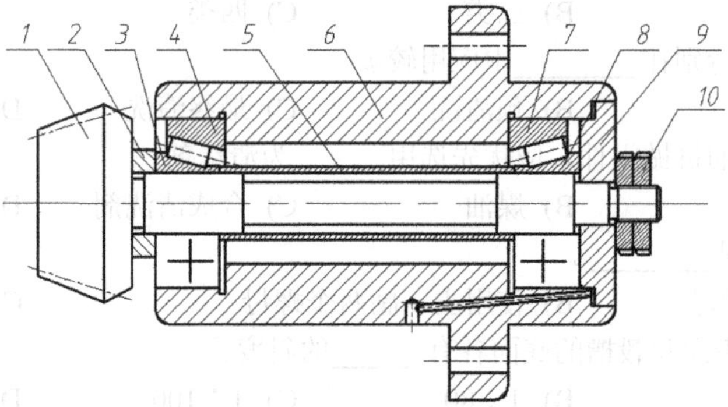

1—锥齿轮；2—垫圈；3、8—轴承内圈；4、7—轴承外圈；5—隔套；6—轴承套；9—挡圈；10—螺母

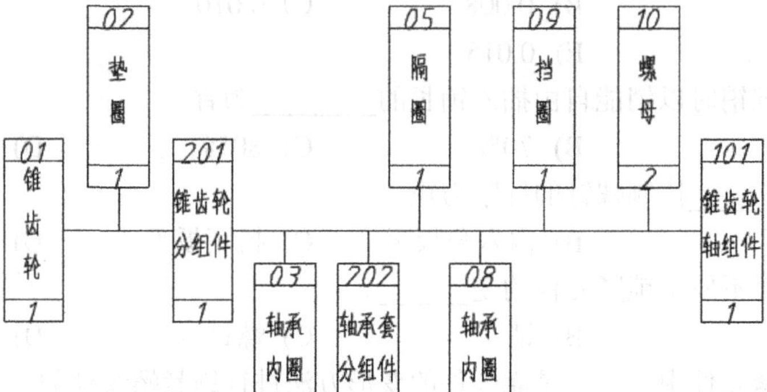

项目作业图 1-1-1　锥齿轮轴组件装配图及装配单元系统图

2．识读项目作业图 1-1-2 所示的旋阀装配图，写出该旋阀的装配顺序。

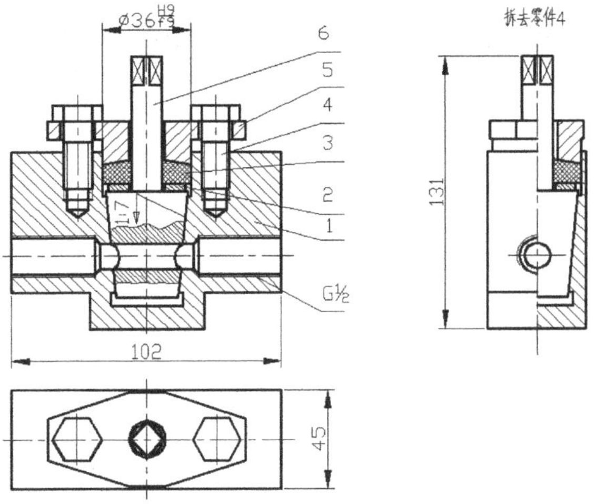

1—阀体；2—垫圈；3—填料；4—螺栓；5—填料压盖；6—锥形塞

项目作业图 1-1-2　旋阀装配图

3．识读项目作业图 1-1-3 所示的球心阀装配图，写出该球心阀的装配顺序。

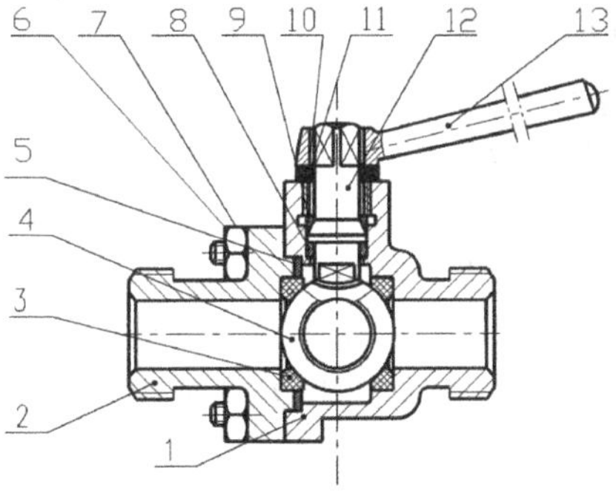

1—阀体；2—阀盖；3—密封圈；4—阀芯；5—调整垫；6—双头螺柱；7—螺母

8—填料垫；9—填料；10—填料压盖；11—调整垫；12—阀杆；13—手柄

项目作业图 1-1-3　球心阀装配图

4．写出项目作业图 1-1-4 中螺纹连接件的拧紧和拆松顺序，图中数字为螺纹连接件序号。

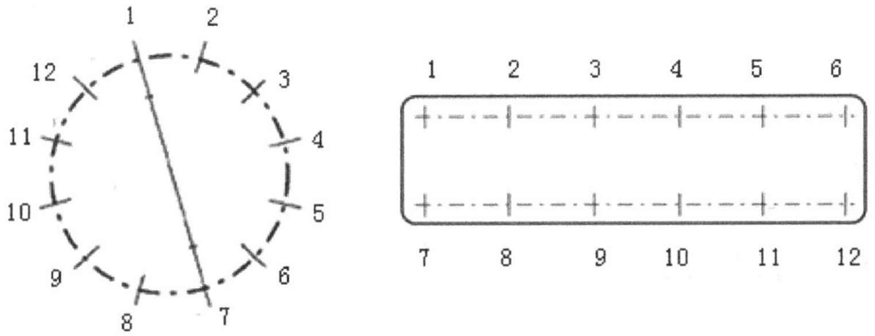

项目作业图 1-1-4　成组螺纹连接件的装拆顺序

项目 1.2 千斤顶拆卸与组装

➤➤➤ 项目内容

(1) 绘制图 1-2-1 所示的千斤顶装配单元系统图。

(2) 完成千斤顶的拆卸和组装。

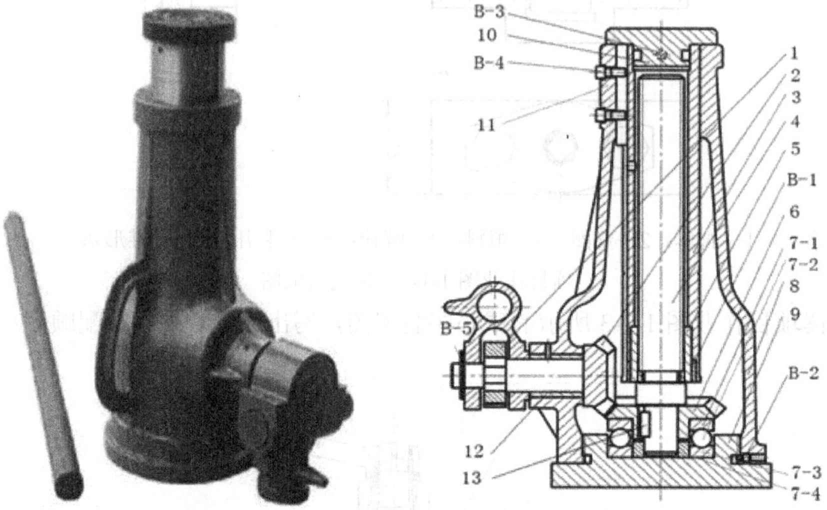

1—棘轮支架组件(包括棘轮支架 1-1、棘爪 1-2、弹簧 1-3、棘爪手柄 1-4、棘爪定位销 1-5、棘爪手柄定位销 1-6、棘轮 1-7、防护盖 1-8、螺钉 1-9 等 9 种零件)；2—小伞齿轮；3—升降套筒；4—螺杆；5—铜螺母；6—大伞齿轮；7-1—轴承轴圈；7-2—滚动体及保持架；7-3—轴承座圈；7-4—轴套；8—主架；9—底座；10—顶盘；11—键；12—衬套；13—键；B-1—圆柱销；B-2—M4 紧定螺钉；B-3—M5 紧定螺钉；B-4—内六角螺钉；B-5—弹性挡圈

图 1-2-1　QL 型螺旋千斤顶实物图及装配图

➤➤➤ 项目要求

1．熟悉机械零件拆卸方法，能选择适当拆卸方法完成机械零件拆卸。

2．掌握装配单元系统图绘制步骤，会绘制装配单元系统图。

3．掌握孔轴类防松元件装配技术，会使用适当工具拆装弹性挡圈等孔轴类防松元件。

4．掌握滚动轴承拆装技术，能使用适当工具完成滚动轴承等支承件拆装以及轴组拆装。

❖知识链接

一、机械零件的拆卸方法

常用的机械零件拆卸方法有五种：击卸法、拉拔法、顶压法、温差法和破坏法。

(一) 击卸法

击卸法即利用手锤等捶击工具敲击把零件拆下，此法操作简便，不需特殊工具设备，适用性广。

1. 拆卸工具

击卸法的常用工具有手锤、大锤和吊棒，保护装置有垫块、套筒、铜棒等。

2. 操作方法

击卸法主要有用手锤(或大锤)击卸、利用自重击卸等。

3. 注意事项

(1) 应辨别被击卸件结构及走向，如拆卸减速器定位锥销时应分辨锥销大小头及装配方向。

(2) 手锤重量选择合理，力度适当。

(3) 对被击卸件端部须采取保护措施，一般使用铜锤、胶木棒、木板等保护受锤击的轴端、套端或轮辐。对精密或重要部件拆卸时，必须制作专门工具加以保护，参见图 1-2-2。

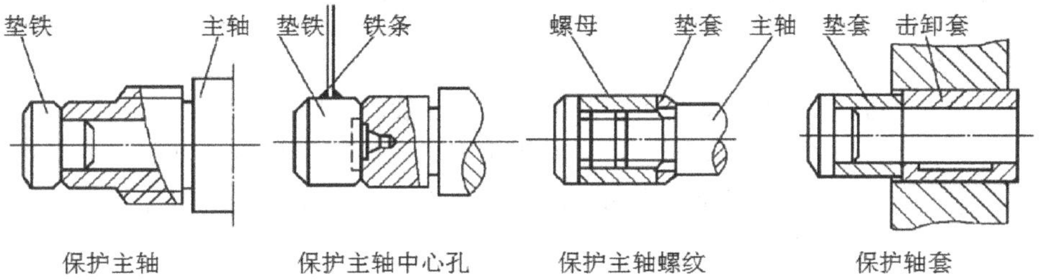

图 1-2-2　击卸保护方法示意图

(4) 应选择合适的锤击点，以避免变形或破坏。如采用锤击法拆卸带有轮辐的带轮、齿轮、链轮，应锤击轮与轴配合处的端面，避免锤击外缘，同时锤击点应均匀分布。

(5) 当配合面因为锈蚀而拆卸困难时，可加煤油浸润锈蚀面，当略有松动时再拆卸。

(二) 拉拔法

拉拔法是一种静力或冲击力不大的拆卸方法，一般不会损坏零件，适用于拆卸精度比较高的零件。

1. 拆卸工具

拉拔法常用的拆卸工具主要有拔卸类和拉卸类两种，有时还需制作专门工具。拔卸类工具包括拔销器和拔键器等，用于拉出带内螺纹的轴、锥销或柱销，拆卸带钩头的楔键；拉卸类工具用来拆卸机械中的轮、盘或轴承类零件；在拆卸轴套的过程中，往往需要制作专门工具以完成轴套的拆卸。

各类工具的外形和结构参见表 1-2-1。

2. 拆卸方法

根据拆卸工具的不同分为拔销器拉拔法、拉卸器拉拔法和专用工具拉拔法。

(三) 顶压法

顶压法是一种静力拆卸的方法，一般适用于形状简单的静止配合件。

1. 拆卸工具

顶压法常用的拆卸工具有螺旋C型工具，手动压力机或油压机、千斤顶等，用螺钉顶压拆卸键的方法中则不需要专门工具。

2. 拆卸方法

顶压法常用的拆卸方法有螺旋C型工具拆卸和用螺钉顶压拆卸法。

3. 注意事项

① 根据配合情况和零件大小选择压力大小。

② 垫套或芯头尺寸的选择应根据被卸套及其底座的尺寸适当选择。

(四) 温差法

温差法拆卸是用加热包容件，或者冷却被包容件的方法拆卸。拆卸尺寸较大，配合过盈量较大或无法用击或者压的方法拆卸的零件，可采用温差法。

1. 拆卸工具

温差法常用的拆卸工具主要有加热器装置和冷却装置，辅助工具有拉拔工具。

图1-2-3所示是常用轴承加热器，专门用来对轴承体进行加热，以得到所需的轴承膨胀量和去除新轴承表面的防锈油。冷却方法主要有干冰冷却和液氮冷却等，对操作、储存的安全要求高，应防止烫伤和冻伤。

图1-2-3　轴承加热器

2. 拆卸方法

温差法拆卸最典型应用为滚动轴承的拆卸，可以采用拉马钩住滚动轴承的内圈，迅速注入加热到100℃左右的油液，使内圈受到热膨胀后快速用拉马拉出轴承；也可以用干冰冷却轴承外圈使其收缩，同时借助拉马拉出轴承外圈。

(五) 破坏法

破坏法就是采用车、锯、錾、钻、气割等方法进行拆卸。当必须拆卸焊接、铆接、密封连接、过盈连接等固定连接件或轴与套相互咬死时，不得已将采用破坏法。

1. 拆卸工具

根据拆卸方法的不同，有锯、錾、钻、气割等工具，有时还要使用车削等机加工设备。

2. 拆卸方法

焊接件可用锯割、扁錾切割、用小钻头钻一排孔后再錾或锯以及气割等；铆接件的拆卸可錾掉、锯掉、气割铆接头，或用钻头钻掉铆钉等；轴与轴套咬死时可采用车套留轴法。

表 1-2-1 所示为机械零件常用拆卸方法操作示意、应用特点及操作要点说明。

表 1-2-1　机械零件常用拆卸方法

方法		简　图	特　点	说　明
击卸法	手锤击卸	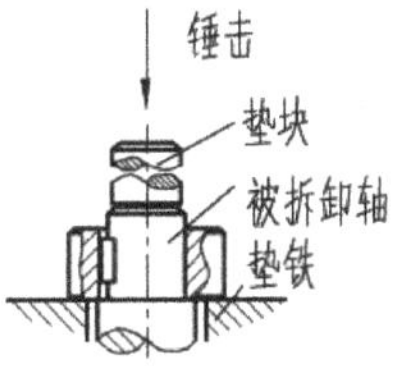	应用广泛，操作方便	对被击卸件应辨别结构及走向；手锤重量选择合理，力度适当；对被击卸件端部须采用保护措施
	自重击卸	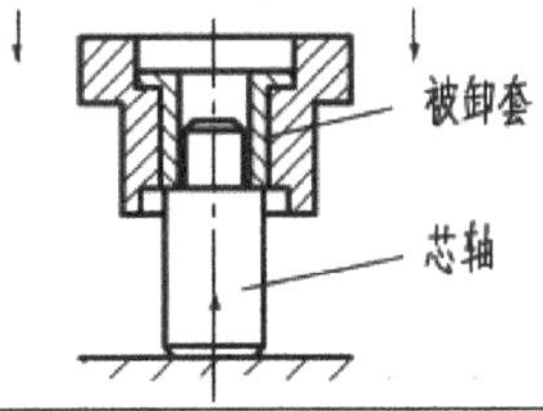	操作简单，拆卸迅速	掌握操作技巧
拉卸法	拉卸工具	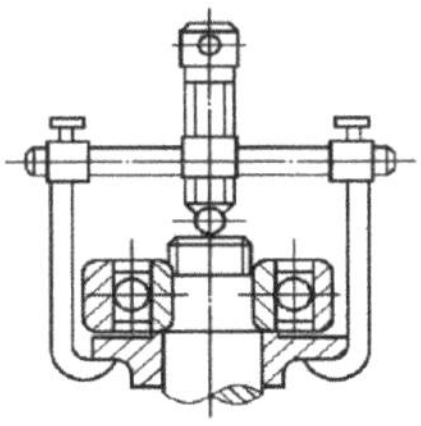	安全，不易损坏零件，适用于拆卸高精度或无法敲击过盈量较小的零件	两拉杆应平衡
	拔销器	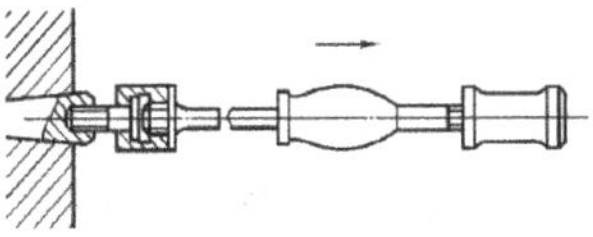	拉卸轴、定位销。拔销器杆上安装内外螺纹的工具可扩大使用范围	用力大小须合适，弄清轴上零件结合形式
顶压法	顶压工具	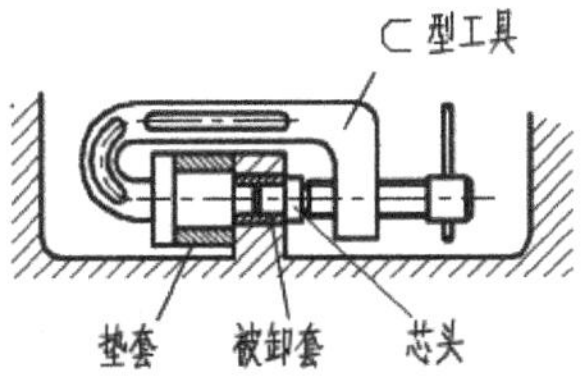	静力顶压拆卸，根据配合情况和零件大小选择压力大小	放置适当垫套或芯头
	螺钉旋入	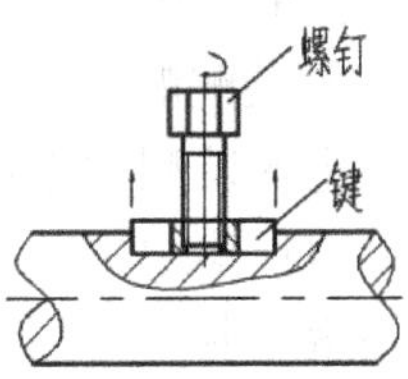	不需专用工具	对于两个以上螺钉，应同时旋入，以保证被拆件平稳移动

续表

方法		简图	特点	说明
破坏性拆卸	留轴车套	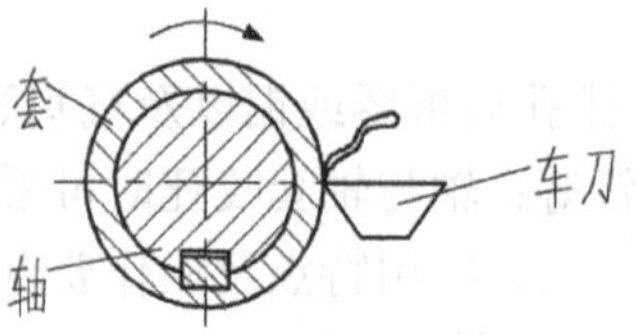	对相互咬死的轴与套或铆焊件等可用车、镗、錾锯、钻、气割等多种方法拆卸	根据连接件情况，决定取舍，并应用合理的破坏性拆卸方法拆卸
	錾铆钉	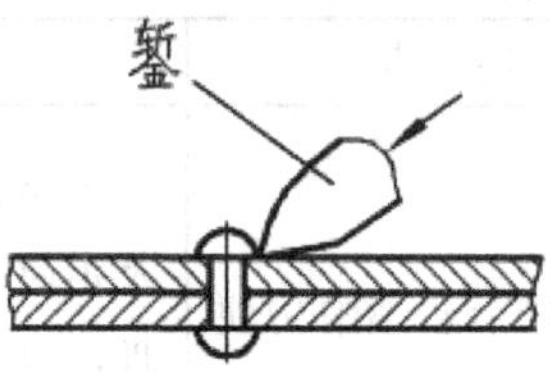	用錾子和手锤做工具，用于錾切铆钉	操作时应注意不要破坏零件表面
温差法	热胀	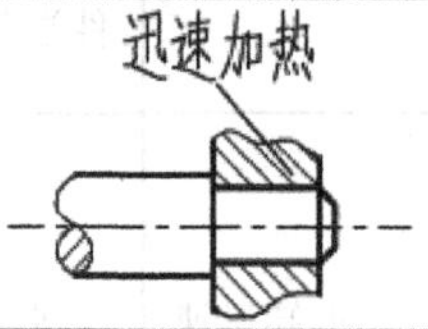	对被拆卸件加热迅速膨胀	及时拆卸
	冷缩		用低温收缩被包容件	—

二、装配单元系统图绘制

(一) 装配单元系统图绘制步骤

1．绘制装配单元系统图应具备的原始条件

绘制装配单元系统图应有产品的全套装配图样、验收标准及产品说明书及现有的生产条件(如工艺装备、车间面积、操作工人的技术水平等)。

2．绘制装配单元系统图基本步骤

绘制装配单元系统图的步骤主要包括：研究产品的装配图及验收标准、确定产品的装配方法、分解产品为装配单元、拟定合理装配顺序、绘制装配单元系统图。

(二) 装配单元系统图绘制方法

1．装配单元系统图绘制方法

如图 1-2-4 所示，装配单元系统图的基本画法是：先画一条横线，横线左端画一个小长方格，代表基准件，注明名称、件号及件数；横线右端画一个小长方格，代表装配产品，注明名称、件号及件数；在横线上方或下方自左至右按照装配顺序分别画出依次进入装配的零件或组件(或分组件)，其中画在横线上面的是直接进入装配的零件，画在横线下面的是直接进入装配的组件(或分组件)，零件及组件(包括分组件)均需注明名称、件号及件数。

装配单元系统图应按照装配单元的划分从高到低逐级绘制。

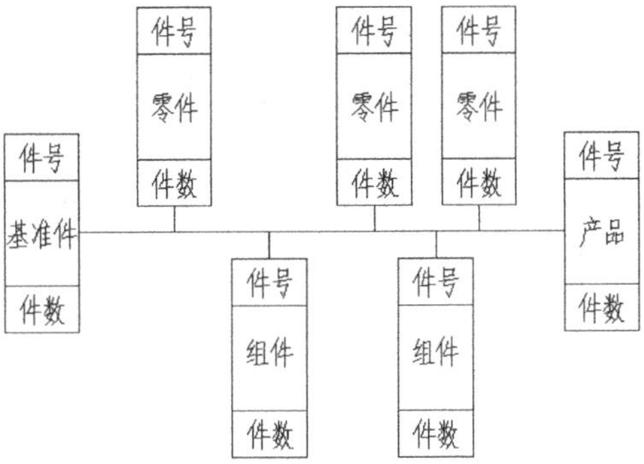

图 1-2-4 机械产品装配单元系统图绘制方法

2．装配单元系统图绘制实例

绘制图 1-2-5 所示辊筒的装配单元系统图(单件小批生产)，步骤如下：

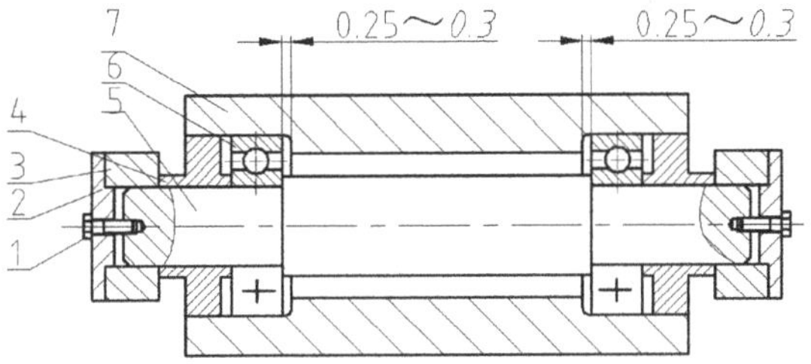

1—螺钉(2 件)；2—端盖(2 件)；3—块圈(2 件)；4—透盖(2 件)；5—轴；6—滚动轴承(2 件)；7—辊筒

图 1-2-5 辊筒装配图

(1) 读装配图。该辊筒共有零件 7 种，其中 0.25～0.3 mm 的轴向间隙为装配精度要求。

(2) 确定装配方法，划分装配单元，确定装配顺序。

根据分析拟采用完全互换法装配。

选择辊筒轴 5 作为装配基准件，除滚动轴承 6 为分组件外其他零件均以零件形式进入装配；按照先下后上、先内后外、先难后易、先重后轻、先精密后一般的装配原则拟定装配顺序，如表 1-2-2 所示。

表 1-2-2 辊筒组件装配顺序

序号	装 配 操 作
1	将球轴承 6 装在基准件轧辊轴 5 左端至轴肩
2	将辊筒 7 从辊轴右端套至左端，保证辊筒右端内肩与辊轴右端轴肩 0.25～0.3 mm 间隙
3	将轴承 6 装入辊轴 5 和辊筒 7 右端至轴肩
4	装右透盖 4
5	装右方块圈 3
6	装右端盖 2
7	将螺钉 1 穿过右端盖 2 拧入辊轴 5
8	装左透盖 4
9	装左方块圈 3
10	装左端盖 2
11	装配螺钉 1

③ 绘制装配单元系统图，见图 1-2-6。

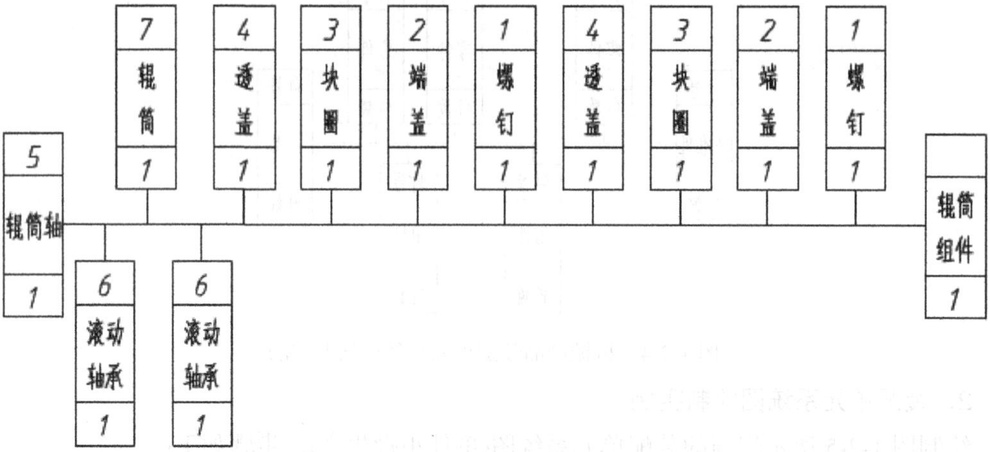

图 1-2-6　辊筒组件装配单元系统图

❖技能链接

一、滚动轴承拆卸、装配与润滑

(一) 滚动轴承拆装方法的选择

滚动轴承的拆卸与装配方法与其装配方式、尺寸大小及滚动轴承的配合性质有关。

1. 滚动轴承的装配方式

根据滚动轴承与轴颈的结构，通常有四种滚动轴承装在轴上的装配方式。

其一是滚动轴承直接装在圆柱轴颈上，是圆柱孔滚动轴承常见装配方式；其二是滚动轴承直接装在圆锥轴颈上，用于轴颈和轴承孔均为圆锥形的场合；另外两种是滚动轴承装在紧定套上以及装在退卸套上，适用于滚动轴承为圆锥孔，而轴颈为圆柱孔的场合。紧定套用于将圆锥孔调心轴承(调心球轴承，调心滚子轴承)固定在无轴肩轴上，结构简单，工作可靠，轴承调换方便；退卸套应用于装在轴端，经常拆卸，规格较大的圆锥孔轴承，装拆维修方便。

2. 滚动轴承的尺寸大小

滚动轴承的尺寸可分为三类：孔径小于 80 mm 的小轴承、孔径大于 80 mm 且小于 200 mm 的中等轴承以及孔径大于 200 mm 的大型轴承。

3. 滚动轴承的配合性质

滚动轴承的配合性质即轴承内圈内径 d 与轴颈配合(基孔制)，外圈外径 D 与外壳孔配合(基轴制)。

(二) 滚动轴承的拆卸方法

拆卸滚动轴承就是克服轴承内外圈与其配合件间的摩擦力将轴承拆出的过程，拆卸方法主要有机械法、液压法、压油法和温差法四种。

1．圆柱孔滚动轴承的拆卸方法

对于拆卸后还要重复使用的滚动轴承，拆卸时不能损坏其配合表面，不能将力作用在滚动体上，要将力作用在紧配合的套圈上；另外，建议拆卸时对滚动轴承位置和方向做好标记。

(1) 机械法：适用于具有过盈配合的中、小型滚动轴承的拆卸，工具有手锤、铜棒、套筒、拉马、压力机，对于装在轴上和孔内的滚动轴承拆卸技巧不同。

如装在轴上的圆柱孔滚动轴承的拆卸，应将拉马的爪作用于轴承内圈，使拆卸时作用力直接作用于滚动轴承内圈；当没有足够的空间使拉马的爪作用于内圈时，可以将拉马的作用力加在外圈上，但操作过程中应固定扳手并旋转整个拉马，以旋转滚动轴承的外圈，从而保证拆卸力不会作用在同一点上。装在孔中的圆柱孔滚动轴承的拆卸，拆卸力必须作用在外圈上；对于与轴和孔均为过盈配合的深沟球轴承则使用专门拉马。

(2) 液压法：适用于紧配合中等滚动轴承拆卸，常用的拆卸工具有液压螺母和液压拉马。

液压螺母的结构如图 1-2-7 所示，包括两个部分：一个是带有内螺纹的螺母体，其侧面上有一个环形沟槽；另一个是与沟槽相配合的环形活塞，其间有两个 O 型密封圈用于油腔密封。当油压入油腔时，使活塞向外移动并产生足够的力来装配或拆卸轴承；液压螺母有一个快速接头以便于与液压泵连接。

(3) 压油法：适用于大中型滚动轴承的拆卸，常用的拆卸工具为油压机和自定心拉马。

压油法的工作原理参见图 1-2-8：油在高压作用下通过油路和轴承孔与轴颈之间的油槽挤压在轴孔之间，直至形成油膜，并将配合表面完全分开，从而使轴承孔与轴颈间的摩擦力变得非常小，此时只需要很小的力就可以拆卸滚动轴承。由于拆卸力很小，且拉马直接作用于滚动轴承的外圈上，因此，必须使用具有自定心的拉马。

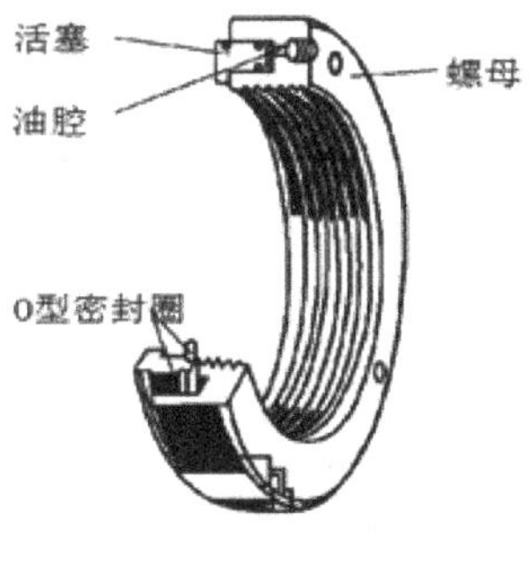

图 1-2-7　液压螺母结构示意图

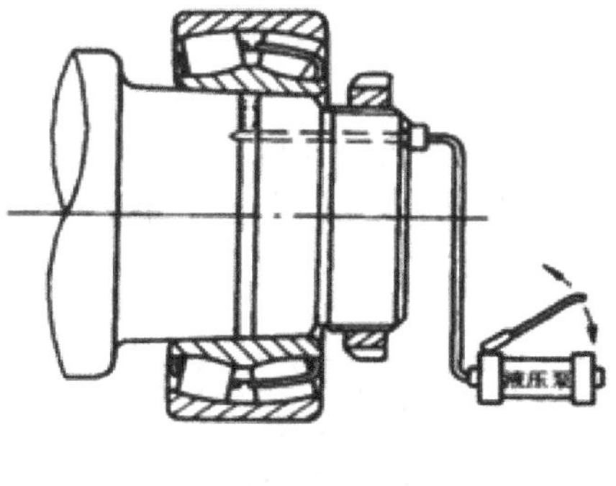

图 1-2-8　压油法工作原理示意图

(4) 温差法：适用于圆柱滚子轴承内圈的拆卸。

如采用铝环加热器加热拆卸轴承内圈，操作技巧是：首先必须拆去轴承外圈，在内圈滚道上涂上一层抗氧化油；然后将铝环加热至 225℃左右，并将铝环包住圆柱滚子轴承的内圈；再夹紧铝环的两个手柄，使其紧紧夹着圆柱滚子轴承的内圈，直到圆柱滚子轴承拆卸后才将铝环移去。

如果圆柱滚子轴承内圈有不同的尺寸且需经常拆卸，则使用感应加热器比较好，操作技巧是：将感应加热器套在圆柱滚子轴承内圈上并通电，感应加热器会自动抱紧圆柱滚子轴承内圈，且感应加热，握紧两边手柄直到将圆柱滚子轴承拆卸下来。

2. 圆锥孔滚动轴承的拆卸方法

(1) 装配在圆锥轴颈上的圆锥孔滚动轴承的拆卸。拆卸方法与装配在圆柱轴颈上的圆柱孔滚动轴承拆卸基本一致。

值得注意的是：在采用压油法拆卸装在圆锥轴颈上的大中型圆锥孔滚动轴承时，油液在高压作用下通过油路和油槽进入轴颈和滚动轴承内圈之间，油膜将接触面完全分开，这时将产生一个轴向力使滚动轴承突然地滑离轴颈；因此必须在油膜产生之前将锁紧螺母旋松一定距离或在轴上放置一个阻挡零件，以防止滚动轴承完全飞出轴外，参见图 1-2-8。当压入的油经滚动轴承漏出时，表明滚动轴承已与轴颈松脱，此时应立即解除油压。

(2) 装配在紧定套上的圆锥孔滚动轴承的拆卸。小型或中型带紧定套的轴承可以用手锤敲击方法来拆卸，作用力需直接作用在锁紧螺母或滚动轴承内圈，拆卸时需先将螺母旋松几圈，拆卸力方向如图 1-2-9(a)所示；图 1-2-9(b)所示为液压法拆卸大中型带紧定套的轴承，即将液压螺母装在轴上，并在螺母和滚动轴承之间留一个小间隙，然后将油压进螺母直至滚动轴承与紧定套之间松脱。

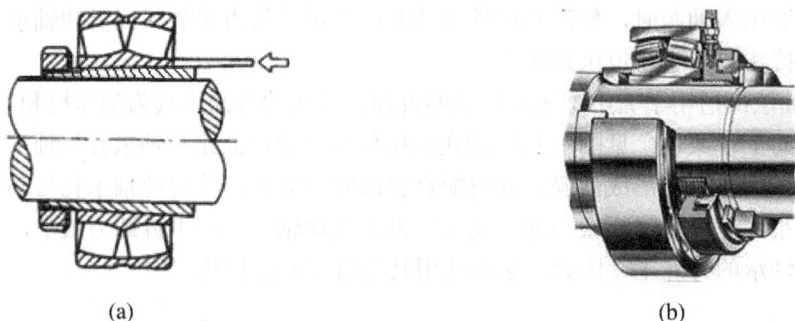

(a)　　(b)

图 1-2-9　机械法和液压法拆卸装配在紧定套上的圆锥孔滚动轴承

(3) 装配在退卸套上的圆锥孔滚动轴承的拆卸。中小型滚动轴承可以采用锁紧螺母和勾头扳手或冲击扳手进行拆卸，如图 1-2-10(a)所示；图 1-2-10(b)所示为液压法拆卸此类大型轴承，液压螺母旋入退卸套上的螺纹并使其活塞紧靠滚动轴承，然后将油压入螺母就可以将退卸套从滚动轴承中拉出。

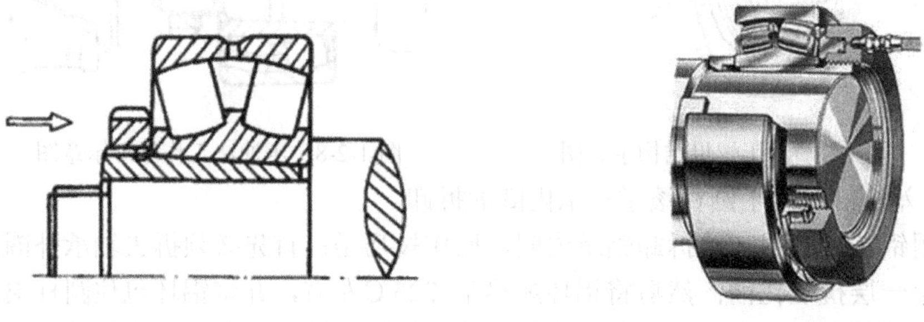

(a)　　(b)

图 1-2-10　机械法和液压法拆卸装配在退卸套上的圆锥孔滚动轴承

用于大型滚动轴承装配的退卸套常常加工有油槽和两个油道，可用压油法拆卸。在用压油法拆卸时，油通过一个油路注入退卸套和轴之间，并通过另一个油路注入退卸套和滚动轴承之间，因此，只需很小的力就可以拆卸滚动轴承了。

(三) 滚动轴承装配前的准备工作

1. 滚动轴承的清洗

(1) 常温清洗。常温清洗是用汽油、煤油等油性溶剂清洗滚动轴承。清洗时要使用干净的清洗剂和工具，首先在一个大容器中进行清洗，然后在另一个容器中进行漂洗。

(2) 加热清洗。加热清洗采用的清洗剂是闪点至少为 250℃的轻质矿物油，油必须加热至约 120℃。具体的操作是：把滚动轴承浸入加热好的油内，待防锈油脂融化后即从油中取出，冷却后再用汽油或煤油清洗，擦净后涂油待用。

2. 滚动轴承的装配技术要求

(1) 滚动轴承上带有标记代号的端面应装在可见方向，以便更换时查对。

(2) 轴承装在轴上或装入座孔后，不允许有歪斜现象。

(3) 同轴的两个轴承中，必须有一个轴承在轴受热膨胀时有轴向移动的余地。

(4) 装配时作用力应尽量直接加在待配合的套圈端面上，而不是通过滚动体传递。

(5) 装配过程中应保持清洁，防止异物进入轴承内。

(6) 装配后的轴承应运转灵活，噪声小，工作温度不超过 50℃。

3. 滚动轴承游隙的检测与调整

游隙是指在一个套圈固定的情况下，另一个套圈沿径向或轴向的最大活动量，分为径向和轴向游隙。通常采用使内圈对外圈作适当的轴向相对位移的方法来保证游隙。

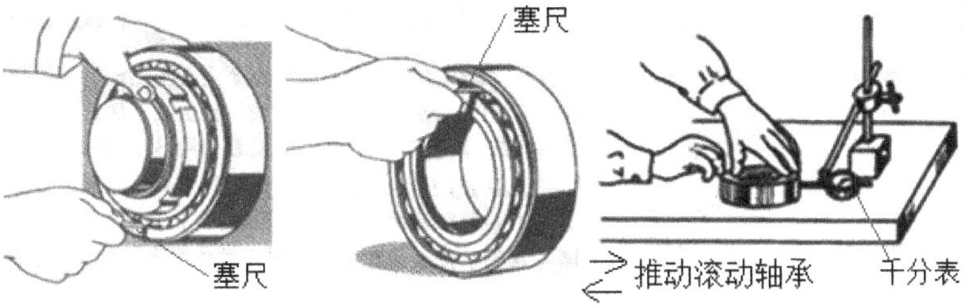

图 1-2-11 滚动轴承径向游隙测量方法

径向游隙的检测方法：

(1) 感觉法：用手转动轴承，轴承应平稳灵活无卡涩现象，专用于单列向心球轴承。

(2) 测量法：如图 1-2-11 所示，可用塞尺检查，确认滚动轴承最大负荷部位，在与其成 180° 的滚动体与外(内)圈之间塞入塞尺，松紧相宜的塞尺厚度即为轴承径向游隙。或者用千分表检查，固定滚动轴承内圈，千分表顶住外圈并留有足够压缩量，然后左右推动轴承外圈，千分表的读数的差值就是轴承的径向游隙。此法广泛应用于调心轴承和圆柱滚子轴承。

轴向游隙的检测方法：

(1) 感觉法：用手指检查滚动轴承的轴向游隙。这种方法应用于轴端外露的场合。

(2) 测量法：可用塞尺检查，操作方法与检查径向游隙的方法相同；或者采用千分表检查，用撬杠窜动轴使轴在两个极端位置时，千分表读数的差值即为轴向游隙。

滚动轴承游隙的调整方法：如图 1-2-12 所示，调整滚动轴承游隙的方法有调整垫片法和调整螺钉法。调整垫片法即通过调整轴承盖与壳体端面间的垫片厚度来调整轴承的轴向游隙；调整螺钉法即先松开锁紧螺母 2，再调整螺钉 1，推动调整件 3 左右移动以调整轴向游隙，调整好后再拧紧锁紧螺母 2。

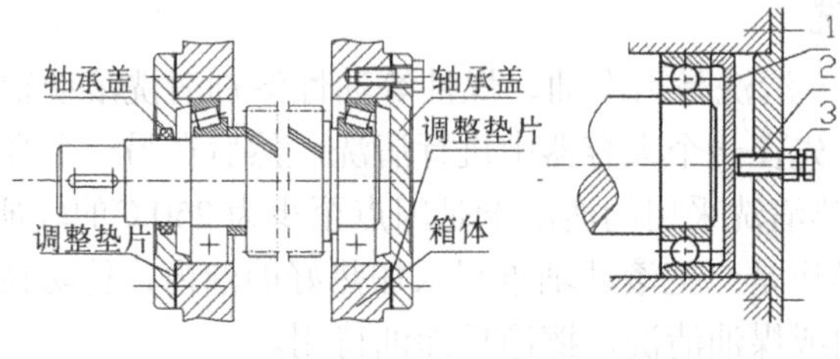

1—调整螺钉；2—锁紧螺母；3—调整件

图 1-2-12　滚动轴承游隙的调整方法

4．滚动轴承的预紧

对于承受载荷较大，旋转精度要求较高的轴承都需要在装配时进行预紧。预紧就是轴承在装配时给轴承的外圈或内圈一个轴向力，以消除轴承游隙并使滚动体与内、外圈接触处产生初始弹性变形，滚动轴承预紧后承载区加大，滚动体受力较均匀。

(1) 定位预紧。图 1-2-13 为角接触球轴承装配时的布置方式，分别采用在同一组两个轴承间配置不同厚度的间隔套或相靠的侧面磨去一定厚度，来达到预紧的目的。

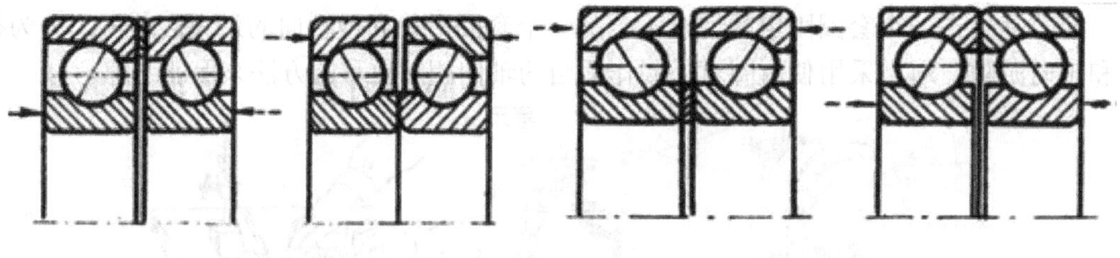

图 1-2-13　角接触球轴承的预紧布置

如图 1-2-14 所示，内圈为圆锥孔轴承的预紧。预紧时的工作顺序是：拧紧锁紧螺母，通过隔套使轴承内圈向轴颈大端移动，使内圈直径增大，从而消除径向游隙达到预紧目的。图中最好再加一个锁紧螺母拧紧原锁紧螺母，从而起到锁紧的作用。

(2) 定压预紧。如图 1-2-15 所示，利用弹簧的压紧力使轴承承受一定的轴向负荷并产生预变形，从而达到预紧的目的。

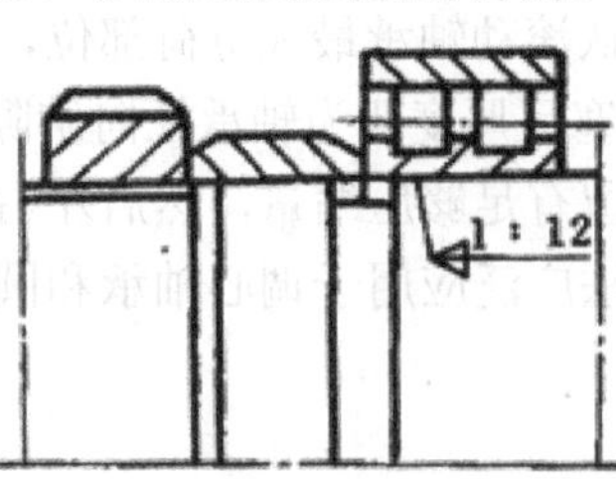

图 1-2-14　圆锥孔轴承的预紧

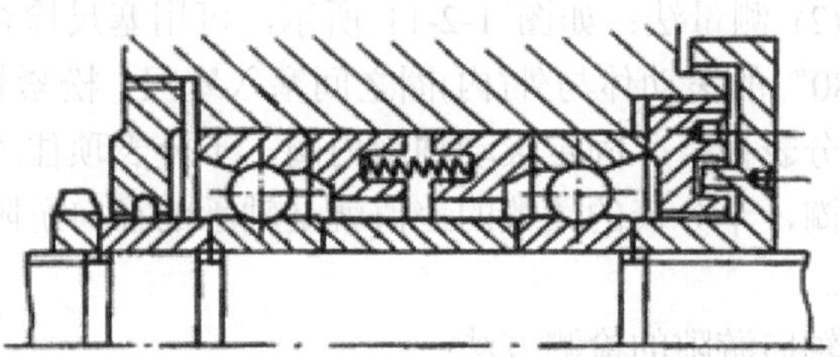

图 1-2-15　用弹簧预紧轴承

(四) 滚动轴承的装配方法

滚动轴承的装配方法和拆卸方法一样，也包括机械法、液压法、压油法和温差法。

1. 圆柱孔滚动轴承的装配

中小型圆柱孔滚动轴承通常采用机械法装配，如小型轴承用锤子敲击冲击套筒或螺母和勾头扳手的方法，中型轴承可用压力机械压入；大型轴承的装配则常采用液压法或压油法；温差法适用各种滚动轴承。

滚动轴承套圈的装配顺序根据滚动轴承套圈分离或不可分离而不同。

如深沟球轴承，属于不可分离型滚动轴承，应按套圈配合松紧程度决定其顺序。如图1-2-16 所示，当内圈与轴颈配合为较紧的过盈配合、外圈与轴承座孔配合为较松的过渡配合时，应先将滚动轴承装在轴上，压装时，将套筒垫在滚动轴承的内圈上，然后连同轴一起装入轴承座孔中；当滚动轴承外圈与轴承座孔为过盈配合时，应将滚动轴承先压入壳体孔中，这时，所用套筒的外径应略小于轴承座孔直径；当滚动轴承内圈与轴、外圈与轴承座孔都是过盈配合时，应把滚动轴承同时压在轴上和轴承座孔中，套筒端面同时压紧滚动轴承内外圈。

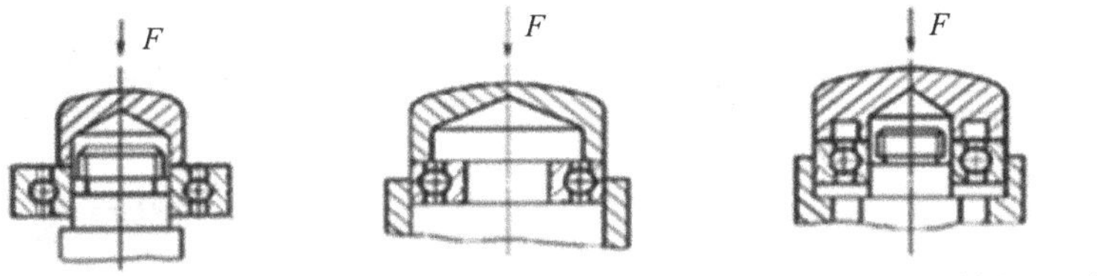

图 1-2-16　滚动轴承套圈的装配顺序

如果是圆锥滚子轴承，由于外圈可以自由脱开，装配时内圈和滚动体一起装在轴上，外圈装在壳体孔内，然后再调整它们的游隙。

滚动轴承套圈的压入方法有锤击法、压入法和温差法。

(1) 锤击法。锤击法是机械法中最常见的一种，只能用在过盈很小或者没有过盈的情况下。在轴颈或轴承内圈的内表面涂一层润滑油后，将轴承套在轴端，用手锤和紫铜棒对称而均匀地将轴承打入，直到内圈与轴肩靠紧为止；或采用套筒，将套筒作为传递力的工具，操作要领是套筒的端面要平，端面压在有过盈配合要求的滚动轴承内圈或外圈上，见图 1-2-16。

在有压力机的情况下，应用压入法代替锤击法。

(2) 压入法。压入法也是机械法。压入安装一般利用压力机，也可利用螺栓与螺母。

(3) 温差法。该方法是将轴承加热到高于轴颈 80～90℃，一般加热到 110℃，趁热取出轴承并迅速套在轴颈上。若轴承外圈与座孔为紧配合，则可对座孔周围金属进行加热。

滚动轴承可采用感应加热器加热、电加热盘加热、油浴加热和加热箱加热四种方法。

注意事项：严格控制温度，不能加热到 125℃以上，这将会引起材料性能的变化；禁止明火加热，这将会导致轴承材料产生应力而变形，破坏轴承的精度；另外，安装时应戴干净的专用防护手套搬运滚动轴承，将滚动轴承装至轴上与轴肩可靠接触，并始终按压滚动轴承直至滚动轴承与轴颈已紧密配合，防止轴承冷却时套圈与轴肩分离。

2．圆锥孔滚动轴承的装配

圆锥孔滚动轴承的装配方法与圆柱孔滚动轴承的装配方法基本相同。

内孔为圆锥孔的轴承总是以过盈配合安装的。安装时，过盈量取决于轴承在锥形轴颈上或锥形紧定套上推入距离的长短。轴承的初始径向游隙在推入过程中减小，而推入量的大小决定配合程度，因此，安装之前必须首先测量轴承径向游隙。在压力安装过程中，不断测量径向游隙，直至达到要求的径向游隙量及理想的过盈配合为止。

(1) 装在圆锥轴颈上的圆锥孔轴承的装配。锤击法的操作与前述圆柱孔滚动轴承锤击法基本一样，需注意的是装配位置的确定。在高精度装配中一般不采用该方法。

如果轴颈上有螺纹，可以用螺母和扳手装配小型轴承，如图 1-2-17 所示；轴承装好后需检查其游隙。如果在装配时止动垫圈已安装到位，则必须对螺纹部分及螺母和止动垫圈的侧面进行润滑。

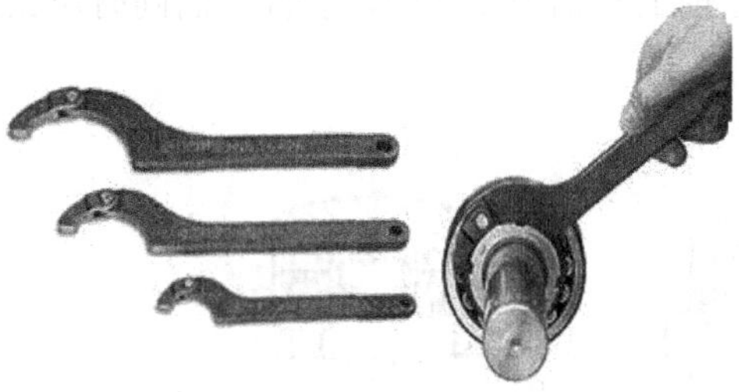

图 1-2-17　螺母和勾头扳手装配滚动轴承

图 1-2-18　液压法与压油法结合操作示意图

对于中等轴承的装配，最好是使用液压螺母，甚至采用将压油方法和锁紧螺母或液压螺母组合起来使用。图 1-2-18 为液压法与压油法操作示意。

采用液压螺母的装配步骤是：首先将液压螺母旋于轴上并使其活塞朝向轴承，用手旋紧螺母；然后连接油管，将油压进液压螺母，直至轴承到达规定位置；再打开回油阀，拧紧螺母，活塞就被推回到起始位置，而油也流回了泵内；最后卸下液压螺母，装上止动垫圈和锁紧螺母。

压油法适用于大中型滚动轴承装配，利用油压机将油压入轴承和轴颈之间，直至两个零件配合面完全分开，从而使摩擦力减小至零，只需要很小的力就可以装配轴承。当轴承装配至规定位置后，应将油释放，并等待 20min 之后，再一次检查游隙。

如果由于某种原因不能使用压油法或液压螺母，就可以选择温差法加热滚动轴承。采用温差法时应对轴承与轴颈相对轴向位移进行测量与控制。

以轴肩定位的滚动轴承装配为例，如图 1-2-19 所示，首先将轴承装至其与轴颈接触良好，测量轴承内圈与轴肩之间的距离 S；其次查表确定轴承轴向位移的减小量，再将测定距离 S 减去查表确定的轴向位移减小量得到定位环的轴向尺寸，据此加工出定位环，将定位环靠紧轴肩安装；然后将轴承加热，将其压至定位环，直至轴承冷却并与轴配合紧密；再用锁紧螺母固定滚动轴承；当轴承冷却下来时，检查其径向游隙。

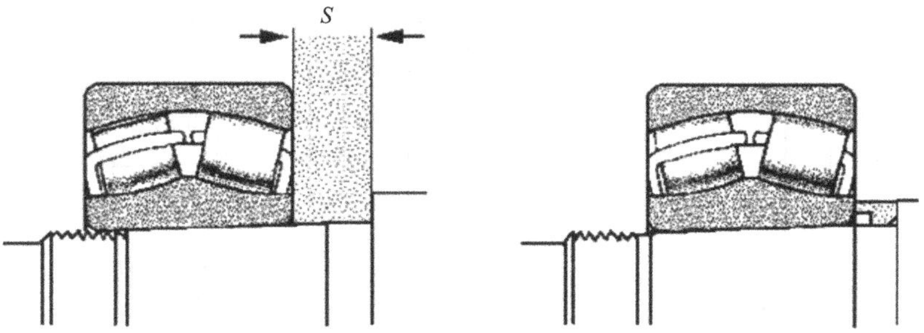

图 1-2-19　以轴肩定位的圆锥孔滚动轴承装配

(2) 装在紧定套上的圆锥孔滚动轴承的装配。

若紧定套滚动轴承安装在光轴，则依靠装配时对滚动轴承与轴颈的相对轴向位移的测量与控制来定位。

若滚动轴承安装在阶梯轴，则依靠轴肩定位，安装时要求有一个能保证滚动轴承正确位置的隔套，该隔套必须能够让紧定套置于其下面，见图 1-2-20。

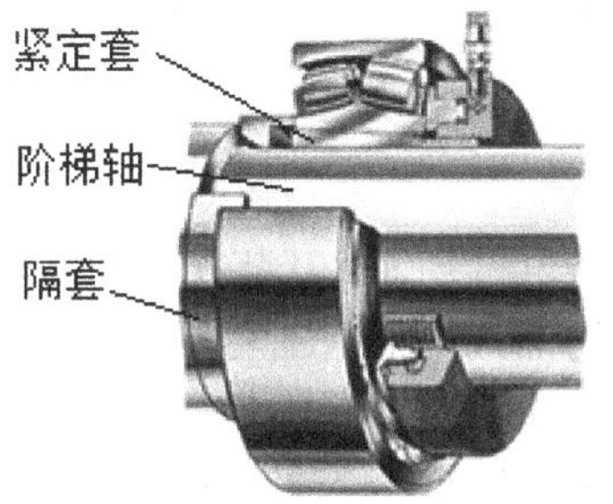

图 1-2-20　带紧定套的调心滚子轴承

温差法装配带紧定套的圆锥孔调心滚子轴承时，通过螺母的前端面来测量轴承的轴向位移。如图 1-2-21 所示，首先将轴承安装在紧定套上，拧紧螺母，确保轴承、紧定套和轴之间接触良好，测量紧定套小端与螺母之间的轴向距离 L_1；然后加热轴承并将其安装在紧定套上，拧紧螺母并测量螺母端面与紧定套小端之间的距离 L_2，从而控制轴承的轴向位移。等轴承冷却后，必须检查其游隙。

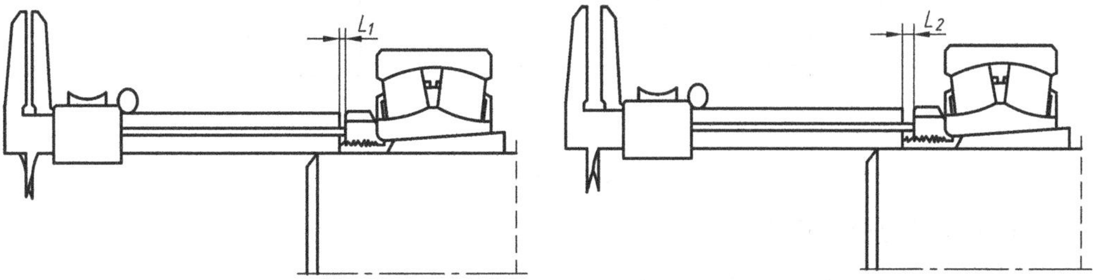

图 1-2-21　用控制位移的方法装配带紧定套调心滚子轴承

(3) 装在退卸套上的滚动轴承的装配。与装在紧定套上的滚动轴承的装配方法相同。

在实际工作中可以在读图或者根据现场情况分析基础上，选择滚动轴承的拆装方法。请读图 1-2-22，分析图示滚动轴承可以采用何种装配方法，需要准备哪些拆装工具。

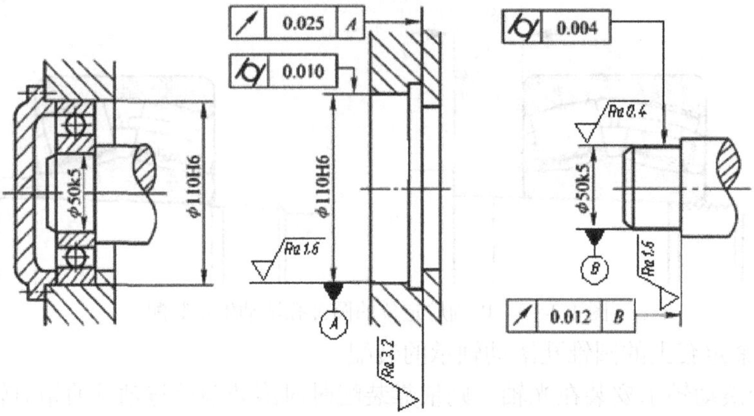

图 1-2-22　某减速器小齿轮轴上滚动轴承装配图(轴承型号 G6310)

二、滑动轴承装配

滑动轴承主要装配技术要求是在轴颈与轴承之间获得合理的间隙，保证轴颈与轴承的良好接触，使轴颈在轴承中旋转平稳可靠。

1．整体式滑动轴承的装配

整体式滑动轴承结构如图 1-2-23 所示，其装配步骤是：首先将轴套和轴承座孔去毛刺，清理干净后在轴承座孔内涂润滑油；再根据轴套尺寸和配合时过盈量大小，用敲入法或压入法将轴套装入轴承座孔并固定；由于轴套压入轴承座孔后，易发生尺寸和形状变化，应采用铰削或刮削的方法对内孔进行修整、检验，以保证轴颈与轴套之间有良好的间隙配合。

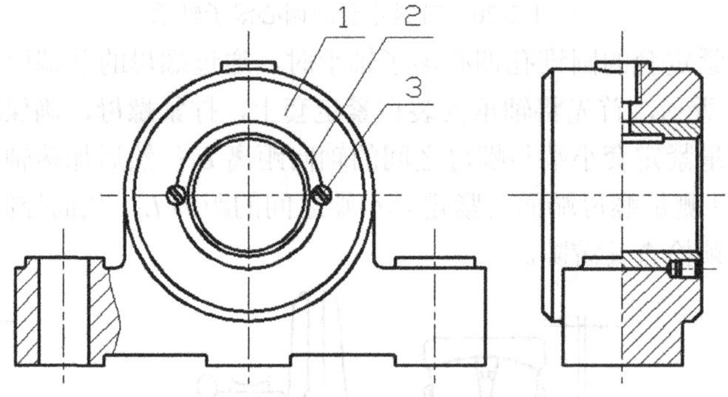

1—轴承座；2—轴套；3—紧定螺钉

图 1-2-23　整体式滑动轴承

2．剖分式滑动轴承的装配

剖分式滑动轴承结构如图 1-2-24 所示，其装配要点是：上、下轴瓦与轴承座、盖应接触良好，同时轴瓦的台肩应紧靠轴承座两端面；另外，为提高配合精度、轴瓦孔应与轴进行研点配刮。

剖分式滑动轴承装配顺序：先将双头螺柱 2 装入轴承座 3 内，再将下轴瓦 5 装入轴承座 3 孔内，再装垫片 4，装上轴瓦 6，最后装轴承盖 7 并用螺母 1 固定及紧固。

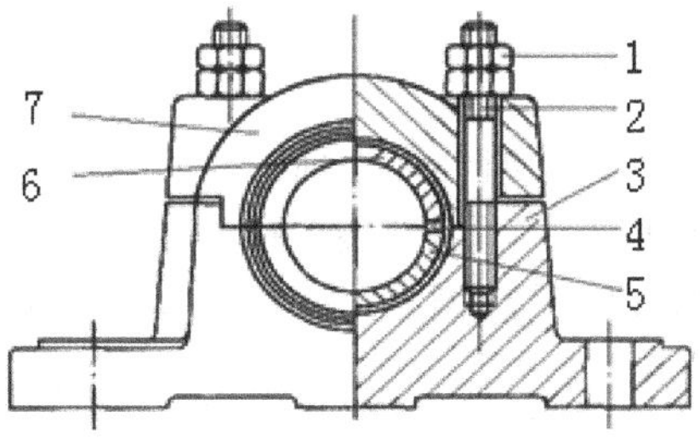

1—螺母；2—双头螺柱；3—轴承座；4—垫片；5—下轴瓦；6—上轴瓦；7—轴承盖

图 1-2-24　剖分式滑动轴承结构示意图

3. 内柱外锥式滑动轴承的装配

图 1-2-25 为内柱外锥式滑动轴承结构示意图。装配时首先将轴承外套 3 压入箱体 2 孔内，保证轴承外套 3 与箱体孔 2 之间 H7/r6 配合精度；再用芯棒研点，修刮轴承外套 3 内锥孔，保证前后轴承孔同轴度；然后在轴承 5 上钻油孔与箱体、轴承外套油孔相对应，并与自身油槽相接；再以轴承外套 3 内孔为基准研点，配刮轴承 5 外圆锥面，保证接触精度；再把轴承 5 装入轴承外套 3 孔中，两端拧入螺母 1、4，并调整好轴承 5 轴向位置；以主轴 6 为基准，配刮轴承 5 内孔，保证接触精度及前、后轴承孔同轴度；最后清洗轴颈及轴承孔，重新装入主轴，并调整好间隙。

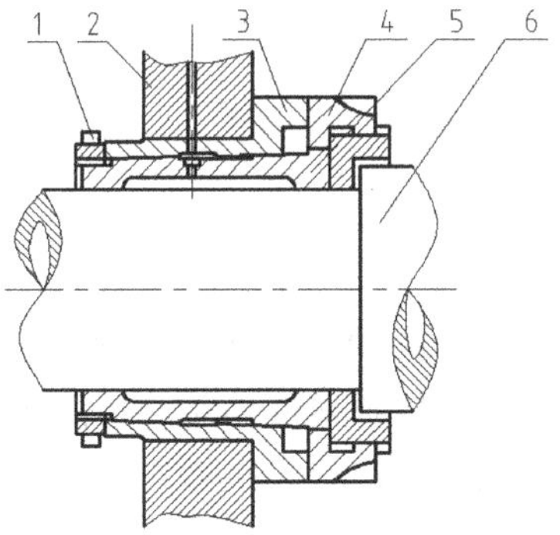

1—后螺母；2—箱体；3—轴承外套；4—前螺母；5—轴承；6—轴

图 1-2-25　内柱外锥式滑动轴承结构示意图

轴承间隙采用调整螺母进行调整。例如某车床的主轴轴承采用图 1-2-25 所示的内柱外锥式滑动轴承，轴承 5 的外锥大端直径为 50 mm，小端直径为 48 mm，轴承锥度部分长度为 100 mm，两端调整螺母的导程为 4 mm，当轴承间隙为 0.03 mm 时，小端调整螺母应拧松角度为

$$\alpha=\frac{360°\times1.5}{4}=135°$$

式中，4 为调整螺母导程，1.5 是达到 0.03 mm 轴承间隙所需要的轴承轴向调整量，其来源是：轴承锥度$=\frac{50-48}{100}=\frac{1}{50}$，轴承轴向调整量$=50\times0.03=1.5\ \text{mm}$。

三、轴组装配

轴、轴上零件与两端轴承支座的组合称为轴组，如图 1-2-26 所示。轴组装配是将装配好的轴组组件，正确地安装到机器中，达到装配技术要求，保证其能正常工作，主要操作有将轴组装入箱体中，轴承固定、游隙调整、轴承预紧、轴承密封和轴承润滑装置装配。在进行轴组件装配时，应考虑轴上零件周向及轴向的定位和固定问题以及固定的防松问题。

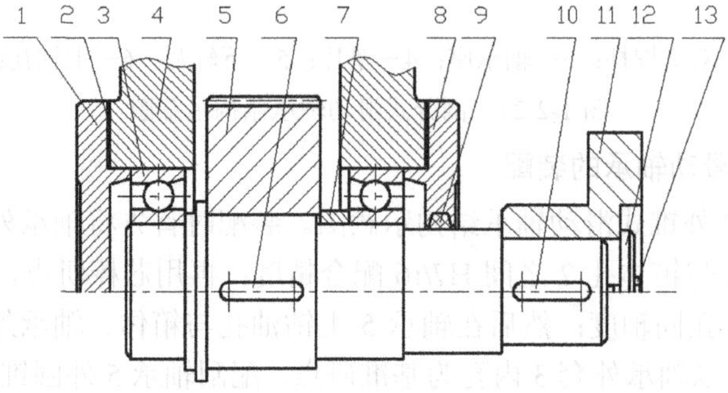

1—轴承端盖；2—调整垫片；3—滚动轴承；4—箱体；5—齿轮；6—键；
7—轴套；8—轴承端盖；9—密封毡圈；10—键；11—半联轴器；12—轴端挡圈；13—螺钉

图 1-2-26　轴组的组成及结构

(一) 孔轴类防松元件的装配

常用的孔轴类防松元件有键、销、紧定螺钉和弹性挡圈等，本项目主要学习弹性挡圈、开口挡圈和弹簧夹的装配技术。

1. 弹性挡圈的装配

弹性挡圈用于防止轴或其上零件的轴向移动，其拆装要点是：弹性挡圈的张开量或挤压量不得超过其许可变形量，否则会导致弹性挡圈的塑性变形，影响其工作可靠性。

拆装弹性挡圈一般采用弹性挡圈钳，分为直嘴式或弯嘴式、孔用或轴用挡圈钳。

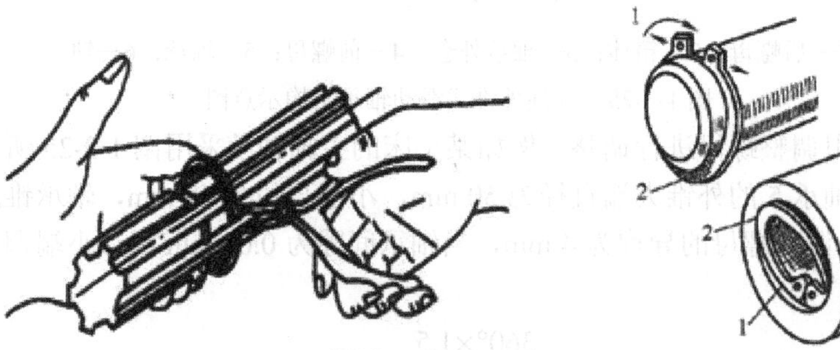

(a)　　(b)

图 1-2-27　弹性挡圈钳拆装弹性挡圈操作要点

图 1-2-27(a)为将轴用弹性挡圈从轴上拆出操作步骤示意：手握轴用弹性挡圈钳的钳柄，将钳爪对准轴用卡环的插口，并插入孔内；手捏钳柄，稳当用力，胀开轴用卡环；用另一只手轻扶卡环，共同移动，沿轴向退出卡环。图 1-2-27(b)是在装配沟槽处于轴端或孔端的

弹性挡圈时的操作要点，应将弹性挡圈的两端 1 首先放入沟槽内，然后将弹性挡圈的其余部分 2 沿着轴或孔的表面推进沟槽，这样可使挡圈的径向扭曲变形最小。

2．开口挡圈和弹簧夹的装配

开口挡圈和弹簧夹适用于较小的结构，开口挡圈可用于大公差的预加工沟槽内，弹簧夹的安装要求零件上有专门形状的沟槽供其安装，二者的应用及拆装操作见图 1-2-28。

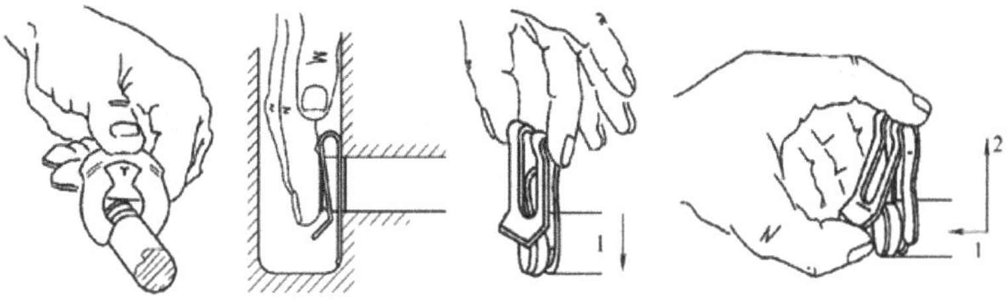

图 1-2-28　开口挡圈和弹簧卡的应用及拆装示意

（二）轴承的固定方式

1．两端单向固定法

如图 1-2-29 所示，在轴承两端支点上，用轴承盖单向固定，分别限制两个方向的轴向移动。为避免轴受热伸长将轴卡死，在左端轴承外圈与端盖间留有 0.5～1 mm 间隙，以便游动。

2．一端双向固定法

如图 1-2-30 所示，将左端轴承双向固定，右端轴承可随轴作轴向游动。这种固定方式工作时不会产生轴向窜动，轴受热时又能自由地向一端伸长，轴不会被卡死。

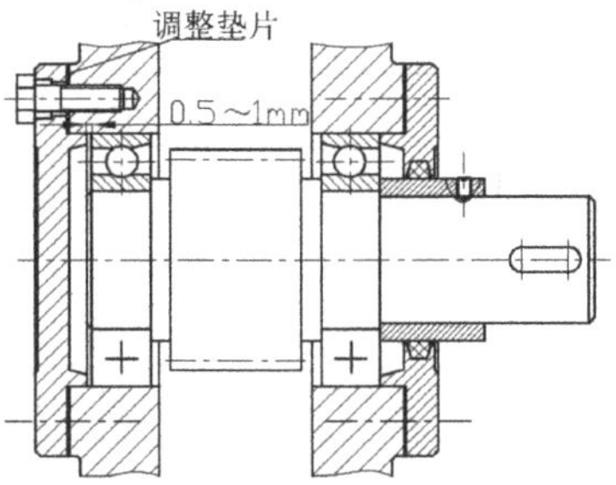

图 1-2-29　两端单向固定

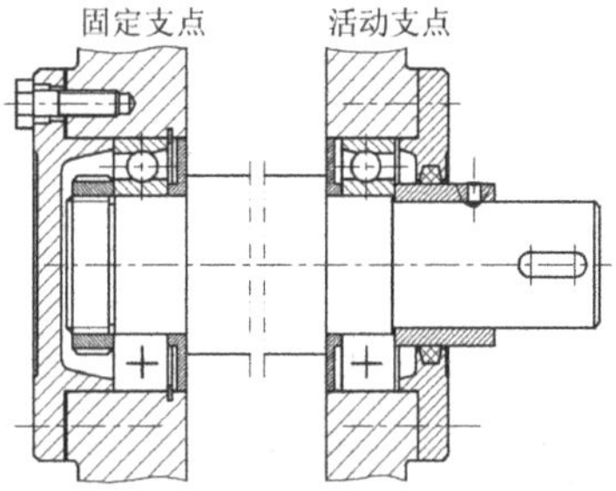

图 1-2-30　一端双向固定

❖项目实施

一、项目实施步骤

（一）千斤顶拆装工量具准备

1．QL 型螺旋千斤顶组成与原理分析

如图 1-2-1 所示，QL 型螺旋千斤顶主要由棘轮支架组件 1、小伞齿轮 2、升降套筒 3、

螺杆 4、铜螺母 5、大伞齿轮 6、推力轴承 7、主架 8、底座 9、顶盘 10 等零部件组成，其中棘轮支架组件 1 和推力轴承 7 又由多个零件组成。

工作原理：利用摇杆的摆动，使小伞齿轮 2 转动，经一对圆锥齿轮 2 和 6 啮合运转，带动螺杆 4 旋转，推动升降套筒 3，从而重物上升或下降。操作时将手柄插入棘轮支架 1-1 孔内，上下往返扳动手柄，重物随之上升。当升降套筒上出现红色警戒线时应该立即停止扳动手柄。如需下降，将棘爪 1-2 调至反方向，重物便开始下降。

2．安装与连接部位分析

该千斤顶主要采用了螺纹连接、键销连接及过盈连接，其中铜螺母 5 与升降套筒 3 之间为过盈连接，并用圆柱销 B-1 定位防止其周向转动，衬套 12 与主架间也是过盈连接，如没有特殊要求这些一般不拆；注意推力球轴承是分离型，有轴圈和座圈之分；另外还有弹性挡圈 B-5、圆锥销 1-5 等。

3．拆装方法分析

本项目主要涉及螺纹连接、键销连接、过盈连接、孔轴类防松元件及滚动轴承的拆装方法。

4．工量具准备

表 1-2-3 为千斤顶拆装工量具及机物料准备。

表 1-2-3　千斤顶拆装工量具及机物料准备

名称	材料或规格	件数	备注
工量具准备			
内六角扳手		1	用于螺纹连接拆装
螺钉旋具		1	用于螺纹连接拆装
销子冲		1	用于键销拆装及修锉
手锤	0.5kg	1	用于键销拆装及修锉
紫铜棒		1	用于键销拆装及修锉
轴用挡圈钳			用于拆装轴用弹性挡圈
游标卡尺			拆装过程尺寸检测
清洁布			清洁零件
记号笔	中号	1	标记零件
机物料准备			
煤油			清洗
润滑油、脂			润滑

(二) 千斤顶拆装步骤

1．检查待拆件

在拆卸前先检查待拆组件是否完好。

2．完成千斤顶的拆卸、清洗和装配

(1) 拟定拆卸顺序。根据拆卸原则拟定拆卸顺序。

(2) 按照拟定的拆卸顺序完成千斤顶拆卸，检查、清点并标记零件。

(3) 绘制装配单元系统图。

首先确定装配方法，划分装配单元，确定装配顺序。

拟采用完全互换法装配。装配单元划分见表 1-2-4，装配顺序见表 1-2-5。

表 1-2-4　QL 型螺旋千斤顶装配单元划分

组件	组件组成	一级分组件组成
主架组件 101	装配基准件，包括主架 8、键 11、螺钉 B-4、衬套 12	
套筒组件 102	套筒分组件 201	套筒 3、铜螺母 5 和圆柱销 B-1
	螺杆分组件 202	螺杆 4、键 13、大伞齿轮 6
底座组件 103	底座 9、轴承轴圈 7-1	
	滚动体和保持架组成的分组件 7-2	滚动体和保持架
	轴承座圈分组件 203	轴承座圈 7-3、轴套 7-4
棘轮支架组件 1	棘轮支架 1-1、棘爪 1-2、弹簧 1-3、棘爪手柄 1-4、棘爪定位销 1-5、棘爪手柄定位销 1-6、棘轮 1-7、防护盖 1-8、螺钉 1-9	

表 1-2-5　QL 型螺旋千斤顶装配顺序

序号	装 配 操 作
1	装配主架组件 101，即以主架 8 为基准，压入衬套 12，装入键 11，用螺钉 B-4 固定
2	装配套筒组件 102(请学生拟定)
3	装配底座组件 103(请学生拟定)
4	装配棘轮支架组件 1(请学生拟定)
5	以主架组件 101 为装配基准件，装配小伞齿轮 2 到主架组件衬套 12 的孔内
6	装入套筒组件 102 及底座组件 103，拧入紧定螺钉 B-2 进行周向定位并固定
7	装配棘轮支架组件 1 到小伞齿轮 2 轴上，用弹性挡圈 B-5 轴向定位并固定
8	装配顶盘 10，用紧定螺钉 B-3 紧固并固定
9	装配完毕，检查千斤顶工作情况

然后绘制装配单元系统图。具体方法是先绘制出该 QL 型螺旋千斤顶的总装装配单元系统图，如图 1-2-31 所示；然后绘制各组件(图中 101 主架组件、102 套筒组件、103 底座组件以及棘轮支架组件 1)的装配单元系统图；最后将各组件的装配单元系统图拼装到总图

上，形成一张完整的QL型螺旋千斤顶的装配单元系统图，请学生训练。

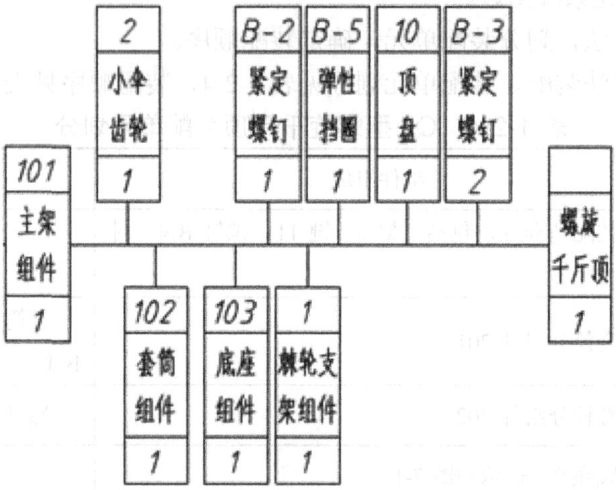

图 1-2-31　QL型螺旋千斤顶总装装配单元系统图

(4) 完成装配操作，并参照QL型螺旋千斤顶的装配技术要求完成千斤顶的调整、检验。最后，整理现场。

二、项目作业

(一) 选择题

1. 下列拆卸工具中，________不属于顶压法常用的工具。

A) 螺旋C型工具　B) 手动压力机　C) 千斤顶　D) 手锤

2. 下列方法中不属于机械零件的拆卸方法的是________。

A) 击卸法　B) 温差法　C) 调整法　D) 顶压法

3. 拆卸卧式车床部件时用到的拔销器是________用到的专用工具。

A) 击卸法　B) 温差法　C) 破坏法　D) 拉拔法

4. 加热清洗轴承时，油温应达到________℃。

A) 100　B) 250　C) 150　D) 120

5. 用手锤敲击套筒拆卸装配在紧定套上轴承时，操作时应________。

A) 将套筒直接作用在螺母上

B) 将套筒直接作用在轴承上

C) 将螺母退几圈后，再将套筒直接作用在螺母或轴承内圈上

D) 无所谓

6. 当拆卸精度比较高的零件时，一般都采用________。

A) 击卸法　B) 加热法　C) 拉拔法　D) 气焊切割法

7. 零件的拆卸方法有很多种，适用场所最广泛，不受条件限制，一般零件几乎都可以应用的一种方法是________。

A) 压卸法　　B) 击卸法　　C) 拉卸法　　D) 液压法

8．滚动轴承中的小轴承是孔径小于________的轴承。

A) 50 mm　　B) 75 mm　　C) 80 mm　　D) 90 mm

9．大型滚动轴承装配时，滚动轴承温度高于轴颈________℃就可以安装了。

A) 60～70　　B) 70～80　　C) 80～90　　D) 110～120

10．将滚动轴承从轴上拆卸时，拉马的爪应作用在滚动轴承的________。

A) 外圈　　B) 内圈　　C) 外圈或内圈

11．拆卸紧紧配合在孔中的滚动轴承时，则拆卸力必须作用在________上。

A) 外圈　　B) 内圈　　C) 外圈或内圈

12．液压法适用于具有紧配合的________滚动轴承的拆卸。

A) 大　　B) 较大　　C) 中等　　D) 较小

13．压油法适用于________滚动轴承的装配。

A) 小型　　B) 小型和中型　　C) 中型和大型　　D) 大型

14．当轴承与轴为紧配合，与座体孔为松配合时，应先将轴承装至上。

A) 孔　　B) 轴　　C) 同时装至轴和孔　　D) 无所谓

15．装配轴承时，我们必须。

A) 将装配力同时作用于轴承内外圈上

B) 将装配力作用于具有紧配合的套圈上

C) 将装配力作用于具有松配合的套圈上

D) 无所谓

(二) 判断题

1．常用的拆卸方法有机械法拆卸、拉拔法拆卸、顶压法拆卸、温差法和破坏法拆卸。

2．产品的装配单元系统图绘制过程与产品的生产批量没有关系。

3. 利用被拆卸件的自重拆卸零部件的方法属于拉拔法。

4. 温差法拆卸是用加热被包容件或者冷却包容件的方法来拆卸零部件。

5. 轴与轴套咬死时可采用车套留轴法，此法属于破坏法。

6. 将齿轮减速器箱体和箱座顶开的起盖螺钉是用顶压法拆卸减速器箱盖的专用工具。

7. 轴承的安装形式有轴承直接装在圆柱轴颈上，轴承直接装在圆锥轴颈上，轴承装在紧定套上和轴承装配在退卸套上四种结构。

8. 轴承的装配与拆卸方法有机械法，液压法，压油法和温差法。

9. 根据轴承的尺寸分类，小轴承孔径为小于 80 mm，中等轴承孔径为大于 80 mm 且小于 200 mm，大型轴承孔径为大于 200 mm。

10. 采用温差法装配轴承时，轴承的温度应比轴高 100～120℃。

(三) 读图分析题

1．分析项目作业图 1-2-1 所示铣刀头滚动轴承部件的滚动轴承装配方法，拟定其装配步骤，并绘制装配单元系统图。

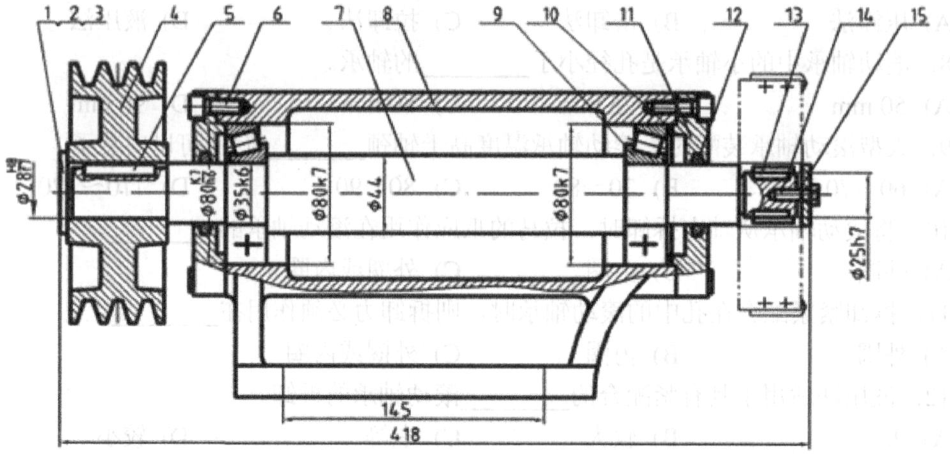

1—挡圈 A35；2—螺钉 M6X20；3—销 A3X12；4—带轮；5—键 8X40；6—螺钉 M8X20(12 件)；
7—轴；8—座体；9—轴承 30307(2 件)；10—调整环；11—端盖(2 件)；12—毡圈(2 件)；
13—键 6X20(2 件)；14—螺栓 M6X20；15—挡圈 B20

项目作业图 1-2-1 铣刀头滚动轴承部件装配图

项目 1.3 液压缸拆卸与组装

▶▶▶ 项目内容

(1) 图 1-3-1 为某液压缸实物图。绘制装配示意图，绘制装配单元系统图。

(2) 完成液压缸的拆卸和组装。

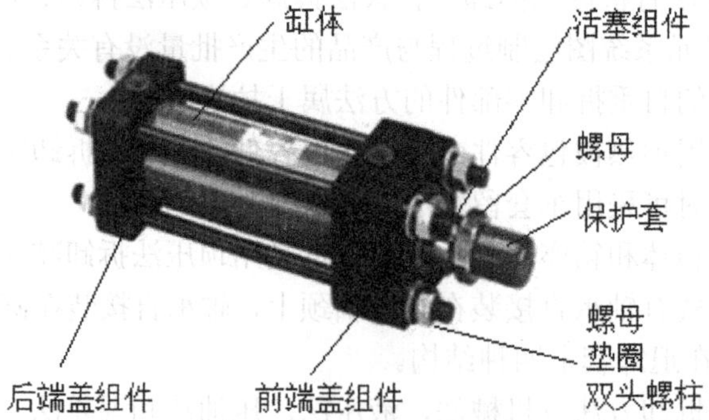

图 1-3-1 某液压缸实物图

▶▶▶ 项目要求

(1) 会识读和绘制所拆装组件的装配示意图。

(2) 进一步熟悉装配单元系统图绘制步骤，能绘制所拆装组件的装配单元系统图。

(3) 掌握密封件装配技巧，会拆装 O 型密封圈、骨架油封、填料密封等密封件。

❖知识链接

一、装配示意图的识读

1. 装配示意图作用

装配示意图是拆卸过程中所画的记录图样，用简单线条和规定符号(见附表 4)画出，用来记录各零件间的装配关系。装配示意图用于表达各零件之间的相对位置、装配关系、传动路线和工作情况等。

2. 装配示意图识读内容

通过装配示意图我们可以读出装配体的组成、结构及工作原理，而且还可以进行拆装顺序及拆装方法分析，是拆装时重要参考文件。

1-3-2 为某机用虎钳的装配示意图。

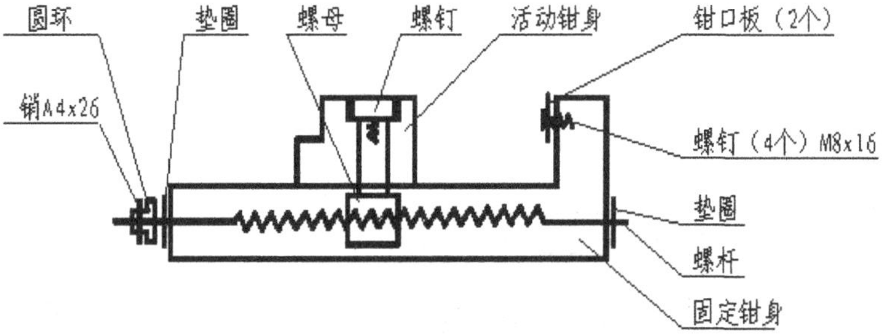

图 1-3-2 机用虎钳装配示意图

二、装配示意图的绘制

1. 装配示意图绘制步骤

在绘制装配图前首先要了解分析装配体，然后一边拆卸，一边绘制，画法没有严格规定；通常用简单的线条和规定符号画出大致轮廓；绘图时把装配体看成是透明的，先画主要零件，再按装配顺序画出其他零件；画好后对各个零件编上序号并列表登记。

2. 装配示意图绘制实例

图 1-3-3 为某齿轮油泵分解图，通过分析该装配体拟定拆卸顺序为：圆柱销(2 件)—螺栓及垫圈(6 套)—泵盖组件(泵盖+钢珠+钢珠定位圈+弹簧+小垫片+螺塞)—垫片—从动齿轮轴—填料压盖—锁紧螺母—填料—主动齿轮轴—泵体，按照拟定的拆卸顺序进行拆卸，一边绘制装配示意图。

首先画出装配基准件泵体，以简单的线条表达其轮廓特点，然后按照装配顺序依次画出主动齿轮轴—填料—锁紧螺母—填料压盖—从动齿轮轴—垫片—泵盖组件—圆柱销—螺栓及垫圈，其中泵盖组件内部结构以剖视表达。

所绘制的装配示意图如图 1-3-4 所示；画好后列出零件明细表(略)。

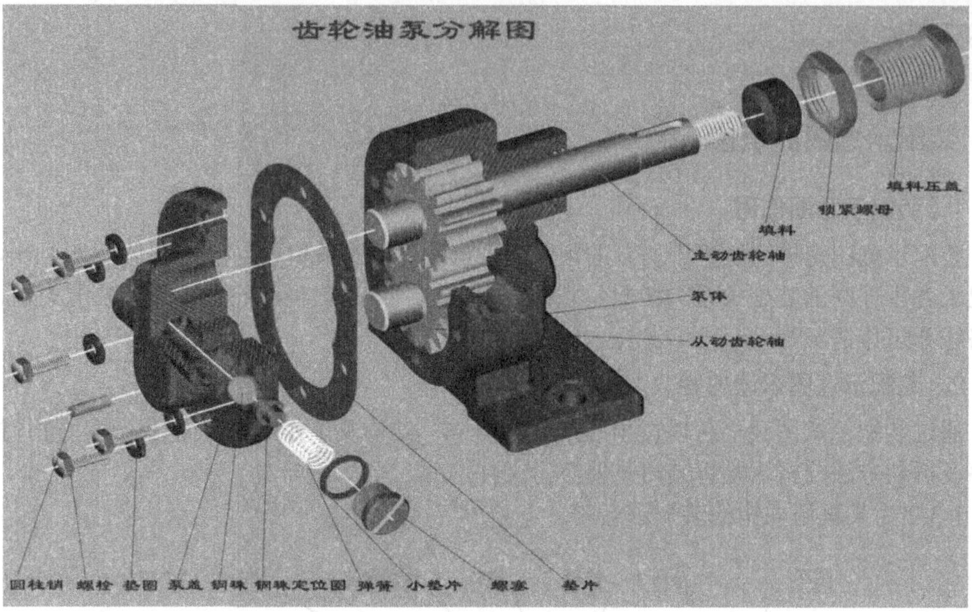

图 1-3-3 某齿轮油泵分解图

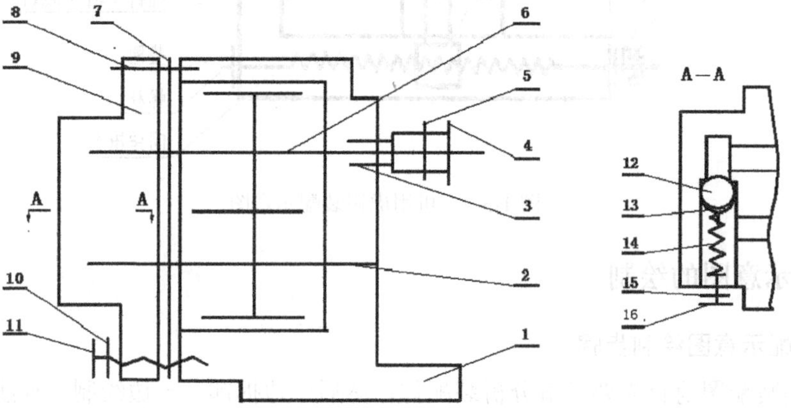

1—泵体；2—从动齿轮轴；3—填料；4—填料压盖；5—锁紧螺母；6—主动齿轮轴；7—垫片；8—圆柱销(2 件)；9—泵盖；10—垫圈(6 件)；11—螺栓(6 件)；12—钢珠；13—钢珠定位圈；14—弹簧；15—小垫片；16—螺塞

图 1-3-4 某齿轮油泵装配示意图

❖技能链接

密封件主要起着阻止介质泄漏和防止污物侵入的作用，其装配技术要求主要是密封件所造成的磨损和摩擦力应尽量小，但要能长期地保持密封功能。

常用的密封件主要有密封垫、密封毡圈、填料密封、O 型、Y 型密封圈和油封，其中 O 型密封圈因结构简单、成本低廉、使用方便、使用范围广(密封压力从 1.33×10^{-5} Pa 的真空到 400 MPa 的高压)且密封性不受运动方向的影响而得到了广泛的应用。

一、O 型密封圈装配

(一) O 型密封圈的结构以及密封机理

1. O 型密封圈的结构以及密封机理

O 型密封圈为圆形截面，密封圈及其安装沟槽结构尺寸均已标准化(GB 3452.1—92)。O 型密封圈的材料主要有耐油橡胶、尼龙、聚氨酯等。

2. O 型密封圈的密封机理

如图 1-3-5 所示，O 型密封圈的密封机理是：O 型密封圈在安装时有一定的预压缩，同时受油压作用产生变形，紧贴密封表面而实现密封。安装时其径向和轴向方面的预压缩赋予 O 型密封圈自身的初始密封能力。

O 型密封圈具备自封性，即其密封性随系统压力的提高而增大的性能。

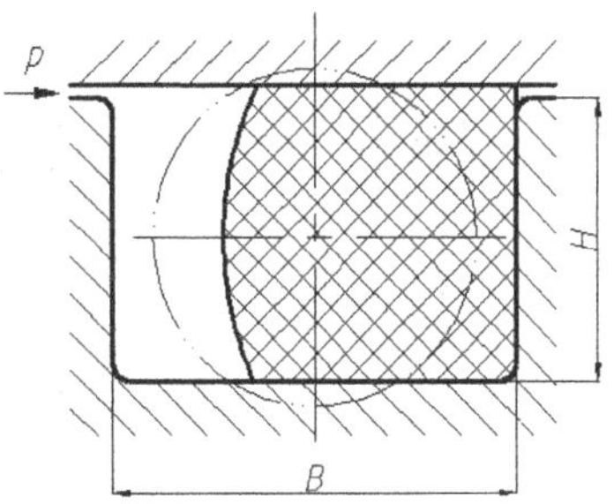

图 1-3-5　O 型密封圈的密封原理

(二) O 型密封圈的应用特性

1. O 型密封圈的挤入缝隙现象

当静密封压力 $p>32$ MPa 或动密封压力 $p>10$ MPa 时，O 型密封圈有可能被压力油挤入间隙而损坏，如图 1-3-6(a)所示。为此在 O 型密封圈低压侧安置聚四氟乙烯挡圈，如图 1-3-6(b)所示。双向受压时，需在两侧加挡圈，如图 1-3-6(c)所示。也可以改用硬度高的橡胶密封圈，有效地防止 O 型密封圈的挤入缝隙现象。

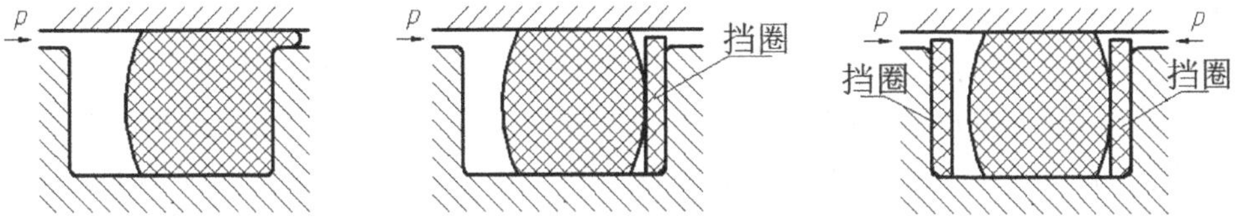

(a)　　(b)　　(c)

图 1-3-6　O 型密封圈挤入缝隙现象及挡圈安装

2. O 型密封圈的永久性变形

O 型密封圈在外加载荷或变形去除后，都具有迅速恢复其原来形状的能力，但在长期使用之后总有某种程度的变形不能恢复，称为“永久性变形”，该现象使 O 型密封圈的密封能力下降。

另外由于弹性橡胶性能受环境变化影响，应注意贮存环境对 O 型密封圈质量的影响。

(三) O 型密封圈的装配

1. O 型密封圈的拆装专用工具

目前常用一种专用工具套件，它可以使 O 型密封圈拆装较易进行，如图 1-3-7 所示。

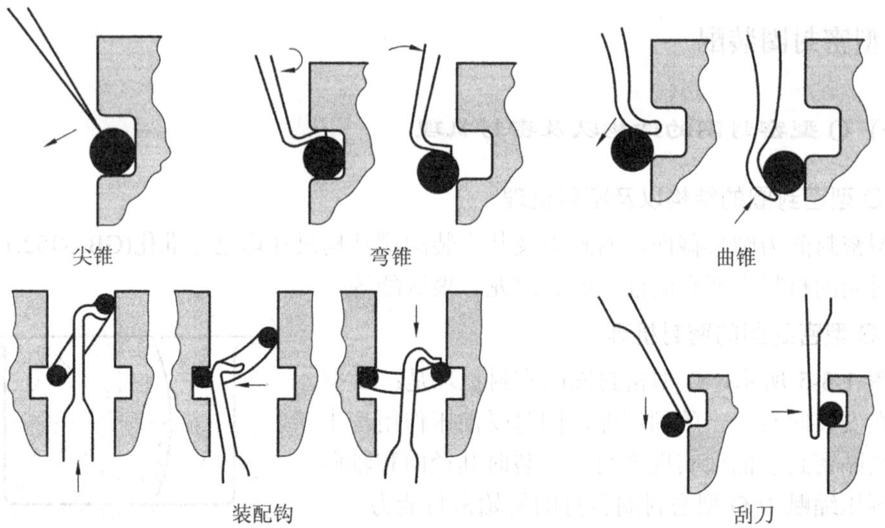

图 1-3-7　O 型密封圈装配和拆卸工具套件内的各种工具操作示意图

尖锥用于将小型 O 型密封圈从难以接近的位置上拆卸下来，该工具用于不重要场合，因尖锥易损坏 O 型密封圈；弯锥用于将 O 型密封圈从难以接近的位置中拆卸下来，具体操作是：将弯锥伸进沟槽内，同时转动手柄并将手柄推向孔壁，从而将 O 型密封圈从沟槽中拆卸出来；曲锥用于将 O 型密封圈从沟槽中拆卸下来，也用于将 O 型密封圈拉入沟槽内；装配钩用于将 O 型密封圈放入沟槽内，操作方法是首先将 O 型密封圈推过沟槽，再用此工具的背将 O 型密封圈的一部分推入沟槽内，然后用其尖端将 O 型密封圈的另一部分完全安装到位；刮刀适用于拆卸接近外表面处的 O 型密封圈，也可用于将 O 型密封圈放入沟槽中和向已安装的 O 型密封圈添加润滑剂。

2. O 型密封圈的装配要求

装配前严格清洗密封沟槽、密封配合面，对 O 型密封圈要通过的表面应涂敷润滑脂；安装过程中不允许出现 O 型密封圈被划伤和位置安装不正，以及 O 型密封圈被扭曲等情况；密封装置的孔端、轴端或孔口应采用 10°～20° 导入角，以防止在装配时损坏 O 型密封密封圈，如图 1-3-8 所示。

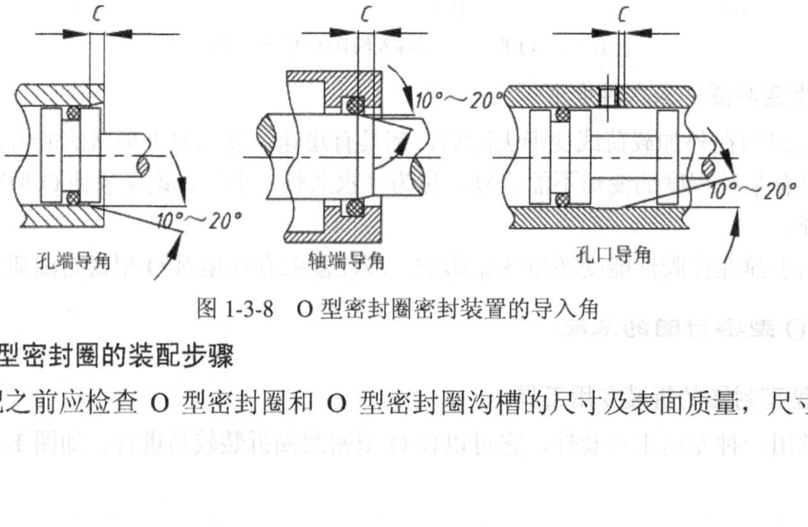

图 1-3-8　O 型密封圈密封装置的导入角

3. O 型密封圈的装配步骤

在装配之前应检查 O 型密封圈和 O 型密封圈沟槽的尺寸及表面质量，尺寸内容如图 1-3-9 所示。

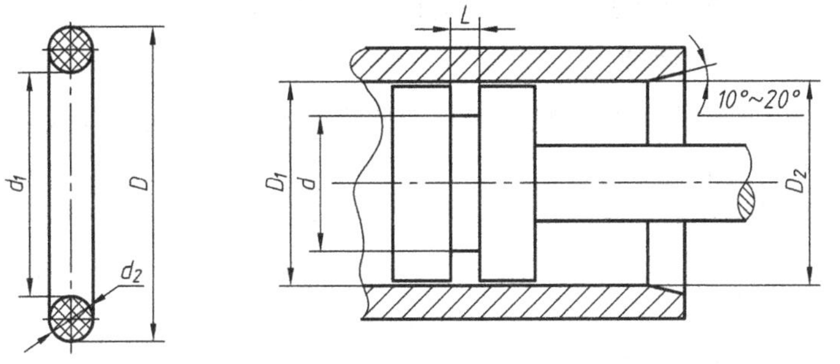

图 1-3-9　O 型密封圈及 O 型密封圈沟槽尺寸检测

(1) 测量阀杆直径 D_1、O 型密封圈沟槽直径 d，安装孔直径 D_2，计算沟槽深度，见表 1-3-1。

(2) 测量沟槽宽度 L。

(3) 精确检查沟槽表面质量并检查 O 型密封圈上是否有损伤，同时还要检查其他尺寸。

表 1-3-1　O 型密封圈组件装配尺寸检查

阀杆直径 D_1		沟槽深度 $(D_2-d)/2$	
沟槽直径 d		沟槽宽度 L	
孔径 D_2		O 型密封圈尺寸 $D \times d_2$	

在检查完毕，进行装配。装配步骤如下：

(1) 用专用润滑剂润滑 O 型密封圈。

(2) 用专用工具将 O 型密封圈放入密封装置(如阀杆)沟槽内，并防止其发生扭曲变形。

(3) 检查 O 型密封圈装配是否正确。

(4) 将装配好的密封分组件装入与其相配的圆柱孔内，定位并紧固。

(四) O 型密封圈的润滑

在装配中，O 型密封件及其配合件必须有良好的润滑，但是由于某些润滑剂对橡胶密封件可能产生不良影响(膨胀或收缩)，所以应当采用专用 O 型密封圈润滑剂。

目前市场上有多种适用于 O 型圈的专用润滑脂，如埃科润滑脂 EccoGrease EM71-2，该润滑脂是由聚醚类合成油为基础油，特殊锂皂为稠化剂并加有抗氧化、防锈蚀、抗老化等多种添加剂精制而成的塑料/橡胶用润滑脂。

(五) Y 型密封圈的安装技巧

Y 型密封圈的截面呈 Y 型，是一种典型的唇型密封圈，广泛应用于往复动密封装置。

1. Y 型密封圈的结构及分类

Y 型密封圈的截面如图 1-3-10 所示，按其截面的高、宽比例不同，可分为宽型、窄型等几种；按两唇的高度是否相等，分为轴、孔通用型的等高唇 Y 型密封圈和不等高唇的轴用和孔用 Y 型密封圈。

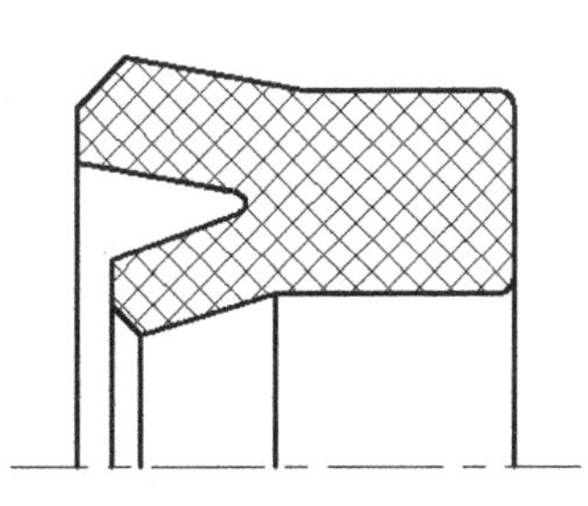

图 1-3-10　Y 型密封圈截面示意图

Y 型密封圈的主要缺点是只能单向起作用，活塞类的双向密封需使用一对 Y 型密封圈，安装沟槽尺寸较大。

2. Y 型密封圈的密封原理

Y 型密封圈依靠其张开的唇边贴于密封副偶合面。无内压时，仅仅因唇尖的变形而产生很小的接触压力。在密封的情况下，与密封介质接触的每一点上均有与介质压力相等的法向压力，所以唇型圈底部将受到轴向压缩，唇部受到周向压缩，与密封面接触变宽，同时接触应力增加。当内压再升高时，接触压力的分布形式和大小进一步改变，唇部与密封面配合更紧密，所以密封性更好，这就是 Y 型圈的自封作用。

3. Y 型密封圈的安装技巧

(1) 孔或轴的端部必须倒角，如倒 30° 角，以防密封圈唇边在安装时损坏。

(2) 如活塞杆头部的螺纹或退刀槽的直径与活塞杆的直径相同，应使用专用套筒安装，也可在螺纹部分缠绕胶布后进行安装。

(3) 应尽量避免在密封圈通过的缸内壁或活塞杆上开设压力油孔。若密封圈必须通过有孔部分，为防止密封圈损坏，应将这些孔的边缘倒角或倒圆。

(4) 为减少装配阻力，应将唇形圈与装入部位涂敷润滑脂或工作油。

(5) 安装时应防止带入铁屑、砂土、棉纱或其他杂物，并要彻底清洗密封偶件、沟槽。

二、油封装配

油封适用于工作压力小于 0.3 MPa 的条件下对润滑油和润滑脂的密封，常用于滚动轴承部位，对内封油，对外防尘。

(一) 油封的结构以及密封机理

1. 油封的典型结构及密封机理

油封的代表形式是 TC 油封，结构如图 1-3-11 所示，这是一种橡胶完全包覆的带自紧弹簧的双唇油封。TC 油封的密封机理是：自由状态下，油封唇口内径比轴径小，具有一定的过盈量；安装后，油封唇口的过盈压力和自紧弹簧的收缩力对旋转轴产生一定的径向压力；工作时，油封唇口在径向压力的作用下，形成 0.25～0.5 mm 宽的密封接触环，在润滑油压力作用下，油液渗入油封唇口与转轴之间形成极薄的一层油膜。油膜受油液表面张力的作用，在转轴和油封唇口外沿形成一个“新月面”防止油液外溢，起到密封作用。

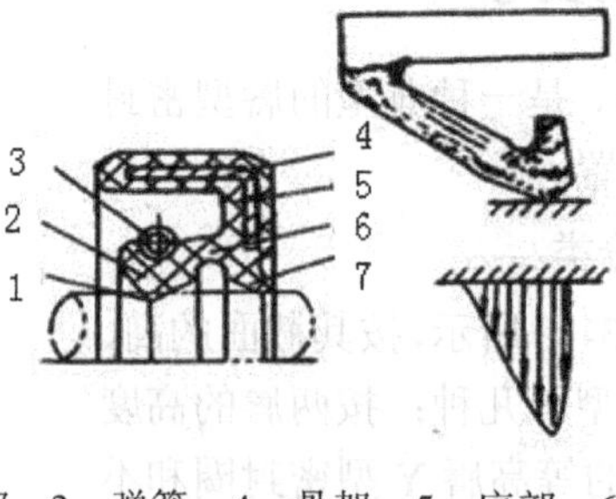

1—唇口；2—冠部；3—弹簧；4—骨架；5—底部；6—腰部；7—副唇

图 1-3-11 油封典型结构及唇口接触应力示意图

2. 油封的材料及类型

油封的常用材料有丁腈橡胶、氟橡胶、硅橡胶、丙烯酸酯橡胶、聚氨酯、聚四氟乙烯等；常见结构有粘接结构、装配结构、橡胶包骨架结构以及全胶结构。

(二) 油封的装配和润滑

1. 油封装配前的准备工作

装配前应首先确定油封类型，查询油封标准尺寸；然后测量油封尺寸，检查油封是否有破损；再清理并严格清洗油封、轴和安装孔，并检测油封安装的孔径和轴径。

2. 油封的润滑

为了使油封易于装配到轴上，必须事先在轴和油封上涂抹润滑油或脂；而且，在运动中每个油封都需要对其相互运动的密封表面进行一定的润滑，以防止运动时对油封的损坏。当油封用于非润滑性介质的密封时，必须采用专门的预防措施，此时可采用一前一后安装两个油封或者采用带防尘唇的油封两种方式，如图 1-3-12 所示。

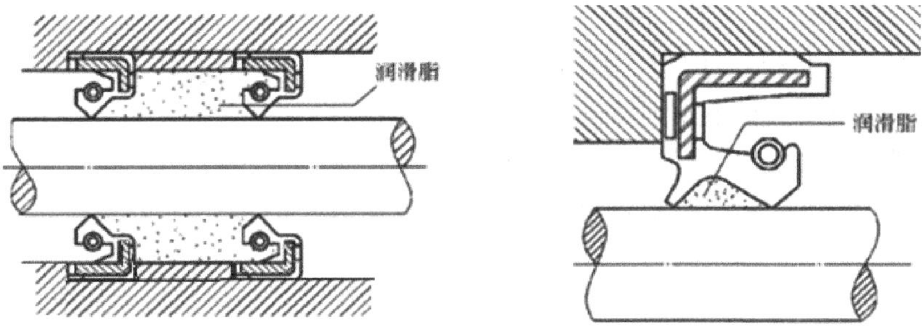

图 1-3-12　油封一前一后安装以及使用防尘唇时油封润滑示意图

3. 油封的装配技巧

(1) 安装时使用专用套筒使压力通过油封刚性较好的部分传递，并保证油封均匀压入孔内；专用套筒的尺寸应严格控制，否则会使油封变形，见图 1-3-13。

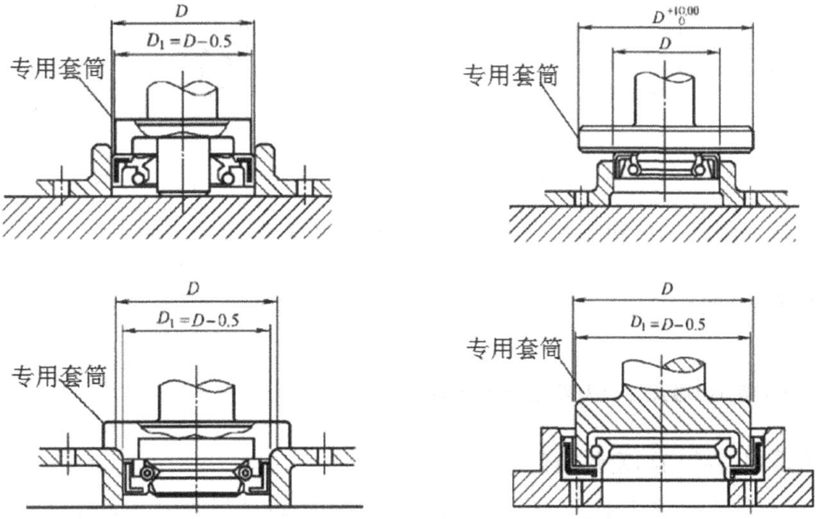

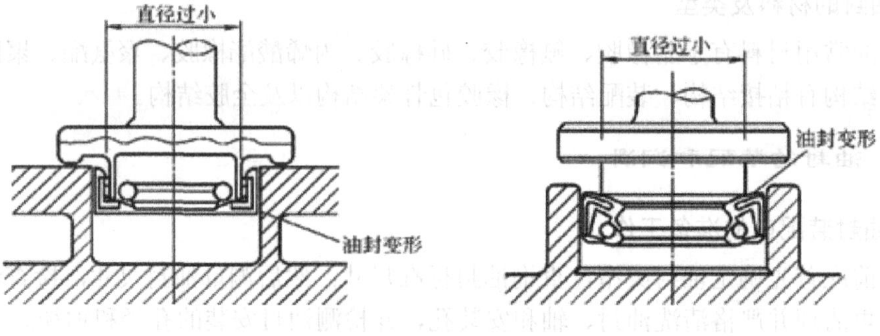

图 1-3-13　油封装配专用套筒结构及套筒尺寸控制示意图

(2) 保证油封安装时的导入角。由于安装时油封扩张，为安装方便，轴端应有导入角 30°～50°，锐边倒圆，倒角上不应有毛刺、尖角或粗糙的机加工痕迹。为装配方便，安装孔口至少有 2 mm 长的倒角，其角度为 15°～30°，不允许有毛刺，见图 1-3-14。

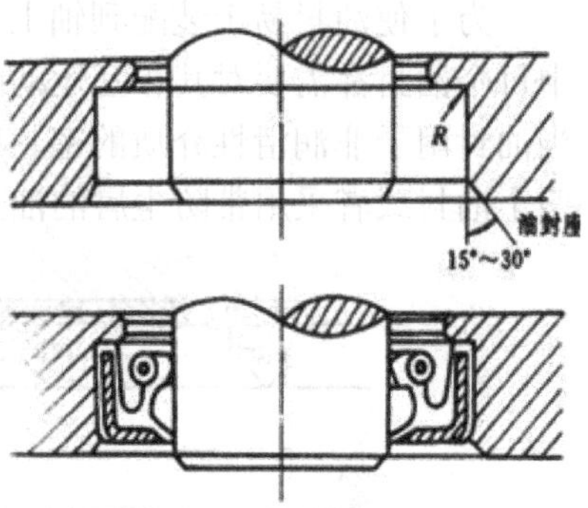

图 1-3-14　油封装配时的导入角

(3) 必要时使用安装防护套。如图 1-3-15 所示，当轴上有键槽、螺纹或其他不规则部位时，为防止密封唇沿着轴表面滑动而损坏油封，建议采用专用安装防护套将轴保护起来，也可事先用油纸或硬塑料膜(俗称玻璃纸)包裹轴的接触部分，在其表面抹上少许机油，将油封套进裹着塑料膜的轴头，均匀用力将油封慢慢推压至轴颈，然后将塑料膜抽出。

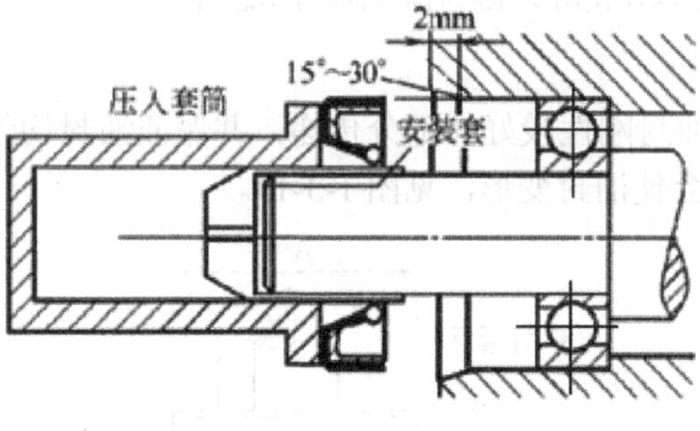

图 1-3-15　孔口导入角及安装防护套的使用

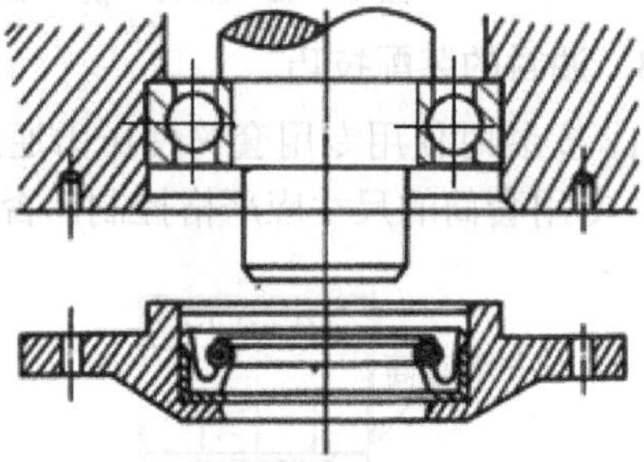

图 1-3-16　轴颈和油封座中心一致

(4) 油封座应保证轴颈和油封座中心一致，如图 1-3-16 所示。

三、填料密封装配

(一) 填料密封的结构以及密封机理

1. 压盖填料的结构和密封机理

填料密封又称压盖填料密封，俗称盘根，主要用于机械行业中的动密封。

如图 1-3-17 所示，填料密封通常由填料、填料压盖和压盖螺母组成；盘根的尺寸在安装时确定，其横截面=$(B-A)/2$，A 为轴外径尺寸，B 为填料箱内孔孔径，见图 1-3-18。

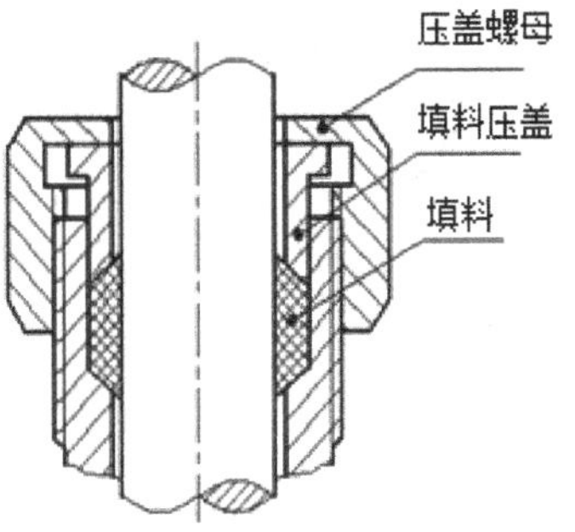

图 1-3-17　填料密封的结构

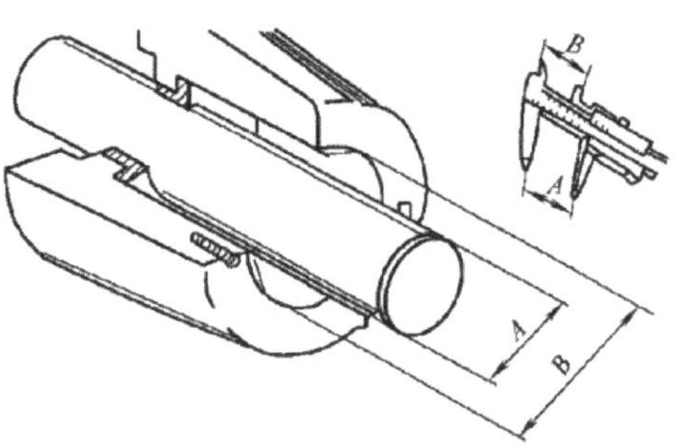

图 1-3-18　盘根尺寸的确定

填料的密封机理：填料装入填料腔以后，经压盖对它作轴向压缩，当轴与填料有相对运动时，由于填料的塑性，使它产生径向力，并与轴紧密接触。与此同时，填料中浸渍的润滑剂被挤出，在接触面之间形成油膜。由于接触状态并不是特别均匀的，接触部位便出现边界润滑状态，称为轴承效应；而未接触的凹部形成小油槽，有较厚的油膜，接触部位与非接触部位组成一道不规则的迷宫，起阻止液流泄漏的作用，此称为迷宫效应。

填料密封良好的密封在于维持轴承效应和迷宫效应，即保持良好的润滑和适当的压紧。为此，需要经常对填料的压紧程度进行调整，以便填料中的润滑剂在运行一段时间流失之后，再挤出一些润滑剂，同时补偿填料因体积变化所造成的压紧力松弛。显然，这样经常挤压填料，最终将使浸渍剂枯竭，所以定期更换填料是必要的。此外，为了维持液膜和带走摩擦热，有意让填料处有少量泄漏也是必要的。

2. 压盖填料的材料

压盖填料总是用软的、易变形的材料制成的，主要有聚四氟乙烯、驼毛斜纹织物、石墨、植物纤维、金属、云母、玻璃和陶瓷材料等。

压盖填料通常以线绳或环形状态供应，按穿心编织方法制造，每股绳都呈 45° 穿过填料截面内部。

(二) 填料密封的装配

1. 准备工作

① 将旧填料用专用工具(如填料螺杆)全部取出，把填料箱擦干净。

② 清洗轴、杆或主轴，清除旧填料残余物，做到填料腔清洁、光滑。

③ 观察填料箱各部位有无损伤偏心等缺陷，损伤的阀杆、轴套和填料箱将影响盘根性能。

④ 检查其他部件是否还可应用，换掉所有破损部件。

图 1-3-19 所示为压盖填料的专用拆装工具，其中填料螺杆主要用于将结构中原有的旧压盖填料(包括填料盒底部的挡圈)从填料盒中清除出去，而木质半轴套是根据填料腔的尺寸制作的，用于装填压盖填料时将填料推入腔的深部，以及对填料进行预压缩时使用。

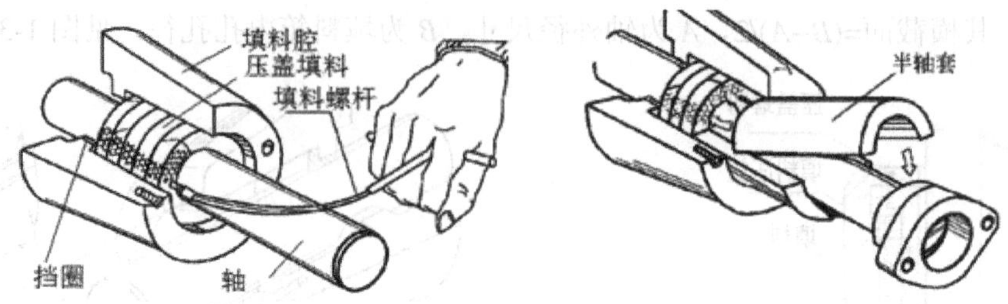

图 1-3-19　填料螺杆、木质半轴套及其操作示意图

2. 选择盘根

选择时注意工况要求与盘根性能应相吻合，并正确选择盘根尺寸(见图 1-3-18)，有损伤的装置可能需要稍大横截面的盘根，以弥补盘根损伤。

3. 装配盘根

表 1-3-2 为盘根的装配步骤。

表 1-3-2　盘根的装配步骤

图　例	步 骤 说 明
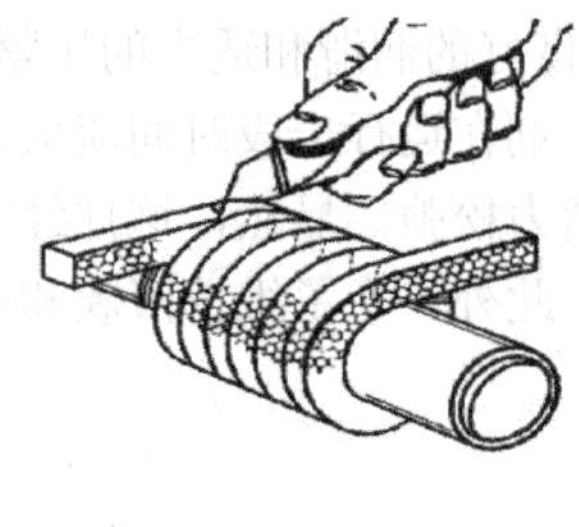 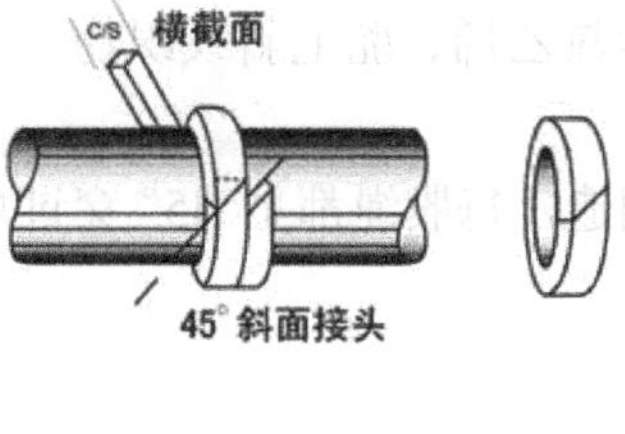	切割盘根： ① 将盘根缠绕在和轴相同直径的管子上，将其缠紧但不能拉伸，对齐后切断。 注意：切勿用环绕填料箱的办法来测量长度。 ② 切下第一个密封环，试试是否正好填满填料箱，并确保接头紧密无缝隙。 ③ 以第一个密封环为标准切割其他密封环，成批的填料切断后装成一箱。 注意： ① 如果是在平面上切割密封环，端面应为斜面，以补偿缠绕后的变形。对于软质填料切口呈 30°斜面，对于硬质填料切口呈 45°斜面。 ② 对切断后的每节填料，不能让它松散。可在切口处缠绕胶带，然后在胶带面上进行切割
 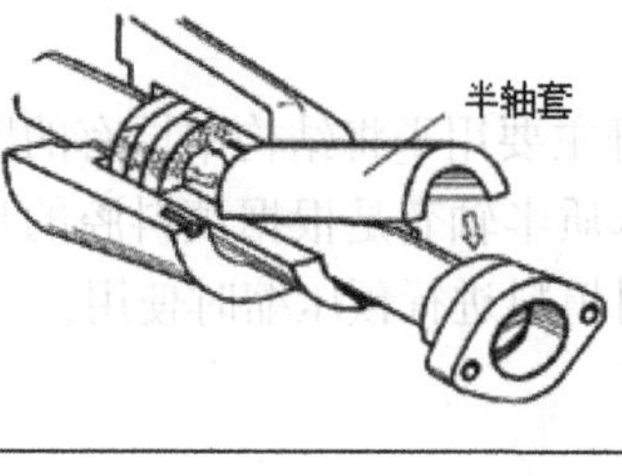	装填盘根： ① 每次只安装一个密封环，并确保每个密封环都没有污垢或其他残留碎屑。 ② 安装前用轻质油润滑盘根和轴，再用双手各持填料接口的一端，沿轴向拉开使之呈螺旋形，再从切口处套入轴颈。 ③ 将每道密封环接头位置错开 60°以上，以防切口泄漏，并用专用盘根工具将每道密封环压紧。 ④ 装完最后一道密封环后，接着装上压盖，并利用压盖压紧盘根，用工具单独将每道密封环密封环压紧是保证密封稳定可靠的关键

续表

图　例	步　骤　说　明
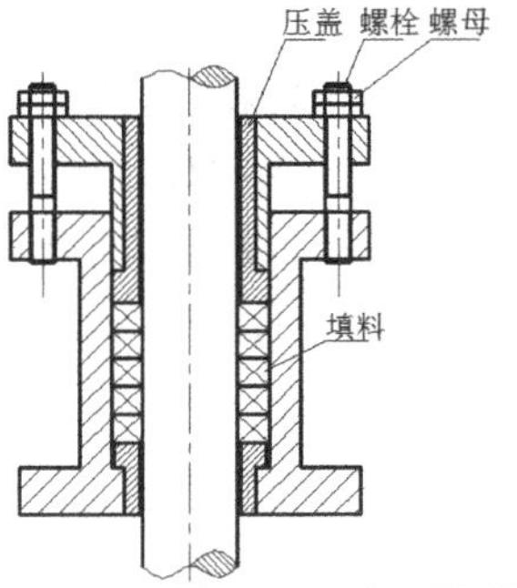	调整填料： ① 密封环安装后，用手拧紧压盖螺栓。 ② 启动时必须保持一定的泄漏，否则将导致盘根发热烧毁。 ③ 依次均匀地旋紧螺母。 ④ 进行运转试验，以检查是否达到密封要求和验证发热程度。若不能密封，可将填料再压紧一些；若发热过大，将它放松一些。如此调整直到只呈滴状泄露和发热不大为止

4. 填料的跑合

新填料装配完毕应进行填料的跑合。在新填料处于跑合阶段时，由于摩擦而引起的热会使密封处于高温下工作的危险。必须注意的是，多数泵的填料压盖都是用合成材料制成，在高温时很快会烧毁，此后即不能使用。所有必须严格控制热量的产生，当发觉填料过热时，设备必须停车，经短时间冷却后出现均衡的泄漏时，才可让设备重新投入运行。这种过程需要经过多次重复后，才会使轴的泄漏量达到要求，且温度保持不变。这就是填料的跑合过程。

5. 填料的冷却和润滑

由于摩擦的原因，填料密封冷却和润滑很重要，常用的冷却和润滑装置为封液环。封液环是位于填料之间的一个附加环，如图 1-3-20 所示。为了能向密封装置输送润滑液，填料盒上应有供封液环和外部空间连接的小孔。建议封液环宽度尺寸是填料环的两倍(2*S*)，这样，当因填料体积减小而造成封液环移位距离达 1.5*S* 时，可不致堵住封液环润滑或冷却用的小孔。

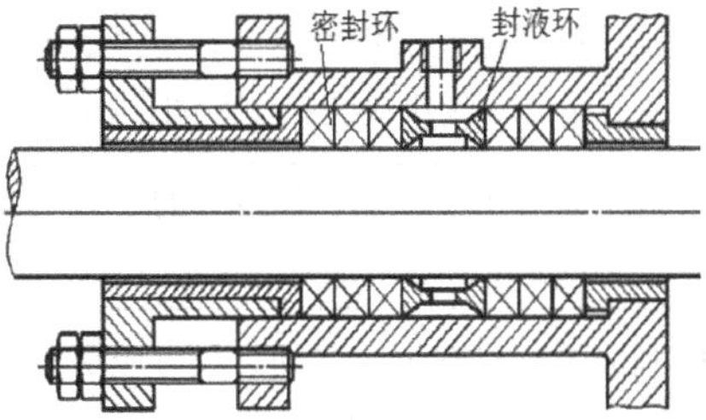

图 1-3-20　封液环的使用

四、密封垫装配

密封垫广泛应用于管道、压力容器以及各种壳体接合面的静密封方式。

(一) 密封垫的材料选择

1. 对密封垫材料的使用要求

(1) 具有良好的密封能力。首先密封垫应有高抗蠕动能力，否则当螺栓旋紧时，垫片会被压而发生径向延伸或蠕动，从而出现界面泄漏；其次必须能在较长时间内保持密封能力。

(2) 具有高致密性。高的致密性可防止产生液体渗透而造成泄漏。

(3) 具有较高的抗高温和抗化学腐蚀能力。这是因为管道、压力容器内输送或储藏的介质对密封件的长期腐蚀，或在高温(或超低温)环境下的长期使用对密封垫的密封性能有极大影响。因此，在选择密封垫材料时，必须根据管道、压力容器内输送或储藏的介质种类、内部压力、温度、外部压力、抗化学腐蚀力、密封面的形状和表面条件等决定。

2．密封垫的材料

表 1-3-3 为密封垫的材料及应用场合。

表 1-3-3　密封垫的材料及应用场合

类型	名称	特点及应用
非金属	纤维	如棉、麻、石棉、皮革等纤维材质制成的密封垫，具有良好防水、防油和防汽油能力，常用于内燃机的管道法兰
	软木	软木密封垫的优点是可用于被密封表面不太光滑的场所，特别适用于填料盖、观察窗盖板和曲轴箱盖，不适用于高压和高温场合
	纸	纸的厚度必须是 0.5 mm 左右，用于防水、防油或防气场合的密封，其压力和温度不能太高，在水泵、汽油泵、法兰和箱盖上都有应用
	橡胶	可用于被密封表面不太光滑的场合，其工作压力和温度不能太高，主要应用的是合成橡胶，经常用于水管中
	塑料	聚四氟乙烯是塑料中最常用的密封材料，具有良好的防酸、防溶解和防汽的能力，与其他物质间的摩擦力十分微小，价格便宜，应用广泛
	液体垫片	即密封胶。由硅橡胶密封胶和厌氧密封胶等产品制成。密封胶通常在被密封表面形成一个连续的成线状的封闭胶圈，螺钉孔周围环绕涂胶
金属	铜	铜制密封垫只可用于表面粗糙度好的小型表面上，适用于高温和高压，可使用于高压管道和火花塞上，通常将其装于沟槽内
	钢	薄钢板制成的密封垫十分坚硬，只可应用于被密封表面十分平滑且不变形的场合，具有良好的抗高温和抗高压能力，可用于内燃机的汽缸盖和进气管上
半金属	夹金属丝网石棉垫、金属板夹石棉垫片等	主要用在高温、高压的场合中，可用于水、油、气体密封，在化工设备中，许多人孔、视孔等都使用这种材料制成的垫片

(二) 密封垫的制作与安装

1．密封垫的制作

密封垫往往是在现场根据密封部位的形状和尺寸制作的，制作方法见表 1-3-4。

表 1-3-4　密封垫的制作技巧

制作类型	图　　例	制 作 说 明
旧密封垫复制	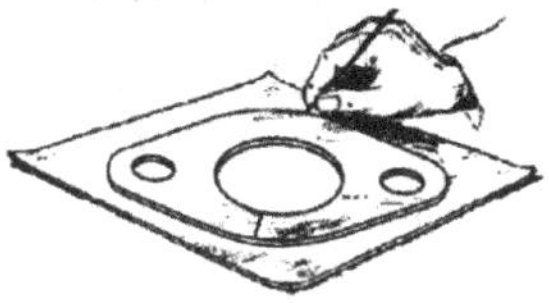	如果旧的密封垫轮廓形状是基本完整的，可将旧密封垫覆盖在新材料上并描下来，然后将密封垫剪出
薄型密封垫制作	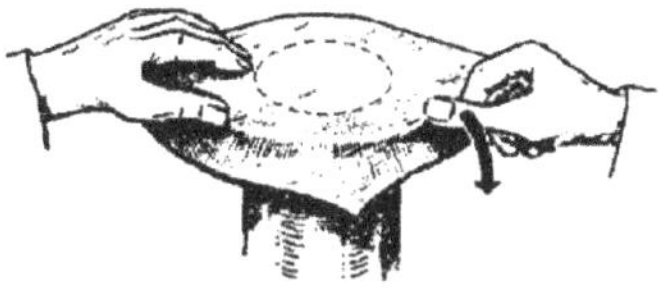	将材料直接覆盖在法兰上，并用拇指沿着法兰边缘按压，从而使密封垫轮廓显出，然后将密封垫剪出
较厚密封垫制作		将材料直接覆盖在法兰上，并用塑料锤沿着边缘轻轻敲打，即可使轮廓显出，然后切制密封垫。注意不得直接敲打密封垫
圆形密封垫制作		用密封垫制作工具来切制
密封垫上孔的制作		对于密封垫上螺栓、定位销和类似零件的安装孔，可以使用冲头在硬木上将孔冲出，但在加工中应确保不能将密封垫损坏。此时，可将密封垫上的孔径制作稍大些，以保证安装后，其通道或管道在装配后不会减小

2．密封垫的安装

(1) 将两个被密封表面清洗干净，并清除旧密封垫的残留物。

(2) 用直尺检查被密封表面是否平直，是否已受损坏。如果变形，则必须进行校直处理。

(3) 在密封垫上稍微涂抹润滑脂，安装密封垫。润滑脂可以防止密封垫移动。

(4) 拧紧螺栓，紧固连接件。必须按照成组螺栓拧紧顺序并以相同拧紧力矩逐次拧紧。

❖项目实施

一、项目实施步骤

(一) 液压缸拆装工量具准备

1．液压缸组成与原理分析

液压缸主要由缸体、活塞、活塞杆、端盖及密封件组成。

以单杆活塞缸为例，其工作原理是：活塞一边有活塞杆，称为有杆腔，另一边无活塞杆，称为无杆腔，当压力油进入无杆腔时，活塞向右运动，反之，则向左运动；由于面积$A_1>A_2$，因此所产生的向右或向左的推力不一样，见图1-3-21。

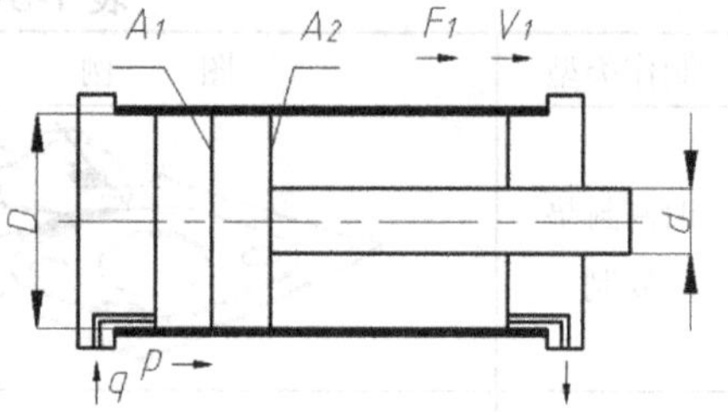

图1-3-21　单活塞杆液压缸工作原理

2．安装与连接部位分析

本项目液压缸主要采用了螺纹连接方式，具体部位为前后端盖组件与缸体之间；另外，在活塞与缸体、活塞与活塞杆、活塞杆与端盖、端盖与缸体之间以及活塞杆伸出端，分别采用了O型密封圈、Y型密封圈密封及防尘圈安装，以达到密封和防尘要求。

3．拆装方法分析

液压缸主要应用螺纹连接件以及密封件拆装方法。

4．工量具准备

表1-3-5为液压缸拆装工量具及机物料准备。

表1-3-5　液压缸拆装工量具及机物料准备

名　称	材料或规格	件数	备　注
工量具准备			
开口扳手		1	用于螺纹连接拆装
游标卡尺		1	用于密封件尺寸检测
内径千分尺		1	用于密封件尺寸检测
外径千分尺		1	用于密封件尺寸检测
O型密封圈拆装专用工具套件		1	用于O型密封圈拆装
记号笔	中号	1	标记零件
机物料准备			
润滑脂		少量	用于密封件润滑

(二) 液压缸拆装步骤

1．检查待拆件

在拆卸前先检查待拆组件是否完好。

2．完成液压缸的拆卸、清洗和装配

(1) 拟定拆卸顺序。

(2) 按照拟定的拆卸顺序完成液压缸拆卸(在下面括号中填写拆卸顺序)。

(　　)拆卸螺母、垫圈及双头螺柱

(　　)拆卸活塞杆伸出端红色保护盖、螺母

(　　)拆卸后缸盖组件

(　　)拆卸前缸盖组件

(　　)拆卸活塞组件

(　　)分解前缸盖组件

(　　)分解后缸盖组件

(　　)分解活塞组件

(3) 绘制装配示意图，见图 1-3-22。

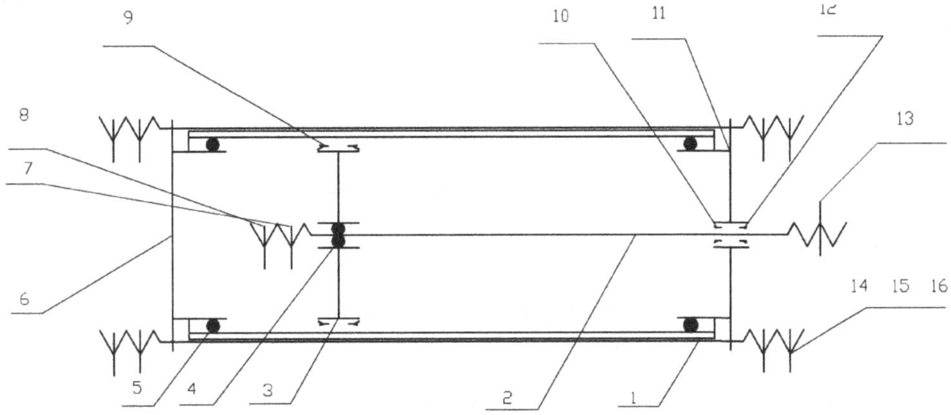

1—缸体；2—活塞杆；3—活塞；4—孔用 O 型圈；5—孔用 O 型圈；6—后缸盖；7—弹簧垫圈；8—螺母；9—孔用 Y 型密封圈；10—轴用 Y 型密封圈；11—前缸盖；12—防尘圈；13—M16X1.5 螺母；14—双头螺柱；15—弹簧垫片；16—M8 螺母

图 1-3-22　液压缸装配示意图

(4) 清洗、标记零件并合理放置。

(5) 按表 1-3-6 检查 O 型密封圈装配尺寸精度。

表 1-3-6　液压缸 O 型密封圈装配尺寸检查表

阀杆直径 D_1		沟槽深度$(D_2-d)/2$	
沟槽直径 d		沟槽宽度 L	
孔径 D_2		O 型密封圈尺寸 $D\times d_2$	

(6) 绘制装配单元系统图(学生训练)，明确装配单元和装配顺序。

(7) 完成装配操作。根据绘制的液压缸装配单元系统图完成液压缸装配，并参照液压缸的装配技术要求完成装配质量检验。最后，整理装配现场。

二、项目作业

(一) 选择题

1. O 型密封圈的密封压力为________。

A) 1.33×10^{-5} Pa～200 MPa　　B) 1.33×10^{-5} Pa～300 MPa

C) 1.33×10^{-5} Pa～400 MPa　　D) 1.33×10^{-5} Pa～500 MPa

2. 安装油封的轴端应有导入倒角，锐边倒圆，其角度应为________。

A) 10～30　　B) 30～50　　C) 50～70

3. 当原有密封垫已损坏，且密封垫比较薄时，可以用________方法复制轮廓。

A) 拇指沿法兰四周按压出轮廓　　B) 锤子沿法兰四周进行锤击出轮廓

C) 几何法在密封垫上画图　　D) 剪刀直接剪制

4．进行试运转试验时，压盖填料装配后应达的要求有________。

A) 呈滴状泄漏

B) 填料部位的温升只能比环境温度高 100℃

C) 不漏油

D) 成线状漏油

5．当压盖填料尺寸偏小或偏大时，可以通过________进行达到所要求的尺寸。

A) 滚压　　B) 用锤子敲打

C) 重新选择一个尺寸正确的填料　　D) 无需纠正，直接装配

(二) 判断题

1. 密封的目的是消除介质泄漏和防止污染物侵入。

2. 安装油封时，作用力应作用在油封的刚性较好部位。

3. 装配密封垫时，只要密封垫制作平整，则不需用工具检查密封表面的直线度。

4. 制作密封垫上安装孔时，其加工孔径应比零件上的孔径小。

5. 安装填料环时，切口应放置成相互错开 60°以上。

(三) 读图分析题

1. 请说出项目作业图 1-3-1 中的密封方式，分析其拆装顺序并绘制装配示意图和装配单元系统图。

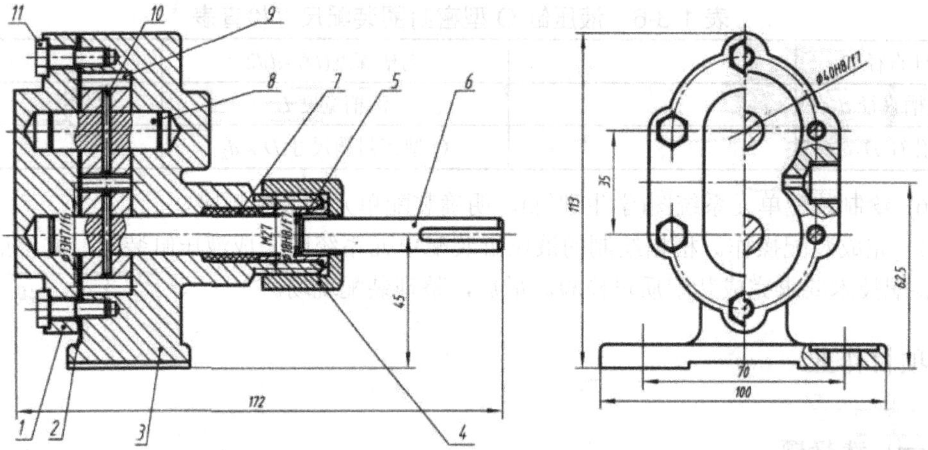

1—泵盖；2—垫片；3—泵体；4—压盖螺母；5—填料压盖；6—主动轴；7—密封填料；8—从动轴；9—齿轮(2 件)；10—销(2 件)；11—螺栓(6 件)

项目作业图 1-3-1　齿轮泵装配图

模块二　典型零部件装配与调整

项目 2.1　齿轮泵装配与调整

▶▶▶ 项目内容

(1) 识读如图 2-1-1 所示齿轮泵的装配单元系统图，编制装配工艺规程。

(2) 完成指定齿轮泵的装配与调整。

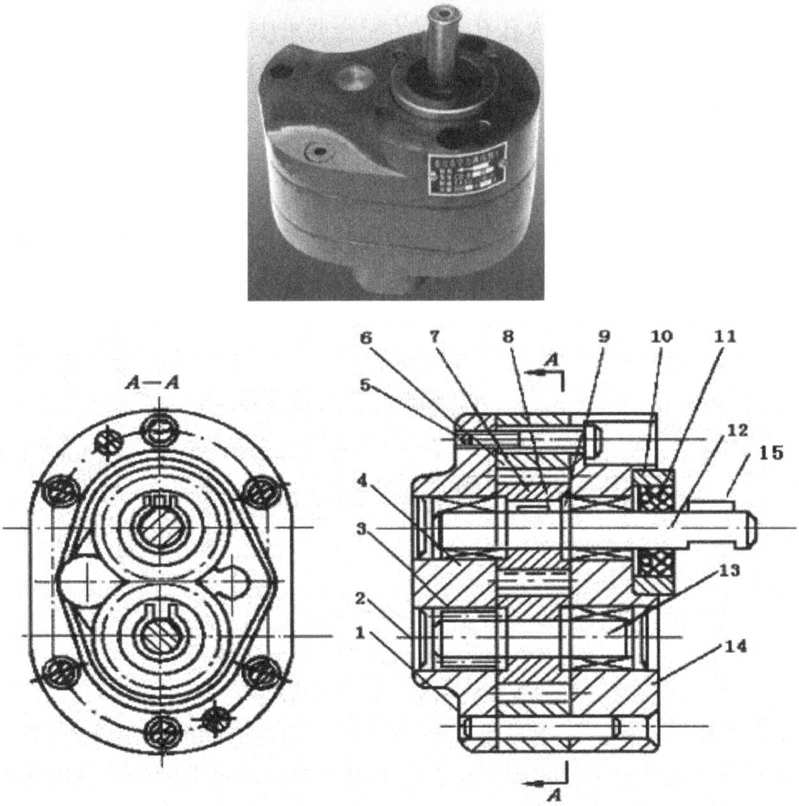

1—定位销(2 件)；2—压盖(2 件)；3—轴承(2 件)；4—后盖；5—螺钉(6 件)；6—泵体；7—齿轮(2 件)；8—键(2 件)；9—卡环(4 件)；10—法兰；11—油封；12—长轴；13—短轴；14—前盖；15—键

图 2-1-1　CB-B 型齿轮泵实物图及结构图

▶▶▶ 项目要求

(1) 理解装配精度，熟悉装配方法，会简单装配尺寸链计算。

(2) 掌握装配工艺规程编制步骤，会编制简单装配工艺。

(3) 理解装配工艺过程中的调整，能根据装配要求完成装配件零部件间的调整。

❖知识链接

一、装配精度与装配方法

(一) 装配精度

1. 认识装配精度

装配精度是指产品装配后几何参数实际达到的精度，主要包括尺寸精度、位置精度、运动精度和接触精度。

(1) 尺寸精度。尺寸精度是指零部件的距离精度和配合精度。

如本项目中齿轮泵两齿轮中心距要求(即距离精度)，长短轴轴颈与轴承内圈间的配合要求以及两齿轮的齿顶圆与泵体内孔孔径间的配合要求(即配合精度)都属于尺寸精度。

(2) 位置精度。位置精度是指相关零件的平行度、垂直度和同轴度等方面的要求。

图 2-1-2 所示的铣床主轴部件中要求调整螺母 6 的右端面圆跳动量应在 0.005 mm 内，其两端面的平行度应在 0.001 mm 内，否则将对主轴的径向圆跳动产生一定影响。0.001 mm 的平行度要求即为位置精度要求，在装配中对调整螺母 6 的右端面应进行严格调整。

又如卧式车床主轴箱、尾座两顶尖对床身导轨的等高度，实际上就是车床主轴中心线与尾座顶尖孔中心线的同轴度要求，也属于位置精度要求。

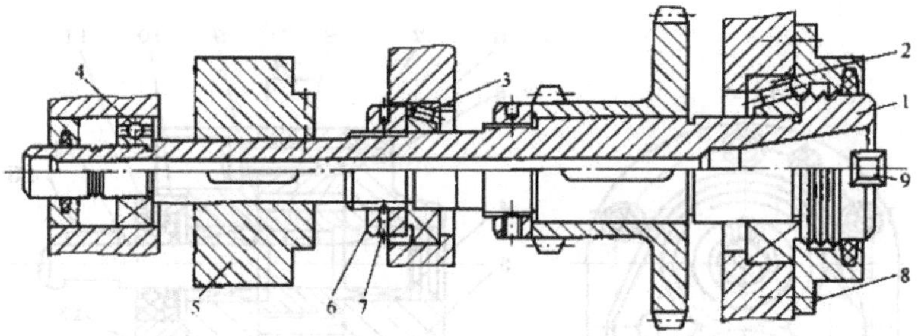

1—主轴；2、3—圆锥滚子轴承；4—深沟球轴承；5—飞轮；6—调整螺母；
7—紧固螺钉；8—法兰盘；9—端面键

图 2-1-2 铣床主轴部件结构图

(3) 相对运动精度。相对运动精度是指产品中有相对运动的零部件间在运动方向上和相对速度上的精度。如图 2-1-3 所示，卧式车床中刀架移动对主轴的垂直度要求每 300 mm 上偏差值不大于 0.02 mm，且偏差方向 $\alpha \geq 90°$，此为运动方向上的精度要求。

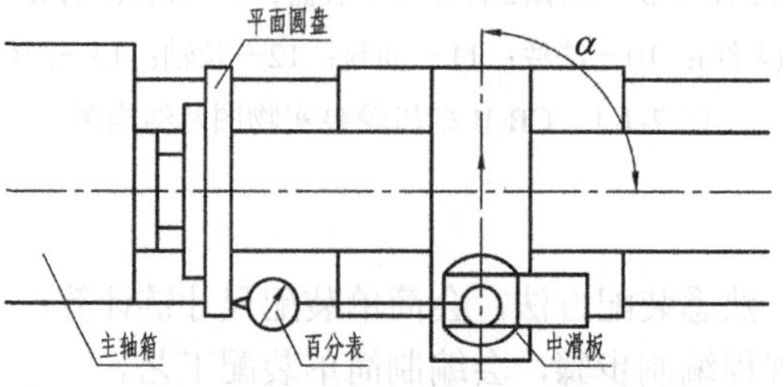

图 2-1-3 卧式车床中刀架移动对主轴的垂直度要求

(4) 接触精度。接触精度是指两配合表面(接触表面和连接表面)间达到规定的接触面积大小和接触点分布情况。

如图 2-1-4 所示，CA6140 床鞍与床身导轨结合面的刮削要求是接触点在 25 mm×25 mm 检验框内在两端不小于 12 点，中间接触点在 8 点以上；在修刮和安装好前后压板后，应保证床鞍在全部行程上滑动均匀，用 0.4 mm 塞尺检查，插入深度不大于 10 mm。

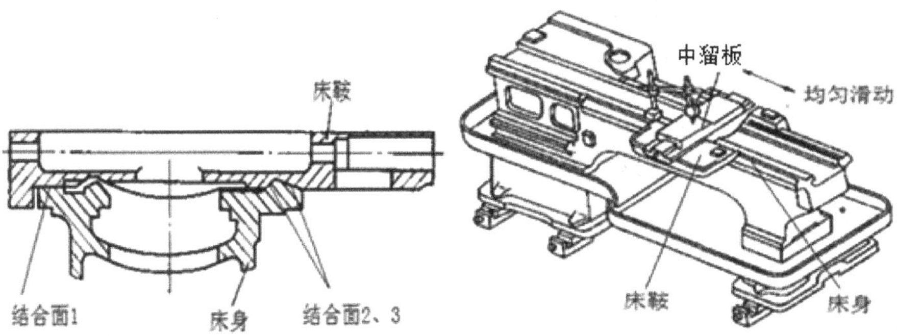

图 2-1-4　车床床鞍与床身接触精度要求示意图

2. 装配精度与零件精度的关系

装配精度既取决于零件精度又取决于装配方法。

一方面，装配精度与相关零部件制造误差的累积有关。如图 2-1-5 所示，CA6140 车床主轴锥孔轴心线和尾座套筒锥孔轴心线的等高度(要求为尾座高于主轴 0.04 mm)主要取决于主轴箱、尾座及尾座垫板的尺寸精度。

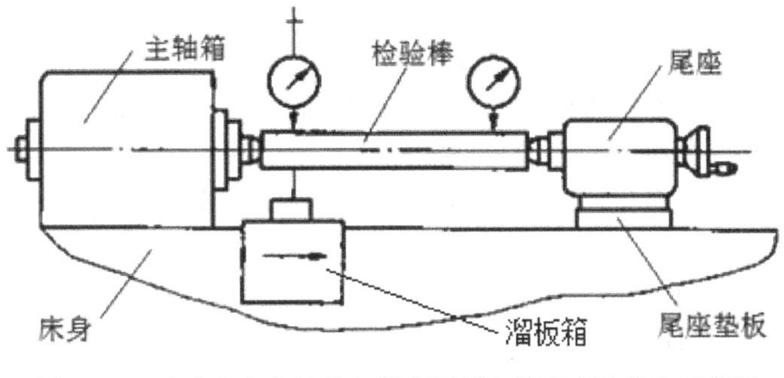

图 2-1-5　卧式车床主轴箱和尾座两顶尖等高度的检验示意图

另一方面，装配精度又取决于装配方法。例如，图 2-1-5 中车床主轴锥孔轴心线和尾座套筒锥孔轴心线的等高度要求很高，如果靠提高尺寸精度来保证装配精度是不经济的，甚至在技术上也是不可行的，通常采用的是修配装配法，即在装配中通过精度检测，对某个零件(图 2-1-5 中是尾座垫板)进行适当的修配以保证装配精度。

(二) 装配方法

装配方法是指使产品达到零件或部件最终装配精度的方法。在长期装配实践中，人们根据不同的机械产品、不同的生产类型条件创造了许多巧妙的装配方法，归纳起来有互换装配法、选配装配法、修配装配法和调整装配法四种。

1. 互换装配法

在同类零件中，任取一个装配零件，不经挑选、修配或调整即可装入部件中，并能达到规定的装配要求，这种装配方法称为互换装配法。用互换法装配，其装配精度主要取决于零件的制造精度。

在全部产品中，装配时各组成环不需挑选或不需改变其大小或位置，装配后即能达到装配精度要求的装配方法，称为完全互换法。

完全互换装配法的特点如下：

(1) 装配操作简便，生产效率高。

(2) 容易确定装配时间，便于组织流水装配线。

(3) 零件磨损后，便于更换。

(4) 零件加工精度要求高，制造费用随之增加，因此适用于在大批大量生产中零件可以采用经济加工精度的场合(如高精度少环或低精度多环)。

不完全互换装配法的实质是将组成环的制造公差适当放大，使零件容易加工，这会使极少数产品的装配精度超出规定要求，但这种事件是小概率事件，可采取另外的返修措施，从总的经济效果分析，仍然是经济可行的。不完全互换装配法尤其适用于大批量生产中较高精度的多环尺寸链。

2. 选择装配法

选择装配法有直接选配法、分组选配法及复合选配法三种。

(1) 直接选配法是由装配工人直接从一批零件中选择“合适”的零件进行装配。这种方法较简单，其装配质量凭工人的经验和感觉来确定，装配效率不高，多用于装配节拍时间要求不严的中小批生产。

(2) 分组选配法是将一批零件逐一测量后，按实际尺寸的大小分成若干组(一般不超过4组)，然后将尺寸大的包容件(如孔)与尺寸大的被包容件(如轴)相配，将尺寸小的包容件与尺寸小的包容件相配，分组对应存放。此法配合精度取决于分组数，即增加分组数可以提高装配精度，常用于大批量生产中装配精度要求很高、组成环数较少时的场合。如发动机活塞销与活塞的装配。

分组选配法的特点如下：

· 经分组选配后零件的配合精度高。

· 因零件制造公差放大，所以加工成本降低。

· 增加了对零件测量分组的工作量，并需要加强对零件的储存和运输管理，可能造成半成品和零件的积压。

(3) 复合选配法是直接选配法和分组选配法的综合，即预先测量分组，装配时再在各对应组内凭工人经验直接选配。其特点是配合件公差可以不等，装配质量高且速度较快，能满足一定的节拍要求，适用于成批生产、高精度少环尺寸链。发动机汽缸与活塞的装配多采用此法。

3. 修配装配法

修配装配法是指装配时修去指定零件上预留修配量以达到装配精度的装配方法。如装配CA6140尾座时采用修配尾座垫板的工艺措施保证尾座套筒与主轴中心线等高度的方法。

修配装配法适用于单件或成批生产、装配精度高的多环尺寸链，其特点是：

(1) 通过修配得到装配精度，可降低零件制造精度。

(2) 装配周期长，生产效率低，对工人技术水平要求高。

4．调整装配法

调整装配法即装配时调整某一零件的位置或尺寸以达到装配精度的装配方法。除必须采用分组装配的精密配件外，调整法一般可用于各种装配场合。

调整法与修配法在补偿原则上是相似的，都是按经济加工精度确定零件公差，由于每一个组成环公差扩大，结果使一部分装配件超差，修配法是靠去除金属方法以达到装配精度，调整法则是靠改变可调整件的位置或更换可调整件的方法来保证装配精度。

根据可调整件(又叫补偿件)的调整特征，调整法分为可动调整、固定调整和误差抵消调整三种调整方法。

可动调整法是用改变调整件的位置来达到装配精度的方法，一般采用斜面、螺纹、锥面等移动可调整件的位置。图 2-1-6 为可动调整法，分别采用调整楔块的上下位置以调整丝杠螺母副的轴向间隙，转动螺钉通过调整件调整轴承外环的位置以得到合适的轴向间隙。

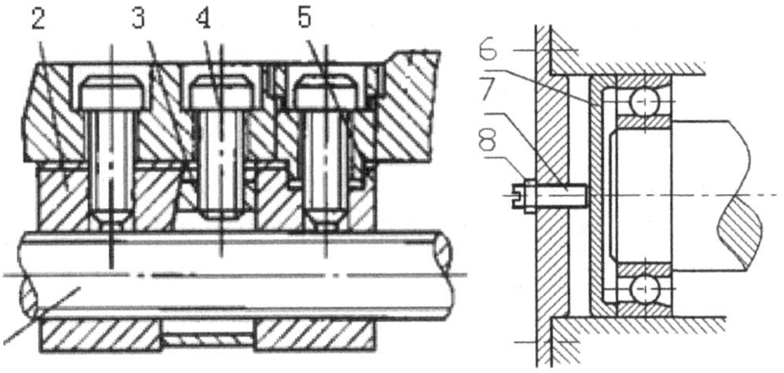

1—丝杠；2、5—螺母；3—楔块；4—调节螺钉；6—调整件；7—螺钉；8—并紧螺母

图 2-1-6　可动调整装配法

固定调整法是选择一个零件(或加入一个零件)作为调整件，根据装配精度来确定调整件的尺寸，以达到装配精度的方法。常用的调整件有轴套、垫片、垫圈和圆环等。

图 2-1-7 所示的齿轮装配中，当齿轮的轴向窜动量 A_0 有严格要求时即可采用固定调整法。

此时，需要在结构上专门加入一个尺寸为 A_K 的垫圈作为固定调整件，装配时根据间隙要求，选择不同厚度的垫圈。

固定调整法的调整件需预先按一定间隙尺寸做好，以供选用。

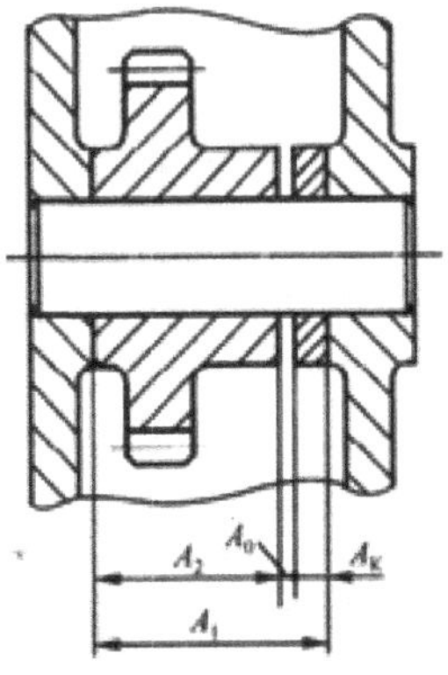

图 2-1-7　固定调整装配法

误差抵消调整法又叫定向装配法，装配前测量组成件公差，并用记号笔记下误差方向，装配时通过调整某些相关零件误差的方向，使正误差和负误差相互抵消，这样各相关零件的公差可以扩大，同时又保证了装配精度。

误差抵消装配法可使零件制造精度放宽，经济性好，还能得到较高的装配精度，但每台产品装配时均需测出整体优势误差的大小和方向，并计算出数值，增加了辅助时间，影响生产效率，对工人技术水平要求高，因此，除了单件小批量生产的工艺装备和精密机床采用此方法外，一般很少采用。

采用调整装配法零件可按经济精度确定加工公差，装配时通过调整达到装配精度；使用中可定期进行调整以保证配合精度，便于维护与修理；生产率低，对工人技术水平要求较高。

二、装配尺寸链的计算

(一) 装配尺寸链的建立

1. 装配尺寸链的形成

在机器装配过程或零件加工过程中，由相互连接的尺寸形成的封闭尺寸组，称为尺寸链。

本书主要研究对象是装配尺寸链。把影响某一装配精度的有关尺寸彼此按顺序连接起来，可构成一个封闭图形，这就是装配尺寸链的形成，其全部组成尺寸为不同零件设计尺寸。

如图 2-1-8(a)所示，齿轮孔与轴配合间隙 A_Δ 的大小与孔径 A_1 及轴径 A_2 的大小有关；如图 2-1-8(b)所示，齿轮端面和箱内壁凸台端面配合间隙 B_Δ 的大小，与箱内壁凸台端面距离尺寸 B_1、齿轮宽度 B_2 及垫圈厚度 B_3 的大小有关。图中的几个尺寸 A_Δ–A_1–A_2、B_Δ–B_1–B_2–B_3 即构成装配尺寸链，如图 2-1-9 所示。

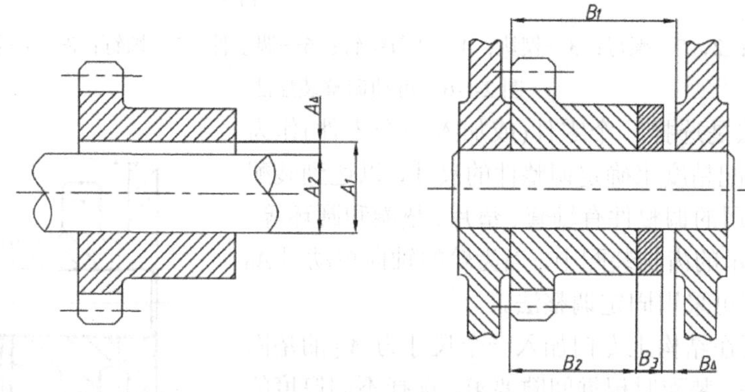

(a) (b)

图 2-1-8 装配尺寸链的形成

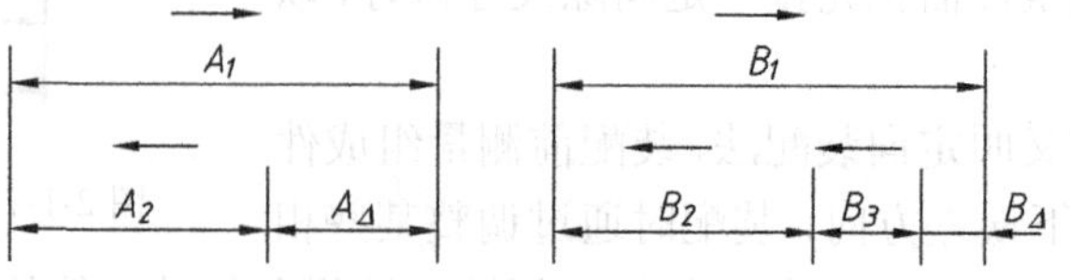

图 2-1-9 装配尺寸链示意图

2. 尺寸链的环

构成尺寸链的每一个尺寸都称为尺寸链的“环”，每个尺寸链至少应有三个环，即封闭环、增环、减环，其中增环和减环又称为组成环。封闭环是在零件加工或机器装配过程中，最后自然形成的尺寸，一个尺寸链只有一个封闭环，如图 2-1-8 中的 A_Δ、B_Δ 等。装配尺寸链中，封闭环即装配技术要求。组成环是指尺寸链中除封闭环以外的其余尺寸，同一尺寸链中的组成环用同一字母表示，如图 2-1-8 中的 A_1、A_2、B_1、B_2、B_3 等。

在其他组成环不变的条件下，当某一组成环增大时，封闭环随之增大，那么该组成环称为增环，如图 2-1-9 中的 A_1、B_1 为增环。增环用符号 $\overrightarrow{A_1}$、$\overrightarrow{B_1}$ 表示。

在其他组成环不变的条件下，当组成环增大时，封闭环随之减小，那么该组成环称为减环，如图 2-1-9 中的 A_2、B_2、B_3 为减环。减环用符号 $\overleftarrow{A_2}$、$\overleftarrow{B_2}$、$\overleftarrow{B_3}$ 表示。

增环和减环可以用简易方法判断：在尺寸链图上，假设一个旋转方向，即由尺寸链任一环的基面出发，绕其轮廓顺时针或逆时针方向转一周，回到这一基面。按该旋转方向给每个环标出箭头，凡是箭头方向与封闭环相反的为增环，箭头方向与封闭环相同的即为减环。

3. 封闭环极限尺寸及公差

封闭环的基本尺寸为所有增环基本尺寸之和与所有减环基本尺寸之和的差值，即

$$A_\Delta = \sum_{i=1}^{m}\overrightarrow{A_i} - \sum_{j=1}^{n}\overleftarrow{A_j} \tag{2-1-1}$$

式中，m 为增环的数目，n 为减环的数目。

由此可以得出封闭环极限尺寸与各组成环极限尺寸的关系。

(1) 封闭环最大极限尺寸 $A_{\Delta\max}$。当所有增环都为最大极限尺寸，而减环都为最小极限尺寸时，封闭环为最大极限尺寸。

$$A_{\Delta\max} = \sum_{i=1}^{m}\overrightarrow{A_{i\max}} - \sum_{j=1}^{n}\overleftarrow{A_{j\min}} \tag{2-1-2}$$

式中，$A_{\Delta\max}$ 为封闭环最大极限尺寸，$\overrightarrow{A_{i\max}}$ 为第 i 个增环最大极限尺寸，$\overleftarrow{A_{j\min}}$ 为第 j 个减环最小极限尺寸。

(2) 封闭环最小极限尺寸 $A_{\Delta\min}$。当所有增环均为最小极限尺寸，而减环均为最大极限尺寸时，封闭环为最小极限尺寸。

$$A_{\Delta\min} = \sum_{i=1}^{m}\overrightarrow{A_{i\min}} - \sum_{j=1}^{n}\overleftarrow{A_{j\max}} \tag{2-1-3}$$

式中，$A_{\Delta\min}$ 为封闭环最小极限尺寸，$\overrightarrow{A_{i\min}}$ 为第 i 个增环最小极限尺寸，$\overleftarrow{A_{j\max}}$ 为第 j 个减环最大极限尺寸。

(3) 封闭环公差 δ_Δ。将式(2-1-2)与式(2-1-3)相减，即可得到封闭环公差为

$$\delta_\Delta = \sum_{i=1}^{m+n}\delta_i \tag{2-1-4}$$

式中，δ_Δ为封闭环公差，δ_i为某组成环公差。

式(2-1-4)表明封闭环的公差等于各组成环的公差之和。

4. 装配尺寸链建立

装配尺寸链的建立步骤：首先确定封闭环，其次查明各组成环，然后画出装配尺寸链简图，最后判别各组成环的性质(即增环或减环)。

装配尺寸链可在装配图中找出，绘制简图时通常不绘出装配部分的具体结构，也不必按严格的比例，而只是依次绘出各有关尺寸，排列成尺寸封闭图形即可；应从有装配要求的尺寸(封闭环)首先画起，然后依次绘出与该项要求有关联的各个尺寸(组成环)。

图 2-1-10 为某轴组的装配图，图中 A_1～A_5 分别为壳体 1、壳体 2、套筒 2、齿轮轴以及套筒 1 的相应轴向结构尺寸，基本尺寸分别为 $A_1 = 28$ mm，$A_2 = 122$ mm，$A_3 = A_5 = 5$ mm，$A_4 = 140$ mm；A_0 是装配后所要求达到的轴向窜动尺寸(0.2～0.7 mm)。

所绘制的装配尺寸链如图 2-1-11 所示，其中 A_0 为封闭环，A_1 和 A_2 为增环，A_3、A_4 及 A_5 为减环。

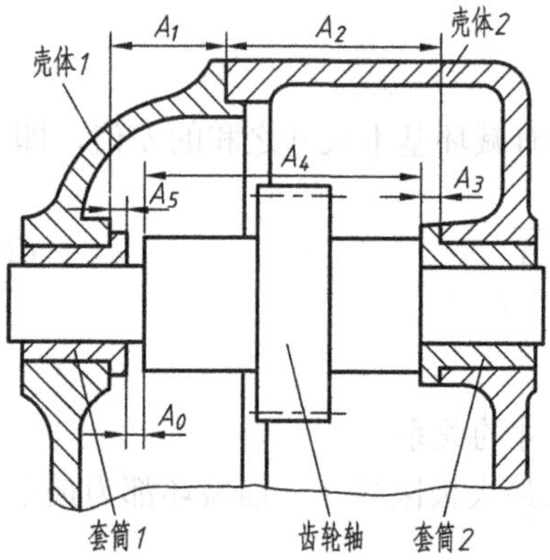

图 2-1-10 某轴组的装配图

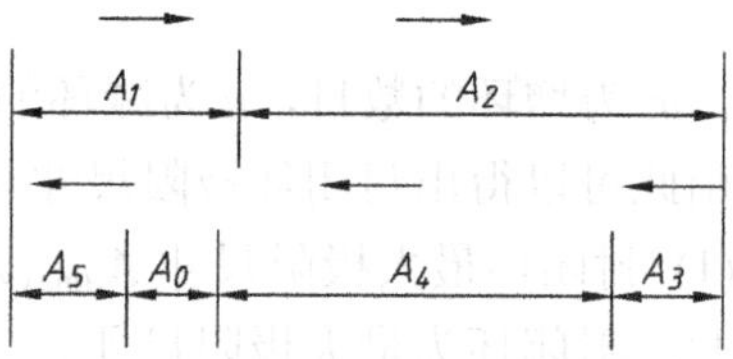

图 2-1-11 某轴组的装配尺寸链建立示意图

(二) 装配尺寸链的解法

1. 装配尺寸链的计算顺序

根据装配精度对有关尺寸链进行正确分析，并合理分配各组成环公差的过程，叫做解尺寸链。它是保证装配精度、降低产品制造成本、正确选择装配方法的重要依据。

图 2-1-12 为装配尺寸链的计算顺序。

2. 装配尺寸链的计算类型

解尺寸链分为正计算法、反计算法及中间计算法三种计算类型。

正计算法即已知组成环的基本尺寸及偏差代入公式，求出封闭环的基本尺寸偏差。该方法主要用于工艺验证，看产品装配后是否满足装配技术要求。

反计算法即已知封闭环的基本尺寸及偏差，求各组成环的基本尺寸及偏差。该方法主要用于工艺设计，确定各装配零件公差。反计算法中可利用“协调环”计算装配尺寸链，是在组成环中选择一个比较容易加工或在加工中受到限制较少的组成环作为“协调环”，先按经济精度确定其他环的公差及偏差，然后利用公式算出“协调环”的公差及偏差。

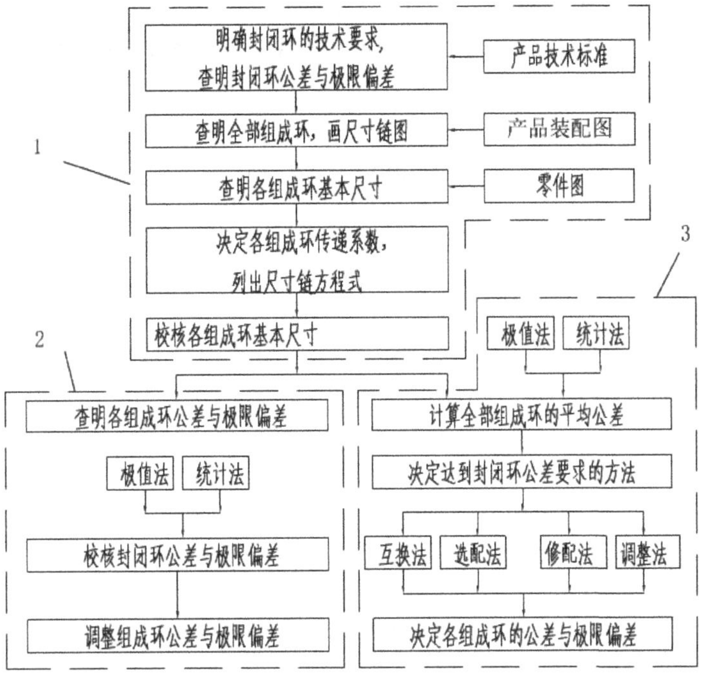

1—基本尺寸计算；2—公差设计计算；3—公差校核计算

图 2-1-12　装配尺寸链的计算步骤

中间计算法即已知封闭环及组成环的基本尺寸及偏差，求另一组成环基本尺寸及偏差。

不论采用何种装配方法，都要应用尺寸链的概念，正确解决装配精度与零件制造精度关系，即封闭环公差与组成环公差的合理分配问题。装配方法不同时，二者的关系也不同。

3. 完全互换法解装配尺寸链

完全互换法的装配精度由零件制造精度保证。

图 2-1-13(a)所示的装配关系中，轴是固定的，齿轮在轴上回转，要求保证齿轮与挡圈之间的轴向间隙为 0.10～0.35 mm。已知 $A_1 = 30$ mm，$A_2 = 5$ mm，$A_3 = 43$ mm，$A_4 = 3^{0}_{-0.05}$ mm (标准件)，$A_5 = 5$ mm，采用完全互换法，求各组成环的极限尺寸和公差。

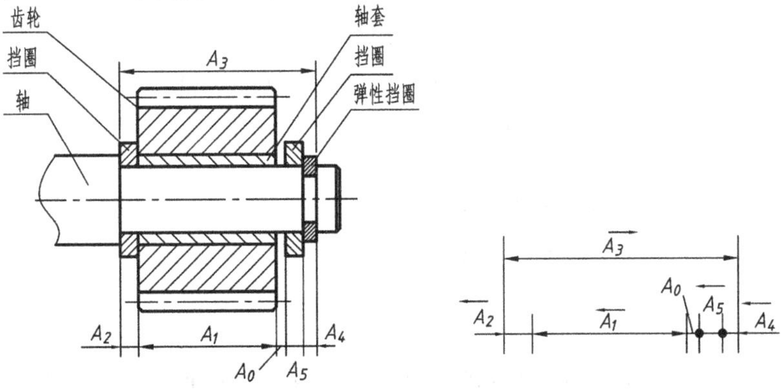

(a)　　　　(b)

图 2-1-13　齿轮与轴的装配示意图及装配尺寸链

解 ① 画装配尺寸链，如图 2-1-13(b)所示。

② 判断各环性质。A_0为封闭环，A_3为增环，A_1、A_2、A_4、A_5均为减环。

③ 确定封闭环的基本尺寸。

$$\begin{aligned} A_0 &= A_3-(A_1+A_2+A_4+A_5)\\ &=43-(30+5+3+5)\\ &=0 \end{aligned}$$

故 $A_0 = 0^{+0.35}_{+0.1}$ mm。

④ 确定各组成环的公差及上下偏差。

先平均分配：

$$\bar{\delta}=\frac{\delta_0}{n-1}=\frac{0.25}{5}=0.05\ \text{mm}$$

再按各组成环尺寸大小和加工难易程度进行调整，令 $\delta A_1=0.06$，$\delta A_2=0.02$，$\delta A_3=0.1$，A_4为标准件，按图纸标注：

$$A_1=30^{0}_{-0.06}\ \text{mm},\quad A_2=5^{0}_{-0.02}\ \text{mm}$$

$$A_3=43^{+0.1}_{0}\ \text{mm},\quad A_4=3^{0}_{-0.05}\ \text{mm}$$

⑤ 计算协调环 A_5的公差和极限偏差。

选 A_5为协调环，协调环是特意留下的一个组成环，它的公差大小应在上面分配封闭环公差时，经济合理地统一决定下来；

$$\begin{aligned} \delta_5 &= \delta_0-(\delta_1+\delta_2+\delta_3+\delta_4)\\ &=0.25-(0.06+0.02+0.1+0.05)\\ &=0.02 \end{aligned}$$

其公差的上、下偏差必须满足装配技术条件，通过计算得到，按入体原则标注(入体原则是指标注工件尺寸公差时应向材料实体方向单向标准)。

$$\begin{aligned} &\delta_{0\max}=\text{ES}_3-(\text{ei}_1+\text{ei}_2+\text{ei}_4+\text{ei}_5)\\ &0.35=+0.1-(-0.06-0.02-0.05+ei_5)\\ &\text{ei}_5=-0.12\\ &\delta_5=\text{es}_5-\text{ei}_5=0.02\\ &\text{es}_5=0.02+(-0.12)=-0.1\\ &A_5=5^{-0.1}_{-0.12}\ \text{mm} \end{aligned}$$

验算：

$$\delta_{0\max}=\delta_1+\delta_2+\delta_3+\delta_4+\delta_5=0.06+0.02+0.1+0.05+0.02=0.25$$

因此满足装配精度要求。

所以各组成环的极限尺寸及公差为

$$A_1=30_{-0.06}^{0}\ \text{mm},\quad A_2=5_{-0.02}^{0}\ \text{mm},\quad A_3=43_{0}^{+0.1}\ \text{mm},\quad A_4=3_{-0.05}^{0}\ \text{mm},\quad A_5=5_{-0.12}^{-0.1}\ \text{mm}$$

$$\delta_1=0.06\ \text{mm},\ \delta_2=0.02\ \text{mm},\ \delta_3=0.1\ \text{mm},\ \delta_4=0.05\ \text{mm},\ \delta_5=0.02\ \text{mm}$$

4. 分组选配法解装配尺寸链

分组选配法装配质量不是取决于零件制造公差，而是决定于分组情况。

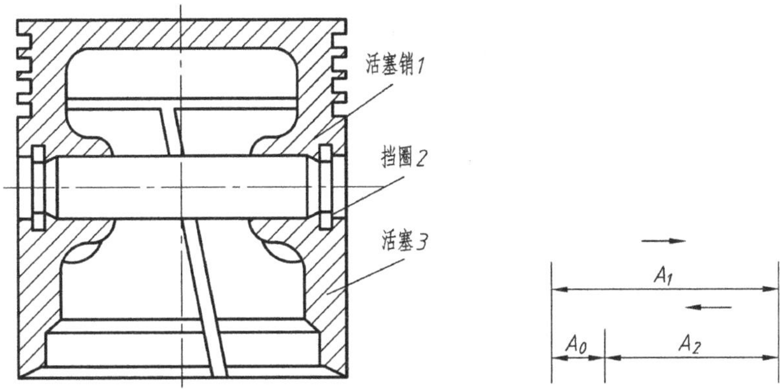

图 2-1-14　活塞与活塞销装配简图及装配尺寸链

如图 2-1-14 所示，活塞销直径 d 与活塞销孔径 D 的基本尺寸为 $\phi28$ mm，要求在冷态装配时销孔之间应有 0.0025～0.0075 mm 的过盈量。若活塞销和活塞销孔的加工经济精度(活塞销采用精密无心磨加工，活塞销孔采用金刚镗加工)为 0.01 mm，现采用分组选配法进行装配，试确定活塞销孔与活塞销直径分组数目和分组尺寸。

解　① 画装配尺寸链。A_0 为过盈量，是尺寸链的封闭环；A_1 为活塞销的直径尺寸，A_2 为活塞销孔的直径尺寸，是组成环。

② 确定分组数。首先按完全互换法确定各组成环的公差和偏差值

$$\delta_0=(-0.0025)-(-0.0075)=0.005\ \text{mm}$$

取 $\delta_1=\delta_2=0.0025\ \text{mm}$，则销子的直径(基轴制原则)应为 $A_1=\phi28_{-0.0025}^{0}\ \text{mm}$。据题意有 0.0025～0.0075 mm 过盈，所以销孔的直径应为 $A_2=\phi28_{-0.0075}^{-0.005}\ \text{mm}$。

制造公差为 0.01，要求装配公差为 0.0025，故将组成环的公差均扩大 4 倍以满足要求，$0.0025\times4=0.01$，分组数为 4。

③ 确定分组尺寸。

活塞销直径尺寸定为

$$A_1=\phi28_{-0.01}^{0}\ \text{mm}$$

活塞销孔直径定为

$$A_2=\phi28_{-0.015}^{-0.005}\ \text{mm}$$

将上述尺寸分为4组，各组直径尺寸列于表2-1-1中，活塞销与活塞销孔分组公差带位置图如图2-1-15所示，每组获得的过盈量均为0.0025～0.0075 mm。

表2-1-1　活塞销与活塞销孔直径分组尺寸

组别	标志颜色	活塞销直径/mm	活塞销孔直径/mm
Ⅰ	蓝	$\phi28^{0}_{-0.0025}$	$\phi28^{-0.005}_{-0.0075}$
Ⅱ	红	$\phi28^{-0.0025}_{-0.005}$	$\phi28^{-0.0075}_{-0.01}$
Ⅲ	白	$\phi28^{-0.005}_{-0.0075}$	$\phi28^{-0.01}_{-0.0125}$
Ⅳ	黑	$\phi28^{-0.0075}_{-0.01}$	$\phi28^{-0.0125}_{-0.015}$

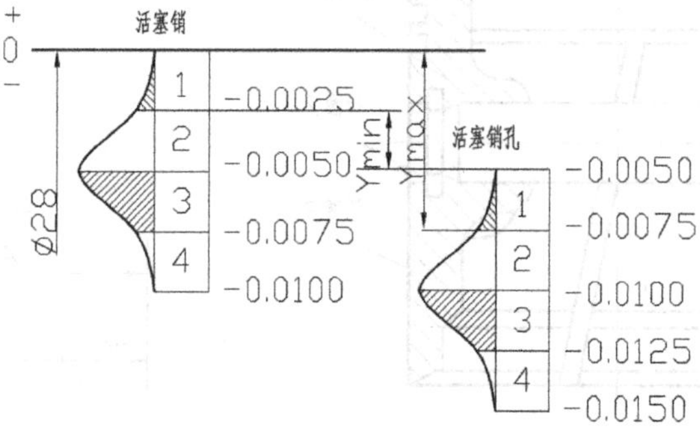

图2-1-15　销子与销孔的尺寸公差带

5．修配法解装配尺寸链

采用修配法时，尺寸链各尺寸均按经济公差制造。装配时，封闭环的总误差有时会超出规定的允许范围，为了达到规定的装配精度，必须把尺寸链中某一零件加以修配，才能予以补偿。

要进行修配的组成环叫做修配环，也叫补偿环。通常选择容易加工修配，并且对其他尺寸没有影响的零件作为修配环。

修配法解尺寸链的主要任务是确定修配环在加工时的实际尺寸，保证修配时有足够的并且是最小的修配量。

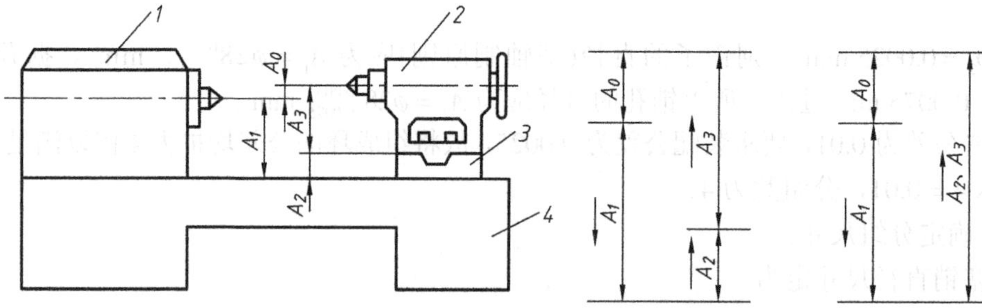

图2-1-16　车床前后顶尖中心线等高度尺寸链简图

如图2-1-16所示，为保证精度要求，卧式车床前后顶尖中心线只允许尾座高出0～0.06 mm。已知$A_1=202$ mm，$A_2=46$ mm，$A_3=156$ mm，组成环经济公差分别为$\delta_1=\delta_2=0.1$ mm(镗模加工)，$\delta_3=0.5$ mm(半精刨)。试用修配法解该尺寸链。

解　(1) 画出装配尺寸链。实际生产中通常把尾座和尾座垫板的接触面先配制好，并以尾座垫板的底面为定位基准，精镗尾座顶尖套筒孔，其经济加工精度为 0.1 mm，装配时尾座与垫板是作为一个整体进入总装的，因此原组成环 A_2 和 A_3 合并成一个环 $A_{2,3}$。

此时，装配精度取决于 A_1 的制造精度 $\delta_1=0.1$ mm 及 $A_{2、3}$ 的制造精度(也等于 0.1 mm)。选定 $A_{2、3}$ 为修配环。

(2) 根据经济加工精度确定各组成环的制造公差及公差带分布位置，如图 2-1-17 所示。

$$A_1=(202\pm0.05)\ \text{mm}$$

$$A_{2、3}=A_2+A_3=(46\ \text{mm}+156\ \text{mm})\pm0.05\ \text{mm}=(202\pm0.05)\ \text{mm}$$

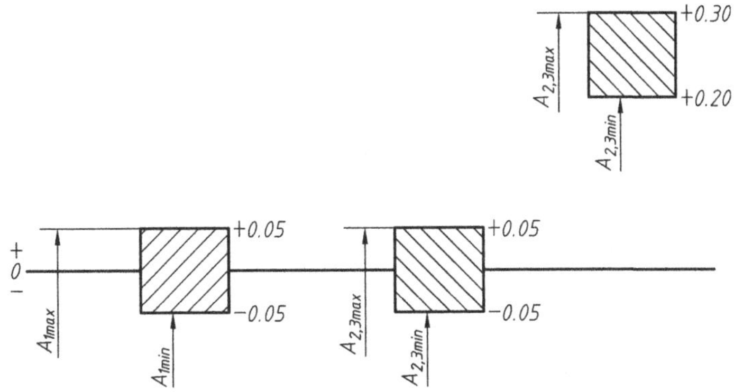

图 2-1-17　刮前余量示意图

(3) 确定修配环尺寸。对 A_1 及 $A_{2、3}$ 的极限尺寸进行分析可知，当 $A_{1\min}=201.95$ mm，$A_{2,3\max}=202.05$ mm 时要满足装配要求，$A_{2、3}$ 应有 0.04～0.10 mm 的刮削余量，刮削后 A_0 为 0～0.06 mm；当 $A_{1\max}=202.05$ mm，$A_{2,3\min}=201.95$ mm 时已没有刮削余量。为了保证必要的刮削余量，就应将 $A_{2、3}$ 的极限尺寸加大；为使刮削量不致过大，又应限制 $A_{2、3}$ 的增大值，一般认为最小刮削余量不应小于 0.15 mm。这样，为保证当 $A_{1\max}=202.05$ mm 时仍有 0.15 mm 的刮削余量，则应使修配环的最小极限尺寸为 202.05 mm + 0.15 mm = 202.20 mm。考虑到 $A_{2、3}$ 的制造公差，则

$$A'_{2、3}=202.20+0.10=202.30\ \text{mm}$$

所以修配环的实际尺寸为

$$A'_{2、3}=202^{+0.30}_{+0.20}\ \text{mm}$$

(4) 计算最大刮削量 Z_K。由图 2-1-17 知，当 $A'_{2、3\max}=202.30$ mm，$A_{1\min}=201.95$ mm 时，若要满足装配要求，$A'_{2、3\max}$ 应刮削至 201.95～202.01 mm，刮削余量为 0.29～0.35 mm，此余量为最大刮削量。

三、装配工艺规程编制

1. 编制装配工艺规程的基本原则

(1) 保证产品装配质量，并力求提高其质量，以延长产品的使用寿命。

(2) 合理安排装配顺序和工序，尽量减少钳工装配的工作量，以减轻劳动强度、缩短装配周期、提高装配效率。

(3) 尽可能减少装配的占地面积，有效提高车间的利用率。

2．编制装配工艺规程的基本步骤

(1) 准备原始资料。审查产品装配图样的完整性、正确性，分析产品结构工艺性，明确各零部件之间装配关系，审查产品装配技术要求和检查验收方法，找出装配中关键技术，并制订相应技术措施，分析与计算产品装配尺寸链；明确产品生产纲领和现有生产条件等。

(2) 确定产品或部件的装配方法及装配的组织形式。需考虑的主要因素有机器的结构特点及技术要求、生产类型、生产条件、装配的组织形式等。优先选择完全互换法，在生产批量较大、组成环较多时应考虑采用不完全互换法；封闭环精度较高、组成环较少时可考虑采用选配法，只有在用上述方法使零件加工很困难或不经济时才适宜采用修配法或调整法。

(3) 划分装配单元，规定装配顺序。首先选择基准件，然后按先下后上、先难后易、先重大后轻小、先精密后一般的原则确定装配顺序。

(4) 确定装配工序内容、装配规范及工夹具。装配工序内容主要有清洗、刮削、平衡、连接、校正，其他内容还有检验、试运转、油漆、包装等。装配规范及其设备的确定指选择合适装配方法，选择设备、工具、夹具和量具。

(5) 编制装配工艺系统图。装配工艺系统图是在装配单元系统图的基础上加注必要的工艺说明(如焊接、配钻、攻丝、铰孔及检验等)。

(6) 确定工序的时间定额。估算装配周期，安排作业计划、工时定额，确定工人等级。

(7) 编制装配工艺文件。文件内容有装配图、装配工艺流程图、装配工艺过程卡片、装配工艺说明书以及产品检测与试验规范。单件小批生产中，通常只绘制装配工艺系统图；成批生产中，通常还要编制部装、总装工艺卡；大批量生产中，还需要编制装配工序卡。

3．编制装配工艺规程实例

图 2-1-18 为某机用虎钳装配图，单件小批生产，要求采用本书学习用格式编制其装配工艺规程。

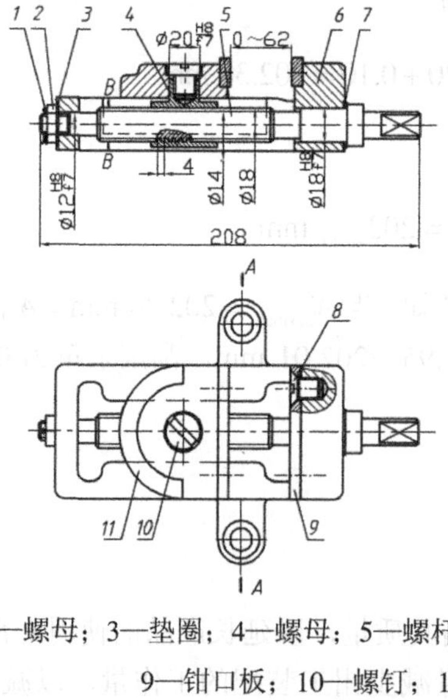

1—开口销；2—螺母；3—垫圈；4—螺母；5—螺杆；6—固定钳身；7—垫圈；8—螺钉；9—钳口板；10—螺钉；11—活动钳身

图 2-1-18　机用虎钳装配图

(1) 研究产品装配图。装配技术要求是装配后应保证螺杆移动平稳、灵活。活动钳身 11 的底面与固定钳身 6 的顶面相接触，螺母 4 的上部装在活动钳身 11 的孔中，下部装在固定钳身 6 内，三者通过螺钉 10 连接；螺母 4 与螺杆 5 之间为螺旋传动，螺杆 5 与固定钳身上的前后安装孔配合关系为 ϕ12H8/f7 和 ϕ18H8/f7，两端用垫圈、螺母及开口销定位和固定。当转动螺杆 5 时，通过螺旋传动带动螺母 4 左右移动，从而带动活动钳身 11 左右移动，达到开、闭钳口夹持工件目的。固定钳身 6 和活动钳身 11 上装有钳口板 9。

(2) 确定装配方法，规定装配顺序。采用完全互换装配法，绘制装配单元系统图，如图 2-1-19 所示，并加注必要工艺说明。

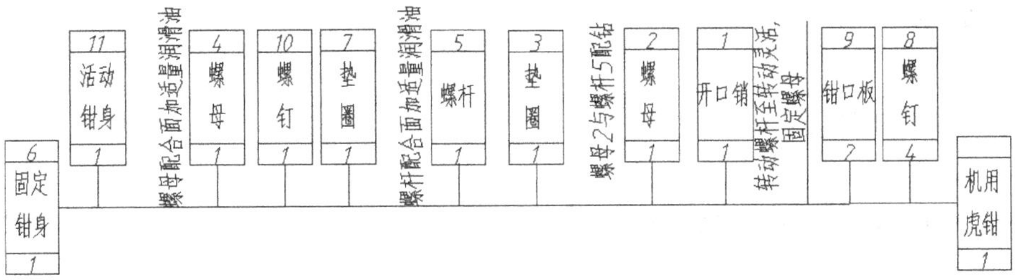

图 2-1-19　机用虎钳装配单元系统图

(3) 确定装配工序内容、装配规范及工夹具。

(4) 绘制装配工艺系统图。在图 2-1-19 上加注必要工艺说明并编制装配工艺系统图。

(5) 编制装配工艺规程卡片，见表 2-1-2。

表 2-1-2　机用虎钳装配工艺规程

操作要求：1．正确选择和使用工具 2．能达到规定的装配技术要求		工具： 活动扳手、手锤 尖嘴钳、螺钉旋具
备注		
操作步骤	操作标准	解释
工作准备	熟悉任务 学习资料	图样与零件清单 任务要求、装配步骤
	初检	资料和零件是否齐全
	选用工具	见工具与量具列表
	整理工作场地	选择并整理工作场地，备齐工具和所需材料
	清洗	用清洁布清洁零件
装配活动钳身 11	定位	零件活动钳身 11 从上方放入固定钳身 6
装配螺母 4	润滑	在螺母配合面上涂适量润滑油
	定位	螺母 4 从固定钳身下方放入活动钳身孔内
	紧固	用手旋入螺钉 10 两至三扣，紧固活动钳身、固定钳身及螺母
装配螺杆 5	定位	把垫圈 7 放到固定钳身 6 上垫圈沉孔位置
	润滑	在螺杆上涂适量润滑油
	定位	把螺杆 5 穿过垫圈 7、固定钳身 6 及螺母 4

续表

	固定	用垫圈 3、螺母 2 和开口销 1 固定螺杆 5
	调整	转动螺杆 5 至螺杆转动灵活，用一字起固定螺母 4 位置
装配钳口板 9	定位	将钳口板放在活动钳口和固定钳口适当位置
	紧固	用手旋入螺钉 8
	固定	用一字起按顺序逐次旋紧螺钉 8，固定钳口板
检查	最后检查	根据技术要求检查，要求螺杆转动平稳，灵活

❖技能链接

一、联轴器装配技术

（一）弹性柱销联轴器的装配

1．弹性柱销联轴器的结构与应用

如图 2-1-20 所示，弹性柱销联轴器利用若干非金属弹性材料制成的柱销 3 置于两个半联轴器 1、2 凸缘孔中，通过柱销实现两个半联轴器的连接。此类型联轴器的结构简单，装拆更换弹性元件比较方便，有微量补偿两轴线偏移能力，工作可靠性较差，仅适用于要求很低的中速传动轴系。

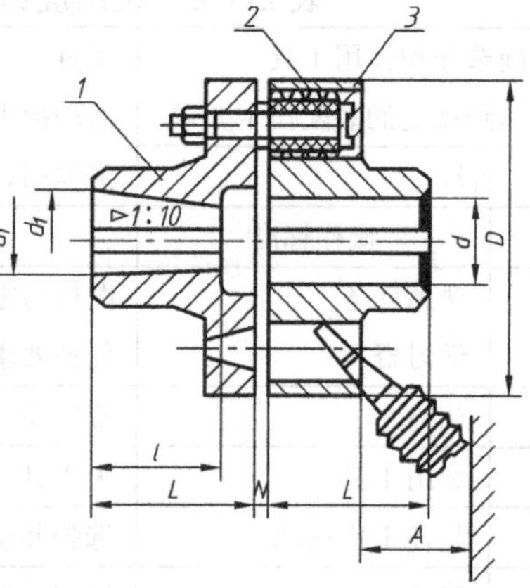

1、2—半联轴器；3—弹性柱销

图 2-1-20　弹性柱销联轴器结构示意图

2．弹性柱销联轴器的装调要点

(1) 如图 2-1-21 所示，在电机轴 5 和减速器输入轴 6 上装入平键和半联轴器 2 和 3，并固定减速器 4。按技术要求检查半联轴器的径向圆跳动和端面圆跳动。

(2) 将百分表固定在减速器的半联轴器 3 上，使其测头触及半联轴器 2 的外圆表面，找正两个半联轴器间同轴度。

(3) 移动电动机 1，使半联轴器 2 上的弹性柱销少许进入另外半联轴器 3 的销孔中。

(4) 转动轴及半联轴器，并调整两半联轴器间隙 Δ 使之沿圆周方向均匀分布，然后移

动电动机，使两半联轴器靠紧，固定电动机。

(5) 复检同轴度以达到技术要求。

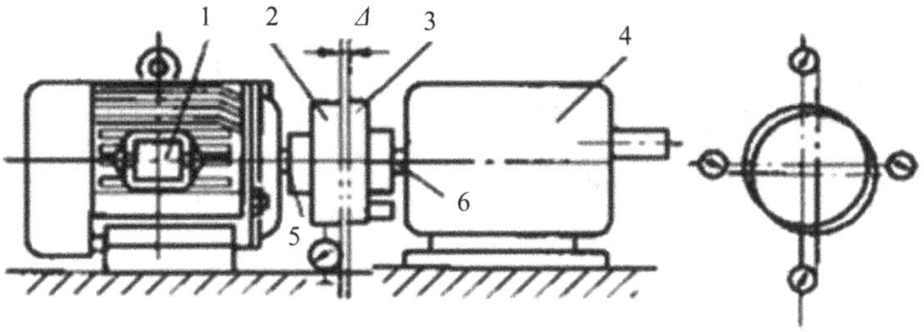

1—电动机；2、3—半联轴器；4—减速器；5—电机轴；6—输入轴(减速器)

图 2-1-21　弹性柱销联轴器的装调示意图

(二) 十字滑块联轴器的装配

1. 十字滑块联轴器的结构与应用

图 2-1-22 中，十字滑块联轴器由两个在端面上开有凹槽的半联轴器 1、3 和一个两面带有凸牙的中间盘 2 组成。因凸牙可在凹槽中滑动，故可补偿安装及运转时两轴间的相对位移。

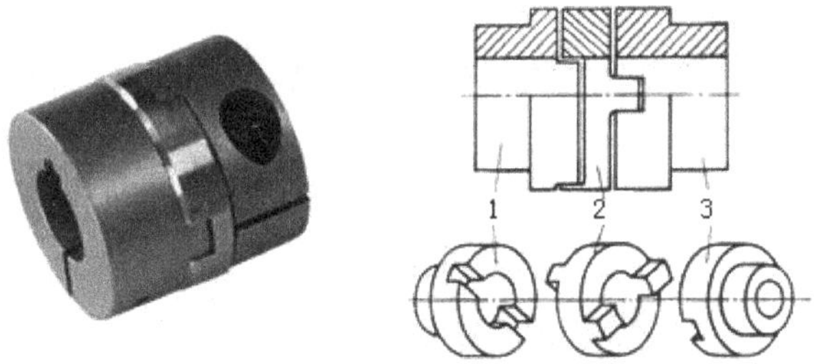

1、3—半联轴器；2—中间盘

图 2-1-22　十字滑块联轴器实物图及结构示意图

这种联轴器一般用于转速 $n<250$ r/min、轴的刚度较大，且无剧烈冲击处，如皮带运输机的齿轮减速器输出轴与工作机辊筒轴之间的连接。

2. 十字滑块联轴器的装调要点

(1) 将两个半联轴器和键分别装在两根待连接的轴上。

(2) 用刀口尺检查联轴器的外圆，在水平方向和垂直方向应均匀接触。

(3) 当两个半联轴器找正后，再安装十字滑块，并移动轴，使半联轴器和十字滑块间留有少量间隙，保证十字滑块在两半联轴器的槽内能自由滑动。

二、离合器装配技术

(一) 啮合式离合器的装配

1. 牙嵌式离合器的结构

牙嵌离合器是常用的啮合式离合器，图 2-1-23 为牙嵌离合器的结构示意图。该离合器由两个带端齿的半离合器组成，为了对中，在主动轴的半离合器上固定有对中环，从动轴可在对中环中自由转动。

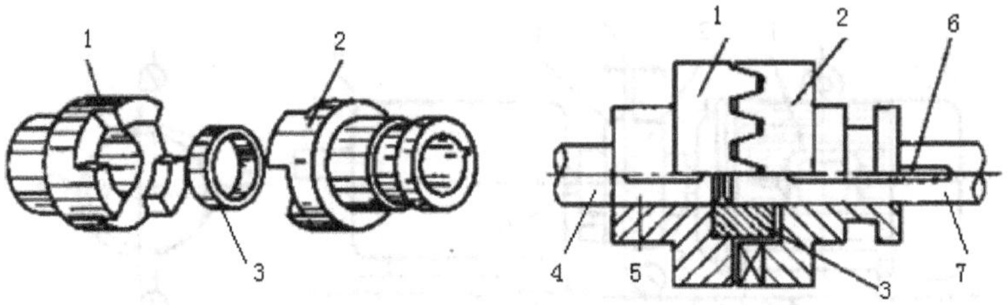

1、2—半离合器；3—对中环；4—主动轴；5—平键；6—导向键；7—从动轴

图 2-1-23　牙嵌离合器结构示意图

2. 牙嵌式离合器的装调要点

装配时，把固定的一半离合器 1 装在主动轴上，滑动的一半离合器 2 装在从动轴上，分别采用平键 5 和导向键 6 连接；用百分表检查并调整两半离合器的同轴度，装配后可滑动的一半离合器在轴上滑动时应无阻滞现象，用塞尺检查调整各个啮合齿的间隙相等。

(二) 摩擦式离合器的装配

1. 摩擦式离合器的结构

片式摩擦离合器及圆锥式摩擦离合器结构及组成如图 2-1-24 和图 2-1-25 所示。

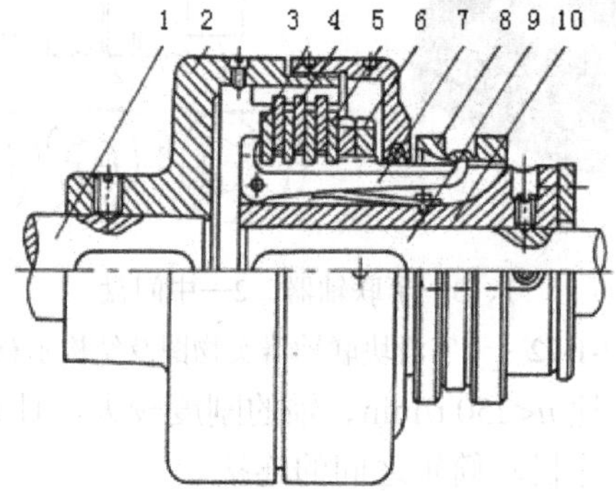

1—主动轴；2—外套筒；3—挡块；4—外摩擦片；5—内摩擦片；6—圆螺母；

7—压杆；8—滑环；9—从动轴；10—内套筒

图 2-1-24　片式摩擦离合器结构示意图

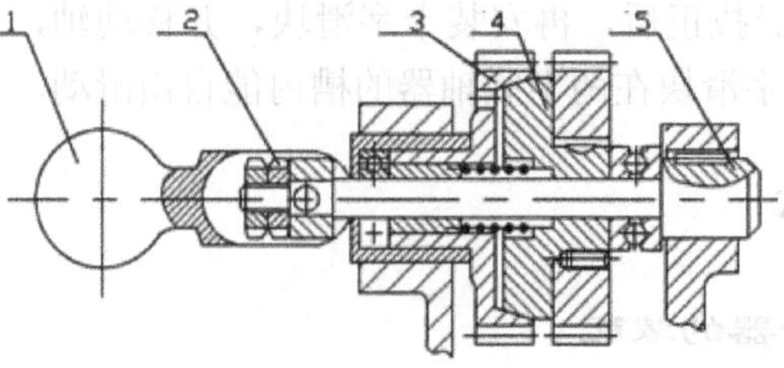

1—手柄；2—圆螺母；3—外锥盘；4—内锥盘；5—调节轴

图 2-1-25　圆锥式摩擦离合器结构示意图

2. 摩擦式离合器的装调要点

对于片式摩擦离合器，要解决摩擦离合器发热和摩擦补偿问题，因此装配时要注意调整好摩擦面间的间隙；对于圆锥式摩擦离合器，则要求用涂色法检查圆锥面接触情况，色斑应均匀分布在整个圆锥表面上；另外离合器连接两轴，所以要保证两个半离合器的同轴度。

三、装配中的调整

1. 调整的含义

装配中的调整就是按照规定的技术规范调整零件或机构的相互间位置、配合间隙与松紧程度，以使设备工作协调可靠。

2. 调整的程序

装配中的调整基本程序是：首先确定调整基准面，校正基准件的准确性，再测量实际位置偏差，并进行分析以确定调整方案；其次进行补偿，在调整工作中，只有通过增加尺寸链中某一环节的尺寸，才能达到调整的目的；然后根据方案进行调整，即以基准面为基准，调节相关零件或机构，使其位置偏差、配合间隙及结合松紧在技术范围内；最后进行紧固，即对调整合格的零件或机构的位置进行固定。

3. 调整实例

例 1　图 2-1-26 所示的蜗轮蜗杆机构要求蜗杆轴轴向间隙 Δ 为 0.01～0.02 mm，装配中应对间隙进行调整。

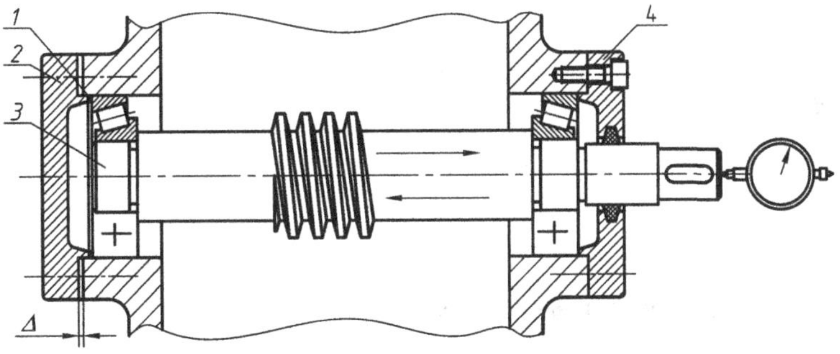

1—调整垫片；2—轴承端盖；3—蜗杆轴；4—轴承端盖

图 2-1-26　蜗轮蜗杆机构装配中轴向间隙的调整

调整程序如下：

(1) 进行装配。装配时首先将蜗杆 3 与两轴承内圈合成的组件装入箱体，然后从箱体孔的两端装入两轴承外圈，再装入右轴承盖组件，并用螺钉紧固和固定。

(2) 进行调整。此时可轻轻敲击蜗杆轴 3 左端，使右端的轴承消除间隙贴紧轴承盖 4，再装入左端调整垫片 1 和轴承盖 2(调整垫片 1 的厚度应通过塞尺测量，以保证蜗杆 3 间隙 Δ)，用螺钉紧固，最后用百分表在轴 3 的伸出端进行实际轴向间隙检查，根据检查情况通过修配或更换调整垫片 1 的方法进行进一步调整，直至符合间隙要求。

例 图 2-1-27 为卧式车床进给箱部件装配中丝杠连接轴的轴向间隙检测示意图，要求丝杠传动平稳，轴向窜动控制在 0.01～0.015 mm，请分析其调整方法和调整程序。

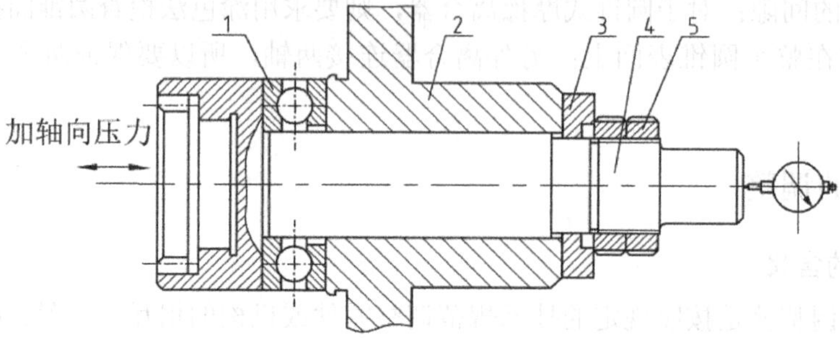

1—推力轴承；2—法兰；3—止推环；4—连接轴；5—圆螺母

图 2-1-27 卧式车床进给箱丝杠连接轴轴向间隙检测示意图

该组件轴向窜动量可以通过调整推力轴承的轴向间隙达到，圆螺母为调整件。

调整程序：选择丝杠连接轴的右端面作为调整基准面，拧动圆螺母使螺母沿轴向移动，加轴向力用百分表检查其轴向窜动量 Δ，调整圆螺母位置直至窜动量符合技术要求，紧固圆螺母以固定调整位置。

值得一提的是，如果是在维修中，同样结构的调整方法可能会有所不同。此时设备使用了一定时间，一些零件因磨损等原因失去原来的制造精度，采用原有的调整件调整可能无法达到精度要求。如例 2 中卧式车床大修时，可能调整螺母 5 无法实现其调整精度，此时可以采用刮研修复法兰 2 左右表面和选配推力轴承 1 的方法调整轴向间隙精度，具体操作方法在项目 5.2 卧式车床检修中将要学习。

❖项目实施

一、项目实施步骤

（一）齿轮泵装配与调整工量具准备

1．CB-B 型齿轮泵组成与原理分析

图 2-1-1 所示的 CB-B 型齿轮泵由泵体 6、前盖 14、后盖 4、长轴 12、短轴 13、齿轮 7 等 15 种零部件组成。其工作原理是：当主动齿轮逆时针转动，从动齿轮顺时针转动时，齿轮啮合区右边的压力降低，油池中的油在大气压力的作用下，从进油口进入泵腔内。随着齿轮的转动，齿槽中的油不断被轮齿带到左边，高压油从出油口送到输油系统。

2．安装与连接部位分析

齿轮泵前、后盖与泵体用内六角螺钉连接，用圆锥销定位；两齿轮与长、短轴用平键连接，轴向用两卡环定位，长短轴用装在前、后泵盖内的滚针轴承或滑动轴承支承，轴向位置靠齿轮端面与前后盖内侧面接触而定位；为了防止漏油及灰尘、水分进入泵体内，前、后盖上开有泻油孔，泵体两侧开有泻油槽，将径向和轴向泄漏的油引回吸油腔，还在主动

齿轮轴的伸出端装有骨架油封装置；另外，法兰与前盖为过盈连接，其外圈用于泵安装时定位。

3. 拆装方法分析

齿轮泵的拆装涉及螺纹连接、键销连接、过盈连接、轴承、骨架油封及齿轮拆装方法。

4. 工量具准备

表 2-1-3 为齿轮泵装调工量具及机物料准备表。

表 2-1-3　齿轮泵装调工量具及机物料准备表

名称	材料或规格	件数	备注
工量具准备			
内六角螺钉旋具	套	1	用于螺纹连接装配
尖嘴钳		1	用于卡环装配
游标卡尺	150 mm	1	尺寸测量
手锤		1	销连接、轴承装配等
橡胶锤		1	齿轮装配等
冲子		1	销连接装配
紫铜棒		1	销连接装配
外径千分尺		1	尺寸测量
内径千分尺		1	尺寸测量
清洁布			清洁零件
机物料准备			
油纸		若干张	装配骨架油封用
润滑油		少量	装配骨架油封、轴承用

(二) 齿轮泵装配与调整步骤

(1) CB-B 型齿轮泵装配精度分析。CB-B 型齿轮泵尺寸精度中的配合精度有：长轴 12 及短轴 13 与轴承 3 之间的配合精度，如ϕ18H7/h6；长轴 12 及短轴 13 与齿轮之间的配合精度，如ϕ20H7/h6；长轴 12 与骨架油封的配合精度，如ϕ18H7/h6；齿轮与泵体轴向配合精度，如 25H8/h7，径向配合精度，如ϕ48H8/h7；距离精度有长短轴中心距的距离精度，如 42H8；其接触精度要求是油泵装配好后，齿轮啮合面应占全齿长的 2/3 以上，泵体和泵盖的平面度不能超过 0.005 mm，以保证泵工作时不吸入空气。

装配技术要求还包括油泵装配好后，用手转动齿轮不得有卡阻现象；开启后不能有泄漏。

(2) CB-B 型齿轮泵装配方法分析。CB-B 型齿轮泵在装配时采用完全互换法，即用制造精度保证装配精度。CB-B 型齿轮泵的装配精度要求不高，配合精度及距离精度等级为 6、7、8 级，均可通过经济制造精度达到；前后泵盖与泵体间为硬接触，泵盖与泵体接触面的平面度可通过研磨加工，使平面度不超过 0.005 mm。

(3) 编制装配工艺规程。在完成装配精度和装配方法分析后，拟定装配顺序，绘制装配单元系统图，见图 2-1-28。然后确定装配工序内容、装配规范及工夹具。

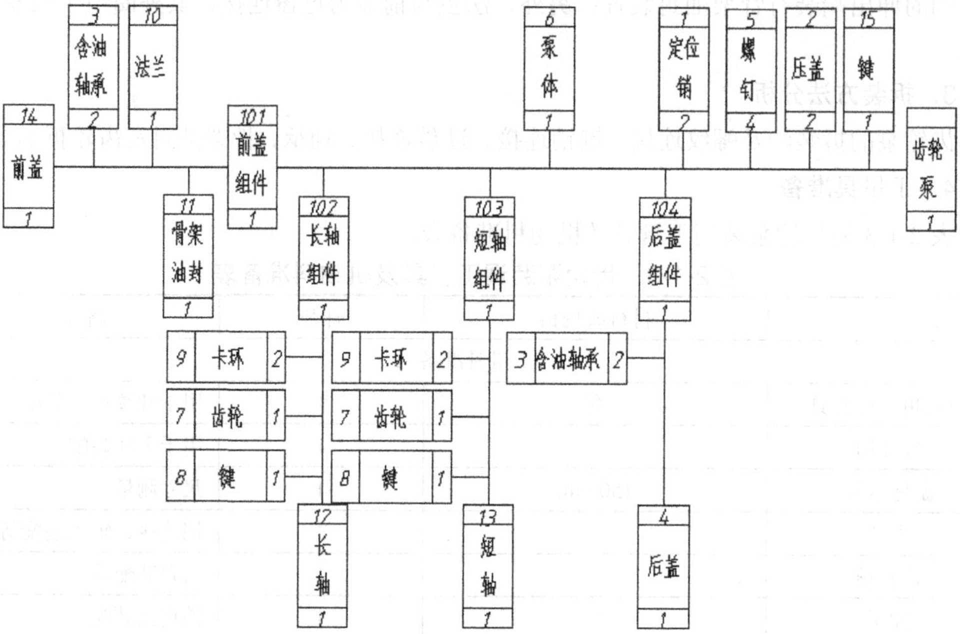

图 2-1-28　CB-B 型齿轮泵装配单元系统图

本齿轮泵的装配单元主要有前盖组件 101、长轴组件 102、短轴组件 103 及后盖组件 104，装配时应先进行这四个组件的装配，其余零件均以零件形式进入总装；涉及的装配规范有螺纹连接、键销连接、过盈连接、轴承装配、骨架油封装配及齿轮装配。工量具准备见表 2-1-3。然后编制装配工艺系统图，编制装配工艺卡片(学生训练)。

(4) 检查装配件。

(5) 完成齿轮泵装配和调整。在装配工艺规程指导下完成齿轮泵装配，并按照装配技术要求完成泵的调整、检验。最后，整理装配现场。

二、项目作业

(一) 选择题

1. 用完全互换法装配机器一般适用于________的场合。

A) 大批大量生产　　B) 高精度多环尺寸链

C) 高精度少环尺寸链　　D) 单件小批生产

2. 分组选配法是将组成环的公差放大到经济可行的程度，通过分组进行装配，以保证装配精度的一种装配方法，因此它适用于组成环不多而装配精度要求高的________场合。

A) 单件生产　　B) 小批生产　　C) 中批生产　　D) 大批大量生产

3. 修配装配法适合在________。

A) 大量生产　　B) 大批生产　　C) 成批生产　　D) 单件小批生产

4. 调整法需要增加________。

A) 调整件　　B) 修配件　　C) 制造件　　D) 加工原材料

5. T68 主轴装配时对关键件进行预检，掌握零件的误差情况及最大误差的方向，利用误差相抵消的方法进行的是________装配法。

A) 互换　　B) 选配　　C) 修配　　D) 定向

6. 装配尺寸链的出现是由于装配精度与________有关。

A) 多个零件的精度　　B) 一个主要零件的精度

C) 生产量　　D) 所用的装配工具

7. 装配尺寸链的构成取决于________。

A) 零部件结构的设计　　B) 工艺过程方案　　C) 具体加工方法

8. 影响装配精度的主要因素是________。

A) 尺寸链的环数　　B) 定位基准　　C) 零件加工精度　　D) 设计基准

9. 装配工艺规程安排工序时要注意________。

A) 生产过程　　B) 工艺过程

C) 加工过程　　D) 前面工序不得影响后面工序进行

10. 制定装配工艺规程的最后一个步骤是________。

A) 确定装配组织形式　　B) 划分装配工序

C) 制定装配工艺卡片　　D) 确定装配顺序

(二) 判断题

1. 在查找装配尺寸链时，一个相关零件有时可有两个尺寸作为组成环列入装配尺寸链。

2. 一般在装配精度要求较高，而环数又较多的情况下，应用极值法来计算装配尺寸链。

3. 修配法主要用于单件、成批生产中装配组成环较多而装配精度又要求比较高的部件。

4. 调整装配法与修配法的区别是调整装配法不是靠去除金属，而是靠改变补偿件的位置或更换补偿件的长度。

5. 采用分组选配法装配时按对应组装配。对于不同组，由于 T 孔与 T 轴不同，配合间隙也会不同，从而得到不同的配合性质。

6. 保证装配精度的方法有互换法、选配法、修配法和调整法。

7. 查找装配尺寸链时，每个相关零、部件可以有多个尺寸作为组成环列入装配尺寸链。

8. 产品的装配精度包括尺寸精度、位置精度、相对运动精度和接触精度。

9. 采用更换不同尺寸的调整件以保证装配精度的方法叫做选配装配法。

10. 机械的装配精度取决于零件的制造精度，但主要取决于装配方法。

(三) 计算题

1. 已知各环尺寸及加工偏差，如项目作业图 2-1-1 所示，试计算装配后封闭环 A_0 的极限尺寸。

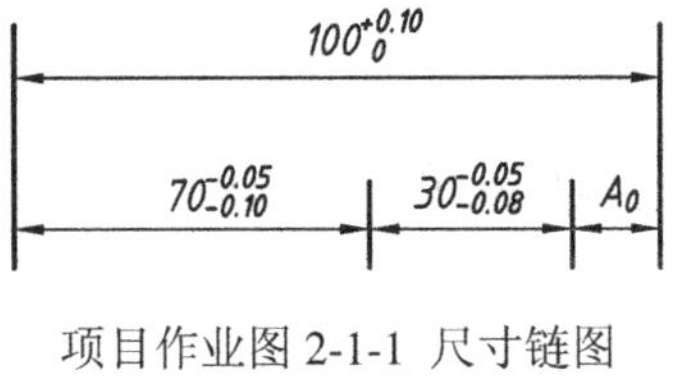

项目作业图 2-1-1　尺寸链图

2. 图 2-1-10 所示轴组的装配要求是轴向窜动量为 $A_0=0.2\sim0.7$ mm。已知 $A_1=28$ mm，$A_2=122$ mm，$A_3=A_5=5$ mm，$A_4=140$ mm，试用完全互换法解此尺寸链。

3. 项目作业图 2-1-2 所示的矩形导轨，要求导轨与压板之间的间隙为 $\Delta=0.02\sim0.08$ mm，设 $A=50_{0}^{+0.02}$ mm，$B=45_{-0.02}^{0}$ mm，$D=40\text{ mm}\pm0.05\text{ mm}$，请用完全互换法确定垫片的极限尺寸。

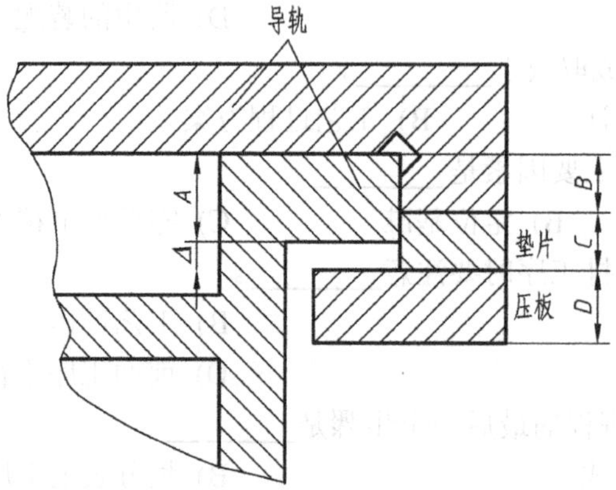

项目作业图 2-1-2　矩形导轨装配尺寸链计算

（四）读图并回答问题

1. 请分析项目作业图 2-1-3 所示锥齿轮 1 和锥齿轮 2 轴向间隙的调整方法和调整程序。

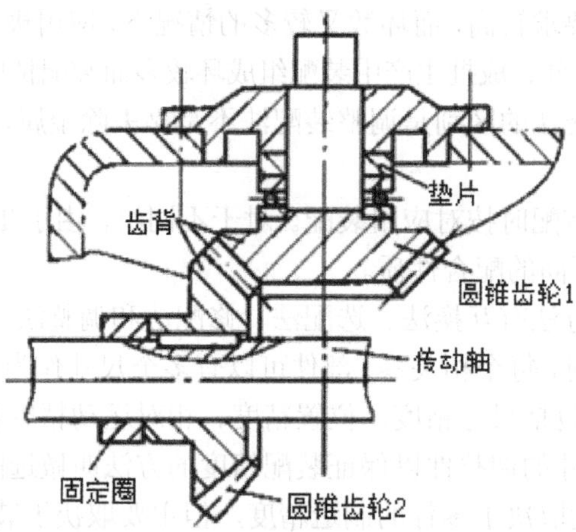

项目作业图 2-1-3　圆锥齿轮机构装配中的调整示意图

项目 2.2　减速器装配与调整

▶▶▶ 项目内容

(1) 绘制图 2-2-1 所示的减速器装配单元系统图。

(2) 完成减速器装配与调整。

图 2-2-1　JZQ 型减速器实物图

➤➤➤ 项目要求

(1) 会识读机械产品说明书。

(2) 熟练掌握带传动、链传动、齿轮传动及蜗杆传动机构的装配与调整技术。

❖知识链接

一、机械产品说明书的内容及基本结构

1. 机械产品说明书的内容

机械产品说明书是生产厂家向使用者全面、明确地介绍产品名称、用途、性质、性能、原理、构造、规格、使用方法、保养维护、注意事项等内容而写的准确、简明的文字材料。

2. 机械产品说明书的结构

机械产品说明书包括标题、正文和落款，正文为主体。JZQ 型减速器产品说明书正文包含如下九个部分：

(1) 机器的用途，即该减速器的应用范围。

(2) 技术规范，即减速器各技术参数，包括效率、齿轮参数、传动精度、减速器中心距、模数、齿数分配、传动比、减速器装配形式、外形及安装尺寸等。

(3) 功率表，即不同规格减速器在不同转速下的功率。

(4) 主要组成部分的机构特征，即减速器各组成部分的作用和特征。

(5) 润滑与密封，即减速器对润滑和密封的要求。

(6) 安装、调整和试运转，包括对基础的要求、安装调整技术、检验项目及方法、试运转要求及方法。

(7) 操作规程，即减速器操作者的使用规范，如交班时检查、运行时巡检和操作注意事项。

(8) 维护与安全技术，即对减速器维护与维修的要求，常见故障的排除等。

(9) 设备图样目录和易损件零件目录，主要有减速器的装配总图和易损件零件图。

二、机械产品说明书的识读

识读机械产品说明书分为概览全貌和精读重点内容两个环节，概览可以对产品(设备)有关总体的了解，精读就是掌握与岗位职责或当前任务有关的内容并能熟练运用到工作中。

现以沈阳市起重运输机械厂某年生产的JZQ二级斜齿圆柱齿轮减速器为例讲解机械产品说明书的识读过程。

1．概览全貌

封面：沈阳市起重运输机械厂/产品说明书/JZQ型系列减速器/SQ811-818分别表明制造厂家/资料名称/产品名称/资料编号。

正文：分为机器的用途等9大部分。

落款：沈阳/1969，分别表明制造厂家的地址和制造年份。

2．精读重点内容

对于从事机械装配与维修的从业人员而言，需要重点识读的内容包括技术规范、主要组成部分的结构特征、安装与调整以及图纸资料，等等。

(1) 技术规范(摘录)。

① 齿廓曲线为压力角呈20°的渐开线，齿数和为99，齿轮螺旋角为8°6′34″，齿宽系数为0.4。

② 齿轮圆周速度≤10 m/s时，精度等级：8-8-7-DC，JB179-60；齿轮圆周速度＞10～15 m/s时，精度等级：8-7-7-DC，JB179-60。

③ 中心距、模数与齿轮工作宽度见表2-2-1(以JZQ 250为例)。

表2-2-1　JZQ型二级斜齿圆柱齿轮减速器中心距、模数与齿轮工作宽度列表

型号	高速级			低速轴		
	中心距A_G	法向模数m_n	齿轮宽度B_1	中心距A_D	法向模数m_n	齿轮宽度B_1
JZQ　250	100	2	40	150	3	60

④ 齿数分配与传动比见表2-2-2(传动比代号Ⅰ～Ⅸ，以代号Ⅷ为例)。

表2-2-2　JZQ型二级斜齿圆柱齿轮减速器齿数分配与传动比列表

传动比代号	高速级			低速级			总传动比
	Z_{G1}	Z_{G2}	i_1	Z_{D1}	Z_{D2}	i_2	i
Ⅷ	30	69	2.3	18	81	4.5	10.35

(2) 主要组成部分的结构特征。

① 本系列减速器为两级三轴水平分割式圆柱斜齿轮减速器，轴支承采用滚动轴承。

② 箱盖和箱座由两圆锥销定位。

③ 箱盖两侧有两个安设启盖螺栓的螺孔，供启盖用。

④ 箱盖上有检查窗，供检查齿轮副啮合情况及注入润滑油用。

⑤ 视孔盖上装有通气帽(或通气孔)，供机体内膨胀气体逸出。

⑥ 箱盖上部有两个吊耳供吊运箱盖用；吊起整台减速器时则用箱座两侧吊钩。

⑦ 箱座侧下方设有放油孔，供放出陈旧润滑油；侧面设有油针，供检查机内润滑油用。

⑧ 轴与配合件采用平键连接。

⑨ 分度圆 $d \leqslant 300$ mm 时，采用锻造齿轮；$d>300$ mm 时，采用铸钢齿轮。

(3) 润滑与密封。

① 减速器采用油浴润滑，滚动轴承加一号钙基脂(SYB1717-59)。

② 轴承端盖采用嵌入式端盖，机体与端盖配合之两侧面可涂密封胶以增加密封性。可通端盖与轴间的密封采用骨架油封(HG4-692-67)。

③ 提高减速器的防漏程度，在机体剖分面涂密封胶。

(4) 安装与调整。

① 拆卸齿轮时必须注意零件上决定位置的记号。

② 清洗零件的注意事项：清洗前应仔细去除零件上的防锈油、密封漆，不得损伤零件的加工表面；滚动轴承用高级汽油清洗后，自然风干或吹干；清洗后在零件上不得留有棉纤维。

③ 重新装配减速器时，在滚动轴承内加入润滑脂，用油量为轴承室容量的 1/3；可通端盖的密封槽内稍涂一点润滑脂；回油槽及回油孔内不准进入润滑脂。

④ 减速器在基础上装好并校正后，即可拧紧基础螺栓，须对称均匀地进行。

⑤ 减速器与电动机及工作机器的同轴度必须调整到联轴器允许的范围内。

⑥ 本系列减速器采用的滚动轴承有单列向心球轴承和单列圆锥滚子轴承两种，其中单列向心球轴承的轴向间隙用调整环调整到(0.4 ± 0.2)mm，在制造厂调整好；单列圆锥滚子轴承的轴向间隙，可旋动调整螺钉调整，其间隙列表如表 2-2-3 所示。

表 2-2-3　JZQ 型二级斜齿圆柱齿轮减速器单列圆锥滚子轴承的轴向间隙

轴承型号	7318	7526	7530	7536
轴向间隙/mm	0.07～0.18	0.08～0.20	0.08～0.20	0.10～0.22

⑦ 减速器齿轮啮合情况检验项目包括齿面接触情况和侧隙检查项目，其中轮齿工作面的接触面积用涂色法或光泽法检验，接触斑点应在工作齿面的中部，沿齿长方向不小于 60%，沿齿高方向不小于 45%；侧隙的大小可用软铅丝进行检验，保证侧隙的数值见表 2-2-4。

表 2-2-4　JZQ 型二级斜齿圆柱齿轮减速器齿轮啮合情况检查项目侧隙要求

中心距/mm	100	150	200	250	300	350	400	450	500	600
保证侧隙/μm	130	170	170	210	210	260	260	260	260	340

(5) 识读图纸资料，包括装配图和零件图。

❖技能链接

一、传动轮的平衡及校准技术

(一) 传动轮的平衡技术

1. 旋转体的离心力

齿轮、带轮等具有一定转速的零件或部件由于内部组织密度不均匀、零件外形误差、装配误差以及结构形状局部不对称(如键槽)等原因，旋转体在其径向各截面上或多或少地存在一些不平衡量，此不平衡量由于与旋转中心之间有一定的距离(质量偏心距)，因此当旋转体转动时，不平衡量便会产生离心力。

旋转体因质量偏心而引起的离心力大小为

$$F=\frac{W}{g}e\left(\frac{2\pi n}{60}\right)^2=me\left(\frac{\pi n}{30}\right)^2 \tag{2-2-1}$$

式中，F 为离心力(N)，W 为旋转体的偏重(N)，g 为重力加速度(m/s^2)，e 为质量偏心距(m)，n 为转速(r/min)，m 为不平衡质量(kg)。

例如某旋转件的不平衡质量 $m = 0.5$ kg，偏心距 $e = 0.2$ m，若以 800 r/min 的转速旋转，则产生的离心力大小为

$$F=me\left(\frac{\pi n}{30}\right)^2=0.5\times0.2\times\left(\frac{3.14\times800}{30}\right)^2=701(\text{N})$$

由此可知，重型或高转速的旋转体，即使具有不大的偏心距也会引起很大的离心力。由于离心力的大小随转速的平方而变化，当转速增加时，离心力将迅速增加。这样会加速轴承磨损，使机器在工作中发生摆动和振动，甚至造成零件疲劳破坏或断裂。因而，为了保证机器的运转质量，要对旋转体(尤其是高速运转的情况下)在装配前进行平衡调整，来消除不平衡离心力，从而达到所要求的平衡精度。

2. 旋转体的平衡

如图 2-2-所示，旋转体的不平衡包括静不平衡和动不平衡，静不平衡指旋转体的主惯性轴与旋转轴线不重合但相互平行，即旋转体的重心不在旋转轴线上，动不平衡指旋转体的主惯性轴与旋转轴相交，且相交于旋转体的重心上，二者都会造成机器振动。消除旋转零部件的不平衡工作叫平衡，分静平衡和动平衡两种，轴向尺寸较小的齿轮、带轮等一般发生静不平衡。

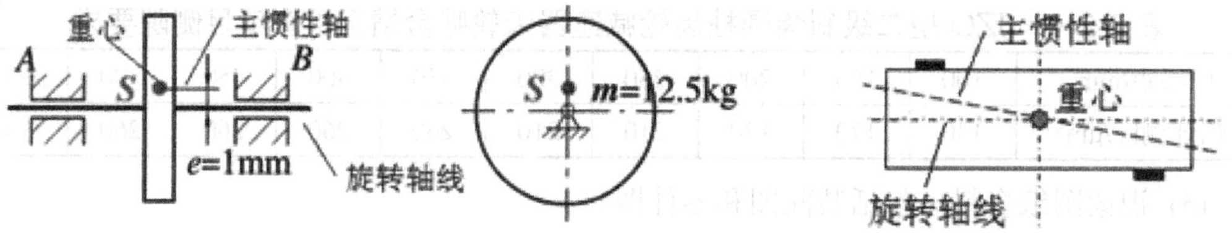

图 2-2-2　旋转体静不平衡及动不平衡示意图

3. 静平衡

静平衡只需在校正面上安放一个平衡重物，就可以使旋转体达到平衡。平衡重物重力的数值和位置，在旋转体静力状态下确定，就是将旋转体的轴颈(或将被平衡件套在平衡心棒上)搁置在水平刀刃架(静平衡架)上，加以观察，较重的部分会自动向下转动，用去重或配重的方法消除旋转体的偏重，使旋转体达到平衡。采用平衡杆进行静平衡的步骤如下：

(1) 将需作静平衡的齿轮，装上心轴后，放在水平的静平衡架上，如图 2-2-3 所示。

(2) 使齿轮缓慢转动，待静止后在其正下方作一标记 S。

(3) 重复转动齿轮若干次，若 S 处始终位于最下方说明零件有偏重，方向指向标记 S 处。

(4) 沿偏重方向装上平衡杆。

(5) 调整平衡块，使平衡力矩 $L_1 \times G_1$(G_1 为平衡块重，L_1 为平衡块至中心的距离)等于重心偏移所形成的力矩，则该齿轮组件处于静平衡。

(6) 在零件的偏重一边离中心 L_0 处($L_0 = L_1$)钻去 G_0($G_0 = G_1$)的金属，使 $L_0 \times G_0 = L_1 \times G_1$，就可以消除静不平衡。若 $L_0 = L_1 = 400$ mm，$G_1 = 0.1$ N，则在零件偏重的一边离中心 400 mm 处钻去重力为 0.1 N 的金属，或在平衡块处加上重力为 0.1 N 的金属就可以消除静不平衡。

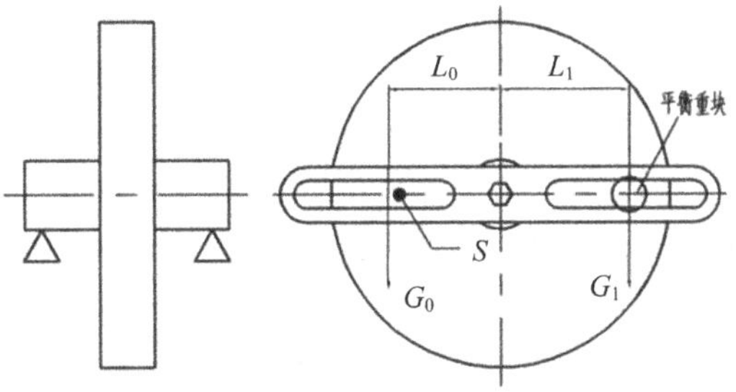

图 2-2-3　用平衡杆进行静平衡调整示意图

(二) 传动轮的校准技术

1. 传动轮的校准定义

链传动、带传动、齿轮传动等各种传动装置的轮子在使用前必须校准其位置，使两个传动轮中间平面重合，称为传动轮的校准，又称为校直。带传动机构的传动轮校准不当时，会造成轮子之间出现倾斜角和轴向偏移量过大的现象，运行时将导致皮带及轮的擦伤和损坏；如果是链轮或齿轮传动，则链条或轮齿会迅速磨损，同时轴承和联轴器也将磨损加剧，使整个机构运动精度降低、运行寿命缩短。

2. 传动轮的校准方法

传动轮的校准包括在水平方向和垂直方向的校准。现以某一链传动机构装配中对链轮的校准为例讲解水平校准和垂直校准的步骤，图 2-2-4 为其装配现场示意图。

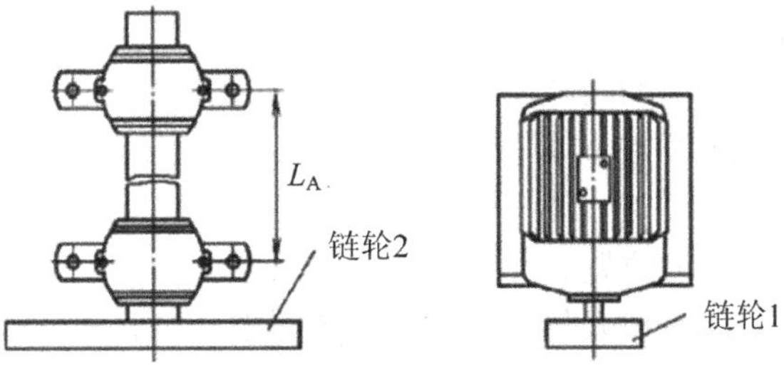

图 2-2-4　链传动机构装配现场示意图

首先完成两链轮的水平校准。如图 2-2-5 所示，其校准步骤如下：

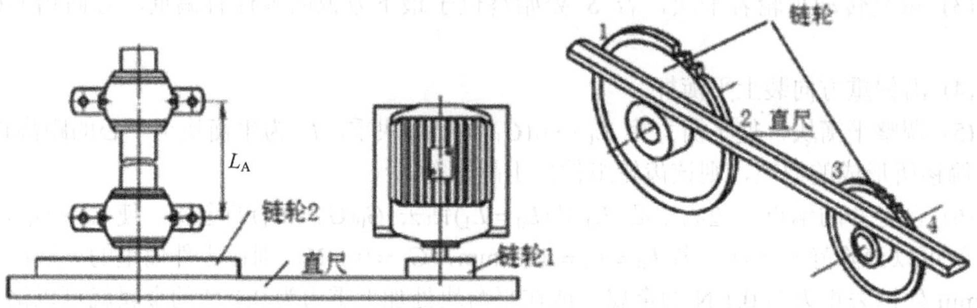

图 2-2-5　链传动机构传动轮水平校准示意图

(1) 滑动各轴或传动轮，使两个传动轮两端面处于同一直线(先目测)。

(2) 直尺或刀口尺紧靠传动轮端面，检查两个传动轮端面是否处于同一直线上，即直尺或刀口尺应均匀接触两轮端面，图中 1、2、3、4 点均应接触到。

(3) 如果不合要求，则继续调整轮的前后位置直到合乎要求。

其次完成两链轮的垂直校准，方法如图 2-2-6 所示。

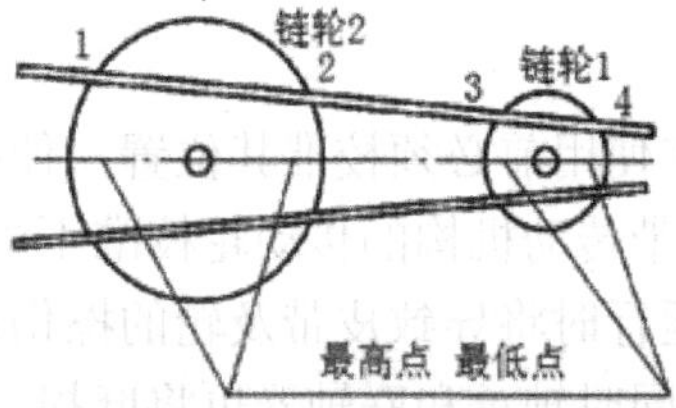

图 2-2-6　找出轮的端面跳动量示意图

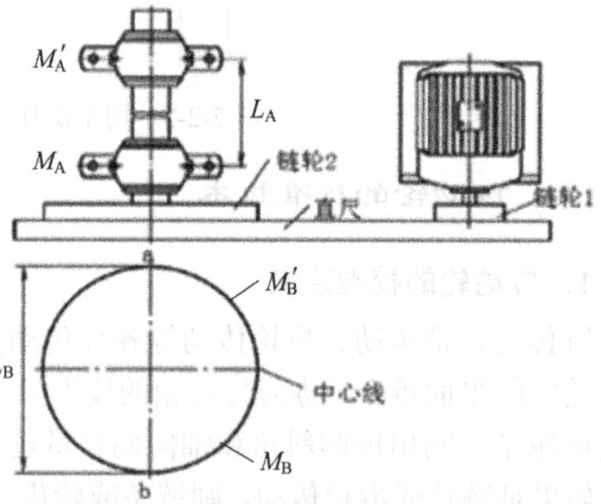

图 2-2-7　链传动机构传动轮垂直校准示意图

在校准前应首先消除轮的端面跳动对垂直方向校准测量量带来的影响，方法是使用百分表找出轮子端面跳动量的最大点和最小点(即端面跳动误差)，并将这些点处于同一水平中心线上，见图 2-2-6。

然后按照图 2-2-7 所示完成传动轮的垂直校准，传动轮在垂直方向上的校准是通过在轴承座下方垫垫片的方法实现的。

首先测量直尺与轮子端面的间隙值 M_B。以小轮为基准面，用直尺分别在轮子的中心线上方(最好接近轮子上端)或下方(最好接近轮子下端)测量直尺或刀口尺与轮子端面之间的间隙值 M_B。

再判别轴承座填入垫片的位置和计算垫入垫片的厚度 M_A。

假如直尺在大轮 a 点刚好触及轮子，而 b 点不触及，则直尺与轮子端面之间的间隙在靠近 b 点处测得，间隙值 M_B，此时必须在前端轴承座(靠近轮子处)下面填垫片，厚度值 $M_A = L_A \times M_B / L_B$。

假如直尺在大轮 b 点刚好触及轮子，而 a 点不触及，则直尺与轮子端面之间的间隙在靠近 a 点处测得，间隙值 M'_B，此时必须在后端轴承座(靠近轮子处)下面填垫片，厚度值

$M'_A = L_A \times M'_B / L_B$。

例如 $L_A = 534$，$L_B = 400$，$M_B = 0.3$(b 点处测得间隙值)，则 $M_A = 534 \times 0.3/400 = 0.4$ mm，将 0.4 mm 的垫片填入前端轴承座下面，待轮子均已处于正确位置后，即可紧固轴承组件。

二、带传动机构装配技术

(一) V 带传动装配与调整

1. V 带传动机构的装配技术要求

V 带传动是应用最为广泛的带传动方式，V 带传动机构的装配技术要求主要有以下几点：

(1) 带轮的歪斜和跳动要符合要求。通常要求其径向圆跳动为 0.0025～0.005D，端面圆跳动为 0.0005D～0.001D，D 为带轮直径。

(2) 两轮中间平面应重合。一般倾斜角度要求≤1°，否则带易脱落或加快带的侧面磨损。

(3) 传动带的张紧力大小要适当。张紧力过小，易打滑，不能传递一定功率；过大，则带、轴和轴承都承受过大张紧力，容易磨损，并降低了传动平稳性。

2. 传动带张紧力的调整

对张紧力的调整首先要检查张紧力的大小。V 带传动中规定在测量载荷 W 作用下，带与两轮切点跨距中每 100 mm 长度使中点产生 1.6 mm 挠度的张紧力为恰当值，即规定在 W 测量载荷作用下产生的挠度为 $y = \frac{1.6}{100} t$ mm，其中 t 是 V 带在两切点间距离。

测量载荷 W 大小与 V 带型号、小带轮直径及带速有关，可查表选取。

若实测挠度大于计算值，则说明张紧力小于规定值；反之，则张紧力大于规定值，此时均需要对张紧力进行调整。调整的方法有改变中心距和张紧轮调整两种。

3. 装配作业要点

(1) 带轮的安装。一般带轮孔与轴的连接为过渡配合，这种配合对同轴度要求较高。

带轮与轴的连接方式主要有圆锥轴颈与圆锥轮毂连接、圆柱轴颈与圆柱轮毂用平键连接、圆柱轴颈与圆柱轮毂用楔键连接、圆柱轴颈与轮毂用花键连接等几种，如图 2-2-8 所示。

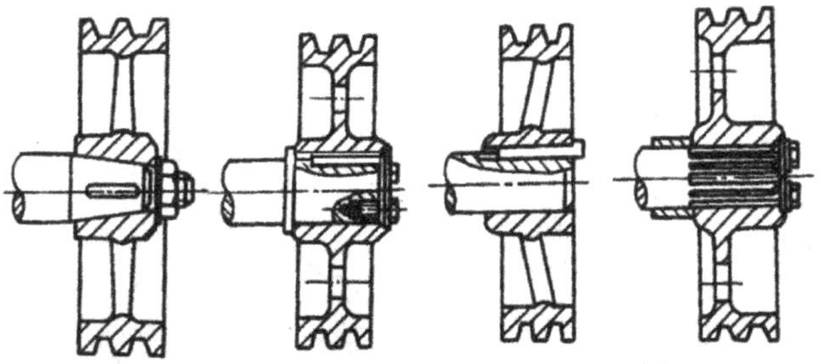

图 2-2-8　带轮与轴的连接方式示意图

装配时，按轴和轮毂孔键槽修配键，然后清理安装面并涂上润滑油。用木锤轻轻打入带轮，或用螺旋压力机压装，如图 2-2-9 示。由于带轮常用铸铁制造，锤击时应避免锤击轮缘，锤击点尽量靠近轴心。带轮装在轴上后，要检查带轮的径向圆跳动和端面圆跳动。通常用划线盘或百分表检查，检查方法见图 2-2-10。

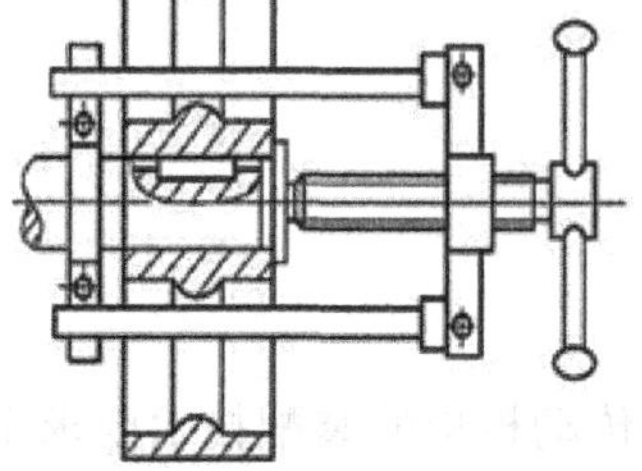

图 2-2-9 螺旋压力机压装带轮

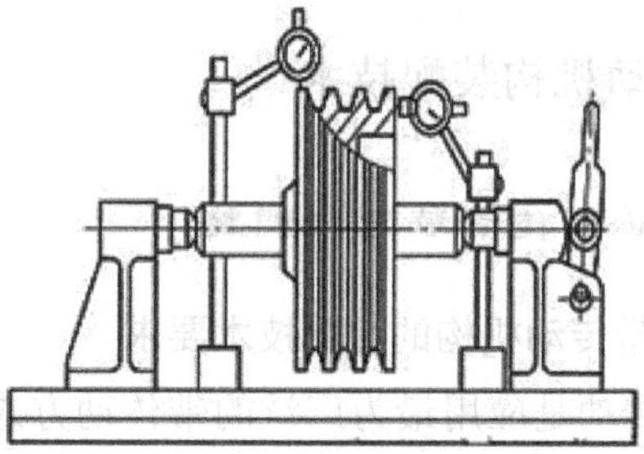

图 2-2-10 带轮装入后圆跳动误差检验示意图

(2) 带轮间相互位置的保证。带轮装入轴上时需要对轮子的相互位置进行校准。

(3) 传动带的安装。安装要点一是不要强行将带装入带轮，二是要注意带在轮槽中的位置，见图 2-2-11。

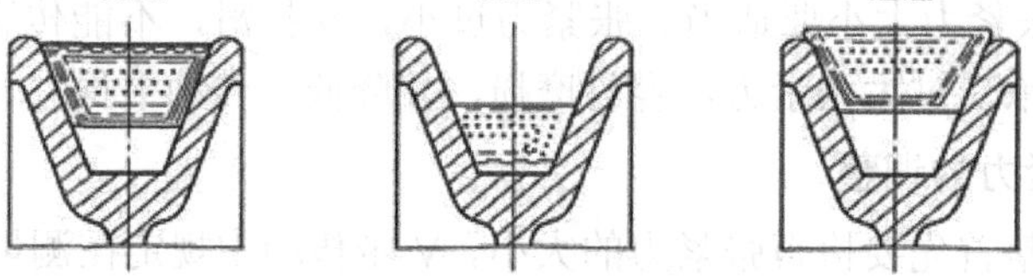

图 2-2-11 V 带在带轮中的位置检验示意图

(二) 同步带传动装配与调整

同步带传动是利用带齿与带轮齿啮合来传递动力的一种新型传动方式，具有准确的同步传动功能，适宜多轴传动。

1. 同步带的结构与种类

同步带相当于在绳芯结构平带基体的内表面沿带宽方向制成一定形状的等距齿，与带轮轮缘上相应齿啮合进行运动和动力的传递。带体多由橡胶制成，也有用聚氨酯浇注而成，后者只能用于载荷小或有耐油要求的传动；通常在其齿面上覆盖尼龙或织布层以提高耐磨性。带齿有弧形和梯形两类，其中弧形有圆弧齿、平顶圆弧齿和凹顶圆弧齿，梯形有单面同步带和双面同步带两种，见图 2-2-12。

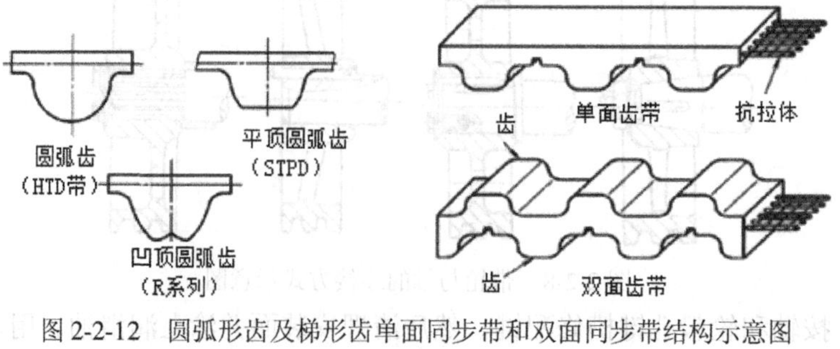

图 2-2-12 圆弧形齿及梯形齿单面同步带和双面同步带结构示意图

2. 同步带轮的结构与种类

同步带轮有三类：双边挡圈带轮、单边挡圈带轮及无挡圈带轮，其结构见图 2-2-13。当两轮间的中心距大于最小带轮直径的 8 倍时，带轮应有侧边挡圈。

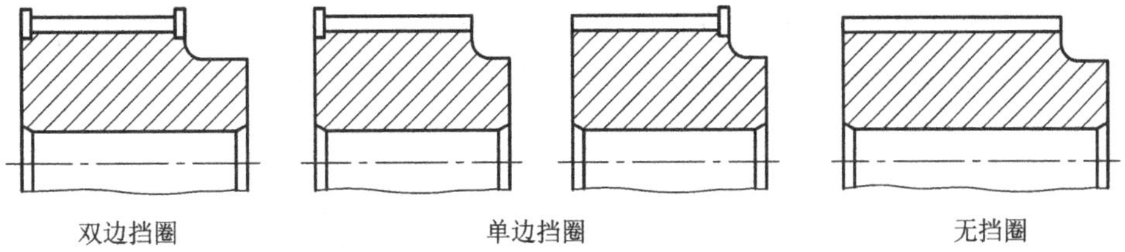

图 2-2-13　同步带轮结构示意图

3. 装配作业要点

同步带与 V 带装配作业的要点基本相同，需要特别注意的有：

(1) 张紧力一般用专用张紧力仪检查，而且因主要靠啮合传动故不需很高的张紧力。

(2) 同步带传动对两带轮轴线的平行度要求较高，否则同步带在工作时会产生跑偏，甚至跳出带轮。轴线不平行还将引起压力不均匀，使带齿早期磨损。

两同步带轮轴线的平行度由轮子的校直完成。

三、链传动机构装配技术

(一) 链传动机构的装配与调整

链传动由安装在平行轴上的主动轮、从动轮和绕在链轮上的环形链条组成，工作时以链作为中间挠性件，靠链与链轮轮齿的啮合来传递运动和动力。

1. 链传动机构的装配技术要求

(1) 两链轮的轴线必须平行。如图 2-2-14 所示，通过测量 *A*、*B* 两尺寸来确定其误差。

(2) 两链条之间的轴向偏移量不能太大。如图 2-2-14 所示，用直尺法或拉线法检查轴向偏移量 *a*，当中心距小于 500 mm 时，*a* 不超过 1 mm；两轮中心距大于 500 mm 时，*a* 不超过 2 mm。

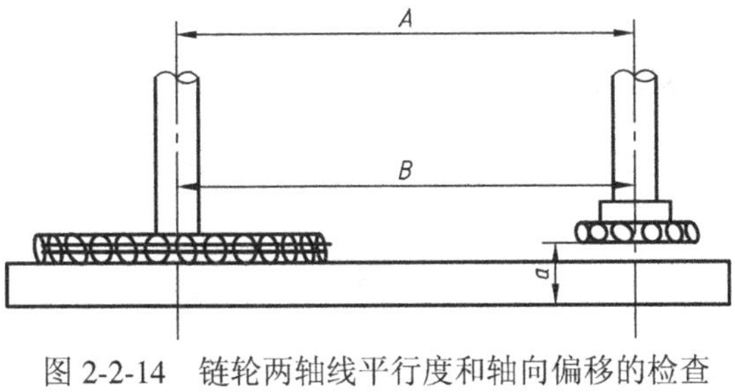

图 2-2-14　链轮两轴线平行度和轴向偏移的检查

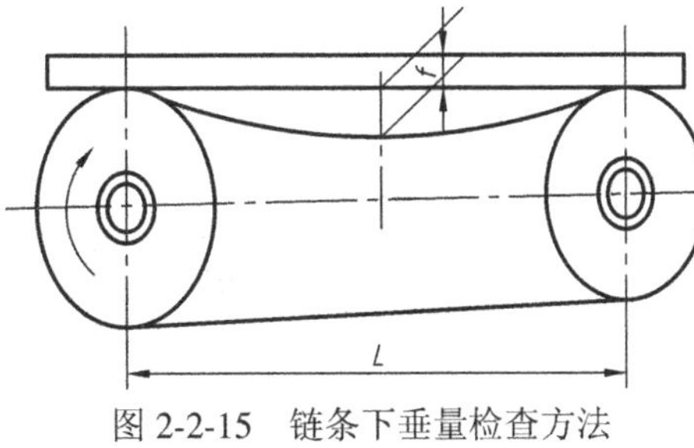

图 2-2-15　链条下垂量检查方法

(3) 链轮的径向圆跳动和端面圆跳动应符合要求。跳动量要求根据链轮直径查表可得，可用百分表进行检查。

(4) 链条的松紧适当。可用检查和调整链条下垂量的方法来控制，参见图 2-2-15。一般水平传动时下垂度 $f \leqslant 20\%L$；链垂直放置时，$f \leqslant 0.1\%L$，L 为两链轮的中心距。

链条使用一段时间后会拉长，当伸长量超过原长的 3%时链条将予以更换。

(5) 链条运行自由，严禁与链罩相擦碰。

(6) 润滑良好。润滑油加在松边上，利于润滑油的渗透。

2．链传动机构的装配要点

(1) 将链轮装配到轴上。如图 2-2-16 所示，链轮在轴上的固定方法分别是用键连接后再用圆锥销固定以及用紧定螺钉固定，链轮的装配方法与带轮基本相同。

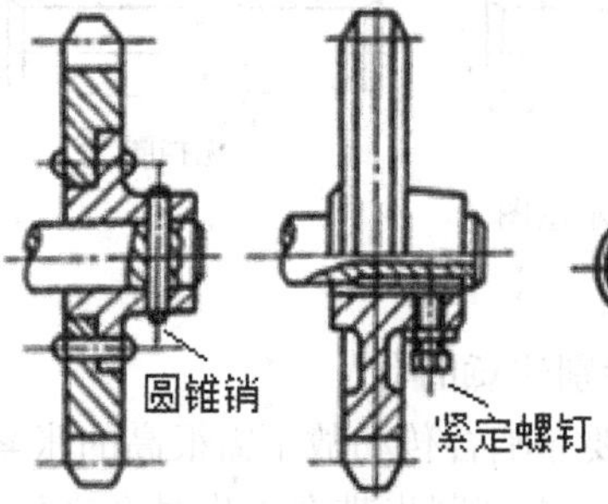

图 2-2-16　链轮的固定方法

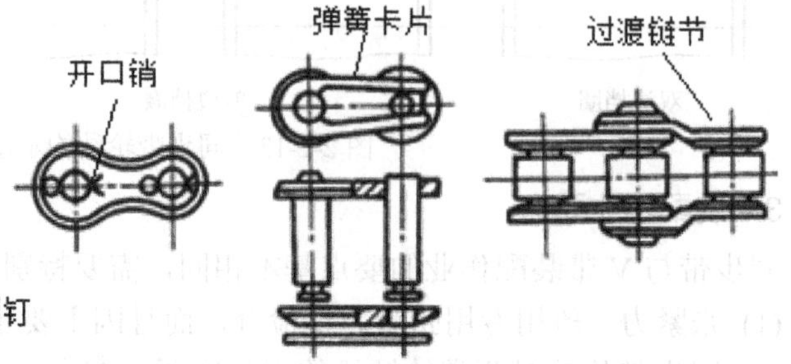

图 2-2-17　套筒滚子链的接头形式

(2) 装配链条。图 2-2-17 所示为套筒滚子链的几种接头形式，分别是用开口销、用弹簧卡片以及用过渡链节接合。在使用弹簧卡片时要注意使开口端方向必须与链条的速度方向相反，以免运动中受到碰撞而脱落。

链条两端的接合，当两轴中心距可调且链轮在轴端时，可以预先接好，再装到链轮上；如果结构不允许链条预先将接头连接好，则必须先将链条套在链轮上，以后再利用专用的拉紧工具进行连接。

链条装到轴上之后须对链条进行张紧，并检查张紧量。当中心距可调时，调整中心距张紧；当中心距不可调时，设置张紧轮；若链条磨损变长，则从中取掉一、二个链节。

张紧轮布置的原则是必须布置在小链轮靠近松边处，直径与小链轮接近。

图 2-2-18 为采用张紧轮张紧的几种布置方式，分别利用了弹簧力、重力和位置变动进行调整。

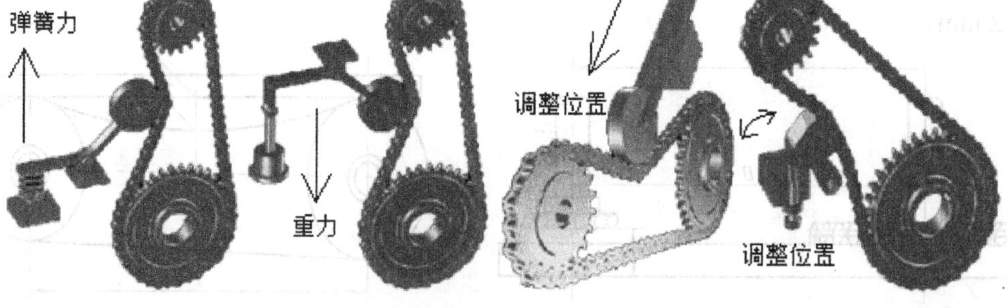

图 2-2-18　链条的张力轮张紧方式示意图

四、齿轮传动机构装配技术

齿轮传动机构的装配技术要求主要有：齿轮孔与轴配合适当；齿轮有准确安装中心距和适当的齿侧间隙；齿面有一定的接触面积和正确的接触位置。

（一）圆柱齿轮传动机构装配与调整

装配圆柱齿轮传动机构时，一般先把齿轮装在轴上，再把齿轮轴部件装入箱体中。

1．齿轮与轴的装配

齿轮是装在轴上工作的，轴安装齿轮的部位应符合图样要求，光滑无毛刺。齿轮与轴的常见结合方法有图 2-2-19 所示几种。

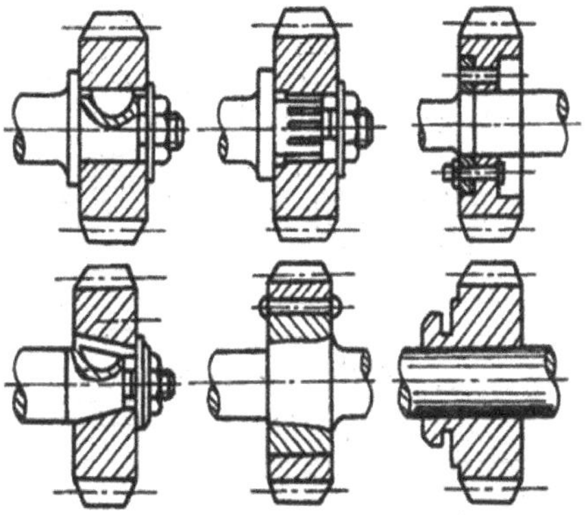

图 2-2-19　齿轮在轴上的结合方式示意图

齿轮与轴间的相对运动有空转、滑移或固定连接三种方式。

图 2-2-20 所示 CA6140 卧式车床二支承型主轴结构示意图中的主轴装有 7、8、9 三个齿轮。右端斜齿圆柱齿轮 9 空套在主轴 15 上，中间齿轮 8 可以在主轴花键上滑移，左端齿轮 7 用平键和弹性挡圈固定连接在主轴上，分别与主轴间产生空转、轴向滑移和同速转动运动。

在轴上空转或滑移的齿轮，与轴为间隙配合，装配后的精度主要取决于零件本身的加工精度，这类齿轮装配方便，装配后要求齿轮在轴上不得有晃动现象。

在轴上固定的齿轮，通常与轴为过渡配合或少量过盈的配合，装配时需加一定外力。在装配过程中要避免齿轮歪斜和产生变形等。若配合的过盈量较小，则可用手工工具敲击压装；若过盈量较大，则可用压力机或采用热装法进行装配。

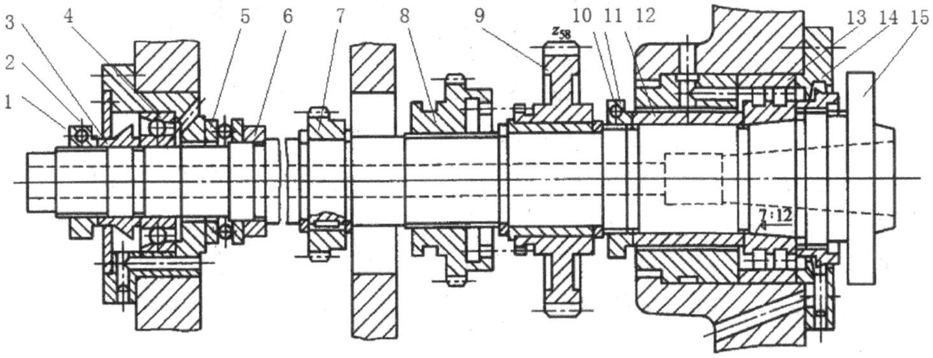

1—调整螺母；2—紧定螺钉；3—甩油环；4—角接触球轴承；5—推力球轴承；6—套筒；7、8、9—齿轮；10—调整螺母；11—紧定螺钉；12—套筒；13—双列圆柱滚子轴承；14—轴承端盖；15—主轴

图 2-2-20　CA6140 卧式车床二支承型主轴结构示意图

精度要求高的齿轮传动机构，在压装后需要检查其径向圆跳动和端面圆跳动误差，检查方法见图 2-2-21。径向圆跳动误差的检查方法是：将齿轮轴支持在 V 形架或两顶尖上，使轴与平板平行，把圆柱规放在齿轮的轮齿间，将百分表测量头抵在圆柱规上，从百分表上得出一个读数；然后转动齿轮，每隔 3～4 个轮齿重复进行测量，测得百分表最大读数与最小读数之差，就是齿轮分度圆上的径向圆跳动误差。端面圆跳动检查时将百分表测量头抵在齿轮端面上，在齿轮轴旋转一周范围内，百分表的最大读数与最小读数之差即为误差值。

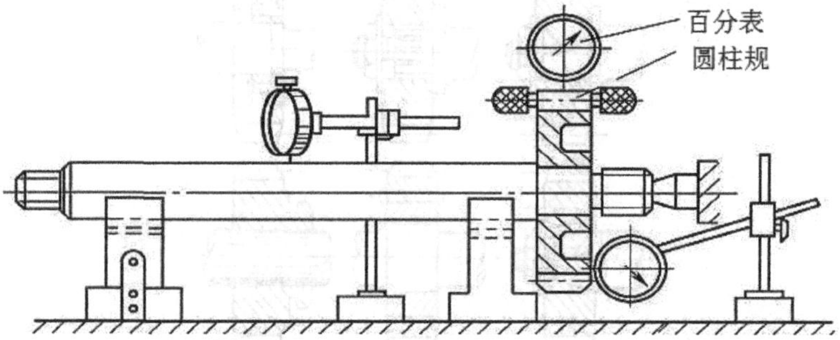

图 2-2-21　齿轮压装后径向圆跳动和端面圆跳动检查方法示意图

2．将齿轮轴部件装入箱体

为保证装配质量，在此装配前应检验箱体的主要部位是否达到规定的技术要求，检验内容主要有：孔和平面的尺寸精度和几何形状精度；孔和平面的表面粗糙度及外观质量；孔和平面的相互位置精度。

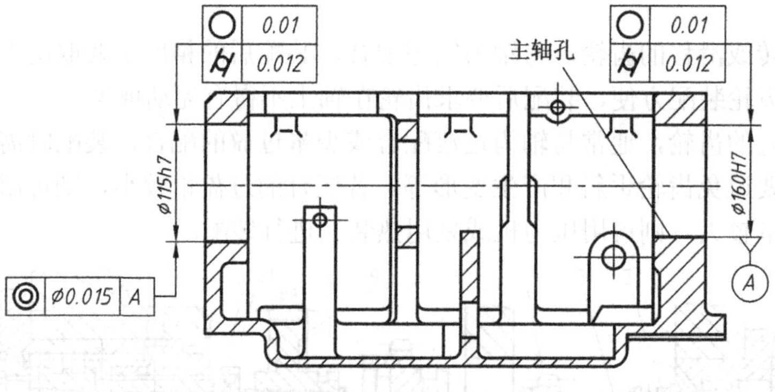

图 2-2-22　CA6140 卧式车床主轴箱结构示意图

图 2-2-22 示为 CA6140 主轴箱体结构，前后轴承孔尺寸精度分别为ϕ160H7 和ϕ115H7，形状公差为圆柱度 0.012 和圆度 0.01，二者位置公差是后轴承孔对前轴承孔同轴度ϕ0.015。

在成批生产中，用专用检验心轴检验相互位置精度，若心轴能自由地推入几个孔中，则表明孔的同轴度误差在规定范围内；对精度要求不高的孔，可用几副不同外径的检验套配合检验。

在装配及调整实践中，往往需要确定同轴度误差的数值，此时可用检验心轴及百分表(或千分表)。CA6140 卧式车床主轴箱体质量检验时就采用在镗床上用镗杆和杠杆千分表测量前后轴承孔的同轴度，如图 2-2-23 所示。

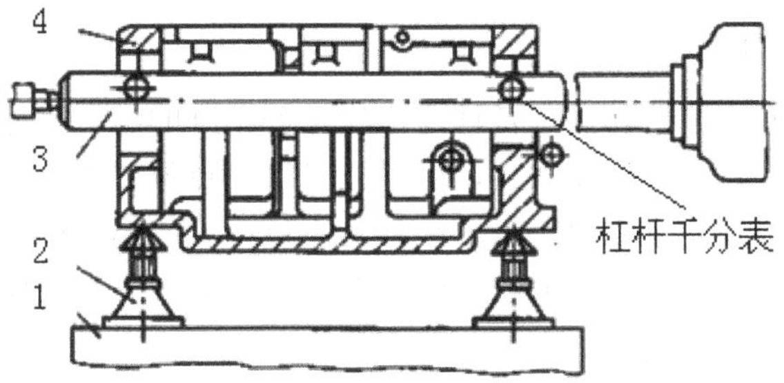

1—工作台；2—可调千斤顶；3—镗杆；4—主轴箱体

图 2-2-23　在镗床上用镗杆和杠杆千分表测量前后轴承孔的同轴度误差操作示意图

（二）圆柱齿轮传动机构的装配质量检验

圆柱齿轮传动机构装配质量检验的主要项目是啮合质量的检验，即齿轮轴部件装入箱体后对齿侧间隙大小的检验和齿轮的接触斑点的检查。

1．齿轮齿侧间隙的检验

(1) 齿侧间隙及其作用。齿轮齿侧间隙是两齿轮间沿着法线方向测量的两轮齿齿侧之间的间隙。为防止齿轮在运转中由于轮齿制造误差、传动系统的弹性变形等使啮合轮齿卡死的现象，同时也为了在啮合轮齿间存留润滑剂等，而在啮合齿对的齿厚与齿间留有适当的间隙。间隙过小，齿轮传动不灵活，热胀时易卡齿，加剧磨损；间隙过大，则易产生冲击和振动。

(2) 齿侧间隙的确定。通常根据齿轮的模数、中心距、齿轮的尺寸精度和齿轮的应用范围选择齿侧间隙；齿侧间隙不需计算，常可以通过查表确定，本项目查产品说明书可得。

(3) 齿侧间隙的检验。齿侧间隙的检验方法有软铅丝法和百分表法，检验方法示意图如图 2-2-24 所示。

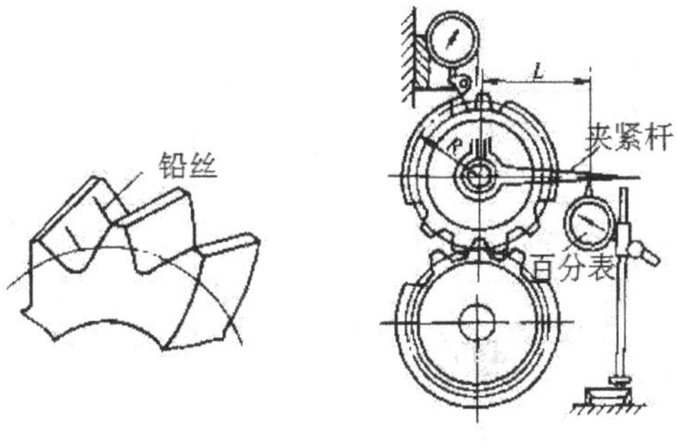

图 2-2-24　用软铅丝法或百分表法检验齿侧间隙示意图

用软铅丝测量齿侧间隙时应在齿轮四个不同位置测量，每次测量后须将轮子旋转 90°。具体测量方法是首先取两根直径相同的铅丝，其直径不超过最小间隙的 4 倍；然后在齿宽两端的齿面上平行放置两条铅丝；再沿着一个方向转动齿轮，将铅丝压扁；最后用千分尺测量铅丝被挤压后最薄处的尺寸，即为侧隙。

百分表法测量时将一个齿轮固定，另一个齿轮上装上夹紧杆，测量装有夹紧杆的齿轮的摆动角度，在千分表或百分表上得到读数差 C，齿侧间隙 $C_n = C \times R/L$；也可以将表直接顶在非固定齿轮齿面上，迅速使轮齿从一侧啮合转向另一侧啮合，表读数差值即为侧隙值。

(4) 齿侧间隙的调整。齿侧间隙大小与中心距偏差有关，圆柱齿轮传动的中心距一般由加工保证。

由滑动轴承支承时，可刮削轴瓦调整侧隙大小。

2．齿轮接触斑点的检验

齿面接触斑点的分布位置和大小是评定齿轮接触精度的综合指标，其影响因素主要有齿形误差和装配精度。若齿形误差太大，会导致接触斑点位置正确但面积小，此时可在齿面上加研磨剂并转动两齿轮进行研磨以增加接触面积；若齿形正确但装配误差大，在齿面上易出现各种不正常的接触斑点，可在分析原因后采取相应措施进行处理。

齿轮副接触斑点的分布位置和大小可用涂色法或光泽法检验。

涂色法的操作方法是先将加有少量 L-AN 油的红丹粉涂在小齿轮上，用小齿轮驱动大齿轮，则涂色的斑点将显示在大齿轮轮齿工作表面上，根据接触斑点判定齿轮装配的正确性。

光泽法则不需涂色，直接根据大齿轮轮齿接触面金属的亮度判定装配的正确性。

表 2-2-5 为各种接触斑点的接触状况、原因分析及调整方法。

表 2-2-5　圆柱齿轮不同接触斑点的接触状况、原因分析及调整方法

接触斑点	状况及原因	调整方法	接触斑点	状况及原因	调整方法
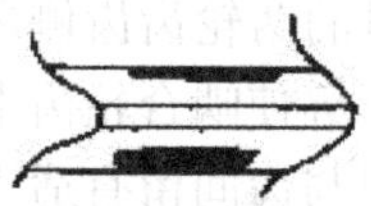	正常接触		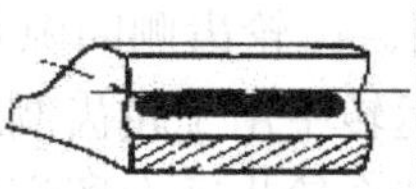	偏齿根接触，两齿轮中心距过小	在中心距公差范围内，刮削轴瓦或调整轴承座
	单向角接触，两齿轮轴线不平行	在中心距公差范围内，刮削轴瓦或调整轴承座	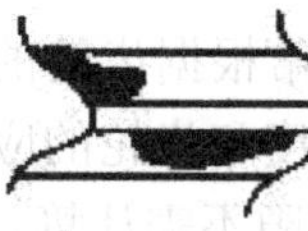	一面接触正常，一面接触不好。两面齿向不统一	调换齿轮或对齿轮进行研齿
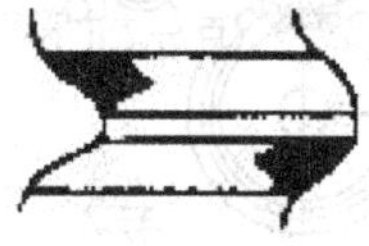	对角接触，两齿轮轴线歪斜	在中心距公差范围内，刮削轴瓦或调整轴承座	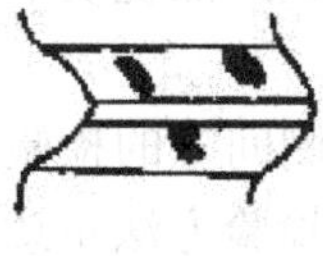	分散接触，齿面有波纹、毛刺	去毛刺、硬点，对齿轮进行研或电火花跑合
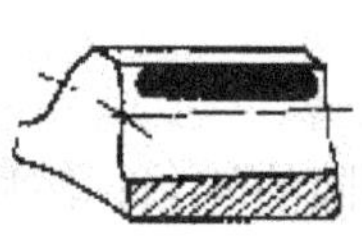	偏齿顶接触，两齿轮中心距过大	在中心距公差范围内，刮削轴瓦或调整轴承座	 齿圈上接触区由一边逐渐移至另一边	沿齿向游离接触，齿轮端面与回转轴线不垂直	检查、校正齿轮端面与回转轴线的垂直度

五、蜗杆传动机构装配技术

（一）蜗杆传动机构的装配技术要求

1．传动精度要求

按国家标准 GB/T 10089—1988 规定有 12 个精度等级，第 1 级最高，第 12 级最低。

2. 传动侧隙要求

按国家标准 GB/T 10089—1988 中规定蜗杆传动的侧隙共分 8 种，选择时根据工作条件和使用要求合理选用，可查表。

3. 接触斑点要求

蜗杆副的接触斑点要求(接触面积、接触形状及位置)根据蜗杆精度等级选用，可查表。

4. 对蜗杆和蜗轮轴心线的要求

蜗杆轴心线应与蜗轮轴心线垂直。蜗杆的轴心线应在蜗轮轮齿的对称中心平面内。蜗杆、蜗轮间的中心距要准确。

(二) 蜗杆传动机构的装配

1. 蜗杆传动机构的装配步骤

按蜗杆传动机构结构特点的不同，有的应先装蜗杆，后装蜗轮。有的则相反。一般情况下，装配工作是从蜗轮开始的。

以某二级减速器的蜗杆传动机构装配为例，其装配步骤如下：

(1) 将蜗轮齿圈 1 压装在轮毂 2 上，并用螺钉加以紧固，如图 2-2-25 示。

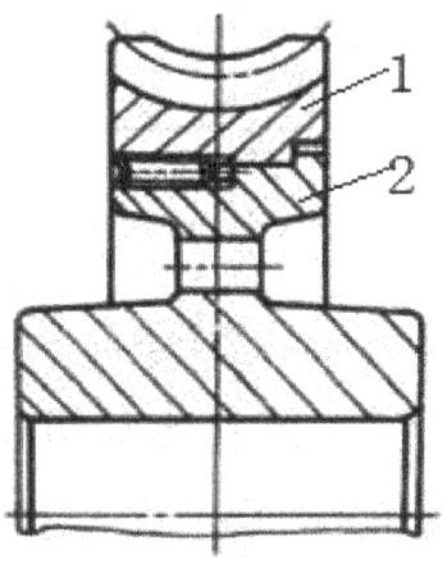

1—蜗轮齿圈；2—轮毂

图 2-2-25　组合式蜗轮

(2) 将蜗轮装在轴上，其安装和检验方法与圆柱齿轮相同。

(3) 把蜗杆装入箱体，见图 2-1-26。一般蜗杆轴心线的位置，是由箱体安装孔所确定的。

(4) 再将蜗轮轴装入箱体，蜗轮的轴向位置可通过改变调整垫圈厚度或其他方式进行调整，使蜗杆轴线位于蜗轮轮齿的对称中心平面内，在装配之前一般要先试装。

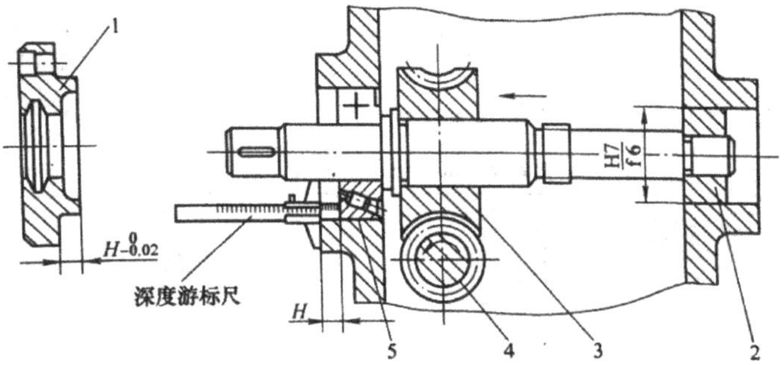

1—轴承盖；2—工艺套；3—蜗轮；4—蜗杆；5—轴承

图 2-2-26　蜗轮轴向位置装配与调整示意图

如图 2-2-26 示，先确定蜗轮轴向的正确装配位置，将轴承 5 的内圈装入轴的大端，然后将轴通过箱体孔，装上已试配好的蜗轮 3、轴承外圈及工艺套 2(为了调整时拆卸方便，暂以工艺套代替小端轴承)，然后移动轴，使蜗轮与蜗杆 4 达到正确啮合位置，要求蜗轮轮齿的对称中心平面与蜗杆轴线重合，用深度游标尺测量尺寸 H，并修整轴承盖 1 的台阶尺寸至 $H_{-0.02}^{0}$ mm 。此处采用的是修配法，即修整轴承端盖台阶尺寸来调整蜗轮的轴向装配位置。

另外，为了保证蜗杆传动机构的装配要求，装配前，先要对蜗杆孔轴线与蜗轮孔轴线中心距误差和垂直度误差进行检验，即对蜗杆箱体进行检验。

检验箱体孔中心距时，可采用图 2-2-27 所示的方法进行测量。测量两心轴至平板的距离，即可算出中心距 a。

测量轴线间的垂直度误差，可采用图 2-2-28 所示的方法进行。测量时旋转心轴 2，百分表上的读数差即是轴线的垂直度误差。

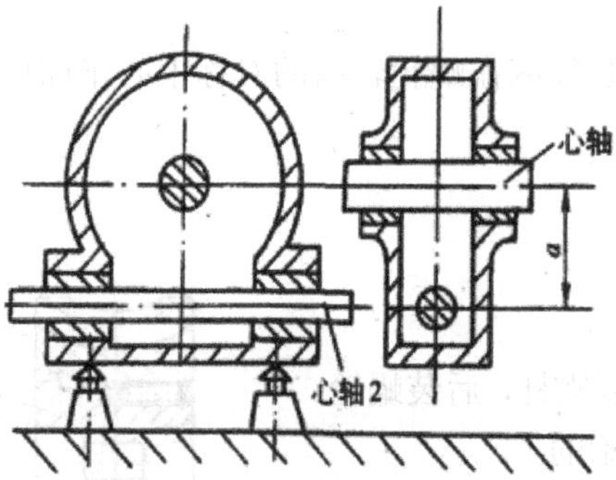

图 2-2-27　检验蜗杆箱的中心距

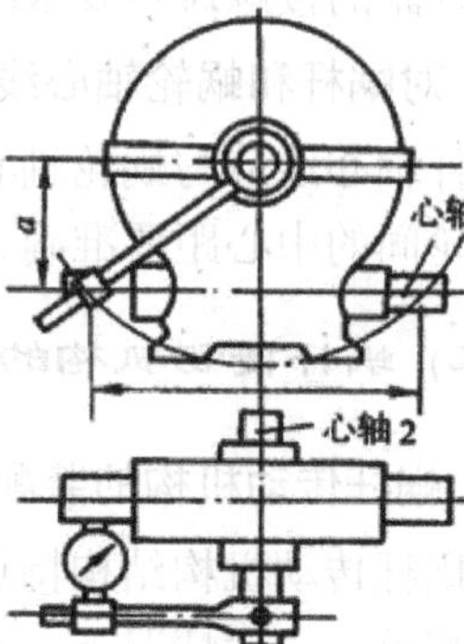

图 2-2-28　检验蜗杆箱轴心线垂直度误差

2．蜗杆传动机构的啮合精度检验

蜗轮的轴向位置及接触斑点的检验也是采用涂色法，即先将红丹粉涂在蜗杆的螺旋面上，并转动蜗杆，检查在蜗轮轮齿上获得的接触斑点，图 2-2-29 所示为各种接触情况。

正确的接触斑点应在蜗轮中部稍偏于蜗杆旋出方向；如果轴向位置不对，应配磨垫片或修整轴承端盖的台阶尺寸来调整蜗轮的轴向位置。

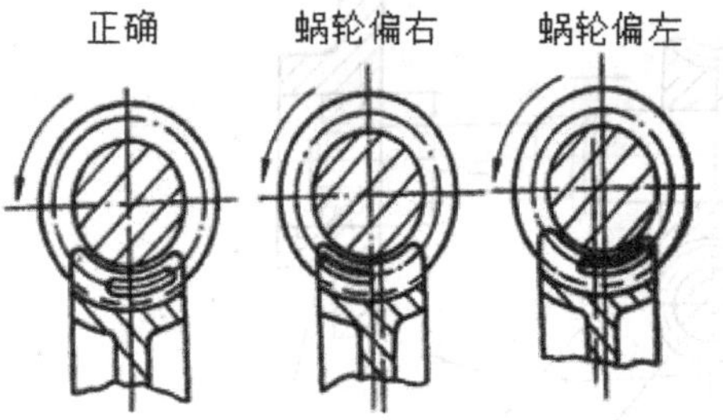

图 2-2-29　用涂色法检验蜗轮齿面接触斑点

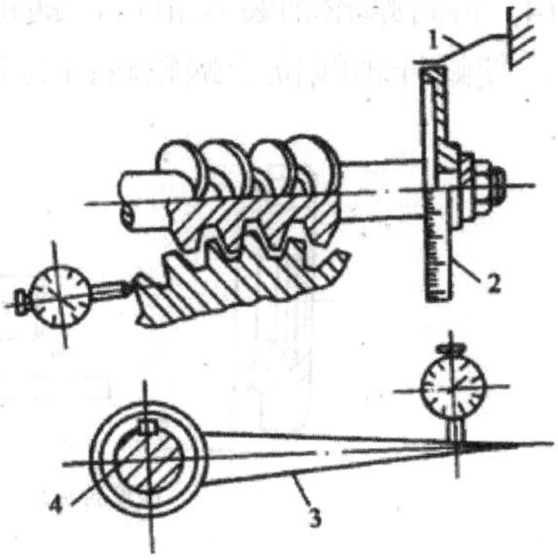

1—固定指针；2—刻度尺

图 2-2-30　蜗杆传动机构侧隙检验

蜗杆传动机构的齿侧间隙一般用百分表检测，如图 2-2-30 所示。在蜗杆轴上固定一带量角器的刻度尺 2，百分表测头抵在蜗轮齿面上，用手转动蜗杆，在百分表指针不动的条件下，用刻度盘相对固定指针 1 的最大转角判断侧隙大小。对于不重要的蜗杆机构，也可用手转动蜗杆，根据空程量的大小判断侧隙的大小。

装配后的蜗杆传动机构，还要检查它的转动灵活性。蜗轮在任何位置上，用手旋转蜗杆所需的转矩均应相同，没有咬住现象。

(三) 蜗轮减速器装配实例

图 2-2-31 为某蜗轮减速器装配图，请分析减速器装配过程并编制装配工艺规程。

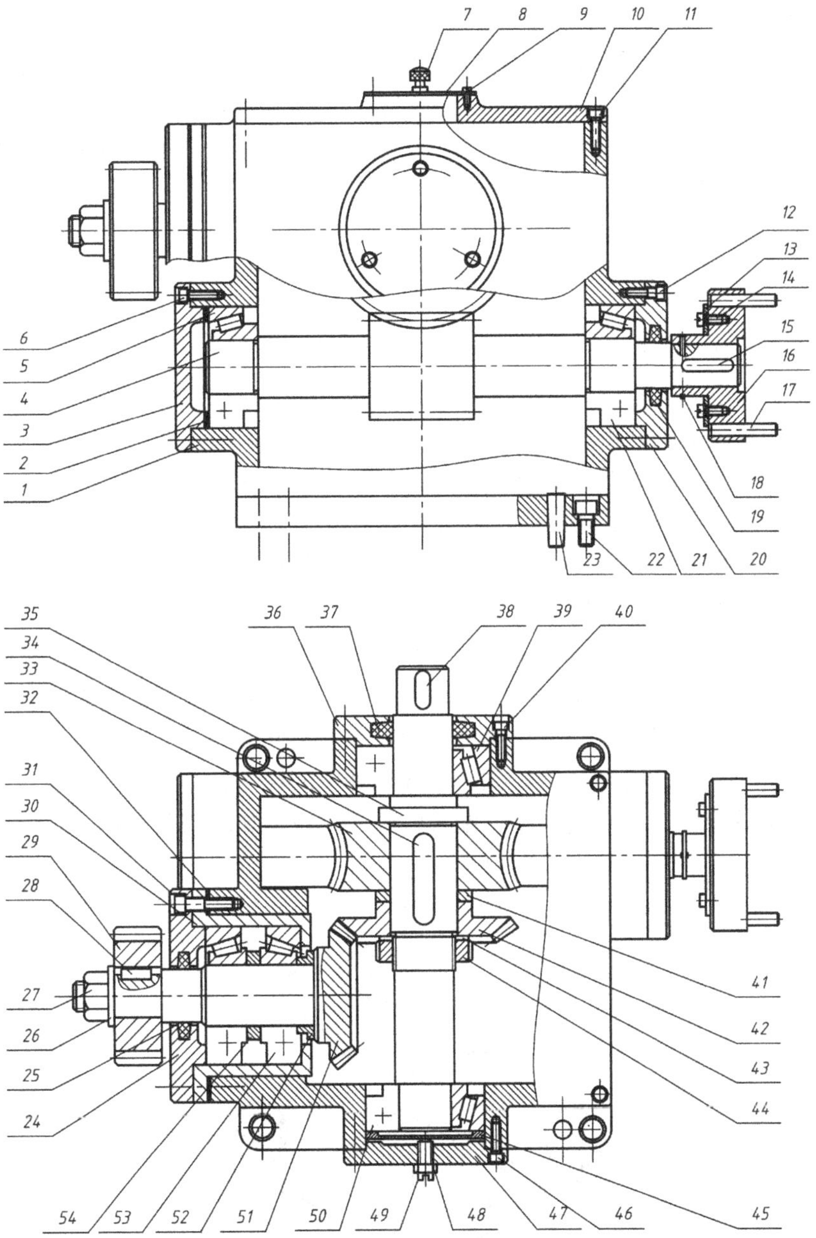

1—箱体；2、32—调整垫片组；3、20、24、36、47—轴承端盖；4—蜗杆轴；5、21、39、50、53—轴承；6、9、11、12、14、22、31、40、46、49—螺钉；7—通气器；8—盖板；10—箱盖；13—环；15、28、34、38—键；16—联轴器；17—锥销；23—销轴；18—防松钢丝圈；19、25、37—毛毡；26—垫圈；27、44、48—螺母；29、42、51—齿轮；33—蜗轮；35—蜗轮轴；41—调整垫圈；43—止动垫圈；45—圆螺母；52—衬垫；54—隔圈

图 2-2-31　蜗轮减速器装配图

1．减速器装配分析

图 2-2-31 中，蜗轮减速器装在电动机与工作机之间，用来降低输出转速并相应地改变其输出转矩。减速器的运动由联轴器传来，经蜗杆轴传至蜗轮，蜗轮的运动通过其轴上的平键传给圆锥齿轮副，最后由安装在锥齿轮轴上的齿轮传出。各传动轴采用圆锥滚子轴承支承，各轴承的游隙分别采用调整垫片、修配端盖、调整螺钉进行调整。蜗轮的轴向装配位置可通过修整轴承端盖台阶的厚度尺寸来控制。锥齿轮的轴向装配位置，则可通过修整有关的调整垫圈(垫片)的厚度尺寸来控制。箱盖上设有观察孔，可检视齿轮的啮合情况及箱体内注入润滑油的情况。

该减速器的装配技术要求如下：

(1) 零件和组件必须安装在规定位置，不得装入图样中未规定的垫圈、衬套之类的零件。

(2) 固定连接件必须保证连接的牢固性和可靠性。

(3) 旋转机构能灵活转动，轴承间隙合适，润滑良好，各密封处不得有漏油现象。

(4) 蜗轮蜗杆副的啮合侧隙和接触斑痕必须达到规定的技术要求；蜗杆轴心线应与蜗轮轴心线垂直，蜗杆轴心线应在蜗轮轮齿的对称中心平面内。

(5) 运转平稳，噪声小于规定值。

(6) 部件达到热平衡时，润滑油和轴承温升不超过规定值。

2．减速器的装配工艺过程

装配的主要工作是：零件的清洗、整形和补充加工，零件的预装、组装和调整等。

(1) 零件的清洗、整形和补充加工。此项工作属于装配前准备，是为了保证产品装配质量在装配前必须完成的工作。其中零件的整形主要是修锉箱盖、轴承盖等铸件的不加工表面，使其与箱体结合后外形一致，同时修锉零件上的锐角、毛刺、因碰撞而产生的印痕等；装配时的补充加工，主要是配钻、配攻螺纹、配铰，如箱盖与箱体、轴承与箱体、轴与轴上相对固定的零件等，如图 2-2-32 所示。

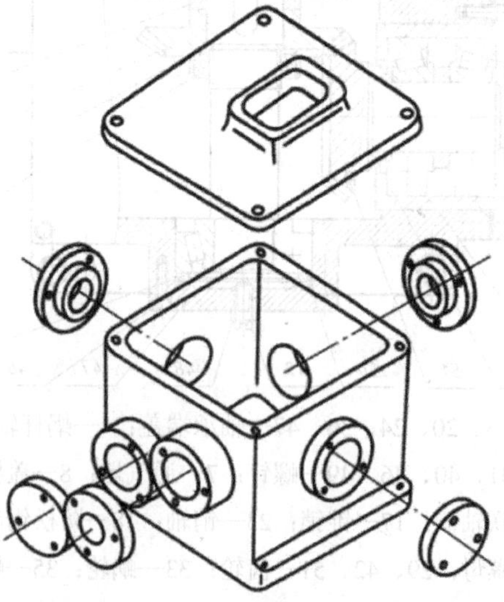

图 2-2-32　箱体与箱盖各相关零件的配钻铰和攻螺纹

(2) 零件的预装，又称试装。为了保证装配工作的顺利进行，有些相配合的零件或相啮合的零件应先进行预装，待配合达到要求后再拆下，如图 2-2-33 所示，其中(a)图为平键 15、联轴器 16 与蜗杆轴 4 配键、预装，(b)图为平键 34、蜗轮轴 35 配键、预装，(c)图为平键 28、齿轮 29 与锥齿轮轴 51 配键、预装。在试装过程中，有时需要进行修锉、刮削、调整等工作。

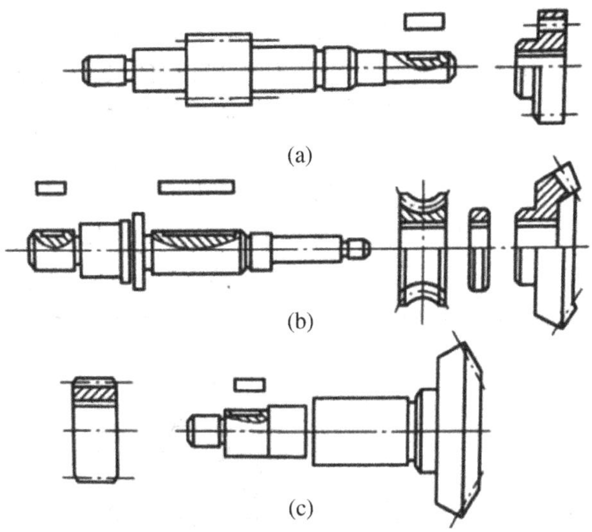

图 2-2-33　轴类零件配键、预装示意图

(3) 组件的装配。分析装配图可知，减速器包含蜗杆轴组、蜗轮轴组和锥齿轮轴组三部分，从装配角度看，除锥齿轮轴组外，其余两根轴及轴上所有零件并不能单独进行装配。

锥齿轮轴组(见图 1-1-4)的装入箱体部分的所有零件的外形尺寸均小于箱体孔的直径，可以进行先组装。

(4) 锥齿轮轴组件的装配。图 1-1-3 为锥齿轮轴组件装配单元系统图，表 1-1-2 及表 1-1-4 为两种不同格式的锥齿轮轴组件的装配工艺过程卡。

图 1-1-4(b)所示为锥齿轮轴组件的装配顺序示意图。

按照工艺卡要求，先进行分组件装配，步骤如下：

① 将衬垫装在锥齿轮轴上。

② 将轴承外圈按要求装在轴承套内。

③ 将剪好的毛毡嵌入轴承盖槽内。

然后按图示顺序及工艺卡要求将轴组零件一一装上。其中螺钉若能在装好齿轮后放入轴承盖螺钉孔内，则可以最后与箱体结合时再安装。

(5) 减速器总装与调试。在完成各组件的装配后，即可进行总装工作。减速器的总装是从基准零件——箱体开始的。根据本减速器的结构特点，采用先装蜗杆，后装蜗轮的装配顺序。

首先装配蜗杆轴，蜗杆装配后要求保持 0.01～0.02 的轴向间隙。蜗杆轴的具体装配与调整方法参见项目 2.1 关于装配中调整的调整实例 1。百分表检测间隙合格后，蜗杆轴可不必拆下。

然后进行蜗轮轴组件及锥齿轮轴组件的装配，为了保证蜗杆副和锥齿轮副的正确啮合，蜗轮轮齿的对称平面应与蜗杆轴心线重合，两锥齿轮的轴向位置必须正确。从装配图可知，蜗轮轴向位置由轴承盖的预留调整量来控制；锥齿轮的轴向位置由调整垫圈的尺寸来控制。装配工作分以下两步进行：

① 预装。先将轴承内圈装入蜗轮轴大端，通过箱体孔，装上蜗轮、轴承外圈、工艺套(代替小端轴承，便于拆卸)。移动轴，使蜗轮与蜗杆达到正确啮合位置(涂色法检查)，测量尺寸 H，并调整轴承盖的台肩尺寸为 $H^{0}_{-0.02}$ mm，见图 2-2-26。

再如图 2-2-34 所示将有关零部件装入(后装锥齿轮轴组件)，调整两锥齿轮轴向位置使其正确啮合，然后测量 H_1 和 H_2，并将垫圈调整好，最后卸下各零件。

② 装配。

步骤一：从大轴承孔方向将蜗轮轴装入，同时依次将键、蜗轮、调整垫圈、锥齿轮、止动垫圈和圆螺母装在轴上。从箱体两端轴承孔分别装入滚动轴承和轴承盖，用螺钉拧紧并调好间隙。装好后用手转动蜗杆轴，应灵活无阻滞现象。

步骤二：将锥齿轮轴组件和调整垫圈装入箱体，并用螺钉拧紧。

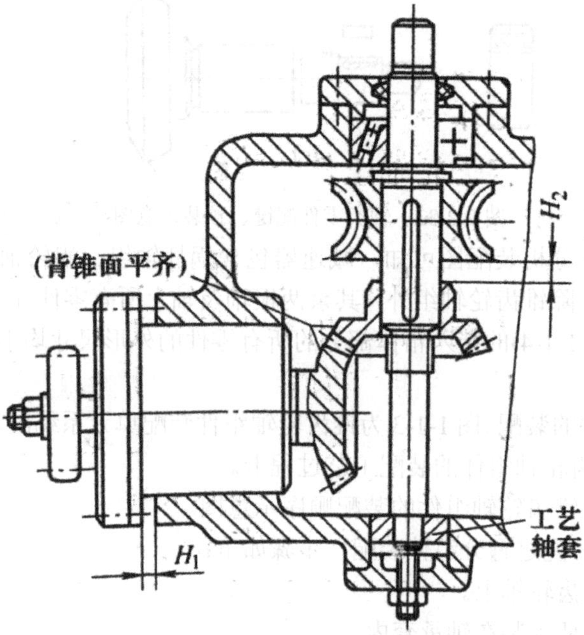

图 2-2-34　两锥齿轮副装配位置

步骤三：安装联轴器，用涂色法空盘转动检验传动副的啮合情况，并作必要的调整。

步骤四：清理箱体内腔，安装箱盖，注入润滑油，最后盖上盖板，连接电动机。

步骤五：空运转试机。先用手转动联轴器，一切符合要求后接上电源，用电动机带动空运转。试机 30 min 左右后，观察运转情况。运转后，各项指标均符合技术要求，达到热平衡时，轴承的温度及温升值不超过规定要求，齿轮和轴承无明显噪声并符合其他各项装配技术要求，这样总装就完成了。表 2-2-6 为减速器总装装配工艺卡。

表 2-2-6　蜗轮减速器总装装配工艺过程卡

(蜗轮减速器装配图)	装配技术要求
	1．零件、组件必须正确安装，不得装入图样未规定的垫圈 2．固定连接件必须保证将零件、组件紧固在一起 3．旋转机构必须转动灵活，轴承间隙合适 4．啮合零件的啮合必须符合图样要求 5．各轴线之间应有正确的相对位置

XX 公司	装配工艺过程卡片	产品型号		部件图号		
		产品名称		部件名称	蜗轮减速器	共 3 页　第 1 页

工序号	工序名称	工序内容及技术要求	装配部门	设备及工艺装备	辅助	工时定额 min
1	领料	根据装配图明细领取相应零件及标准件				
2	清洗	将相关零件放入煤油(柴油)清洗待用				
3	蜗杆轴装配	3-1 将蜗杆组件装入箱体		压力机		
		3-2 用专用量具分别检查箱体孔和轴承外圈尺寸		卡规		
		3-3 从箱体孔两端装入轴承外圈		塞尺		
		3-4 装上右端轴承盖组件，并用螺钉旋紧，轻敲蜗杆轴端，使右端轴承消除间隙		百分表及表架		
		3-5 装入调整垫圈的左端轴承盖，并用百分表测量间隙确定垫圈厚度，最后将上述零件装入，用螺钉旋紧，保证蜗杆轴向间隙为 0.01～0.02 mm				

标记	处数	更改文件号	签字	日期	标记	处数	更改文件号	签字	日期	设计(日期)	审核(日期)	标准化(日期)	会签(日期)

续表

(蜗轮减速器装配图)			装配技术要求 1．零件、组件必须正确安装，不得装入图样未规定的垫圈 2．固定连接件必须保证将零件、组件紧固在一起 3．旋转机构必须转动灵活，轴承间隙合适 4．啮合零件的啮合必须符合图样要求 5．各轴线之间应有正确的相对位置

XX 公司	装配工艺过程卡片	产品型号		部件图号			
		产品名称		部件名称	蜗轮减速器	共 3 页	第 2 页

工序号	工序名称	工序内容及技术要求	装配部门	设备及工艺装备	辅助	工时定额 min
4	蜗轮轴组件及锥齿轮组件试装	4-1 用专用量具测量轴承、轴等相配零件的外圈及孔尺寸		压力机		
		4-2 将轴承装入蜗轮轴两端		卡规		
		4-3 将蜗轮轴通过箱体孔，装上蜗轮、锥齿轮、轴承外圈、轴承套、轴承盖组件		塞尺 深度游标卡尺		
		4-4 移动蜗轮轴，调整蜗杆与蜗轮正确啮合位置，测量轴承端面至孔端面距离 H，并调整轴承盖台肩尺寸，台肩尺寸$=H^{0}_{-0.02}$ mm		内径千分尺		
		4-5 装入锥齿轮轴组件，调整两锥齿轮正确的啮合位置使齿背平齐				
		4-6 分别测量轴承套台肩面与孔端面的距离 H_1，以及锥齿轮端面与蜗轮端面距离 H_2，并调好垫圈尺寸，然后卸下各零件				

										设计(日期)	审核(日期)	标准化(日期)	会签(日期)
标记	处数	更改文件号	签字	日期	标记	处数	更改文件号	签字	日期				

续表

<table>
<tr><td colspan="3" rowspan="6">(蜗轮减速器装配图)</td><td colspan="6">装配技术要求</td></tr>
<tr><td colspan="6">1. 零件、组件必须正确安装，不得装入图样未规定的垫圈</td></tr>
<tr><td colspan="6">2. 固定连接件必须保证将零件、组件紧固在一起</td></tr>
<tr><td colspan="6">3. 旋转机构必须转动灵活，轴承间隙合适</td></tr>
<tr><td colspan="6">4. 啮合零件的啮合必须符合图样要求</td></tr>
<tr><td colspan="6">5. 各轴线之间应有正确的相对位置</td></tr>
<tr><td colspan="2" rowspan="2">XX 公司</td><td rowspan="2">装配工艺过程卡片</td><td>产品型号</td><td></td><td>部件图号</td><td></td><td colspan="2"></td></tr>
<tr><td>产品名称</td><td></td><td>部件名称</td><td>蜗轮减速器</td><td>共 3 页</td><td>第 3 页</td></tr>
<tr><td>工序号</td><td>工序名称</td><td>工序内容及技术要求</td><td colspan="2">装配部门</td><td colspan="2">设备及工艺装备</td><td>辅助</td><td>工时定额 min</td></tr>
<tr><td>5</td><td>蜗轮轴组件及锥齿轮组件装配</td><td>5-1 从大轴孔方向装入蜗轮轴，同时依次将键、蜗轮、垫圈、锥齿轮、止动垫圈和圆螺母装在轴上。从箱体两端轴承孔分别装入滚动轴承和轴承盖，用螺钉拧紧并调好间隙。装好后用手转动蜗杆轴，应灵活无阻滞现象</td><td colspan="2"></td><td colspan="2">压力机</td><td></td><td></td></tr>
<tr><td></td><td></td><td>5-2 将锥齿轮轴组件与调整垫圈一起装入箱体，并用螺钉紧固</td><td colspan="2"></td><td colspan="2"></td><td></td><td></td></tr>
<tr><td></td><td></td><td></td><td colspan="2"></td><td colspan="2"></td><td></td><td></td></tr>
<tr><td>6</td><td>联轴器安装</td><td>安装联轴器</td><td colspan="2"></td><td colspan="2"></td><td></td><td></td></tr>
<tr><td></td><td></td><td></td><td colspan="2"></td><td colspan="2"></td><td></td><td></td></tr>
<tr><td>7</td><td>运转试验</td><td>清理内腔，安装箱盖，注入润滑油，最后盖上盖板，连接电动机。接上电源，进行空转试车。运转 30 min 左右，要求齿轮无明显噪声，轴承温度不超过规定要求以及符合装配后各项技术要求</td><td colspan="2"></td><td colspan="2"></td><td></td><td></td></tr>
<tr><td></td><td></td><td></td><td colspan="2"></td><td colspan="2"></td><td></td><td></td></tr>
<tr><td></td><td></td><td></td><td colspan="2"></td><td colspan="2"></td><td></td><td></td></tr>
</table>

										设计(日期)	审核(日期)	标准化(日期)	会签(日期)
标记	处数	更改文件号	签字	日期	标记	处数	更改文件号	签字	日期				

❖项目实施

一、项目实施步骤

(一) 减速器装配与调整工量具准备

1. JZQ 型二级斜齿圆柱齿轮减速器组成与原理分析

该减速器由箱座、箱盖、轴、齿轮、滚动轴承等 30 余种零部件组成。动力由主动齿轮轴传入，由低速轴传出，通过两对传动齿轮(两对齿轮齿数分别为 Z_1、Z_2 和 Z_3、Z_4)实现减速器变速增矩功能，传动比 $i=\dfrac{Z_2}{Z_1}\times\dfrac{Z_4}{Z_3}$ 。

2. 工量具准备

表 2-2-6 为 JZQ 型二级斜齿圆柱齿轮减速器装配与调器工量具及机物料准备表。

表 2-2-6 JZQ 型二级斜齿圆柱齿轮减速器装配与调整工量具及机物料准备表

名称	材料或规格	件数	备注
工量具准备			
活动扳手		1	拆装六角螺栓
开口扳手		1	拆装六角螺栓
套筒扳手		1	拆装六角螺栓
梅花扳手		1	拆装六角螺栓
手锤	1 kg	1	销连接装配
冲子		1	销连接装配
紫铜棒		1	销连接、轴组装配
三爪拉马		1	拆卸滚动轴承
压力机		1	拆卸齿轮
钢板尺		1	尺寸测量
游标卡尺	150 mm	1	尺寸测量
内径、外径千分尺		各 1	尺寸测量
百分表及表架		1	调整检验用
清洁布			清洁零件
记号笔	中号	1	标记零件
机物料准备			
油纸		若干张	装配骨架油封用
润滑油		少量	装配骨架油封用
软铅丝	根据侧隙定，不超过最小间隙 4 倍	若干根	检验齿侧间隙用
红丹粉		少量	检验齿面接触用
润滑脂	一号钙基脂(SYB1717-59)	若干	滚动轴承润滑

(二) 减速器拆卸、装配与调整步骤

1. 检查装配件

先检查待拆装减速器，并检查工量具和场地准备情况。

2. 完成减速器拆卸、装配、调整

(1) 拟定拆卸顺序，完成减速器拆卸，并绘制装配示意图，如图 2-2-35 所示。

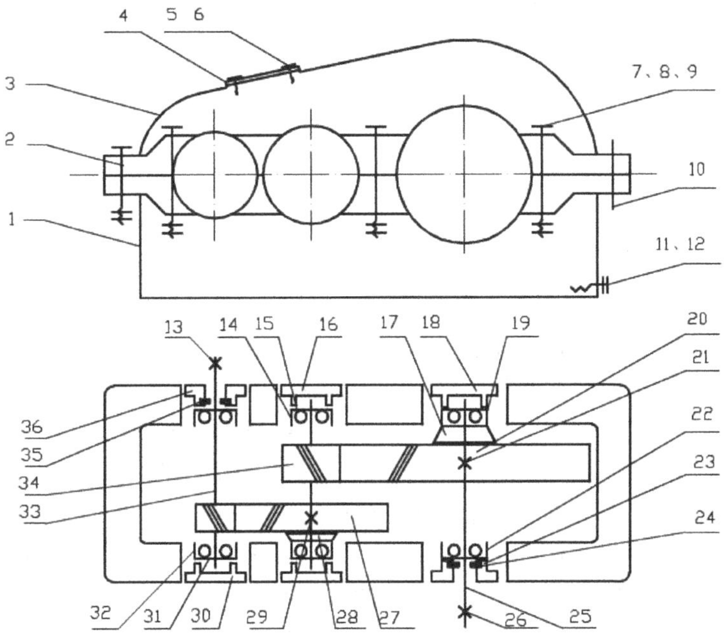

1—箱座；2、7—螺栓；3—箱盖；4—视孔盖；5—螺钉；6—垫片；8—弹簧垫圈；9—螺母；10—圆锥销；11—螺塞；12—密封垫片；13、21、26、29—键；14、22、32—滚动轴承；15、19、31—调整垫；16、18、30—闷盖；17、28—锥套；20、27—Z4/Z2 齿轮；23、36—透盖；24、35—骨架油封；25—低速轴；33、34—Z1/Z3 齿轮轴

图 2-2-35　JZQ 型二级斜齿圆柱齿轮减速器装配示意图

(2) 根据所绘制的装配示意图拟定装配方法及装配顺序，绘制装配单元系统图。

(3) 根据绘制的装配单元系统图装配减速器。

在盖上箱盖之前测量所指定的尺寸，填入表 2-2-7。

表 2-2-7　JZQ 二级斜齿圆柱齿轮减速器结构尺寸列表

测量项目	测量数据	测量项目	测量数据
中心距 1		箱盖上凸缘厚度	
中心距 2		筋板厚度	
中心高		齿轮端面与箱体内壁的距离	
箱座下凸缘宽度		大齿轮顶圆与箱体底壁之间的距离	
箱座下凸缘厚度		轴承内端面至箱内壁之间的距离	
箱盖上凸缘宽度			

(4) 检测与调整。参照减速器产品说明书有关标准检测齿侧间隙，检查或调整轴向间隙，经指导教师检查合格后才能合上箱盖，注意退回启盖螺钉，并在装配箱盖与箱座之间螺栓前应先安装好定位销，最后分 2～3 次按适当顺序依次拧紧各个螺栓。

(5) 修正装配工艺。

3. 试运转

(1) 进行试运转前的检查。

(2) 以手动的方式完成试运转。

(3) 如果发现问题，拆开重装。

(4) 整理装配现场。

二、项目作业

(一) 选择题

1. 齿侧间隙的大小与下列因素中的________没有关系。

A) 间隙等级　　B) 中心距　　C) 齿数　　D) 模数

2. 测量带的下垂量时，在带的中间________施加力。

A) 用手压　　B) 用弹簧秤拉

C) 利用任一重物悬挂　　D) 利用带的自重

3. 齿形带传动中，若中心距大于最小带轮的直径的________倍时，带轮必须有凸缘。

A) 4　　B) 6　　C) 8　　D) 10

4. 控制带的张紧度时，可以用带张紧仪测量带的________。

A) 振动频率　　B) 下垂量　　C) 张紧力　　D) 中心距

5. 链条伸长量若超过其原长度的________时，必须更换。

A) 2%　　B) 3%　　C) 5%　　D) 8%

6. 校准传动机构的轮子时，用________检查轮子在水平平面的偏离误差。

A) 水平仪　　B) 直尺　　C) 平尺　　D) 百分表

7. 某齿轮装配后的接触精度检验印痕如项目作业图 2-2-1 所示，可能的原因是________。

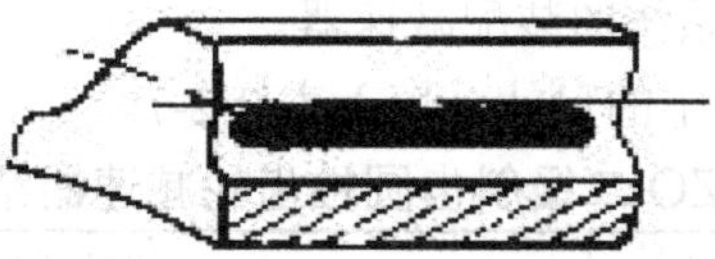

项目作业图 2-2-1　某齿轮齿面接触精度检验印痕

A) 轴线偏斜　　B) 中心距偏小

C) 中心距偏大　　D) 齿面毛刺未清除

8. 装配链条时，弹簧卡片的开口应与链条的运动方向________。

A) 相同　　B) 相反　　C) 无关

9. 装配链条应对链条的下垂量进行检查与调整，其大小与________有关。

A) 中心距　　B) 链条节数　　C) 链轮大小　　D) 链条类型

10. 链条张紧轮应安装在链条的________部位。

A) 松边　　B) 紧边

C) 松边或紧边均可　　D) 靠近大链轮

(二) 判断题

1. 链条张紧轮应安装在链条的松边部位靠近小链轮处。

2. 轮子的水平校准可以用直尺或刀口尺检查轮子端面是否在一条直线上。

3. 齿形带传动与 V 带传动相比具有传动中心距大的优势。

4. V 带传动或链传动装配时必须检查并调整张紧力，张紧力越大，工作性能越好。

5. 齿轮传动机构的齿侧间隙都可以通过调整中心距调整。

6. 蜗杆传动的装配技术要求之一为蜗杆轴心线应与蜗轮轴心线垂直及中心距准确。

7. 对于长径比比较小的高速旋转件，只需进行静平衡。

8. 转速较高或直径较大的旋转件，即使几何形状完全对称也要在装配前平衡。

9. 齿轮、滚动轴承等部件因制造精度低引起振动而产生噪声，箱体静止部件因受到运动部件的激振也会引起振动而产生噪声。

10. 封闭的齿轮箱对噪声可以起到共振的作用。

(三) 读图并回答问题

1. 识读项目作业图 2-2-2 所示铣床工作台弧齿锥齿轮副的调整示意图，试分析该锥齿轮副的正确啮合间隙怎样通过装配方法保证。

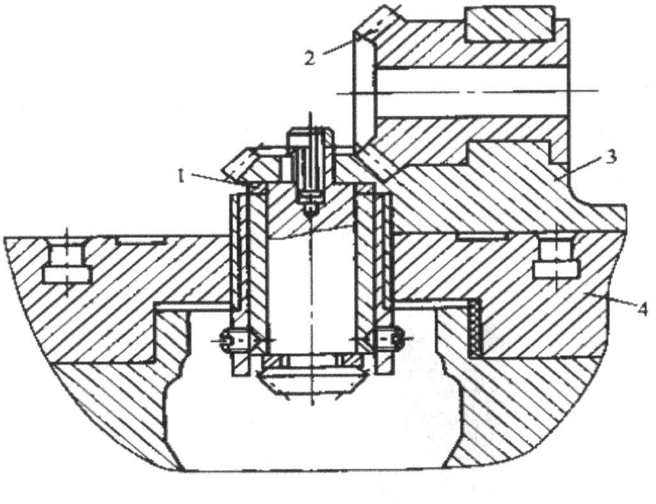

1—调整环；2—弧齿锥齿轮；3—工作台；4—回转滑板

项目作业图 2-2-2　铣床工作台弧齿锥齿轮副的调整示意图

2. 识读项目作业图 2-2-3，试分析轴承的轴向间隙以及锥齿轮的啮合间隙是用何种装配方法保证的。

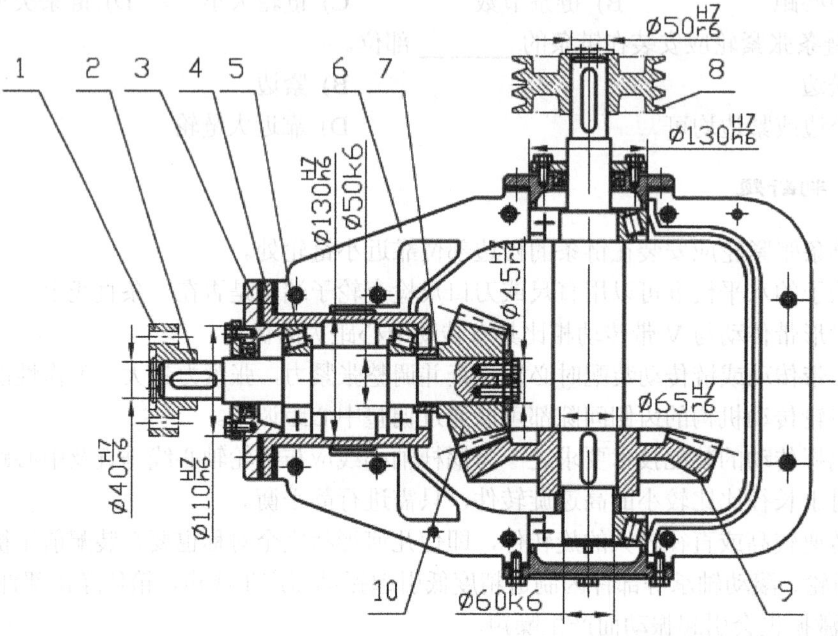

1—联轴器；2—输入轴；3—轴承盖；4—套环；5—滚动轴承；6—箱体；

7—隔套；8—带轮；9、10—锥齿轮

项目作业图 2-2-3 某锥齿轮减速器装配图

项目 2.3 卧式车床刀架部件装配与调整

▶▶▶ 项目内容

(1) 绘制图 2-3-1 所示的卧式车床刀架部件装配单元系统图。

(2) 完成刀架部件装配与调整。

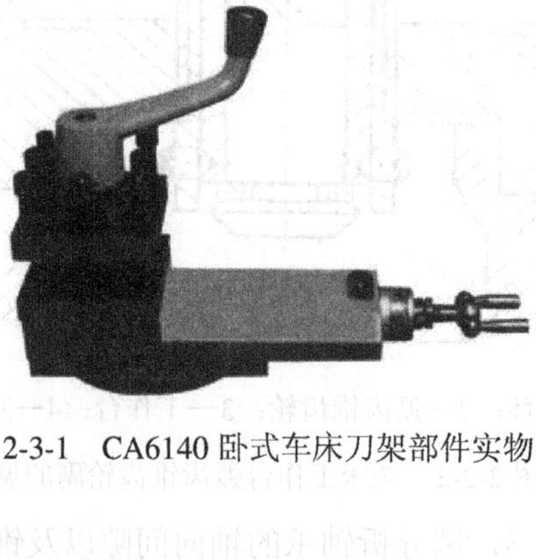

图 2-3-1 CA6140 卧式车床刀架部件实物图

▶▶▶ 项目要求

1. 能使用常用工量具完成螺旋机构装配与调整。

2. 能使用常用工量具完成导轨部件装配与调整。

❖知识链接

一、导轨及卧式车床刀架部件

(一) 导轨简介

1. 导轨的作用、组成及分类

导轨是机械的关键部件之一，其作用主要是支承、引导移动装置或设备并减少其摩擦，用于直线往复运动。导轨一般由承导件和运动件组成，按截面形状分为平导轨、圆柱形导轨、燕尾形导轨及V形导轨，如表2-3-1所示。

表2-3-1　导轨类型及截面形状

类型	平导轨	圆柱形导轨	燕尾形导轨	V形导轨	
截面	矩形	圆形	燕尾形	对称三角形	不对称三角形
凸形			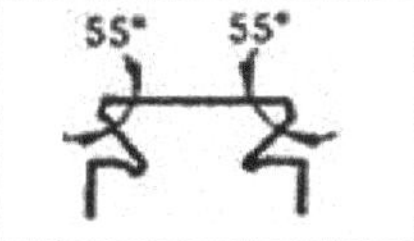		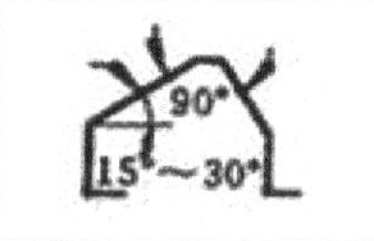
凹形	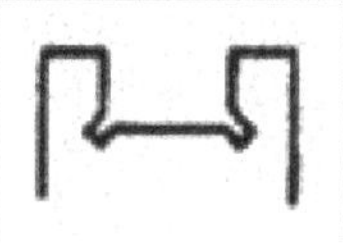	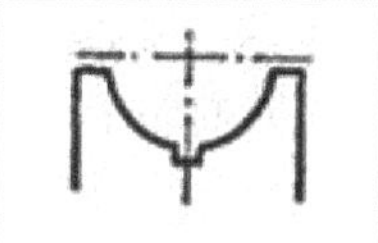		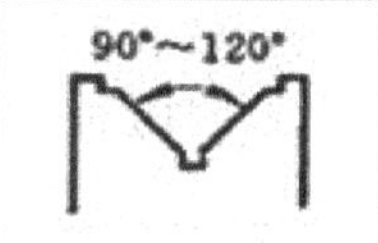	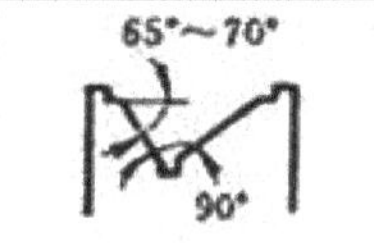

平导轨承载能力大，必须用镶条调整间隙，导向精度低，需良好防护，用于载荷大的机床或组合导轨；圆柱形导轨内孔可珩磨，外圆采用磨削达配合精度，磨损后不能自动调整间隙，用于受轴向载荷场合；燕尾形导轨制造较复杂，磨损后不能自动补偿，用一根镶条可调整间隙，尺寸紧凑，调整方便，用于要求高度小的部件中；V形导轨导向精度高，磨损后自动补偿，凸形便于加工与清屑，凹形便于储存润滑油。

卧式车床的床身与床鞍、床鞍与中溜板、转盘与刀架溜板、床身与尾座、尾座体与尾座套筒之间均构成导轨副，其中床身与床鞍间导轨副是由平导轨和V形导轨组合而成的，尾座体与套筒间为圆柱形导轨副，床鞍与中滑板导轨和刀架导轨都属于燕尾形导轨，如图2-3-2所示。

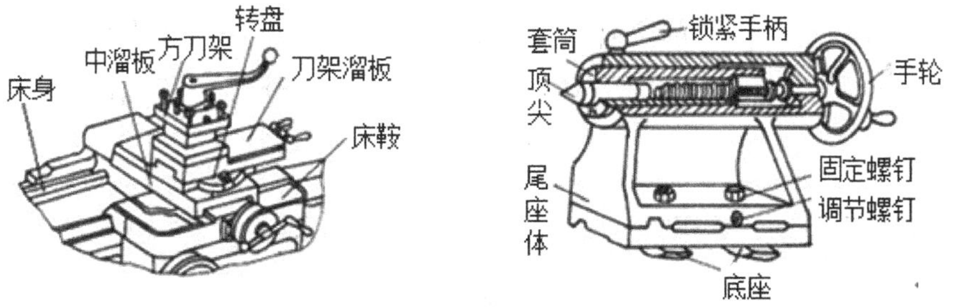

图2-3-2　CA6140卧式车床导轨示意图

2．导轨的基本要求

导轨的基本要求有导向精度高、刚度好、运动轻便平稳、耐磨性好、温度变化影响小及工艺性好。除导轨的精度及导轨副运动时的平稳性会影响到运动零部件的位置精度外，导轨的爬行现象也会影响到零部件的位置精度，进而影响被加工零件的尺寸精度和表面粗糙度。

3．导轨的爬行现象

导轨的爬行现象即滑块在导轨上运动时发生的间歇性停顿或跳动，当滑块运行速度比较低时比较容易发生，主要原因是摩擦系数随运动速度的变化和传动系统刚性不足。

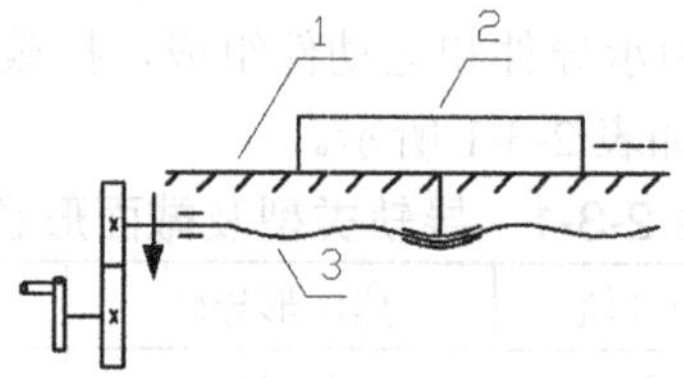

1—导轨；2—滑块；3—丝杠

图 2-3-3　导轨的爬行现象示意图

图 2-3-3 中，丝杠 3 在低速运行时，滑块 2 在导轨 1 上的直线运动往往不是连续的匀速运动而是时走时停，这就是爬行现象。要消除爬行现象，可减小运动部件间隙以增加运动系统刚性、选择合适的切削速度以及在运动副上涂上防爬油。

(二) 卧式车床刀架部件简介

1．刀架部件的组成及作用

如图 2-3-4 所示，普通车床主要组成有主轴箱、挂轮箱、进给箱、溜板箱、刀架、尾座、光杠、丝杠、床身、床腿等，其中刀架部件用来装夹车刀，并可作纵向、横向及斜向运动。

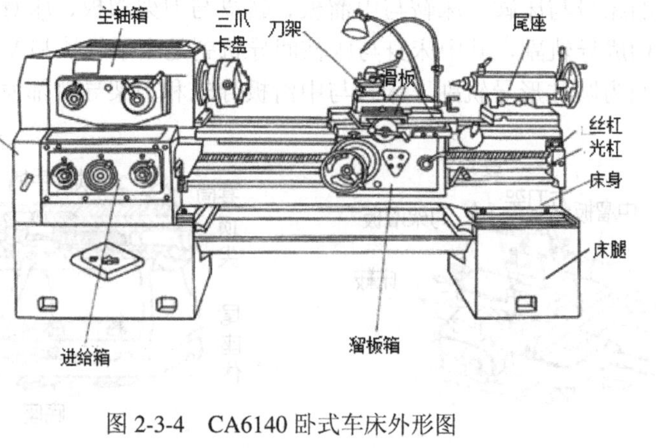

图 2-3-4　CA6140 卧式车床外形图

刀架部件的主要组成：床鞍，又称大溜板，与溜板箱牢固相连，可沿床身导轨作纵向移动；中溜板，装置在床鞍顶面的横向导轨上，可作横向移动；转盘，固定在中溜板上，松开紧固螺母后，可转动转盘，使它和床身导轨形成一个所需要的角度，而后再拧紧螺母以加工圆锥面等；刀架溜板，又称小溜板，装在转盘上面的燕尾槽内，可作短距离的进给移动，还可转一定角度以加工锥面；方刀架，固定在刀架溜板上，可同时装夹四把车刀，松开锁紧手柄，即可转动方刀架，把所需要的车刀更换到工作位置上。

本项目所涉及的是由转盘、刀架溜板及方刀架等构成的四方刀架部件，又称小刀架。

2．四方刀架部件的导轨副组成及截面

四方刀架部件导轨副由刀架溜板及转盘组成，为燕尾导轨截面，如图 2-3-5 所示。

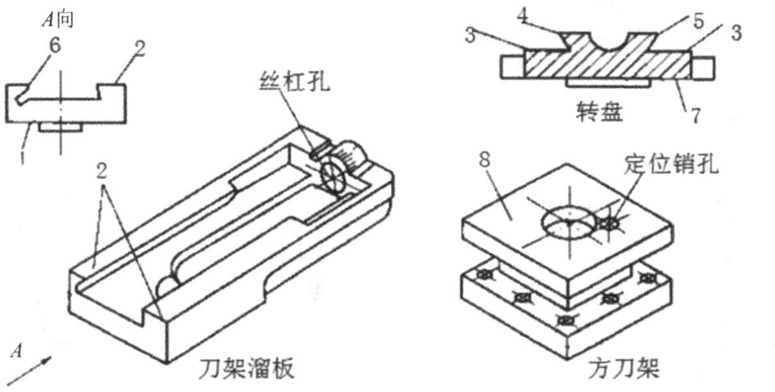

1—刀架溜板表面；2—刀架溜板导轨面；3、4、5、6—燕尾形导轨面；7—转盘底面；8—方刀架底面

图 2-3-5　CA6140 卧式车床四方刀架部件导轨副组成及导轨截面示意图

二、刀架部件装配单元系统图绘制

（一）刀架部件装配图样分析及装配方法确定

1．四方刀架部件装配图样分析

CA6140 卧式车床的四方刀架部件装配图如图 2-3-6 所示，由图示转盘、刀架溜板等 30 余种零件组成。

该刀架部件的连接方式主要有螺纹连接、键销连接、过盈连接，运动机构有凸轮机构、棘轮机构、螺旋机构，还有由转盘和刀架溜板组成的导轨副。

四方刀架转位及调整工作原理：逆时针带动手柄 14，通过骑缝销 16 带动内花键套 11、外花键套 10、凸轮 6 回转并将定位销 18 抬起；继续转动手柄 14 则带动方刀架转位。顺时针转动手柄 14 时，钢球 4 依靠弹簧 7 压在方刀架 5 的圆锥孔内，方刀架粗定位，同时凸轮 6 转回原位放下定位销 18，定位销 18 依靠弹簧的压力进行精定位，继续转动手柄 14 则依靠螺纹压紧刀架。

刀具的安装与调整操作：松开方刀架上的紧固螺钉 35，将车刀装入刀架装刀槽内。车刀伸出刀夹长度，一般应不超过刀杆厚度的 1～1.5 倍，并利用刀垫调整刀尖高度，使之与主轴中心保持一致，调好后，拧紧螺钉 35。

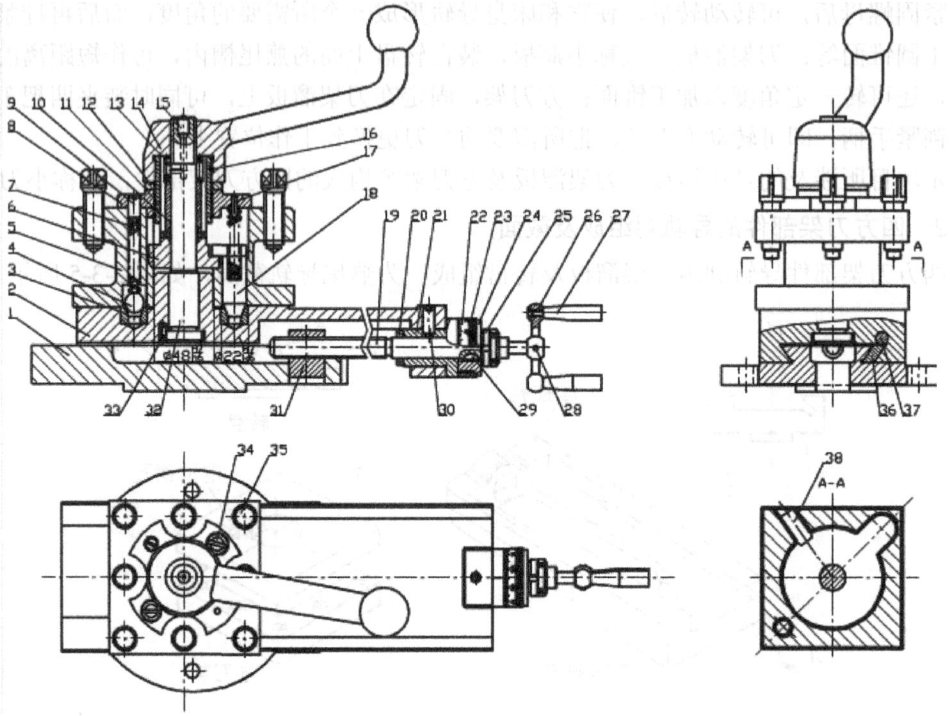

1—转盘；2—刀架溜板；3—锥套；4—钢球；5—方刀架；6—凸轮；7—弹簧；8—压盖；9—螺钉；
10—外花键套筒；11—内花键套筒；12—垫片；13—弹簧；14—手柄；15—弹子油杯；16—骑缝销；
17—定位销；18—定位销；19—丝杠；20—挡圈；21—法兰；22—刻度圈；23—止动簧片；24—刻度圈座
25—圆螺母；26—手柄体；27—手柄；28—销；29—键；30—紧定螺钉；31—螺母；32—轴；
33—紧定螺钉；34—压盖螺钉；35—刀架螺钉；36—镶条；37—调节螺钉；38—转位销

图 2-3-6　CA6140 卧式车床刀架部件装配图

2. 四方刀架部件的装配技术要求

(1) 锥套 3 与刀架溜板 2 间的配合精度为$\phi22\dfrac{H7}{k6}$，刀架溜板 2 与方刀架 5 间的配合精度为$\phi48\dfrac{H7}{h6}$。

(2) 刀架溜板 2 与转盘 1 导轨面接触精度不少于 10～12 点/25 mm × 25 mm。

(3) 位置精度要求主要有ϕ48 mm 定位圆柱面与刀架溜板 2 上表面的垂直度要求；镶条调节合适后，刀架溜板的移动应无轻、重或阻滞现象；导轨面 3 对转盘底面 7 的平行度误差不大于 0.03 mm(见图 2-3-5)。

另外，要求手柄 14 动作灵活，锁紧位置正确(俯视方向看手柄打开或锁紧在方便操作的右上方 90°范围内)，顺时针转动手柄 27 时刀架运动方向为朝外(即远离操作者)；车刀必须能夹牢，否则会飞出伤人；刀架和丝杠润滑润滑油润滑。

3. 刀架部件装配方法确定

采用完全互换法、修配装配法以及调整装配法完成四方刀架部件装配。

其中完全互换法主要用于轴孔配合精度保证；修配装配法是依靠修磨垫片 12 的厚度来调整手柄 14 的起止位置；调整装配法用于用镶条 36 和紧定螺钉 37 调整燕尾导轨间的间隙使刀架溜板移动均匀、平稳，丝杠向左的轴向移动和轴向间隙是靠两个圆螺母限制与调整的，调整好后两个圆螺母相互并紧止退。

(二) 刀架部件装配单元系统图绘制

1．分解装配单元，拟定装配顺序

(1) 分解装配单元。

首先选择转盘 1 作为装配基准件。

然后划分装配单元。直接进入装配的组件有刀架溜板组件 201、丝杠组件 202、方刀架组件 203、压盖组件 204、手柄组件 205，其余以零件形式进入装配。

(2) 确定装配顺序(在下面括号内填入装配顺序)。

(　　)选择转盘 1 作为装配基准件。

(　　)装配刀架溜板组件 201(由刀架溜板 2、轴 32、紧定螺钉 33 及定位锥套 3 四件、弹子油杯 15 组成)。

(　　)装配镶条 36。

(　　)装配调节螺钉 37(两件)。

(　　)装配螺母 31。

(　　)装配丝杠组件 202(由丝杠 19、挡圈 20、法兰 21、键 29、刻度盘分组件 301、圆螺母 25 两件、手轮分组件 302 及销 28 组成，而刻度盘分组件 301 由刻度圈底座 24、止动簧片 23 及刻度圈 22 组成，手轮分组件 302 由手柄 27 和手柄体 26 组成)。

(　　)装配紧定螺钉 30。

(　　)装配刀架体组件 203(由方刀架 5、转位销 38 和钢球 4 组成)。

(　　)装配凸轮 6。

(　　)装配外花键套筒 10。

(　　)装配弹簧 13。

(　　)装配定位销 18。

(　　)装配弹簧 7(装在定位销 18 上方)。

(　　)装配压盖组件 204(由压盖 8、定位销 17 组成)。

(　　)装配压盖螺钉 34(两件)。

(　　)装配弹簧 7(装在钢珠 4 上方)。

(　　)装配螺钉 9。

(　　)装配垫片 12。

(　　)装配手柄组件 205(由手柄 14、内花键套筒 11、骑缝销 16 组成)。

(　　)装配刀架螺钉 35(八件)。

2．绘制装配单元系统图

绘制刀架部件装配单元系统图如图 2-3-7 所示。

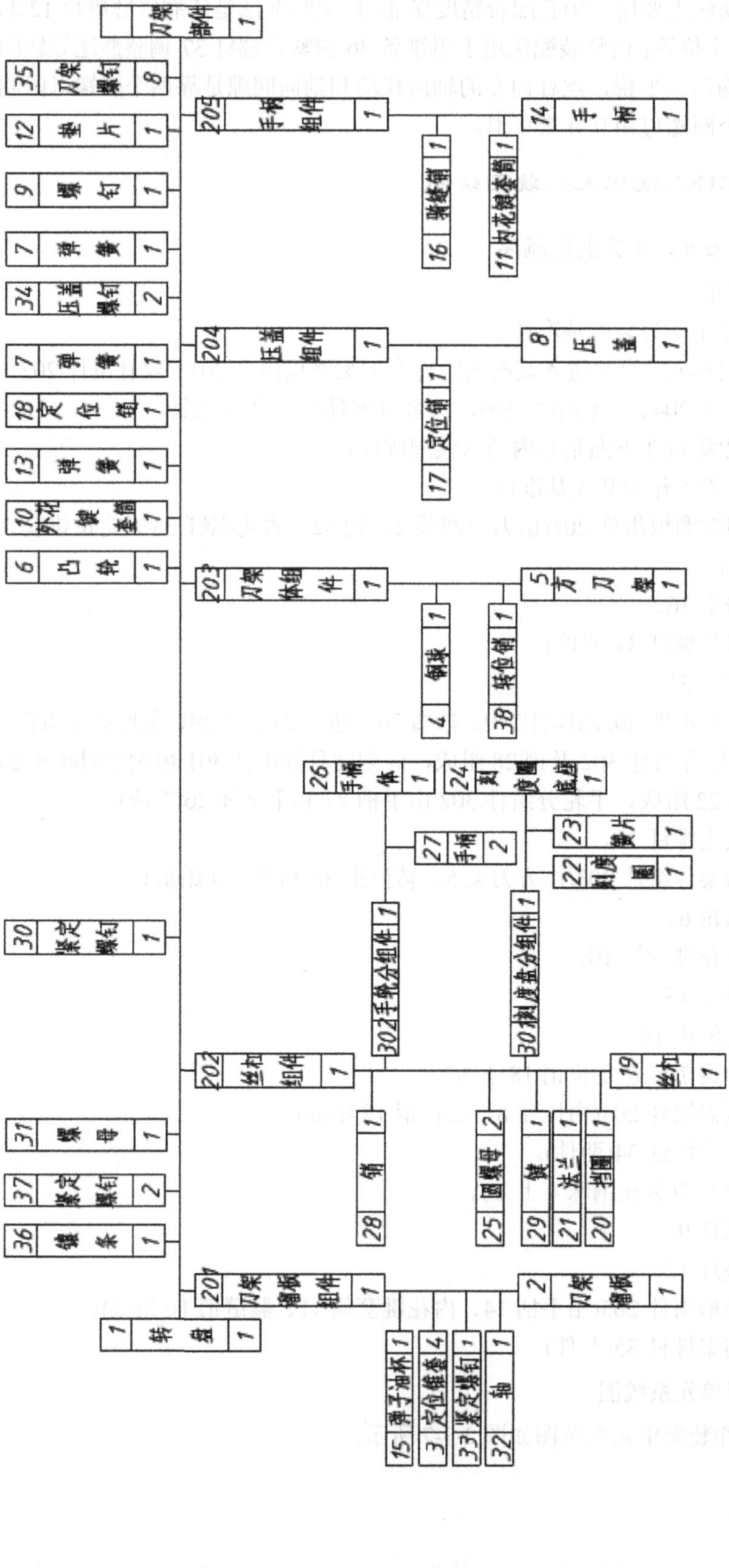

图 2-3-7　CA6140 卧式车床刀架部件装配单元系统图

❖技能链接

一、螺旋传动机构装配

螺旋传动机构利用螺母、螺杆组成的螺旋副来传递运动和动力，按螺旋副的摩擦状态分为滑动螺旋机构、滚动螺旋机构及静压螺旋机构。

(一) 滑动螺旋机构装配与调整

1．滑动螺旋机构的装配技术要求

(1) 保证规定的配合间隙。

(2) 丝杠与螺母同轴度及丝杠轴心线与基准面的平行度应符合规定要求。

(3) 丝杠的回转精度应在规定的范围内，丝杠与螺母相互转动应灵活。

2．滑动螺旋机构的装配要点

滑动螺旋机构的装配要点在于丝杠螺母副配合间隙的检测与调整、校正丝杠螺母副的同轴度以及丝杠轴心线对基准面的平行度。

丝杠螺母副配合间隙包括径向和轴向两种。轴向间隙直接影响丝杠螺母副的传动精度，但径向间隙更易反映丝杠螺母副的配合精度，因此配合间隙常用径向间隙表示，检验时往往测量径向间隙，调整轴向间隙。

(1) 径向间隙的测量。

如图 2-3-8 所示，测量时压下及抬起螺母的作用力只需大于螺母的重力，螺母离丝杠 2 一端的距离为 3～5 个螺距。测量方法是：将丝杠螺母副置于图示测量装置，使百分表测头抵在螺母 1 上，轻轻抬动螺母 1，百分表指针的摆动差即为径向间隙值。

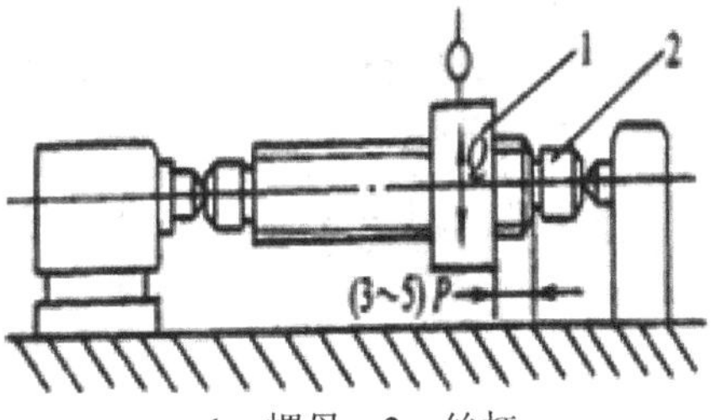

1—螺母；2—丝杠

图 2-3-8　径向间隙的测量

(2) 轴向间隙的调整。

轴向间隙大小直接影响螺旋传动的空程量和丝杠回转精度，整体式螺母依靠制造精度保证轴向间隙，而剖分式或组合式螺母则依靠调整来保证。本项目螺旋机构采用的是整体式螺母，但 CA6140 卧式车床用来接通丝杠传来运动的开合螺母是剖分式螺母，中溜板的横向移动采用的是组合式螺母。

图 2-3-9 为 CA6140 卧式车床横向进给丝杠的装配示意图，采用双螺母调整轴向间隙。其装配技术要求是调整后达到转动手柄灵活，转动力不大于规定值(80N)，正反向转动手柄空行程不超过回转周的 1/20 转。

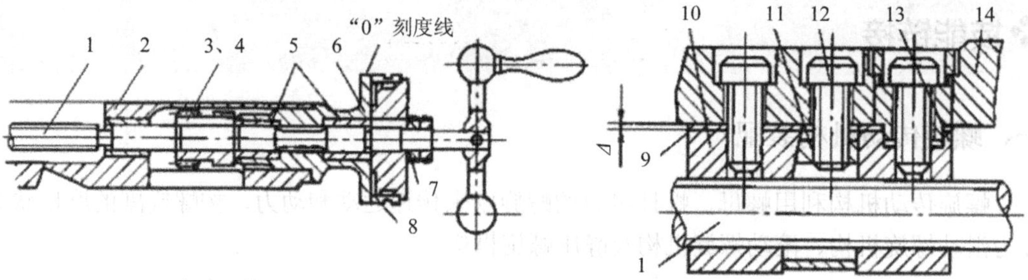

丝杠支承件结构　　　　丝杠螺母结构

1—丝杠；2—床鞍；3、4—小齿轮及键；5—镶套；6—法兰盘；7—圆螺母；8—刻度盘；
9—垫片；10—左半螺母；11—斜楔；12—调节螺钉；13—右半螺母；14—中溜板

图 2-3-9　CA6140 卧式车床横向进给丝杠装配示意图

图中横向进给丝杠的装配和调整过程：首先垫好螺母垫片 9(可估计垫片厚度 Δ 值并分成多层)，再用螺钉将左、右半螺母 10、13 及斜楔块 11 挂住，先不拧紧，然后转动丝杠 1，使之依次穿过丝杠右螺母 13、斜楔 11、丝杠左半螺母 10，再将小齿轮 3(包括键 4)、法兰盘 6(包括镶套 5)、刻度盘 8 及双圆螺母 7，按顺序装在丝杠 1 上。旋转丝杠 1，同时将法兰盘 6 压入床鞍 2 安装孔内，然后锁紧圆螺母 7。最后紧固左螺母 10、右螺母 13 的连接螺钉。在紧固左右螺母时，需要调整垫片 9 的厚度 Δ 值，以达到规定的装配技术要求。

3．滑动螺旋机构的消隙机构

为提高滑动螺旋机构回转精度可采用消隙机构，分为单螺母消隙机构和双螺母消隙机构。

单螺母结构可采用图 2-3-10 所示的几种消隙机构，分别利用弹簧拉力、液压缸压力和重锤重力使螺母与丝杠始终保持单向接触。

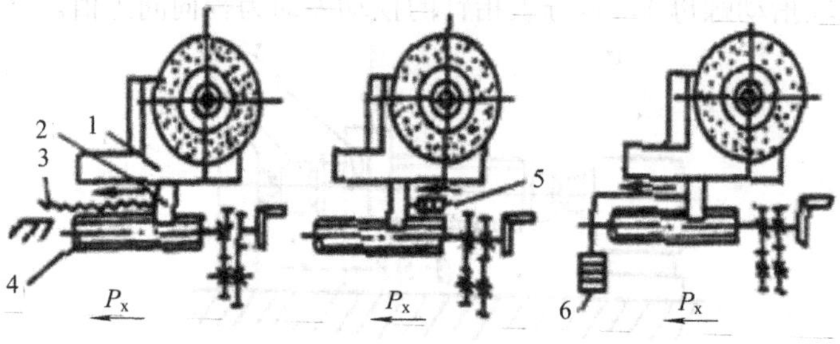

1—机架；2—螺母；3—弹簧；4—丝杠；5—液压缸；6—重锤

图 2-3-10　单螺母消隙机构原理示意图

双螺母消隙是通过调整两螺母的轴向相对位置，从而消除轴向间隙，如图 2-3-11 所示。

调整方法一：如图 2-3-11(a)所示，先拧松紧定螺钉 3，再拧紧调整螺钉 1，使斜楔 2 向上移动，以推动带斜面的螺母右移，从而消除丝杠与螺母间轴向间隙。调整好后再锁紧螺钉 3。

调整方法二：如图 2-3-11(b)所示，转动调节螺母 9，通过垫圈 8 压缩弹簧 7，使螺母 6 轴向移动，以消除轴向间隙。

调整方法三：如图 2-3-11(c)所示，依靠修磨垫片 10 的厚度来消除轴向间隙。

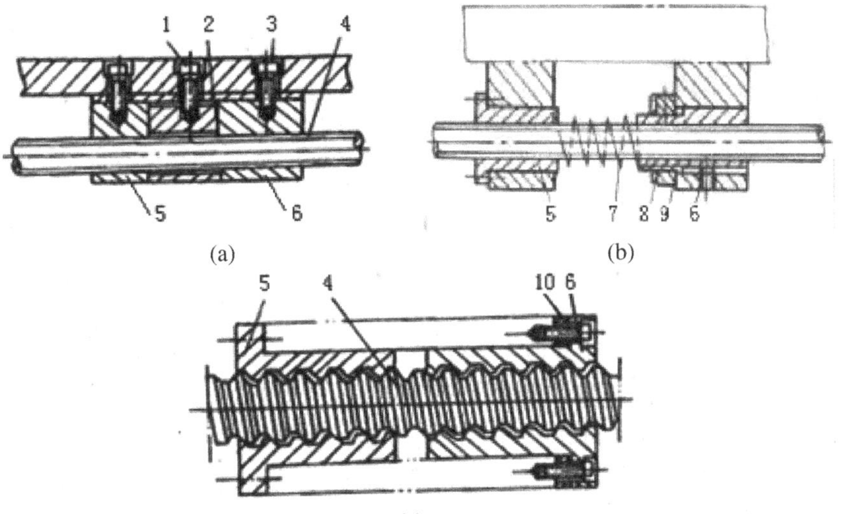

1—调整螺钉；2—斜楔；3—紧定螺钉；4—丝杠；5—螺母；6—螺母；7—弹簧；

8—垫圈；9—调节螺母；10—垫片

图 2-3-11　双螺母消隙机构原理示意图

(二) 滚珠丝杠副装配与调整

滚珠丝杠副是目前传动机械中精度最高的传动装置，运动极灵敏，低速无爬行，无间隙并可预紧，故具有轴向刚度较高、反向定位精度高、摩擦系数小、无自锁能可逆传动等特点。数控机床的传动螺旋和调整螺旋机构就采用滚珠丝杠副。

1. 滚珠丝杠副组成及工作原理

如图 2-3-12 所示，滚珠丝杠副主要由丝杠、螺母及滚珠组成。当丝杠或螺母转动时，滚动体在螺纹滚道内滚动，使丝杠和螺母相对运动时成为滚动摩擦，并将螺旋运动转化为直线往复运动；滚珠的循环分为外循环和内循环两种，外循环是滚珠在循环过程结束后通过螺母外表面的回珠管返回丝杠螺母间重新进入循环；内循环均采用反向器实现滚珠循环。

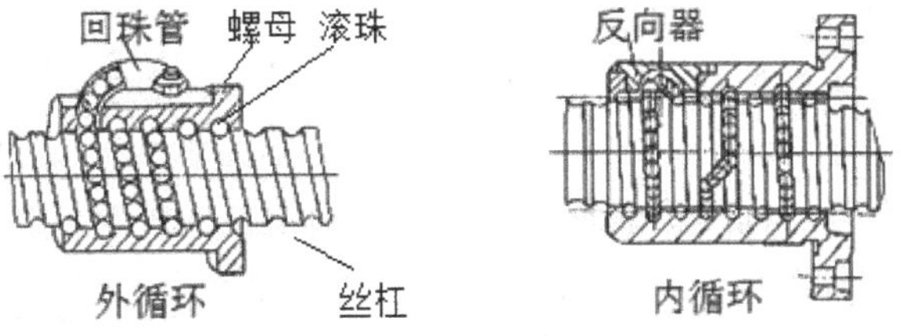

图 2-3-12　滚珠丝杠副滚珠循环方式示意图

2. 滚珠丝杠副的预紧

预紧是指滚珠丝杠副在过盈的条件下工作，把弹性变形量控制在最小限度。滚珠丝杠多采用双螺母消隙机构来调整，如图 2-3-13 所示，依次为垫片式、螺纹式和齿差式双螺母消隙机构。

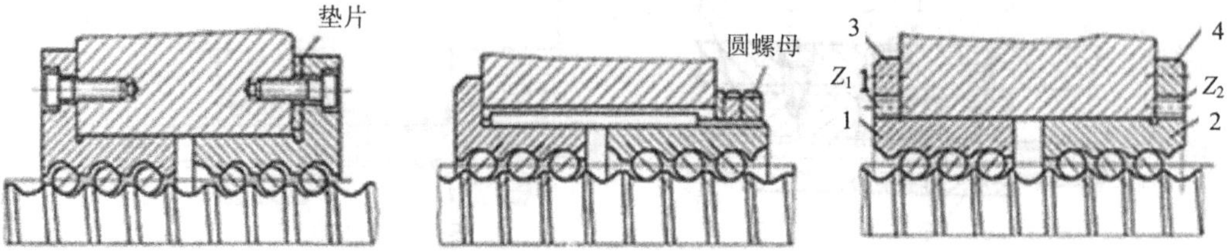

1、2—螺母；3、4—内齿圈

图 2-3-13　滚珠丝杠副的双螺母消隙机构原理示意图

(1) 垫片式：调整垫片的厚度使左右螺母产生轴向位移，从而起到消除间隙和产生预紧力的作用。此法简单、刚性好、拆装方便、可靠，但调整困难，调整精度不高。

(2) 螺纹式：用键限制螺母在螺母座内的转动。调整时，拧动圆螺母将螺母沿轴向移动一定距离，在消除间隙之后用圆螺母将其锁紧。此法简单紧凑，调整方便，但调整精度较差，且易于松动。

(3) 齿差式：螺母 1 和螺母 2 的凸缘上分别切出 Z_1 和 Z_2 两个外齿轮，两个齿轮的齿数 Z_1 和 Z_2 相差一个齿，两个外齿轮分别与两端相应的两个内齿圈 3 和 4 相啮合，内齿圈与外齿轮齿数分别相同，并用预紧螺钉和销钉固定在螺母座的两端。预紧时脱开内齿圈，使两个螺母同向转过相同的齿数，然后再合上内齿圈。两螺母的轴向相对位置发生变化从而实现间隙的调整和施加预紧力。这种调整方式的结构复杂，但调整准确可靠，多用于高精度传动。

3．滚珠丝杠副的润滑

滚珠丝杠副的润滑十分重要，润滑剂可提高其耐磨性和传动效率，润滑油一般采用全损耗系统用油，润滑脂一般采用锂基润滑脂，不能使用含石墨或 MoS_2(粒状)的润滑脂。

用润滑油润滑的滚珠丝杠副可在每次机床工作前加油一次，润滑油经过壳体上的油孔注入螺母的空间内；润滑脂一般加在螺纹滚道和安装螺母的壳体空间内，根据滚珠丝杠的工作状态每半年(或每 500～1000 h)对滚珠丝杠上的润滑脂更换一次，清洗丝杠上的旧润滑脂，涂上新的润滑脂。

4．滚珠丝杠的密封

滚珠丝杠副的传动元件应严格避免硬质灰尘或切屑污物进入，因此必须有密封防护装置。密封防护装置一般有防护罩密封和密封圈密封。

若滚珠丝杠副在机床上外露，则应采用封闭的防护罩。图 2-3-14 为采用螺旋弹簧钢带套管结构示意图。

此螺旋弹簧钢带套管结构防护装置和螺母一起固定在拖板上，整个装置由支承滚子 1、张紧轮 2 和钢带 3 等零件组成。钢带的两端分别固定在丝杠的外圆表面，防护装置中的钢带绕过支承滚子，并靠弹簧和张紧轮将钢带张紧。当丝杠旋转时，拖板(或工作台)相对丝杠作轴向移动，丝杠一端的钢带按丝杠的螺距被放开，而另一端则以同样的螺距将钢带缠卷在丝杠上。由于钢带的宽度正好等于丝杠的螺距，因此螺纹槽被严密地封住。又因为钢带的正、反两面始终不接触，钢带外表面粘附的脏物就不会被带到内表面上，使内表面保持清洁。

如果处于隐蔽的位置，则可采用密封圈防护，如图 2-3-15 所示。

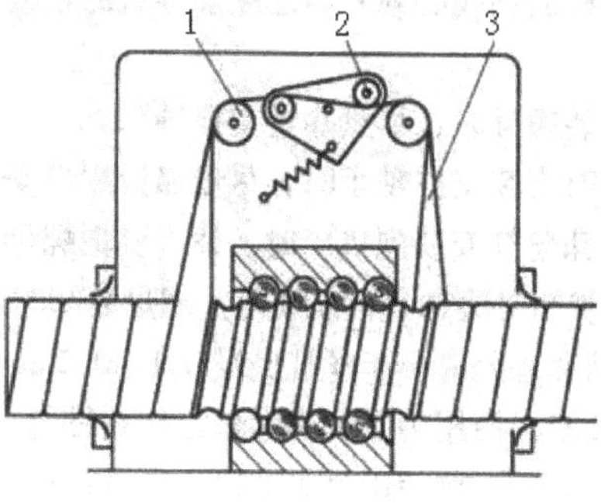

1—支承滚子；2—张紧轮；3—钢带

图 2-3-14　螺旋弹簧钢带套管结构示意图

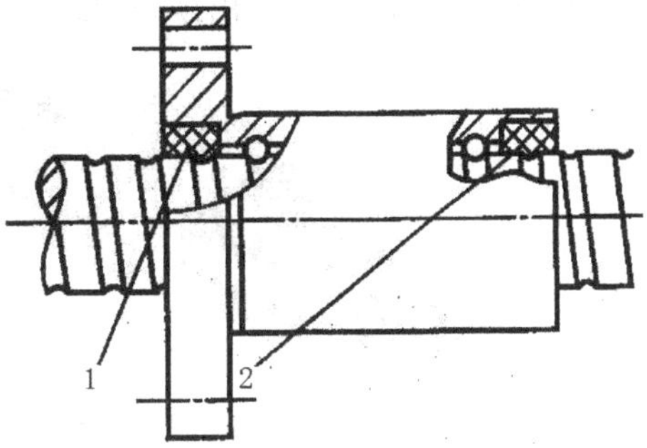

1、2—密封圈

图 2-3-15　密封圈防护工作原理图

工作中应避免碰击防护装置，有损坏时要及时更换。

5. 滚珠丝杠副的拆装

在实际生产中滚珠丝杠副的安装有两种情况。一种是螺母已经被供应商安装在丝杠上了，此时不需要装配技术人员进行螺母的装配；另一种是螺母在交货时没有安装在丝杠上，它的孔中(丝杠经过的地方)会装有一个安装塞，这个安装塞可以防止安装过程中滚珠跑出来。将螺母安装在丝杠上时，这个塞子会在丝杠轴颈上滑动，一种是螺母已经被供应商安装在丝杠上了，此时不需要装配技术人员进行螺母的装配；另一种是螺母在交货时没有安装在丝杠上，它的孔中(丝杠经过的地方)会装有一个安装塞，用于防止安装过程中滚珠跑出来，在安装过程中安装塞会从螺母内反向退出，见图 2-3-16，螺母就可以旋在丝杠上了。

螺母的具体安装与拆卸步骤如下：

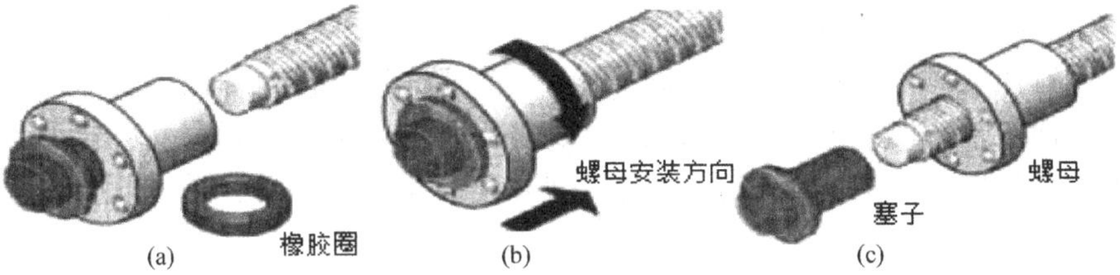

图 2-3-16　螺母的安装与拆卸示意图

(1) 将螺母安装在丝杠上时，首先要卸下在塞子末端的一个橡胶圈，该橡胶圈是为了防止螺母从塞子上滑下。橡胶圈拆卸后应妥善保管备拆卸螺母时用。

(2) 将塞子和螺母一起滑装到丝杠轴颈上，轻轻地按压螺母直到其到达丝杠的退刀槽处，无法再向前移动为止。安装塞的设计使螺母只能从一个方向装至丝杠上，见图示箭头。

(3) 慢慢地将螺母旋在丝杠上，并始终轻轻按压螺母，直到它完全旋在丝杠上为止。

(4) 当螺母旋上丝杠，安装塞仍然套在轴颈上，此时可以将安装塞卸下来。但不要把塞子扔掉，塞子应当和橡胶圈保存在一起备拆卸时用。

(5) 螺母的拆卸方法与上面的步骤正好相反。首先将塞子滑装到丝杠轴颈上，然后旋转螺母至塞子上，再把它们一起卸下来。螺母卸下来后，重新装上橡胶圈。

6. 滚珠丝杠的调整

滚珠丝杠必须与导轨在水平和垂直方向上平行，如图 2-3-17 所示。否则，整个运动装置就会处于过定位状态，并出现阻滞现象。

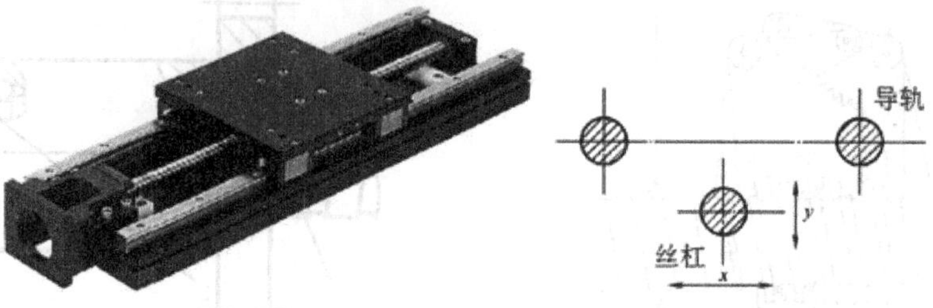

图 2-3-17　滚珠丝杠与导轨实物图及调整示意图

调整时，丝杠只能沿水平方向进行调整，而垂直方向则必须用垫片来进行调节。因此，为了使两个轴承座具有相同的高度，调节时可以在低的轴承座下面塞入一些不同厚度的垫片。

二、导轨副装配

(一) 平导轨装配间隙的调整与检验

平导轨具有可承受很大压力、加工简便、适用于较长零部件等优点，但导轨副间的间隙必须能调整，调整的方法有平镶条和斜镶条。

1. 平镶条调整间隙

平镶条是一种最简单的间隙调整用零件，它是一块小的矩形板，常用塑料制成，有时采用青铜材料。平镶条可通过螺栓或螺钉进行调节。

(1) 拉紧螺栓调节法。如图 2-3-18 所示，左图为中间采用一个拉紧螺栓，两端各采用一个压紧螺钉压紧；拉紧螺栓属于紧固螺栓，可以把平镶条向该螺栓拉近，另两个压紧螺钉将平镶条向前推，使平镶条发生弯曲，平镶条弯曲得越厉害，间隙就越小。右图则在每个压紧螺栓附近安装一个拉紧螺钉，平镶条就不会发生弯曲，而且平镶条可以在整个长度范围内都与导轨发生接触。

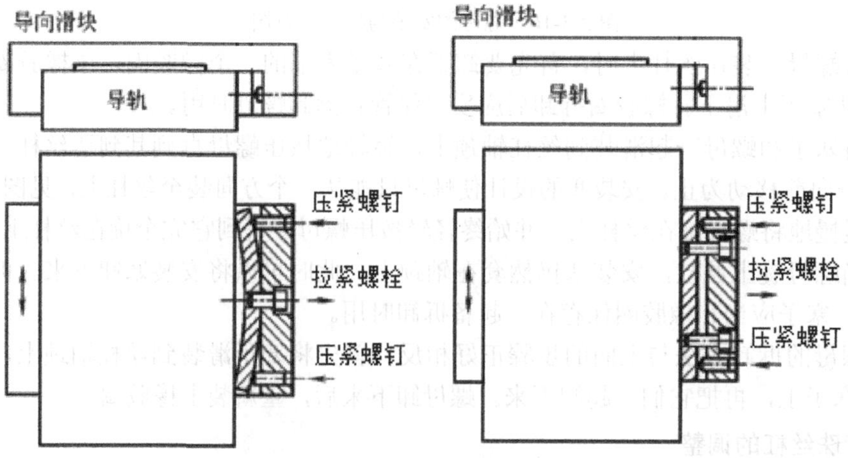

图 2-3-18　平镶条螺栓调整法调整平导轨间隙

(2) 调节螺钉调节法。图 2-3-19 所示的导向滑块上配有一定数量的调节螺钉，螺钉的数量与导向滑块的长度有关。导向滑块越长，调节螺钉数量就越多。拧紧调节螺钉时，间隙就会变小，但拧紧调节螺钉时必须从导向滑块两端向中间对称且均匀地进行。

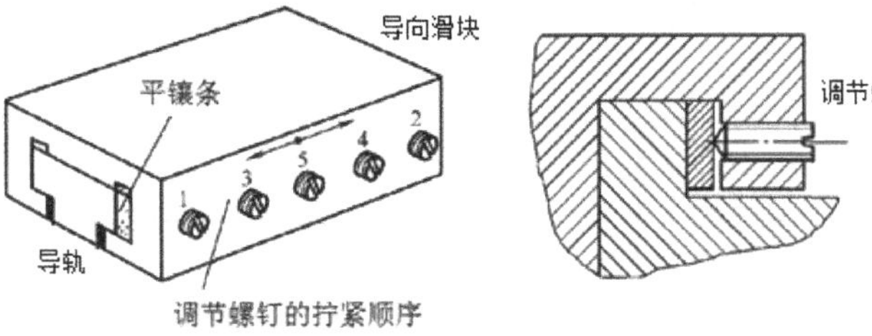

图 2-3-19　平镶条螺钉调整法调整平导轨间隙

调节螺钉施加在平镶条上的力为一个点，使平镶条在力的作用点处发生弯曲，因此，平镶条会发生一定程度的波纹状变形。

2. 斜镶条调整间隙

斜镶条是比平镶条更好的间隙调整件。利用带肩螺栓可以使斜镶条得到精确的调整，使其在整个长度范围内都能与导轨接触，拧紧螺栓时，斜镶条就会向前推进，从而使间隙变小。

如图 2-3-20 所示，斜镶条的斜度一般为 1∶100～1∶60，它也与导向滑块的长度有关，导向滑块越长，斜度越小。制作斜镶条时，其原始长度应当比所需的长度大一些。在安装的时候，先准确确定槽口的位置(槽口是用来安装调节螺栓的)，槽口位置确定后再把多余的长度切割掉。因此斜镶条调整时还需要切割镶条用的锯弓、锯条及测量长度用的钢直尺或游标卡尺。

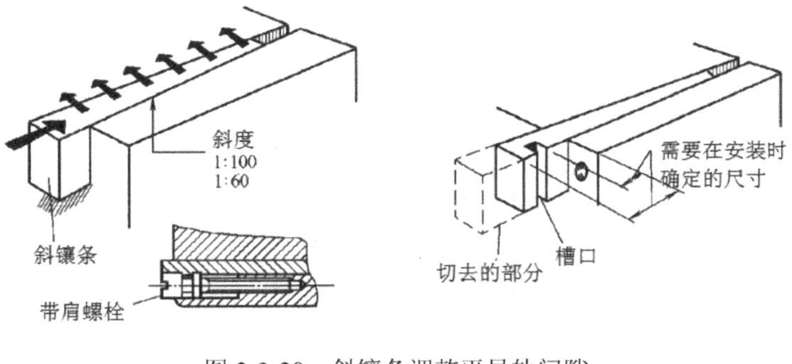

图 2-3-20　斜镶条调整平导轨间隙

3. 导轨间隙的检验

无论是平导轨还是燕尾导轨，其导轨间隙都是采用塞尺进行检验，如图 2-3-21 所示。

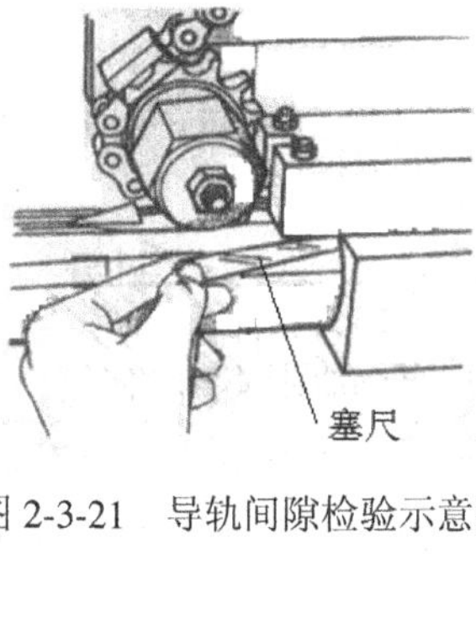

图 2-3-21　导轨间隙检验示意图

(二) 燕尾导轨装配间隙的调整

燕尾导轨分为不可调节和可调节的燕尾导轨两种，其中前者的间隙是不能改变的，这种导轨的配合精度高，但磨损后的间隙无法自动补偿，后者间隙可采用平镶条、梯形镶条及斜镶条调整，导轨间无需高精度的配合；导轨间隙用塞尺检验，调整后导轨副滑动应无阻滞。

(1) 平镶条调整间隙。与平导轨调整用平镶条相同，青铜或塑料制成的平镶条形状与导轨副间的空隙相同，通过调整螺栓或调节螺钉可以让平镶条压向导轨一侧。在采用平镶条调整燕尾导轨间隙时存在的缺点是平镶条与调节螺钉之间存在一定的锥度，如图 2-3-22 所示。

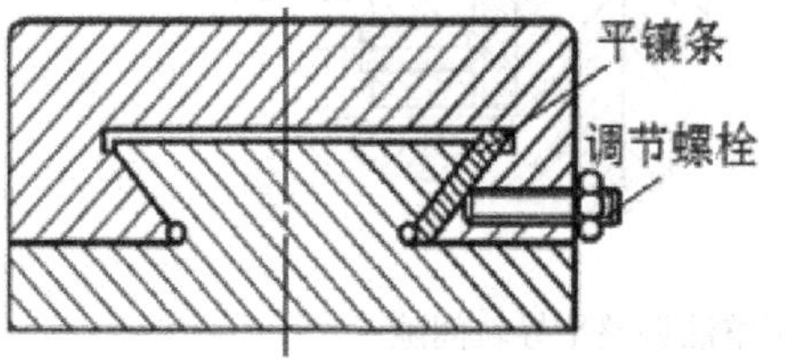

图 2-3-22　燕尾导轨间隙平镶条调整示意图

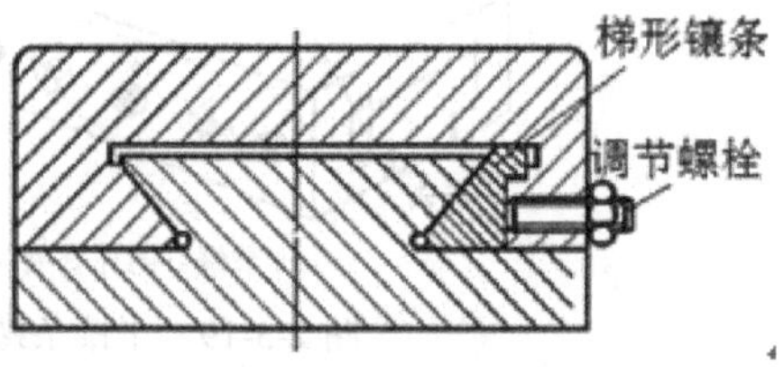

图 2-3-23　燕尾导轨间隙梯形镶条调整示意图

(2) 梯形镶条调整间隙。梯形镶条比平镶条稳定，且梯形镶条基本上不会发生弯曲。对于短的燕尾导轨，可以利用一个调节螺钉来确定梯形镶条的位置，长的燕尾导轨在长度方向一般需要两个调节螺钉，如图 2-3-23 所示。

(3) 斜镶条调整间隙。通过带肩螺钉将斜镶条压紧在导轨副之间，从而使间隙变小，如图 2-3-24 所示。

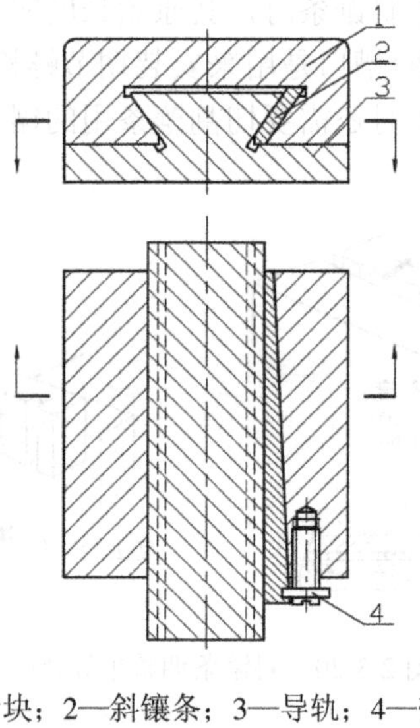

1—导向滑块；2—斜镶条；3—导轨；4—带肩螺钉

图 2-3-24　燕尾导轨间隙斜镶条调整示意图

由此可知，导轨装配、间隙调整及检验工量具主要有活动扳手、螺钉旋具、锯弓、游标卡尺(或钢直尺)及塞尺，并准备一定数量的锯条。

(三) 导轨副的润滑

1. 导轨副润滑的作用

导轨副的润滑主要作用是使导轨尽量接近液体摩擦状态下工作，以减小摩擦阻力，降低驱动功率，提高效率。另外润滑可以减少导轨磨损，防止导轨腐蚀；也可以避免低速重载下发生爬行现象，并减少振动；还可以降低高速时摩擦热，减少热变形。

2. 导轨副的润滑方式

为了能够在导轨与滑块间提供足够的润滑，平导轨副一般采用润滑剂润滑，因为润滑脂的黏度太大，无法渗透到整个导轨副的间隙中；燕尾导轨则因为运行时摩擦比较大，容易发热或磨损，润滑时可根据具体情况选用润滑油或润滑脂。现在已经开发出一些无润滑导轨，即采用特殊材料，如PA(尼龙)和PTFE(聚四氟乙烯)，这些材料本身有润滑特性。尽管如此，这种无润滑系统仅仅适用于轻载和低速场合，对于高速重载场合还必须进行润滑。

三、直线滚动导轨副装配

1. 直线滚动导轨副的结构

直线滚动导轨副的实物及结构如图2-3-25所示。导轨1可以设计成不同的结构，一般安装在数控机床的床身或立柱等支承面上，滑块2安装在工作台或滑座等移动部件上，当导轨与滑块做相对运动时，反向器3引导滚动体反向进入滚道，形成连续的滚动循环运动，反向器两端装有防尘密封盖 4，可有效防止灰尘、切屑等进入滑块内部。导轨副的润滑通过油杯5注入润滑剂。

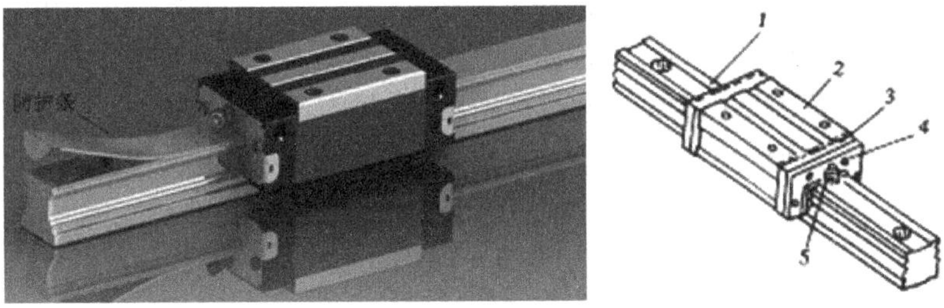

1—导轨；2—滑块；3—反向器；4—防尘密封盖；5—油杯

图2-3-25　直线滚动导轨副的实物及结构示意图

2. 直线滚动导轨的连接

直线滚动导轨均有各种长度供选择，最大长度均不相同，一般为3～4 m；当机床所需的长度超过单根导轨的最大长度时，可以将多根导轨拼接安装。

导轨的端面都有编号，只要把编号相同的端面连接起来，就可以获得长的导轨；在连接导轨时各段导轨应对齐，其操作方式是利用量棒夹紧在导轨侧面上将导轨校直，如图2-3-26 所示。量棒必须经过磨削达到规定的直线度，否则会直接将量棒的直线度误差复制到导轨上。

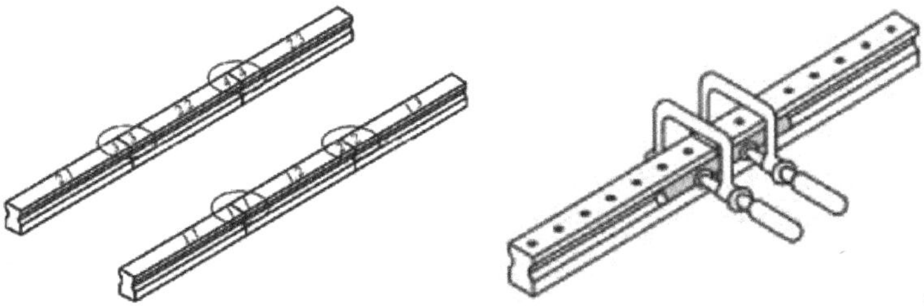

图2-3-26　直线滚动导轨的连接及对齐操作示意图

3. 直线滚动导轨的校准

直线滚动导轨副通常两根成对使用，这样工作台运行起来较稳定。两根导轨必须相互平行且两根导轨在整个长度范围内必须具有相同的高度，如图 2-3-27 所示。对于没有装配基准侧基面的导轨一般用百分表进行精确校准。

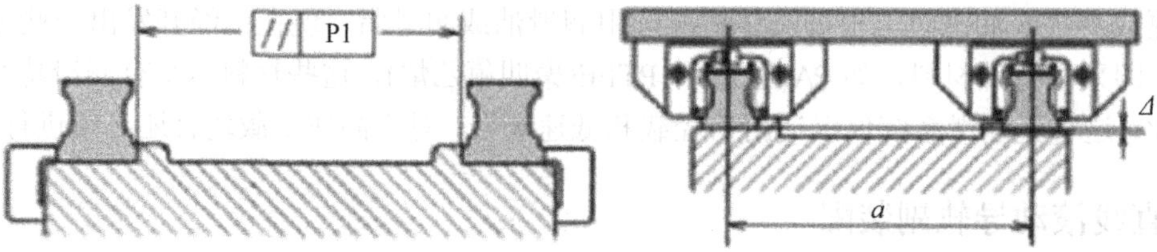

图 2-3-27 直线滚动导轨的平行度及高度差要求

平行度是一个固定值，只取决于导轨的类型和尺寸，导轨越大，平行度的最大允许误差就越大。一般来说，平行度的最大允许误差为 0.017～0.040 mm。高度上的最大允许误差 $\Delta = fa$，即 Δ 与两根导轨间的距离 a 以及与导轨供应商和导轨类型有关的一个因数 f(如 STAR 导轨有两个因数：0.0006 和 0.0008)有关，距离越大，最大允许误差越大。

4. 直线滚动导轨的固定及螺栓的安装孔密封

直线滚动导轨使用专用螺栓固定，拧紧时必须达到规定的拧紧力矩，并按螺栓组拧紧顺序拧紧，一般是从中间开始向两边延伸。

导轨安装调节后应对螺栓的安装孔进行密封，密封的方式有防护条(见图 2-3-25)和防护塞两种，防护塞的密封形式见图 2-3-28，有塑料、铜质及不锈钢防护塞等几种。

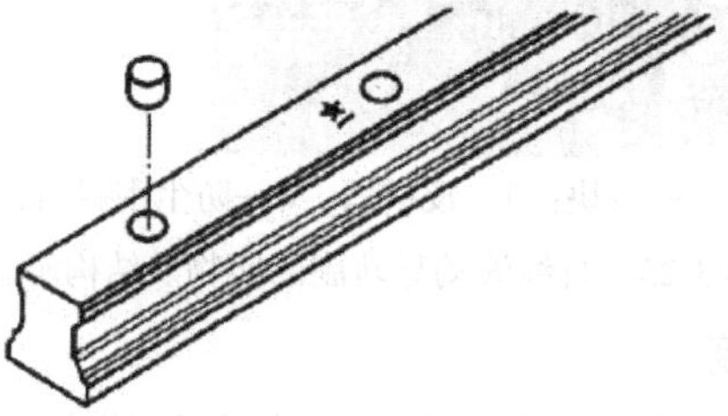

图 2-3-28 直线滚动导轨副的防护塞密封方式

5. 直线滚动导轨副的组合安装形式

直线滚动导轨副的组合安装形式如图 2-3-29 所示。图 2-3-29(a)为在同一平面内平行安装两根导轨副，滑块固定在机床的移动部件上，称为水平正装，这是最常用的组合安装形式。图 2-3-29(b)所示是把滑块作为基座，将导轨固定在机床的移动部件上，称为水平反装。

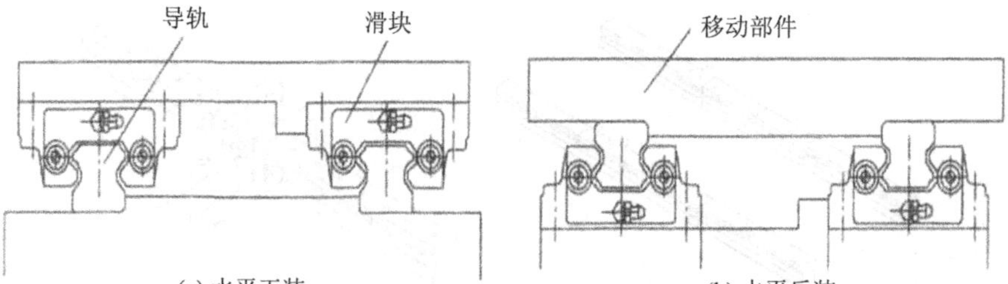

(a) 水平正装　　(b) 水平反装

图 2-3-29 直线滚动导轨副的组合安装形式示意图(一)

根据数控机床床身及移动部件结构的需要，导轨副还可以安装在床身的两侧，图2-3-30(a)为滑块固定在移动部件上；图2-3-30(b)为导轨固定在移动部件上。

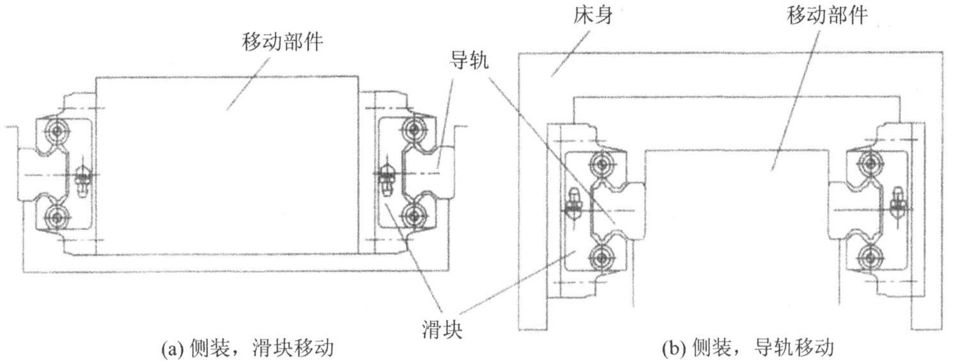

图 2-3-30　直线滚动导轨副的组合安装形式示意图(二)

6. 直线滚动导轨副的装配方式

如图 2-31 所示，在同一平面内平行安装两根导轨副时，为保证两条导轨平行，通常把一条导轨作为基准导轨(侧面一般有标记 J)，也称为基准侧导轨。

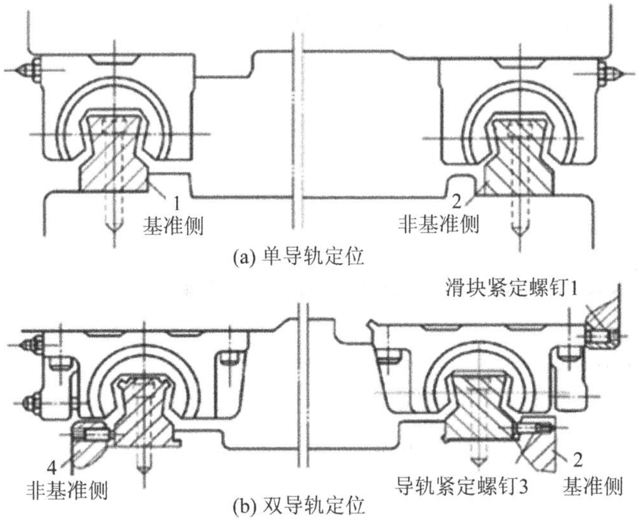

图 2-3-31　单导轨定位和双导轨定位的安装形式示意图

单导轨定位装配方式：基准侧导轨和滑块的侧面均要定位，而另一侧导轨和滑块侧面是开放的。此法易于安装，容易保证平行度.非基准侧对床身没有侧向定位面平行的要求。

双导轨定位装配方式：非基准侧导轨的侧面也需要定位的安装形式，适合于振动和冲击较大、精度要求较高的场合。下面以双导轨定位方式来讲解导轨副的装配工艺。

导轨的装配工艺：

(1) 保持导轨、机器零件、测量工具及安装工具的干净和整洁。

(2) 将基准侧的导轨轴基准面(有标记)紧靠机床装配表面的侧面，对准螺孔，然后在孔内插入螺栓。

(3) 利用内六角扳手用手拧紧所有的螺栓。

(4) 上紧导轨轴侧面的顶紧装置，使导轨轴基准侧面紧紧贴在床身的侧基面。

(5) 用扭矩扳手将螺栓旋紧。注意螺栓拧紧顺序，扭矩大小取决于螺栓的直径和等级，具体数值查表得(或供应商提供)。

(6) 非基准侧的导轨轴与基准侧的安装次序相同，只是侧面只需轻轻靠上，不要顶紧，否则会引起过定位，影响运行的灵敏度和精度。

滑块的装配工艺：

(1) 将工作台置于滑块座的平面上，并对准安装螺钉孔，用手拧紧所有的螺栓。

(2) 拧紧基准侧滑块座侧面的压紧装置，使滑块座基准面紧紧贴在工作台的侧基面。

(3) 按对角线顺序，逐个拧紧基准侧和基准侧滑块座上的各个螺栓。

安装完毕后，检查其全行程内运行是否轻便、灵活、无停顿阻滞现象。摩擦阻力在全行程内不应有明显的变化。达到上述要求后，检查工作台的运行直线度、平行度是否符合要求。

7. 直线滚动导轨副的装配精度检验

装配后的精度按如下两个步骤进行：

(1) 不装工作台，分别对基准侧和非基准侧的导轨副进行直线度检验。

(2) 装上工作台，进行直线度和平行度的检验。

❖项目实施

一、项目实施步骤

(一) 卧式车床刀架部件装配与调整工量具准备

1. 拆装方法分析

刀架部件的拆装主要涉及六角螺栓、一字起螺钉、圆柱销、平键、过盈连接等连接件以及凸轮机构、棘轮机构、滑动螺旋机构及燕尾导轨副。

2. 工量具准备

表 2-3-2 为 CA6140 卧式车床刀架部件装配与调整工量具及机物料准备表。

表 2-3-2 CA6140 卧式车床刀架部件装配与调整工量具及机物料准备表

名 称	材料或规格	件 数	备 注
工量具准备			
活动扳手		1	六角螺栓拆装
一字螺钉旋具		1	调节螺钉拆装
套筒扳手		1	六角螺栓拆装
勾头扳手		1	圆螺母拆装
尖嘴钳		1	取放弹簧
手锤	1 kg	1	销连接装配

续表

名 称	材料或规格	件 数	备 注
冲子		1	销连接装配
紫铜棒		1	销连接装配
游标卡尺	150 mm	1	尺寸测量
机物料准备			
润滑油		少量	润滑丝杠及丝杠螺母

(二) 卧式车床刀架部件装配与调整步骤

1. 检查装配件

在装配前先检查待装零件及工量具和场地准备情况。

2. 完成刀架部件的装配和调整

在识读刀架部件装配图基础上，在装配单元系统图指导下按照拟定的装配顺序完成刀架部件装配，按润滑要求润滑部件。

3. 刀架部件装配质量检验

参照刀架部件的装配技术要求完成刀架的检验与调整。

最后，整理装配现场。

二、项目作业

(一) 选择题

1. 在平面导轨中，平镶条采用螺钉调整间隙时，拧紧螺钉的顺序是________。

A) 从中间向两边　B) 从两边向中间　C) 交叉进行　D) 无所谓

2. 在平面导轨中装配斜镶条时，其长度在________确定。

A) 装配前　B) 装配时　C) 装配后　D) 随时确定

3. 平面导轨中检查间隙用________量具。

A) 游标卡尺　B) 千分尺　C) 塞尺　D) 百分表

4. 滚珠螺旋螺母只能承受________力。

A) 径向　B) 轴向　C) 径向和轴向　D) 力矩

5. 导轨的________好坏将直接影响机械的工作质量、承载能力和使用寿命。

A) 材料　B) 性能　C) 强度　D) 形状

6. 调整导轨间隙的斜镶条，其斜度一般为________，它与导向滑块的长度有关。

A) 1∶50～1∶80　B) 1∶60～1∶100

C) 1∶80～1∶120　D) 1∶100～1∶160

7. 燕尾导轨的燕尾角度一般设计为________。

A) 30°　B) 55°　C) 80°

8. 直线滚动导轨副的导轨具有________截面。

A) 圆形　　B) 方形　　C) 梯形　　D) 椭圆形

9. 直线滚动导轨副的导轨定位有________装配形式。

A) 二种　　B) 三种　　C) 四种　　D) 五种

10. 用润滑脂润滑滚动丝杆副，一般每________小时添加一次即可。

A) 100～300　　B) 250～500　　C) 500～800　　D) 500～1000

(二) 判断题

1. 直线导轨系统是使机器上的零部件沿着固定轨迹作直线运动的结构元件。

2. 导轨的主要作用有导向和支承。

3. 卧式车床方刀架部件的刀架溜板导轨属于燕尾导轨，尾座导轨也是。

4. 滚珠螺旋的作用是把马达传给螺杆的旋转运动转变为螺母的直线运动。

5. 装配直线滚动导轨时专用螺栓拧紧必须按一定的顺序进行，一般从两边向中间靠拢。

6. 直线滚动导轨安装好后应当对螺栓安装孔进行密封，这样可确保导轨面光滑和水平。

7. 所有的螺旋机构的丝杠与螺母的间隙是可调整的，一般调整径向间隙。

8. 平导轨和燕尾导轨都可以用平镶条和斜镶条来调整间隙。

9. 滚珠丝杠副的预紧是指滚珠丝杠副在过盈条件下工作，把塑性变形量控制在最小限度。

10. 滚珠丝杠在安装时必须与导轨在垂直和水平方向上平行，在水平方向上可以移动丝杠调整，但在垂直方向上只能通过在低的一端轴承座上塞入不同厚度垫片的方法来调整。

(三) 读图并回答问题

1. 小王在操作CA6140机床时感觉刀架上部与刀架溜板移动阻滞且导向面有间隙，你认为应当怎样解决该问题？项目作业图 2-3-1 所示为中刀架横向进给的丝杠螺母副装配示意图，当螺母1、4因磨损而产生窜动时，应按照什么操作步骤来调整丝杠螺母间隙？

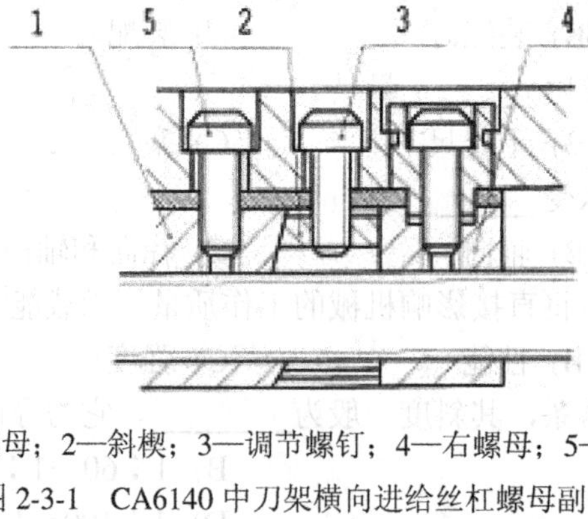

1—左螺母；2—斜楔；3—调节螺钉；4—右螺母；5—紧固螺钉

项目作业图 2-3-1　CA6140 中刀架横向进给丝杠螺母副的调整示意图

2. 项目作业图 2-3-2 为采用压板对矩形导轨副的间隙调整方式，请分析图示三种方法分别采用了哪种装配方法，当导轨间隙过大或过小时应分别怎样调整？图中 A、B 分别指压板与导轨接触的不同表面。

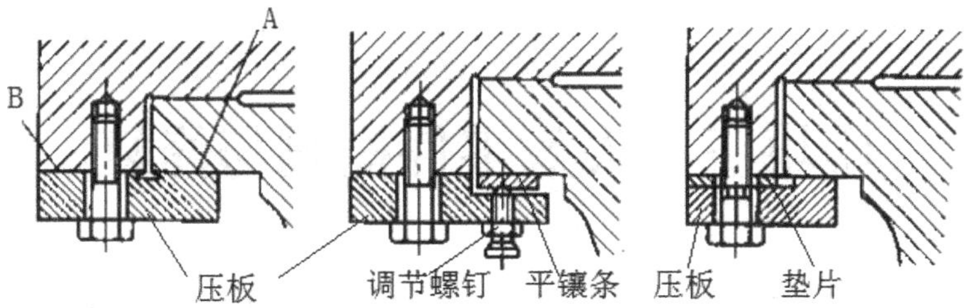

项目作业图 2-3-2　矩形导轨副压板调整间隙示意图

模块三　失效零件检测与修复

项目 3.1　减速器失效零件检测与修复

➤➤➤ 项目内容

(1) 完成图 3-1-1 所示减速器轴的检测、失效分析及修复工艺讨论。
(2) 完成减速器箱体的失效分析及修复工艺讨论。

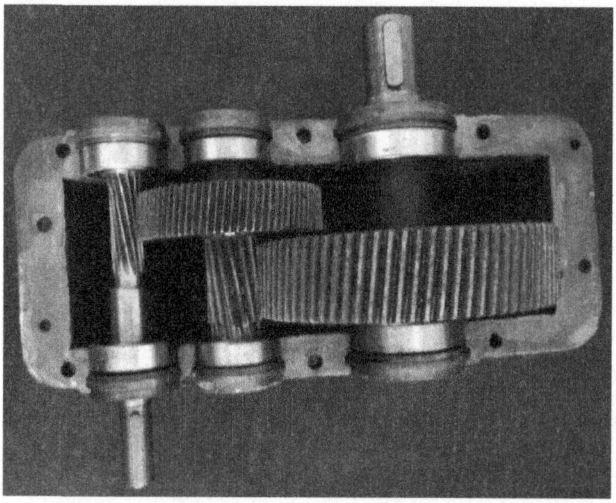

图 3-1-1　打开箱盖后的 JZQ 型减速器实物图

➤➤➤ 项目要求

(1) 认识机械设备检修的典型工作过程。
(2) 理解机械零件失效概念，会失效零件检测及失效判别，能进行失效零件修换判别。
(3) 熟悉零件修复工艺，会选择适当工艺完成失效零件修复。
(4) 掌握轴类及箱体类零件的失效分析及其修复技术。

❖知识链接

一、机械设备维修概述

机械设备维修技术是以机械设备为研究对象，探讨设备出现性能劣化的原因，研究并寻找减缓和防止设备性能劣化的技术及方法，保持或恢复设备的规定功能并延长其使用寿命。

(一) 机械设备修理类别

由于机械设备在使用中会出现技术状态劣化以致发生故障，为保持或恢复其应有的精度、性能和效率等，必须及时进行修理。机械设备修理类别按照修理内容、技术要求和工作量大小分为大修、项修、小修和定期精度调整。

1. 大修

大修是工作量最大、修理时间较长的一项计划修理。

大修时，将设备的全部或大部分解体，修复基础件，更换或修复全部不合格的机械零件、电器元件；修理、调整电气系统；修复设备附件以及翻新外观；整机装配和调试，从而全面消除大修前存在的缺陷，达到设备出厂或修理技术文件所规定的性能和精度标准。

大修的主要内容包括：

(1) 对设备的全部或大部分部件解体检查，并做好记录。

(2) 全部拆卸设备各部件，对所有零件进行清洗并做出技术鉴定。

(3) 编制大修技术文件，并作好修理前各种准备工作。

(4) 更换或修复失效的全部零部件。

(5) 刮削或磨削全部导轨面。

(6) 修理电气系统。

(7) 配齐安全防护装置和必要的附件。

(8) 整机装配，并调试达到大修质量技术要求。

(9) 翻新外观。

(10) 整机验收，按设备出厂标准进行检验。

2. 项修

项修即项目修理是根据机械设备的结构特点和实际技术状态，对设备状态达不到生产工艺要求的某些项目或部件按实际需要进行的针对性修理。

项修的主要内容包括：

(1) 全面进行精度检查，确定需要拆卸分解、修理或更换的零部件。

(2) 修理基准件，刮研或磨削需要修理的导轨面。

(3) 对需要修理的零部件进行清洗、修复或更换。

(4) 清洗、疏通各润滑部位，换油，更换油毡油线。

(5) 修理漏油部位。

(6) 喷漆或补漆。

按部颁修理精度、出厂精度或项修技术任务书规定的精度检验标准，对修完的设备进行全部检查。对项修时难以恢复的个别精度项目可适当放宽。

3. 小修

小修是指工作量最小的局部修理。小修主要是根据设备日常检查或定期检查中所发现的缺陷或劣化征兆进行修复。

小修的工作内容是拆卸有关的设备零部件，更换和修复部分磨损较快和使用期限等于或小于修理间隔期的零件，调整设备的局部机构，以保证设备能正常运转到下一次计划修理时间的修理。

4．定期精度调整

定期精度调整是对精、大、稀设备的几何精度进行有计划地定期检查并调整，使其达到或接近规定的精度标准，保证其精度稳定以满足生产工艺要求。

(二) 机械设备维修典型工作过程

1．解体前的检查

为保证修理工作顺利进行，机械设备修理前修理人员应对设备技术状态进行调查、了解和检测，熟悉设备说明书、设备图样、修理检验标准及历次检修记录，以确定设备修理工艺方案、修后的精度检验项目和试车验收要求。

2．部件拆卸与清洗

拆卸时应熟悉所拆零部件的结构、相互关系和作用，防止拆卸过程中因不熟悉结构而造成对零部件的额外损坏。

3．修复或更换失效零件

对拆卸下来的零件进行检验并做好记录，对已因磨损或其他原因造成失效的零件按照修理的类别、修理工艺进行修复或更换新件，修复后零件应重新检验直至达到技术要求。

4．部件修理及装配

当零件修复完检验合格后即可进行装配，包括部装和总装。

5．精度检验与试车

在总装完毕要进行精度检验、空运转试验、负荷试验等，全面检查和衡量所修设备的质量、精度和工作性能的恢复情况。

(三) 机械设备维修方案的确定

1．维修前的预检

为了全面深入地掌握设备的实际技术状态，在修前安排的设备检查称为预检。

在设备预检前应做好如下准备工作：

(1) 阅读设备使用说明书(或技术手册)，熟悉设备的结构、性能和精度及其技术特点。

(2) 查阅设备档案，着重了解设备安装验收或上次大修理验收和出厂检验记录；历次修理内容、修复或更换的零件；历次事故报告；近期定期检查记录；设备运行状态监测记录等。

(3) 查阅设备图册，为校对、测绘修复件或更换件做好图样准备。

(4) 向设备操作工和维修工了解设备的技术状态；如设备的精度是否满足产品的工艺要求，性能是否下降；气动、液压系统及润滑系统是否正常和有无泄漏；附件是否齐全；安全防护装置是否灵敏可靠；设备运行中易发生故障的部位及原因；设备当前存在的主要缺陷；需要修复或改进的具体意见等。

表 3-1-1 为金属切削机床类设备的典型预检内容(供参考)。

表 3-1-1　金属切削机床类设备的典型预检内容

序号	预检项目	解　释
1	精度检验	按出厂精度标准对设备逐项检验，并记录实测值
2	外观检验	有无掉漆，指示标牌是否齐全清晰，操纵手柄是否损伤等
3	机床导轨检验	检验导轨，若有磨损，则测出磨损量，检查导轨副可调整镶条尚有的调整余量，以便确定大修时是否需要更换
4	外露零件检查	检查机床外露的丝杠、齿条、光杠等的磨损情况，测出磨损量
5	运行状态检查	各种运动是否达到规定速度，高速时运动是否平稳，有无振动和噪声；低速有无爬行，运动时各操纵系统是否灵敏可靠
6	气动、液压、润滑系统检查	系统的工作压力是否达到规定值，压力波动情况，有无泄漏。若有泄漏，则查明泄漏部位和原因
7	电气系统检查	除常规检查外，注意用先进的元器件替代原有的元器件
8	安全防护装置检查	检查各种指示仪表、安全连锁装置、限位装置等是否灵敏可靠，安全防护装置是否损坏
9	附件检查	附件有无磨损、失效
10	部分解体检查	部分解体以便根据零件磨损情况来确定零件是否需要更换或修复。原则上尽量不拆卸零件，尽可能用简易方法或借助仪器判断零件的磨损，对难以判断的零件磨损程度和必须测绘、校对图样的零件才进行拆卸检查

2. 确定设备修理方案

设备修理方案主要包含下述内容：

(1) 按产品工艺要求，确定设备的出厂精度标准能否满足生产需要。如果个别主要精度项目标准不能满足生产需要，能否采取工艺措施提高精度，哪些精度项目可以免检。

(2) 对多发性重复故障部位，分析改进设计的必要性与可能性。

(3) 对关键零部件，如精密主轴部件、精密丝杠副、分度蜗杆副的修理，维修人员的技术水平和条件能否胜任。

(4) 对基准件，如床身、立柱和横梁等的修理，采用磨削、精刨或精铣工艺，在本企业或本地区其他企业实现的可能性和经济性。

(5) 分析哪些部件更换比修复更经济。

(6) 如果本企业承修，哪些修理作业需委外协作，并与外协签订初步协议。

(四) 设备大修技术文件编制

大修技术文件主要包括修理技术任务书、修换件明细表及图样、材料明细表、修理工艺以及专用工、检、研具明细表及图样、修理质量标准等。

1. 编制修理技术任务书

表 3-1-2 为机械设备大修的修复技术任务书主要内容。

表 3-1-2 机械设备大修的修理技术任务书主要内容

序号	项 目	内 容 描 述
1	设备修前技术状况	说明设备修理前的工作精度下降情况，设备主要输出参数的下降情况，主要零部件(基础件、关键件、高精度零件)的磨损和损坏情况，气动、液压、润滑系统的缺损情况，电气系统主要缺损情况，安全防护装置的缺损情况等
2	主要修理内容	说明设备要全部(或除个别部件外的其余全部)解体、清洗和检查零件的磨损和损坏情况，确定需要更换和修复的零件，扼要说明基础件、关键件的修理方法，说明必须仔细检查和调整的机构，结合修理需要进行改善维修的部位和内容
3	修理质量要求	对装配质量、外观质量、空运转试车、负荷试车、几何精度和工作精度进行逐项说明并按相关技术标准检查验收

2. 编制修理工艺规程

设备修理工艺规程具体规定设备的修理程序、零部件的修理方法、总装配与试车的方法和技术要求，是设备大修时的指导性技术文件，通常包括下列内容：

(1) 整机和部件的拆卸顺序、方法以及拆卸过程中应检测的数据和注意事项。

(2) 主要零部件的检查、修理和装配工艺，以及应达到的技术条件。

(3) 关键部位的调整工艺以及应达到的技术条件。

(4) 总装配的程序和装配工艺，应达到的精度要求、技术要求以及检查方法。

(5) 总装配后试车程序、规范及应达到的技术条件。

(6) 在拆卸、装配、检查测量及修配过程中需用的通用或专用的工、研、检具和量仪。

(7) 修理作业中的安全技术措施等。

3. 制定大修质量标准

大修质量标准主要包括：工作精度标准；几何精度标准；空运转试验的程序、方法，检验的内容和应达到的技术要求；负荷试验的程序、方法，检验的内容和应达到的技术要求以及外观质量标准等五项内容。

二、机械设备维护与保养

通过擦拭、清扫、润滑、调整等一般方法对设备进行护理，以维持和保护设备的性能和技术状况，称为设备维护保养。

(一) 机械设备三级保养制度

1. 设备维护四项要求及操作要点

设备的维护必须达到的四项要求是：

(1) 整齐。工具、工件放置整齐，设备零部件及安全防护装置齐全，线路、管道完整。

(2) 清洁。设备内外清洁，各滑动面、丝杆、齿条等无黑油污；各部位不漏油、不漏水、不漏气、不漏电；切削垃圾清扫干净。

(3) 润滑。按时加油、换油，油质符合要求，油壶、油枪、油杯、油嘴齐全，油毡、油线清洁，油标明亮，油路畅通。

(4) 安全。实行定人定机和交接班制度；熟悉设备结构，遵守操作维护规程，合理使用，精心维护，监测异状，不出事故。

设备日常维护操作要点：精心维护、严格执行巡回检查制，运用五字操作法(听、擦、闻、看、比)，手持三件宝(扳手、听诊器、抹布)；定时按巡回检查路线，对设备进行仔细检查，发现问题及时解决，排除隐患；搞好设备清洁、润滑、紧固、调整和防腐(十字作业法)，保持零件、附件及工具完整无缺。

图 3-1-2 为机械拆装现场常用的回转式台虎钳装配图。在保养前往往需要分析其组成、结构、原理，拟定拆卸内容及拆卸顺序，明确需清洁、润滑的部位；保养过程中还需要检查设备，发现有问题及时解决；保养后应达到“整齐、清洁、润滑、安全”四项要求。

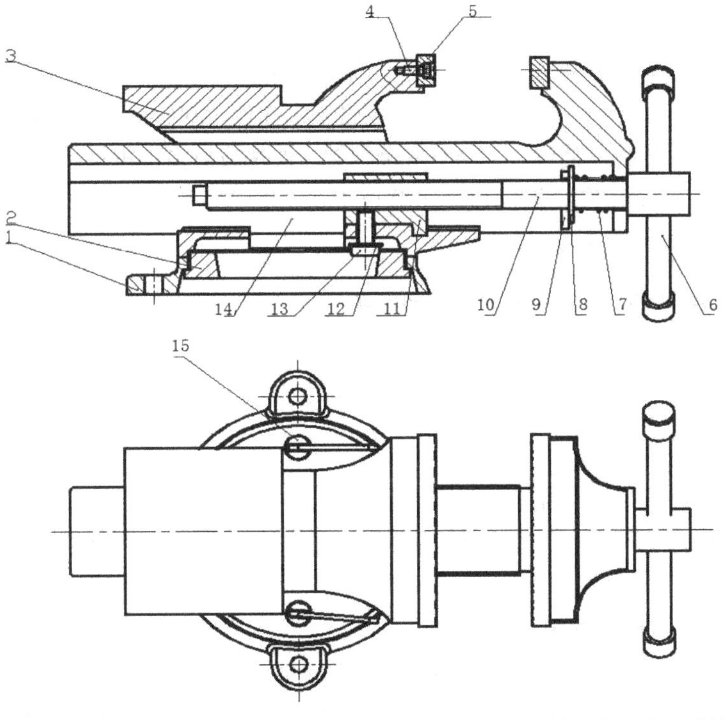

1—转盘座；2—夹紧盘；3—固定钳身；4—螺钉；5—钳口；6—施力手柄；7—-弹簧；8—挡圈；9—开口销；10—丝杆；11—丝杆螺母；12—垫片；13—螺钉；14—活动钳身；15—夹紧手柄

图 3-1-2　某回转式台虎钳装配图

2．设备的日常维护保养

设备的日常维护保养包括日例保和周例保，日例保由设备操作人员当班进行，认真做到班前四件事、班中五注意和班后四件事；周例保由设备操作人员每周末进行。

班前四件事包括：消化图样资料，检查交接班记录；擦拭设备，按规定润滑加油；检查手柄位置和手动运转部位是否正确、灵活，安全装置是否可靠；低速运转检查传动是否正常，润滑、冷却是否畅通。

班中五注意包括：注意设备的运转声音；注意设备的温度、压力；注意设备的液位、电气、液压、气压系统；注意设备的仪表信号；注意设备的安全保险是否正常。

班后四件事包括：关闭开关，所有手柄放到零位；清除铁屑、脏物，擦净设备导轨面和滑动面上的油污，并加油；清扫工作场地，整理附件、工具；填写交接班记录和运转台时记录，办理交接班手续。

3. 一级保养

一级保叛变是指设备运行一个月(两班制)，以操作者为主，维修工人配合进行的保养。

一级保养的主要工作内容是：检查、清扫、调整电器控制部位；彻底清洗、擦拭设备外表，检查设备内部；检查、调整各操作、传动机构的零部件；检查油泵、疏通油路，检查油箱油质、油量；清洗或更换毛毡、油线，清除各活动面毛刺；检查、调节各指示仪表与安全防护装置；发现故障隐患和异常要予以排除，并排除泄漏现象等。

4. 二级保养

二级保养要完成一级保养的全部工作，还要求润滑部位全部清洗，结合换油周期检查润滑油质，进行清洗换油。检查设备的动态技术状况与主要精度(噪声、振动、温升、油压、波纹、表面粗糙度等)，调整安装水平，更换或修复零部件，刮研磨损的活动导轨面，修复调整精度已劣化部位，校验机装仪表，修复安全装置，清洗或更换电机轴承，测量绝缘电阻等。

经二级保养后要求精度和性能达到工艺要求，无漏油、漏水、漏气、漏电现象，声响、振动、压力、温升等符合标准。

(二) 精、大、稀设备的使用维护要求

1. 四定工作

(1) 确定使用人员。

(2) 确定检修人员。

(3) 确定操作维护规程。精、大、稀设备应分机型逐台编制操作规程，并严格执行。

(4) 确定维修方式和备品配件。根据设备在生产中的作用分别确定维修方式；根据各种精、大、稀设备在企业生产中的作用及备件来源情况，确定储备定额，并优先解决。

2. 精密设备使用维护要求

(1) 必须严格按说明书规定安装设备。

(2) 对环境有特殊要求的设备应采取相应措施，确保设备的精度、性能，如恒温恒湿。

(3) 设备在日常维护保养中不许拆卸零部件，发现设备运转异常应立即停车。

(4) 严格执行设备说明书规定的切削规范，只允许按直接用途进行零件精加工。

(5) 非工作时间应加护罩，长时间停歇，应定期进行擦拭、润滑、空运转。

(6) 附件和专用工具应有专用柜架搁置，保持清洁，防止研伤，不得外借。

与金属切削机床类设备操作与维护相关的金属切削机床完好标准及金属切削机床维护工作检查标准参见本书附表5和附表6。

三、机械零件失效分析与对策

机械零件丧失规定的功能时即称为失效。当一个零件处于下列两种状态之一就可认定

为失效：一是不能完成规定的功能，二是不能可靠和安全地继续使用。按照失效件的外部形态特征，主要有磨损、变形、断裂、蚀损等四种主要失效形式。

失效分析是指分析研究机件失效机理或过程的特征及规律，从中找出产生失效的主要原因，以便采用适当的对策加以控制。图 3-1-3 为零件失效分析基本思路，对零件失效的分析应从设计、材料、加工、安装使用等几方面着手。

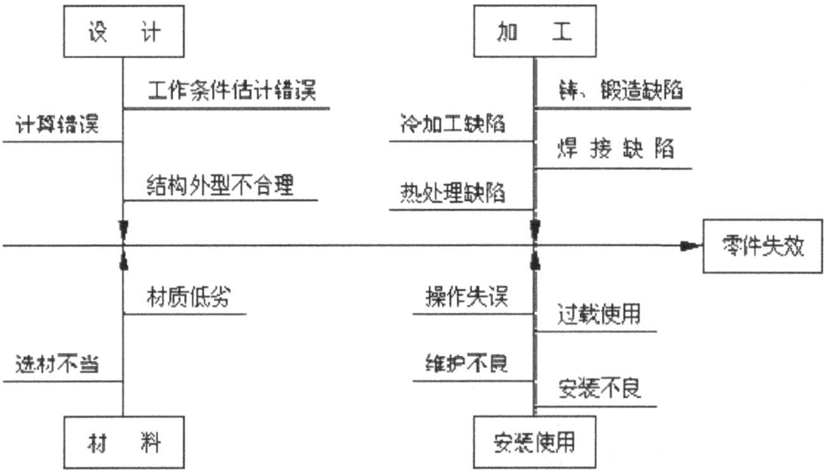

图 3-1-3　机械零件失效分析思路示意图

（一）零件磨损的失效分析及对策

1．零件的磨损特性

机械设备在工作过程中，有相对运动零件的表面上发生尺寸、形状和表面质量变化的现象称为磨损。磨损是最普遍的失效形式，磨损的速度不仅直接影响设备的使用寿命，而且还造成能耗的大幅增加。

图 3-1-4 为磨损特性曲线，图线表明在不同条件下工作的机械零件磨损量随使用时间的延长而变化的规律相似，一般分为磨合磨损、稳定磨损和剧烈磨损三个阶段。

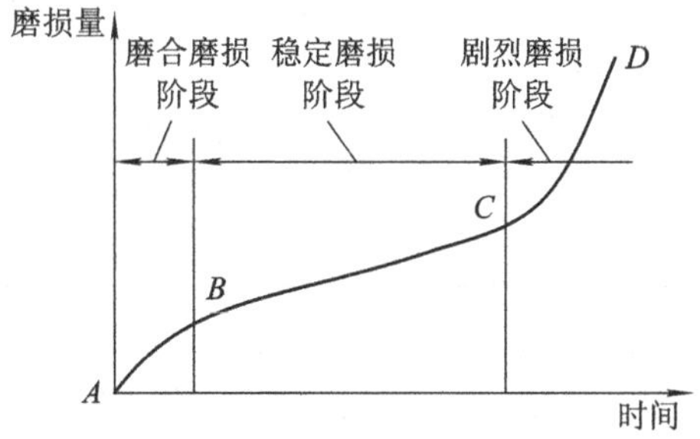

图 3-1-4 磨损特性曲线

在磨合阶段，由于新加工零件表面较粗糙，零件磨损十分迅速；随着时间延长，表面粗糙度下降，实际接触面积增大，磨损速度逐渐下降，当达到图示 B 点时达到正常磨损条件进入稳定磨损阶段。选择合适的磨合载荷、相对运动速度、润滑条件等参数是尽快达到正常磨损的关键因素，应以最小的磨损量完成磨合。

磨合阶段结束后，应清除摩擦副中的磨屑，更换润滑油，才能进入满负荷正常使用阶段。

在稳定磨损阶段，摩擦表面的磨损量随着工作时间的延长而稳定、缓慢增长，属于自然磨损。在磨损量达到极限值以前的这一段时间是零件的耐磨寿命，它与摩擦表面工作条件、维护保养好坏关系极大，使用保养得好，可以延长磨损寿命，提高设备可靠性及有效利用率。

在剧烈磨损阶段，由于温度升高、金属组织发生变化、冲击载荷增大、润滑状态恶化等原因，摩擦条件发生较大变化，磨损速度急剧增加，机械效率下降、精度降低，最后导致零件失效，机械设备不能继续使用。此时应采取修复、更换等措施，防止设备发生故障与事故。

2．零件磨损的失效分析及对策

机械磨损根据磨损产生机理的不同分为磨料磨损、粘着磨损、疲劳磨损、腐蚀磨损及微动磨损几种类型。

(1) 磨料磨损：又称磨粒磨损，是由于摩擦副的接触表面之间存在着硬质颗粒，或者当摩擦副材料一方的硬度比另一方硬度大得多时，所产生的一种类似金属切削过程的磨损现象，其特征表现在接触面上有与相对运动方向平行的细小沟槽，螺旋状、环状或弯曲状细小切屑及部分粉末。

如某台在砂石地区工作的推土机，仅工作几十小时发动机就不能正常工作了，拆开后发现汽缸严重磨损，进气管内残存许多砂粒，润滑油极脏；检查后发现进气管的接头卡损坏，空气未经滤清进入汽缸，从而导致了严重的磨料磨损。

磨料磨损机理：属于磨料颗粒的机械作用，一种是磨粒沿摩擦表面进行的微量切削过程，另一种是磨粒使摩擦表面层受交变接触应力作用，使表面层产生不断变化的密集压痕，最后由于表面疲劳而剥蚀。。

减轻磨料磨损的措施可以从减少磨料的进入和增强零件的耐磨性这两方面来考虑。前者如配置空气滤清器及燃油、机油过滤器，增加用于防尘的密封装置，在润滑系统中装入吸铁石、集屑房及油污染程度指示器，经常清理更换空气、燃油、机油滤清装置等；后者如选用耐磨性能好的材料或采用热处理和表面处理的方法改善零件材料性质，尽可能使表面硬度超过磨料的硬度，如采用中碳钢淬火和低温回火工艺得到的马氏体钢使零件既具有耐磨性又具有较好韧性，选用一软一硬摩擦副，使磨料被软材料吸收，减少磨料对重要、高价材料的磨损。

(2) 粘着磨损：构成摩擦副的两个摩擦表面，在相对运动时接触表面的材料从一个表面转移到另一个表面所引起的磨损。根据摩擦副表面的破坏程度，分为下表所列几种类型。

表 3-1-3　粘着磨损的类型

类型	发生位置及现象	实　例
轻微磨损	剪切发生在粘着结合面上，表面转移的材料极轻微	缸套与活塞环的正常磨损
涂抹	剪切发生在软金属浅层里面，转移到硬金属表面上	重载蜗轮副蜗杆的磨损
擦伤	剪切发生在软金属接近表面的地方，硬表面可能被划伤	滑动轴承的轴瓦与轴磨损
撕脱	剪切发生在摩擦副的一方或两方金属较深的地方	滑动轴承的轴瓦与轴的焊合层在较深部位剪断
咬死	摩擦副之间咬死不能相对运动	滑动轴承在油膜严重破坏的条件下，轴与滑动轴承抱合在一起，不能转动

粘着磨损的机理：由于粘着作用，摩擦副在重载条件下工作，因润滑不良、相对运动速度高、摩擦等原因产生的热量来不及散发，摩擦副表面产生极高的温度，材料表面强度降低，使承受高压的表面凸起部分相互粘着，继而在相对运动中被撕裂下来，使材料从强度低的表面上转移到材料强度高的表面上，造成摩擦副的破坏。

减少粘着磨损可以从控制摩擦副表面状态和表面材料成分与金相组织两方面着手。

金属表面经常存在吸附膜，当有塑性变形后，金属滑移造成吸附膜破坏，或者温度升高(一般达到 100～200℃时)到一定程度时吸附膜也会被破坏，这些易导致粘着磨损的发生。应根据工作条件(载荷、温度、速度等)选用适当的润滑剂，或在润滑剂中加入添加剂等。

材料成分和金相组织相近的两种金属材料之间最容易发生粘着磨损，因此应选用不同材料成分和晶体结构的材料。在摩擦副的一个表面上覆盖铅、锡、银、铜等金属或者软的合金可以提高抗粘着磨损的能力，如用巴氏合金、铝青铜等作为轴承衬瓦的表面材料、钢与铸铁配对摩擦副。

(3) 疲劳磨损：摩擦副材料表面上局部区域在循环接触应力作用下产生疲劳裂纹，由于裂纹不断扩展并分离出微片和颗粒的一种磨损形式，分为滚动接触和滑动接触疲劳磨损两种。

滚动轴承、传动齿轮等有相对滚动摩擦副表面间出现的麻点和脱落现象都是由滚动接触疲劳磨损造成的。其特点是经过一定次数的循环接触应力作用后麻点或脱落才会出现，在摩擦副表面上留下痘斑状凹坑，深度在 0.1～0.2 mm 以下。

两滚动接触物体在距离表面下 0.786*b* 处(*b* 为平面接触区的半宽度)切应力最大，该处塑性变形最剧烈，在周期性载荷作用下的反复变形会使材料局部弱化，并在该处首先出现裂纹。在滑动摩擦力引起的剪应力和法向载荷引起的剪应力叠加作用下，使最大切应力从 0.786*b* 处向表面移动，形成滑动接触疲劳磨损，剥落层深度一般为 0.2～0.4 mm。

由于疲劳磨损就是裂纹产生和扩展的破坏过程，减少疲劳磨损的对策就是控制裂纹的产生和扩展因素，可从材质、表面粗糙度两方面着手。

钢中非金属夹杂物的存在易引起应力集中，夹杂物边缘最易形成裂纹；材料的组织状态、内部缺陷等也对裂纹产生有重要影响。通常，金属晶粒细小、均匀，碳化物呈球状且均匀分布有利于提高滚动接触疲劳寿命；在未溶解的碳化物状态相同条件下，马氏体中碳的质量分数在 0.4%～0.5%时材料的强度和韧性配合较佳，接触疲劳寿命高；对未溶解碳化物，通过适当热处理，使其趋于量少、体小、均布，避免粗大或带状碳化物，均有利于消除疲劳裂纹。

硬度在一定范围内增加，两接触滚动体表面硬度匹配，均有利于接触疲劳抗力增大。例如，轴承钢表面硬度在 62HRC 左右时其抗疲劳磨损能力最大，传动齿轮齿面硬度在 58～62 HRC 范围内最佳，滚动轴承中滚道和滚动元件硬度相近或滚动元件略高 10%时为宜。

适当提高表面粗糙度是提高抗疲劳磨损能力的有效途径。如将滚动轴承的表面粗糙度从 *Ra* 0.40 μm 提高到 *Ra* 0.20 μm，寿命可提高 2～3 倍，由 *Ra* 0.20 μm 提高到 *Ra* 0.10 μm，寿命可提高 1 倍，表面粗糙度值提高到 *Ra* 0.05 μm 以下后影响较小。

此外，表面应力状态、配合精度高低、润滑油性质等都对疲劳磨损速度有影响。通常表面应力过大、配合间隙过大或过小、润滑油在使用中产生的腐蚀性物质等都会加剧疲劳磨损。

(4) 腐蚀磨损：在摩擦过程中金属同时与周围介质发生化学反应或电化学反应，引起金属表面的腐蚀产物剥落的现象，是在腐蚀现象与机械磨损、粘着磨损、磨料磨损等相结合时才能形成的一种机械化学磨损。

腐蚀磨损经常发生在高温或潮湿环境，更容易发生在有酸、碱、盐等特殊介质条件下，根据腐蚀介质的不同类型和特性，分为氧化磨损和特殊介质下腐蚀磨损。

氧化腐蚀是指摩擦表面在空气中氧或润滑剂中氧的作用下所生成的氧化膜很快被机械摩擦去除的磨损形式。工业中应用的金属绝大多数会被氧化生成表面膜，如果该膜致密完整与基体结合牢固，且膜的耐磨性能很好，则磨损轻微；如果膜的耐磨性不好则磨损严重。铝和不锈钢都易生成氧化膜，但铝表面氧化膜的耐磨性不好，而不锈钢氧化膜耐磨性好，后者具有更强的抗氧化磨损能力。

在摩擦过程中，环境中的酸、碱等电解质作用于摩擦表面上所形成的腐蚀产物迅速被机械摩擦所除去的磨损形式称为特殊介质中的腐蚀磨损。如流体输送泵、搅拌机叶片、风机、水轮机叶片、内燃机汽缸内壁及活塞等极易发生严重的腐蚀磨损。可通过控制腐蚀性介质形成条件，选用合适的耐磨材料及改变腐蚀性介质的作用方式来降低腐蚀磨损速率。

(5) 微动磨损：两个固定接触表面由于受相对小振幅振动而产生的磨损，主要发生在相对静止的零件结合面上，如键连接表面、过盈或过渡配合表面、机体上用螺栓连接和铆钉连接的表面等，往往容易被忽视。

微动磨损的主要危害是使配合精度下降，过盈配合部件紧度下降甚至松动，连接件松动乃至分离，严重者引起事故；另外，微动磨损还易引起应力集中，导致连接件疲劳断裂。

微动磨损的机理：微动磨损集中在局部范围内，同时两摩擦表面永远不脱离接触，磨损产物不易排出，磨屑在摩擦面内起到磨料作用；又因摩擦表面间的压力使表面凸起部分粘着，粘着处被外界小振幅引起的摆动所剪切，剪切处表面又被氧化，故微动磨损兼有磨料磨损、粘着磨损和氧化磨损的作用。

减少或消除微动磨损可从材质、载荷、振幅和温度等几个方面考虑。

提高硬度及选择适当材料配副可以减小微动磨损。如将一般碳钢表面硬度从 180HV 提高到 700HV 时，微动磨损量可降低 50%，也可采用硫化或磷化处理以及金属镀层等。

在一定条件下，微动磨损量随载荷增加而增加，但超过某临界值后磨损量则减小。采用超过临界载荷的紧固方式可有效减少微动磨损。

应将振幅控制在 30 μm 以内，因为振幅较小时单位磨损率较小，而当振幅在 50～150 μm 时单位磨损率显著上升。

微动磨损受温度影响较大。数据表明，低碳钢在 0℃以上，磨损量随温度上升而逐渐降低，在 150～200℃时磨损量突然降低，继续升高温度，磨损量上升；温度从 135℃上升到 400℃时磨损量增加 15 倍。中碳钢在其他条件不变时，在温度为 130℃时微动磨损发生转折，超过此温度，微动磨损量大幅降低。

(二) 零件变形的失效分析及对策

1. 零件变形的类型

机械零件在外力作用下，产生形状或尺寸变化的现象称为变形。过量变形是机械零件失效的主要类型，也是韧性断裂的明显征兆。各类传动轴的弯曲变形、桥式起重机主梁下挠或扭曲、汽车大梁的扭曲变形、基础零件(如缸体、变速箱壳体等)发生的变形都将引起相互位置精度破坏。当变形量超过允许极限时，将丧失规定的功能，甚至引起灾难性后果。

在使用过程中，若产生超量弹性变形则会影响零件正常工作。例如，传动轴超量弹性变形会引起轴上齿轮啮合状况恶化，影响齿轮和支承轴承的工作寿命；机床导轨或主轴超量弹性变形会引起加工精度降低甚至不能满足加工精度要求。

塑性变形将导致机械零件各部分尺寸和外形的变化，引起一系列不良后果。例如，机床主轴塑性弯曲，将不能保证加工精度，废品率增大，甚至主轴不能工作；又如键连接、挡块和销钉等，由于静压力的作用，引起配合的一方或双方的接触表面挤压(局部塑性变形)，随着挤压变形的增大，特别是那些能够反向运动的零件将引起冲击，使原配合关系破坏的过程加剧，从而导致机械零件失效。

2. 防止和减少零件变形的对策

目前条件下变形不可避免，减轻变形危害应从设计、制造、修理和使用等多方面考虑。

(1) 设计。正确选用材料，注意工艺性能。如铸造的流动性、收缩性，锻造的可锻性、冷镦性，焊接的冷裂、热裂倾向性，机加工的可切削性，热处理的淬透性、冷脆性等。合理布置零部件，选择适当的结构尺寸，改善零件的受力状况。如避免尖角、棱角，改为圆角、倒角，厚薄悬殊的部分开工艺孔或加厚太薄的地方，安排好孔洞的位置，把盲孔改为通孔等，形状复杂的零件可采用组合结构、镶拼结构等。

(2) 加工。在制定机械零件加工工艺规程时，要在工序、工步的安排以及工艺装备和操作上采取减小变形的工艺措施。如按照粗精加工分开的原则，在粗精加工中间留出一段存放时间以利于消除内应力。机械零件在加工和修理中尽量减少基准的转换，减少因基准不统一而造成的误差。对于要经过热处理的零件，要注意预留加工余量、调整加工尺寸、预加变形。比如在知道零件的变形规律后，可预先加以反向变形量，经热处理后两者抵消；也可加应力或控制应力的产生和变化，使最终变形量符合要求。

(3) 修理。大修时不只是检查配合表面磨损情况，还必须认真检查和修复相互位置精度。

(4) 使用。加强设备管理，严格执行安全操作规程，加强机械设备的检查和维护，避免超负荷运行和局部高温。

(三) 零件断裂的失效分析及对策

1. 零件断裂的类型

机械零件在某些因素作用下发生局部开裂或分裂成几部分的现象称为断裂。断裂是最危险的失效形式，一般分为韧性断裂、脆性断裂和疲劳断裂等几种。

(1) 韧性断裂。零件在断裂之前有明显的塑性变形并伴有颈缩现象的断裂形式，其实质是实际应力超过了材料的屈服强度。

(2) 脆性断裂。在断裂之前无明显的塑性变形、发展速度极快的断裂形式，是一种非常危险的断裂破坏形式。目前，关于断裂的研究主要集中在脆性断裂上。

(3) 疲劳断裂。金属零件经过一定次数的循环载荷或交变应力作用后引发的断裂现象。

在机械零件的断裂失效中，疲劳断裂约占 80%～90%。

按断裂的应力交变次数可分为高周疲劳和低周疲劳。高周疲劳是指机械零件断裂前在低应力(低于材料的屈服强度甚至低于弹性极限)下，所经历的应力循环周次数多(一般大于 105 次)的疲劳，是一种常见的疲劳，如曲轴、汽车后桥半轴、弹簧等零部件的失效。低周疲劳承受的交变应力很高，一般接近或超过材料的屈服强度，因此每一次应力循环都有少量的塑性变形，断裂前所经历的循环周次一般只有 10^2～10^5 次，寿命短。

2. 零件断裂的失效分析及其对策

零件断裂后形成的新的表面称为断口。零件发生断裂的原因是多方面的，其断口总能真实地记录断裂的动态变化过程，通过对断口的分析，可以判断出发生断裂的主要原因，从而为改进设计、合理修复提供有益信息。

图 3-1-5 为几种不同断裂类型的断口形状。

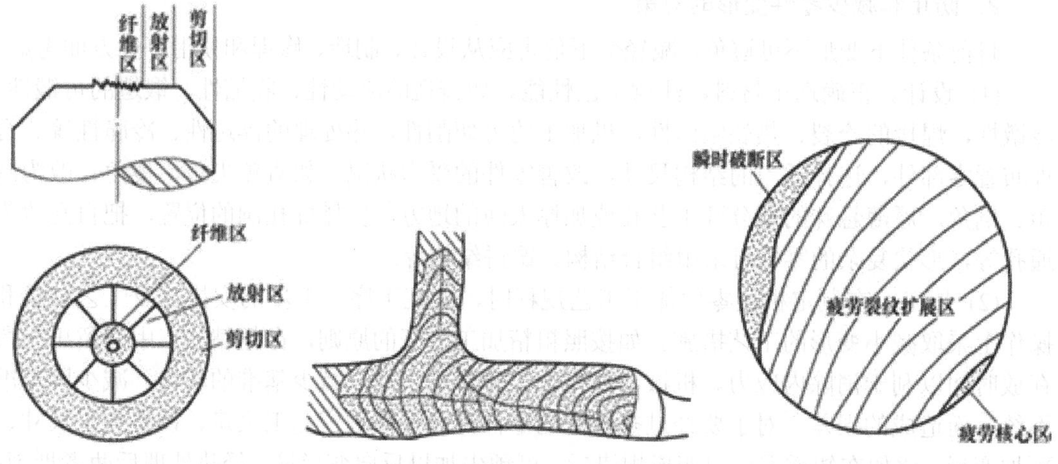

韧性断裂断口　　脆性断裂断口　　疲劳断裂断口

图 3-1-5　断口形状示意图

韧性断裂断口为断裂前伴随大量塑性变形的断口，断口的底部裂纹不规则地穿过晶粒，呈灰暗色的纤维状或鹅绒状，边缘有剪切唇，断口附近有明显的塑性变形。

脆性断裂断口平齐光亮，且与正应力相垂直，断口上常有人字纹或放射花样，断口附近截面的收缩很小，一般不超过 3%。

疲劳断裂断口有疲劳核心区、疲劳裂纹扩展区和瞬时破断区三个区域。

断裂失效分析的步骤大致如下：

(1) 现场记载与拍照。

(2) 分析主导失效件。一个关键零件发生断裂失效后，往往会造成其他关联零件及构件的断裂，因此要理清次序，准确找出起主导作用的断裂件，否则会误导分析结果。

(3) 找出主导失效件上的主导裂纹。主导失效件可能已经支离破碎，应搜集残块，拼凑起来，找出哪一条裂纹最先发生，这一条裂纹即为主导裂纹。

(4) 断口处理。如果需要对断口作进一步的微观分析，或保留证据，就应对断口用压缩空气或酒精进行清洗、烘干，如需长期保存，可涂防锈油并存放在干燥处。

(5) 确定失效原因。确定零件的失效原因时，应先详细了解并分析零件的材质、制造工艺、载荷状况、装配质量、使用年限、工作环境中的介质及温度、同类零件的使用情况等；再结合断口的宏观特征、微观特征作出准确的判断，确定断裂失效的主要原因和次要原因。

(6) 确定失效对策。断裂失效原因找到后，可从设计、工艺及安装使用等方面寻找对策。

在零件结构设计时，应尽量减少应力集中，根据环境介质、温度、负载性质合理选材；表面强化处理可大大提高零件疲劳寿命，采用适当的表面涂层以防止杂质造成的脆性断裂；在安装使用时应防止产生附加应力与振动，对重要零件应防止碰伤拉伤，正确使用保护设备的运行环境，防止腐蚀性介质的侵蚀，防止零件各部分温差过大，如冬季起动汽车时先低速空转一段时间，待各部分预热以后再负荷运转。

(四) 零件蚀损的失效分析及对策

1．零件蚀损的类型

蚀损是指金属材料与周围介质产生化学或电化学反应造成表面材料损耗、表面材料破坏、内部晶体结构损伤，最终导致零件失效的现象。

(1) 机械零件的化学腐蚀：单纯由化学作用而引起的腐蚀。腐蚀介质一般有两种：一是气体腐蚀，指在干燥空气、高温气体等介质中的腐蚀；另一是非电解质溶液中的腐蚀，指在有机液体、汽油和润滑油等介质中的腐蚀，它们与金属接触时进行化学反应形成表面膜，在不断脱落又不断生成的过程中使零件腐蚀。

(2) 金属零件的电化学腐蚀：金属与电解质物质接触时产生的腐蚀，大多数金属的腐蚀属于电化学腐蚀。金属发生电化学腐蚀的条件是：有电解质溶液存在，腐蚀区有电位差，腐蚀区电荷可以自由流动。

2．减少或消除机械零件蚀损的对策

(1) 正确选材。根据环境介质和使用条件，选择合适的耐腐蚀材料，如含有镍、铬、铝、硅、钛等元素的合金钢；在条件许可的情况下，尽量选用尼龙、塑料、陶瓷等材料。

(2) 合理设计。尽量使零件各部位条件均匀一致，结构合理，外形简化，表面粗糙度合适。

(3) 覆盖保护层。在金属表面上覆盖保护层，可把金属与介质隔离开，以防止腐蚀。常用的覆盖材料有金属或合金、非金属保护层和化学保护层等。

(4) 电化学保护。对被保护的机械零件接通直流电流进行极化，以消除电位差，使之达到某一电位时，被保护层的腐蚀可以很小，甚至没有腐蚀。

(5) 添加缓蚀剂。在介质中添加少量缓蚀剂可减轻腐蚀。无机类缓蚀剂能在金属表面形成保护，使金属与介质隔开，如重铬酸钾、硝酸钠、亚硫酸钠等。有机化合物能吸附在金属表面上，使金属溶解并抑制还原反应，减轻金属腐蚀，如铵盐、琼脂、动物胶、生物碱等。

(五) 机械零件修理更换的原则

1．确定零件修换应考虑的因素

(1) 零件对设备精度的影响。有些零件如机床主轴、轴承、导轨等基础件的磨损将影

响设备精度，此时应修复或更换。一般零件的磨损未超过规定公差，估计可用到下一修理周期时可不更换；估计用不到下一修理周期或会对精度产生影响而拆卸不方便的应考虑修复或更换。

(2) 零件对完成预定使用功能的影响。当零件磨损已不能完成预定的功能时，如离合器失去传递动力的作用，液压系统不能达到规定的压力和压力分配等，都应考虑修复或更换。

(3) 零件对设备性能和操作的影响。零件磨损后虽能完成预定的使用功能，但影响设备的性能和操作，如齿轮传动噪声增大、效率下降、平稳性差和零件间相互位置产生偏移等，应考虑修复或更换。

(4) 零件对设备生产率的影响。零件磨损后导致生产率下降，如机床导轨磨损、配合表面研伤、丝杠副磨损和弯曲等，使机床不能满负荷工作，应考虑修复或更换。

(5) 零件对其本身强度和刚度的影响。零件磨损后，强度下降，继续使用可能会引起严重事故，此时必须更换。重型设备的主要承载件发现裂纹必须更换，一般零件磨损加重导致间隙加大，冲击加重，应从强度考虑修复或更换。

(6) 零件对磨损条件恶化的影响。磨损零件继续使用会引起磨损加剧，甚至效率下降、发热、表面剥蚀等，最后引起卡住或断裂等事故，此时必须修复或更换。如渗碳或氮化的主轴支承轴颈磨损，失去或接近失去硬化层，就应修复或更换。

2．配合零件的修换原则

机械零件失效后，在保证设备精度前提下，能修复的应尽量修复，要尽量减少更换新件。

表 3-1-4 为配合零件基本修换原则。

表 3-1-4　配合零件基本修换原则

配　合　件	基 本 原 则	
	修　复	更　换
一般零件与标准零件	一般零件	标准零件
主要零件与次要零件	主要零件	次要零件
较大零件与较小零件	较大零件	较小零件
加工工序多零件与加工工序少零件	加工工序多零件	加工工序少零件
非易损零件与易损零件	非易损零件	易损零件

3．修复零件应满足的要求

(1) 准确性。零件修复后必须恢复零件原有的技术要求。

(2) 安全性。修复的零件必须恢复足够的强度和刚度，必要时进行强度和刚度验算。如轴颈修磨后外径减小，轴套镗孔后孔径增大，都会影响零件的强度与刚度。

(3) 可靠性。零件修复后的耐用度至少应能维持一个修理周期。

(4) 经济性。确定零件是修复或更换，应比较修复与更换的经济性，同时比较修复、更换的成本和使用寿命，当相对修理成本低于相对新件制作成本时，考虑修复。

(5) 可能性。修理工艺的技术水平是选择修理方法或决定零件修理或更换的重要因素。一方面应考虑工厂现有修理工艺技术水平，另一方面应不断提高工厂的修理工艺技术水平。

(6) 时间性。失效零件采用修复措施，其修理周期一般应比重新制造周期短；但对一些大型、精密的重要零件，一时无法更换新件的，尽管修理周期可能长些，但也考虑修复。

四、机械零件的检验

(一) 机械零件检验分类

1．机械零件的检验分类

机械零件经过检验、分析，分为可用的、不可用的和需要修理的三大类。可用零件是指零件所处技术状态仍能满足规定要求，可不经任何修理便直接进行装配的零件；不可用零件即应报废零件，是指零件所处技术状态已无法修复，如材料变质、强度不足等；当零件所处技术状态已超过规定要求，则属于需要修理零件，有些需修理零件虽然通过修理能达到技术要求，但费用高、不经济，此时通常换用新件。

2．零件检验分类时应考虑的技术条件

(1) 零件的工作条件与性能要求，如零件材料的力学性能、热处理及表面特性等。

(2) 零件可能产生的缺陷(如龟裂、裂纹)对其使用性能的影响，掌握其检测方法与标准。

(3) 易损零件的极限磨损与允许磨损标准。

(4) 配合件的极限配合间隙及允许配合间隙标准。

(5) 零件其他特殊报废条件，如镀层性能、轴承合金与基体的结合强度、平衡性和密封性。

(6) 零件工作表面状态异常，如精密零件工作表面的划伤、腐蚀等。

(二) 机械零件检测方法

1．检视法

检视法即凭人的器官感觉或借助简单工具、标准块等进行检验、比较和判断零件的技术状态的一种方法。此法简单易行，不受条件限制，但准确性主要依赖检查人员的生产实践经验，且只能作定性分析和判断。

2．测量法

测量法指用测量工具和仪器对零件的尺寸精度、形状精度及位置精度进行检测。

3．无损检测法

无损检测法用于确定零件隐蔽缺陷的性质、大小、部位及其取向等，有渗透法、磁粉法、超声波法和射线法等。

(1) 渗透法。此法可检测任何材料制作的零件和零件任何形状表面上约 1 μm 宽的微裂。如图 3-1-6 所示，渗透法检测过程包括渗透、清洗、吸附、显像四个步骤。渗透剂通过表面缺陷的毛细管作用进入缺陷，利用缺陷中的渗透剂在颜色或紫外线照射下能够产生荧光的特点将缺陷的位置和形状显示出来。

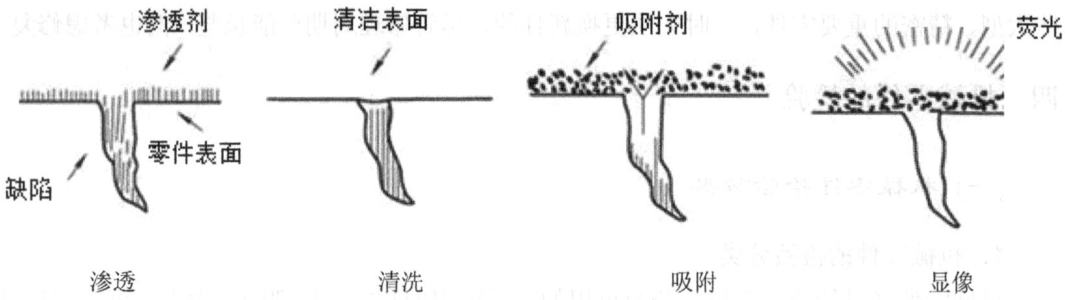

图 3-1-6　渗透检测法原理和过程

渗透法的操作工艺过程：首先清除工件表面的油污、将工件进行干燥处理；然后浸涂渗透液，注意零件在渗透液中浸泡的时间应不小于 30 min，涂抹渗透液时应用质地柔软的毛刷或海绵材料在零件上涂抹 3～4 次，每涂抹一次应在空气中停放 1.5～2 min；渗透进行完毕后，应尽快除去表面上的多余渗透液；然后在零件表面涂白色显像剂，可用毛刷涂抹或用喷枪喷涂，厚度要薄而均匀；最后观察缺陷痕迹，一般在正常室温下，涂抹显像剂 5～6 min 后即可显现出缺陷，当温度偏低时，可适当延长时间。

(2) 磁粉法。此法仅适用于铁磁性材料的零件表面和近表面缺陷的检测，其工作原理是铁磁材料被测零件在电磁场作用下产生磁化，由于零件表面或近表面(几毫米之内)存在缺陷，磁力线只得绕开缺陷产生磁力线泄漏或聚集形成局部磁极吸附磁粉，从而显示出缺陷的位置、形状和走向，见图 3-1-7。

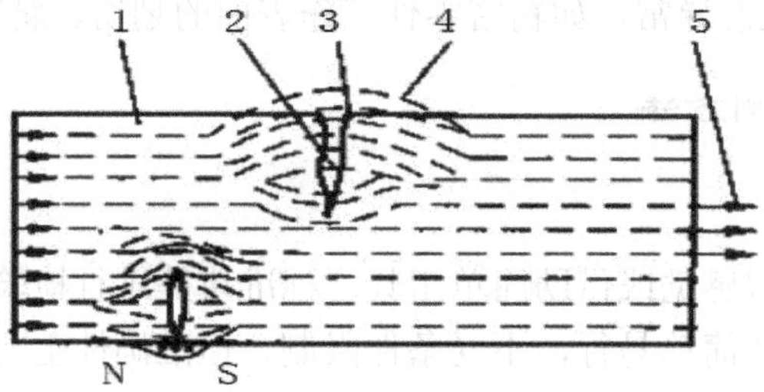

1—零件；2—缺陷；3—局部缺陷；4—泄漏磁通；5—磁力线

图 3-1-7　磁粉法检测原理

磁粉法的操作工艺过程：首先是预处理，用溶剂把零件表面上的油脂、涂料和锈去掉，使磁粉能很好地附着在缺陷上；然后进行磁化，磁化方法根据被测零件种类和大小进行选择；再加磁粉，有普通磁粉和荧光磁粉两类，只有在有荧光设备的条件下和检测暗色工件时才使用荧光磁粉；然后进行磁粉痕迹的观察，最后退磁。

(3) 超声波法。此法穿透力强，灵敏度高，不受材料限制，设备使用方便，可现场检测，但仅适用于零件内部缺陷检测。

超声波法的原理如图 3-1-8 所示。超声波在介质中传播时遇到不同介质间的界面(内部裂纹、夹渣和缩孔等缺陷)会产生反射、折射等，分析检测仪器显示的反射、折射波可确定任何材料零件内部缺陷的位置、大小和性质等。

(4) 射线法。射线法的最大特点是从感光软片上较容易判定此零件缺陷的形状、尺寸和性质，并且软片可以长期保存备查，但此法检测设备投资及检测费用高，且需要有相应的防射线的安全措施，故仅用于对重要零件的检测或超声波不能判定时使用。

射线法的工作原理如图 3-1-9 所示。射线(X 射线)穿过零件，如果遇到缺陷，射线较容易通过，透过的射线能量较其他地方多。射线照到软片上经感光和显影形成不同的黑度(反差)，从而分析得出零件缺陷的形状、大小和位置。

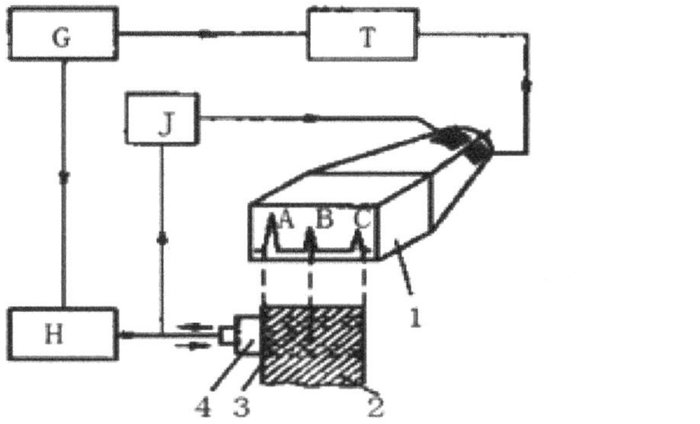

A—初始脉冲；B—缺陷脉冲；C—底脉冲；G—同步发生器；
H—高频发生器；J—接收放大器；T—时间扫描器；
1—荧光屏；2—零件；3—耦合剂；4—探头

图 3-1-8　超声波检测原理

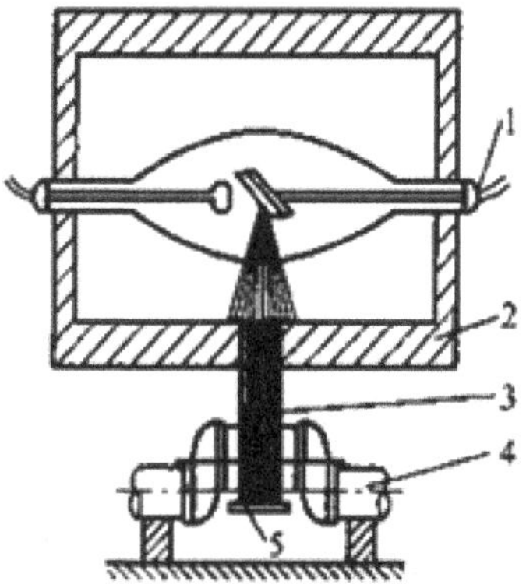

1—射线管；2—保护箱；3—射线
4—零件；5—感光胶片

图 3-1-9　射线法检测原理

在机械设备维修中，对失效零件进行检测、分析并提出相应解决办法(即对策)是非常重要的一项工作，以下为两个机械零件失效分析案例。

案例 1　某煤矿从国外购进的减速器安装使用 30 余小时后，减速器轴发生弯曲，无法正常使用，在对弯曲的减速器轴进行冷校直时，轴突然发生断裂。(本案例摘录自百度文库。)

查阅该减速器轴的有关技术资料，该轴采用 17CrNiMo6 钢制造，轴整体经调质处理后，表面进行中频淬火处理，使轴表面及退刀槽根部洛氏硬度达到 59～62HRC。

(1) 理化检验。

① 断轴宏观分析。如图 3-1-10 所示，断裂位于减速器轴表面退刀槽根部。

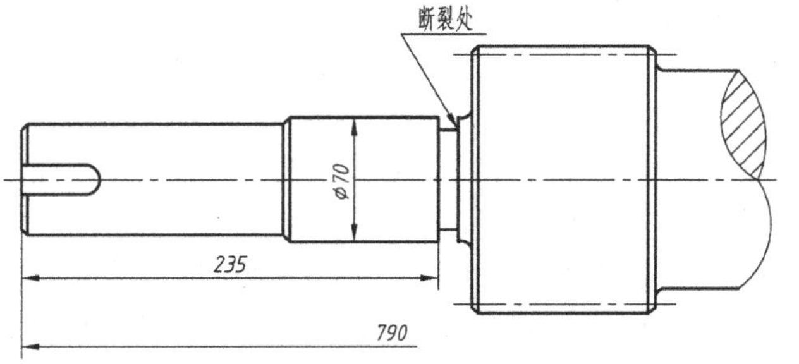

图 3-1-10　轴断裂位置示意图

断口见图 3-1-11，宏观断口表面有较明显的贝壳状花样，属于典型的疲劳断裂，断口由疲劳裂源区(A)、裂纹扩展区(中间)和瞬间断裂区(A 对面)三个区域组成。

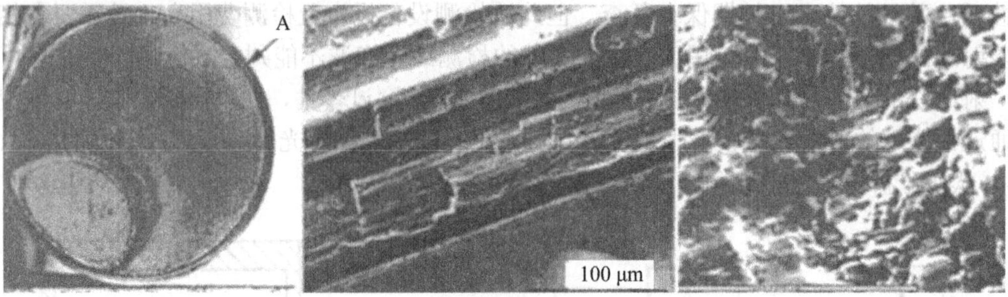

宏观断口形貌　　断裂源形貌　　裂纹扩展区疲劳条纹

图 3-1-11　断口分析

② 断口微观分析。用 AMRAY21000B 型扫描电镜观察样品断口，断裂起源于轴表面退刀槽根部，该处有机加工刀痕，裂纹扩展区可见疲劳条纹，瞬断区为细小韧窝。

③ 化学成分分析。试样取自断口附近，分析结果列表 3-1-5 中，化学成分符合技术要求。

表 3-1-5　断轴化学成分分析表(%)

项目	C	S	Mn	Si	P	Cr	Ni	Mo	Cu	V
断裂轴	0.18	0.007	0.55	0.27	0.009	1.69	1.62	0.27	0.11	0.013
技术要求	0.13～0.19	≤0.025	0.40～0.60	0.15～0.40	≤0.025	1.50～1.80	1.40～1.70	0.25～0.35	≤0.20	—

④ 洛氏硬度检测。在断口附近取样，将横截面磨平，从边缘向心部逐点进行硬度测定，结果均在 36～37HRC 范围内；沿轴的纵向表面测定硬度，结果在 38～39HRC 范围内。从硬度结果看出，轴的表面硬度与心部硬度相近，且均低于设计要求。

⑤ 金相检验。在裂源附近取样进行金相分析，非金属夹杂物为 A2、B1、D1e(按 GB10561—1989 评定，新标准为 GB/T10561—2005，编者注)；晶粒度为 7.5 级(按 GB6394—1986 评定，新标准为 GB/T6394—2002，编者注)；疲劳源区及表面与心部显微组织均为回火索氏体。通过金相组织分析，认为该轴是在调质热处理状态下，未经任何表面处理直接投入使用的。

(2) 分析与讨论。

① 减速器轴纵向表面与轴横断面的洛氏硬度检测结果表明，失效轴硬度值在 36～39HRC，远低于技术要求的 59～62HRC，显然与设计要求不符。

② 该轴从表面至心部的组织为回火索氏体，说明该轴是在调质热处理状态下使用的。轴的工作状态要求其表面硬度较高、耐磨，心部硬度相对较低，韧性较好。通常情况，轴表面一般经高频或中频处理后才使用，而失效轴的调质使用状态与理论要求的高频或中频表面处理使用状态不相符，由于工艺上的不合理，造成轴的疲劳抗力降低。

③ 从减速器轴断裂的位置看，疲劳起源于轴的退刀槽应力集中处。断口有明显的三个区域，属典型的疲劳断裂。断口贝纹线比较扁平，裂纹扩展前沿线两侧的裂纹扩展速度较大，瞬断区在裂纹源的对面，由此可见，失效轴主要受旋转弯曲应力。而从瞬断区较小较圆看，失效轴整体受力较小。根据上述断口分析结果及断裂形貌，认为轴断裂属中等名义

应力集中条件的旋转弯曲产生的疲劳断裂。轴在承受旋转弯曲应力的作用下，由于轴的表面硬度较低，加上退刀槽应力集中，使轴在正常工作应力下在退刀槽处过早的产生疲劳裂纹，随着循环载荷的作用，疲劳裂纹不断向基体内扩展，致使轴的有效承载尺寸减少，并产生弯曲，当进行冷校直时，对轴的凸起方向施加一定向下的外力时，导致轴的断裂。

(3) 结论。

减速器轴断裂是由于热处理工艺不合理致使材料力学性能低于设计要求，以及退刀槽底部有应力集中，造成轴的疲劳强度降低，产生疲劳裂纹和弯曲变形，在校直过程中发生断裂。

本案可从以下几个方面来解决问题：

① 新轴的砂轮越程槽根部加工成小圆弧，以改善根部的应力集中情况。

② 改进轴表面热处理工艺，如进行中频淬火+高温回火(金相组织应为马氏体)，保证硬度值达到59～63HRC。

案例 2　引黄水利工程某公司电动葫芦起升减速器箱体破裂失效分析及对策。(本案例摘录自百度文库)

过程简介：2003 年 4 月，引黄水利工程某公司选用一台 AS 型电动葫芦，起重量 5 t，起升高度 4 m，地面操纵，架设在一山洞中的架空悬挂轨道上，吊运各水利设备。工作一段时间后发现地面上有大量油污，观察减速器何处有漏油时，发现现减速箱体已经有明显裂纹破损。用户立即找到制造厂反应情况，并将减速器用卡车运到制造厂，经拆卸对箱体材质进行了化验分析，找出破裂原因。以后陆续又有几家用户也发生了类似箱体破裂故障。

(1) 原因分析。

① 葫芦减速器箱体材质为球墨铸铁，制造厂没有铸造车间，由一农村外协户提供球铁铸件，外协户生产球铁时间很短，技术水平有限。

② 制造厂对分包商资格未能进行严格考核评审。

③ 制造厂未能对分包商提供的产品毛坯入厂检验，没有检验材质化验报告记录。

④ 制造厂对箱体铸件转户分包未能进行试验检查考核。

(2) 预防对策。

① 制造厂对外协外购零部件应严格把关，应作材质化验。

② 对外协配套单位要进行严格评审把关。

换外配套生产单位时，应对新提供的配件作形式试验或寿命试验。

❖技能链接

一、机械零件修复工艺选择

(一) 修复工艺选择

1．机械零件的修复方法与修复工艺

机械零件修复方法很多，主要包括机械修复法、电镀修复法、热喷涂修复法、焊接修复法、粘接修复法及刮研修复法等，每一种修复方法又可以采用多种修复工艺。

图 3-1-12 列出了常用机械零件修复方法及修复工艺。

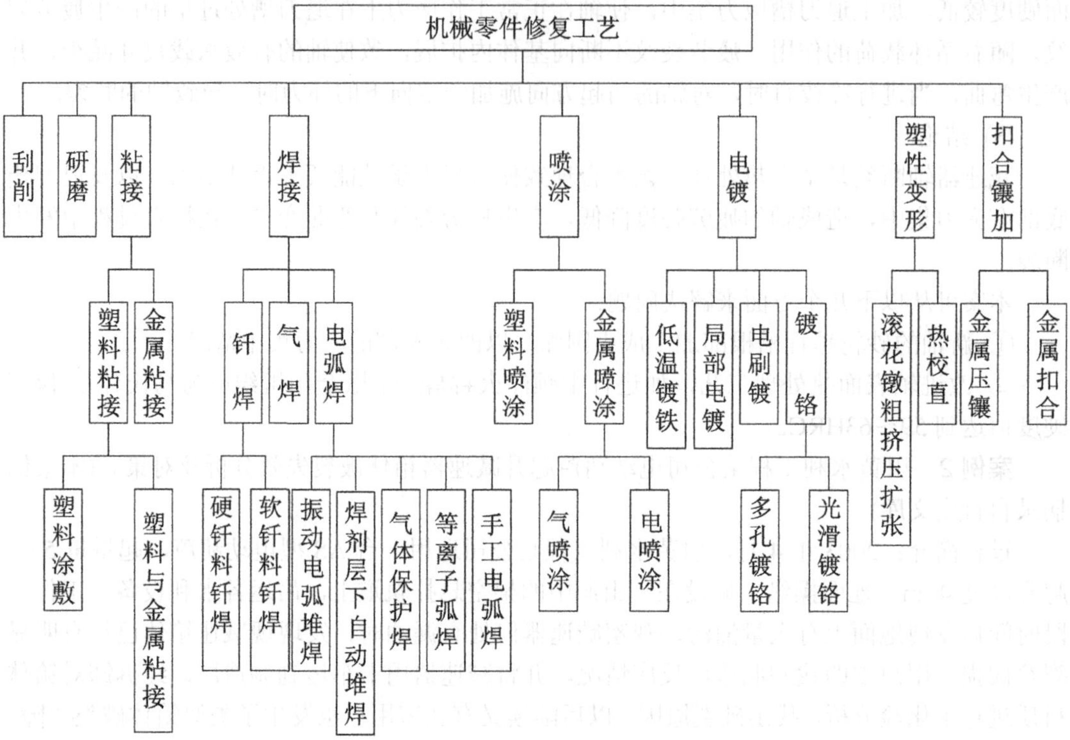

图 3-1-12　机械零件的修复方法及修复工艺

2．选择修复工艺时应考虑的因素

(1) 对零件材质的适应性。任何一种修复工艺都不能完全适应各种材料，见表 3-1-6。

表 3-1-6　各种修复工艺对常用材料的适应性

序号	修理工艺	低碳钢	中碳钢	高碳钢	合金结构钢	不锈钢	灰铸铁	铜合金	铝
1	镀铬	+	+	+	+	+	+		
2	镀铁	+	+	+	+	+	+		
3	气焊	+	+		+		-		
4	手工电弧堆焊	+	+	-	+	+	-		
5	焊剂层下电弧堆焊	+	+						
6	振动电弧堆焊	+	+	+	+	+	-		
7	钎焊	+	+	+	+	+	+	+	-
8	金属喷涂	+	+	+	+	+	+	+	+
9	塑料粘补	+	+	+	+	+	+	+	+
10	塑性变形	+	+					+	+
11	金属扣合						+		
备注：“+”为修理效果良好；“-”为修理效果不好									

(2) 能达到的修补层厚度。厚度不同的零件所需要的修补层厚度也不同，因此必须了解各种修复工艺所能达到的修补层厚度。图 3-1-13 为几种主要修复工艺所能达到的修补层厚度。

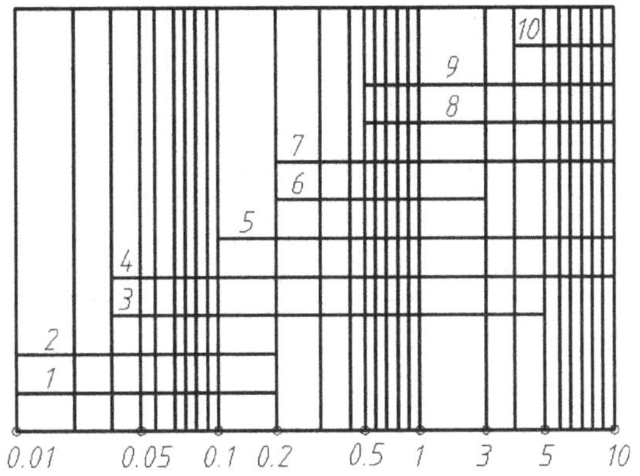

1—镀铬；2—滚花；3—钎焊；4—振动电弧焊；5—手工电弧焊；6—镀铁；7—粘补；
8—熔剂层下电弧焊；9—金属喷涂；10—镶加零件；

图 3-1-13　几种主要修复工艺能达到的修补层厚度(单位：mm)

(3) 被修零件构造对修复工艺选择的影响。例如轴上螺纹损坏时可车成直径小一级的螺纹，但要考虑拧入螺母是否受到临近轴颈尺寸较大的限制；又如镶螺纹套法修理螺纹孔、扩孔镶套法修理孔径时，孔壁厚度与临近螺纹孔的距离尺寸是主要限制因素，如图 3-1-14 所示。

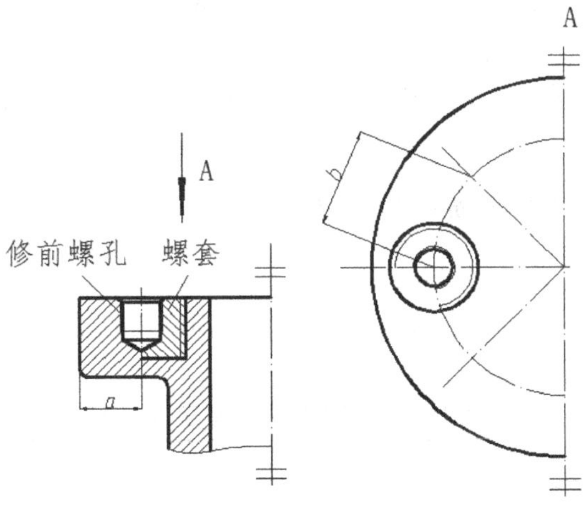

图 3-1-14　镶螺纹套

(4) 修补层对零件物理性能的影响。修补层的物理性能对修复后零件的物理性能有直接影响，因此在选择修复工艺时，必须考虑修补层物理性能如硬度、加工性、耐磨性及密实性等。

(5) 零件修理后的强度。修补层的强度、修补层与零件的结合强度以及零件修理后的强度，是修理质量的重要指标。

表 3-1-7 所列几种修复工艺修补层的力学性能，可供选择修复工艺时参考。

表 3-1-7 各种修复工艺修补层的力学性能

序号	修理工艺	修补层本身抗拉强度 N/mm^{-2}	修补层与 45 钢结合强度 N/mm^{-2}	零件修理后疲劳强度降低的百分数%	硬 度
1	镀铬	400～600	300	25～30	600～1000HV
2	低温镀铁		450	25～30	45～65HRC
3	手工电弧堆焊	300～450	300～450	36～40	210～420HBS
4	焊剂层下电弧堆焊	350～500	350～500	36～40	170～200HBS
5	振动电弧堆焊	620	560	与 45 钢接近	25～60HRC
6	银焊	400	400		
7	铜焊	287	287		
8	锰青铜钎焊	350～450	350～450		217HBS
9	金属喷涂	80～110	40～95	45～50	200～240HBS
10	环氧树脂粘补		热粘 20～40 冷粘 10～20		80～120HBS 80～120HBS

(6) 对零件精度的影响。对精度有一定要求的零件，主要考虑修复中的受热变形。修复时大部分零件温度比常温高。电镀、金属喷涂、电火花镀敷及振动电弧堆焊等，零件温度低于 100℃时，热变形很小，对金属组织几乎没有影响；软焊料钎焊温度约在 250～400℃之间，对零件的热影响也较小；硬焊料钎焊时，零件要预热或加热到较高温度，如达到 800℃以上时就会使零件退火，热变形增大。

其次修复后的刚度对零件精度也有影响，如镶加、粘接、机械加工等修复法会改变零件的刚度，从而影响修理后的精度。

另外，对修复方法或工艺的选择还应考虑经济性，如一些简单零件，修复不如更换经济。

(二) 典型零件和典型表面磨损的修复方法及修复工艺选择

对表面磨损的修复工艺选择可从修理后达到原设计尺寸或达到修配尺寸两方面进行。表 3-1-8～表 3-1-11 列出了轴磨损、孔磨损、齿轮磨损以及包括导轨、丝杠在内的典型零部件磨损的修复方法及修复工艺选择。

表 3-1-8 轴磨损的修复工艺选择

序号	零件磨损部分	修理方法	
		达到设计尺寸	达到修配尺寸
1	滑动轴承的轴颈及外圆柱面	镀铬、镀铁、金属喷涂、堆焊并加工至设计尺寸	车削或磨削提高几何形状
2	装滚动轴承的轴颈及静配合面	镀铬、镀铁、堆焊、滚花、化学镀铜(0.05 mm 以下)	
3	轴上键槽	堆焊修理键槽，转位铣新键槽	键槽加宽，不大于原宽度的 1/7，重新配键
4	花键	堆焊重铣或镀铁后磨(最好用振动堆焊)	

续表

序号	零件磨损部分	修理方法	
		达到设计尺寸	达到修配尺寸
5	轴上螺纹	堆焊，重车螺纹	车成小一级螺纹
6	外圆锥面		磨到较小尺寸
7	圆锥孔		磨到较大尺寸
8	轴上销孔		铰大一些
9	扁头、方头及球面	堆焊	加工修整几何形状
10	一端损坏	切削损坏的一段，焊接一段，加工至设计尺寸	

表 3-1-9 孔磨损的修复工艺选择

序号	零件磨损部分	修理方法	
		达到设计尺寸	达到修配尺寸
1	孔径	堆焊、电镀、粘补并加工至设计尺寸	镗孔
2	键槽	堆焊处理，转位另插键槽	加宽键槽
3	螺纹孔	镶螺纹套，改变零件位置，转位重钻孔	加大螺纹孔至大一级
4	圆锥孔	镗孔后镶套	刮研或磨削修整形状
5	销孔	移位重钻，铰销孔	铰孔
6	凹坑、球面窝及小槽	铣掉重镶	扩大修整形状
7	平面组成的小槽	镶垫板、堆焊、粘补	加大槽形

表 3-1-10 齿轮磨损的修复工艺选择

序号	零件磨损部分	修理方法	
		达到设计尺寸	达到修配尺寸
1	轮齿	镶新轮缘插齿，堆焊加工成形	大齿轮加工成负变位齿轮
2	齿角	对称形状的齿轮掉头倒角使用，堆焊齿角后加工	锉磨齿角
3	孔径	镶套，镀铁，镀镍，堆焊	磨孔配轴
4	键槽	堆焊加工或转位另开键槽	加宽键槽、另配键

表 3-1-11 其他典型零件磨损的修复工艺选择

序号	零件名称	磨损部分	修理方法	
			达到设计尺寸	达到修配尺寸
1	导轨、滑板	滑动面研伤	粘补或镶板后加工	电弧冷焊补、钎焊、粘补、刮、磨削
2	丝杠	螺纹磨损 轴颈磨损	① 掉头使用 ② 切除损坏的非螺纹部分，焊接一段后重车 ③ 堆焊轴颈再加工	① 校直后车削螺纹进行稳化处理、另配螺母 ② 轴颈部分车削或磨削

续表

序号	零件名称	磨损部分	修理方法	
			达到设计尺寸	达到修配尺寸
3	滑移拨叉	拨叉侧面磨损	铜焊、堆焊后加工	
4	楔铁	滑动面磨损		铜焊接长、粘接及钎焊巴氏合金、镀铁
5	活塞	外径磨损镗缸后与汽缸间隙增大活塞环槽磨宽	移位、车活塞环槽	喷涂金属，重点部分浇注巴氏合金，按分级处理尺寸车宽活塞环槽
6	阀座	阀汽结合面磨损		车削及研磨结合面
7	制动轮	轮面磨损	堆焊后加工	车削至最小尺寸
8	离合器	离合器爪	堆焊后加工	
9	杠杆及连杆	孔磨损	镶套、堆焊、焊堵后重加工孔	扩孔

二、轴类零件检测与修复

（一）轴类零件结构特点与技术要求

1．轴类零件结构特点

轴类零件的结构特点是长度大于直径，通常由外圆柱面、圆锥面、内孔、螺纹及相应端面所组成；轴上往往还有花键、键槽、横向孔、沟槽等。图 3-1-15 所示为某减速器输出轴零件图。

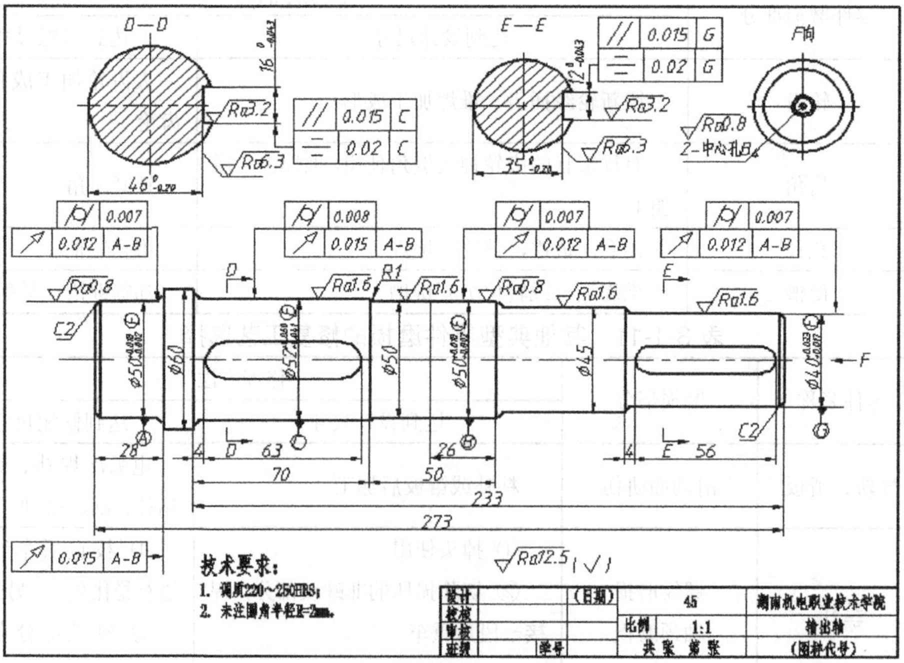

图 3-1-15　某减速器输出轴零件图

2．轴类零件技术要求

(1) 尺寸精度。主要轴颈直径精度一般为IT6～IT9级，精密的为IT5级。

(2) 几何精度。轴类零件的支承轴颈是轴的装配基准，对支承轴颈的几何精度(如圆度、圆柱度)一般应有要求。对配合性质要求较严格的配合表面，应将形位公差限制在直径公差范围内，即按包容要求在直径公差后标注Ⓔ。

(3) 相互位置精度。配合轴颈相对于支承轴颈的同轴度是其相互位置精度的普遍要求，常用径向圆跳动来表示。普通配合精度轴对支承轴颈的径向圆跳动一般为0.01～0.03 mm，高精度轴为0.001～0.005 mm。此外还有轴向定位端面与轴心线的垂直度要求等。

(4) 表面粗糙度。一般情况下，支承轴颈的表面粗糙度为*Ra* 0.2～1.6 μm，配合轴颈的表面粗糙度为*Ra* 0.4～3.2 μm。

(二) 轴类零件修复方法及修复工艺

1．机械修复法

采用机械加工、机械连接和机械变形等各种机械方法，使磨损、断裂、缺损的零件得以修复的方法称为机械修复法。

根据具体工艺的不同，机械修复法主要又分为下述几种方法。

(1) 修理尺寸法。对机械设备的动配合副中较复杂的零件进行修理时可不考虑原来的设计尺寸，而采用切削加工或其他加工方法恢复其磨损部位的形状精度、位置精度、表面粗糙度和其他技术条件，从而得到一个新尺寸(这个新尺寸，对轴来说比原设计尺寸小，对孔来说比原设计尺寸大)，这个尺寸即称为修理尺寸。与此较复杂零件相配合的零件则按这个修理尺寸制作新件或修复，保证原有的配合关系不变，这种方法称为修理尺寸法。

(2) 镶加零件法。配合零件磨损后，在结构和强度允许的条件下，增加一个零件来补偿由于磨损及修复而去除的部分，以恢复原有零件精度的方法称为镶加零件法。

常用的工艺手段有加垫、扩孔镶套等。加垫法是在零件裂纹的附近局部镶加补强板，一般采用的是钢板加强，螺栓连接；脆性材料裂纹应钻止裂孔，通常在裂纹末端钻直径为ϕ3～ϕ6 mm的孔。对损坏的孔可镗孔镶套，孔直径镗大，应保证足够的刚度，套的外径与孔应保证适当过盈，套的内径可按原来与轴外径的配合加工好，也可留有加工余量，镶入后再切削加工至与轴外径的配合尺寸；对损坏的螺纹孔可将旧螺纹扩大，再切削螺纹，然后加工一个内外均有螺纹的螺纹套拧入螺孔中。

图3-1-16为加垫及扩孔镶套修复法示例。

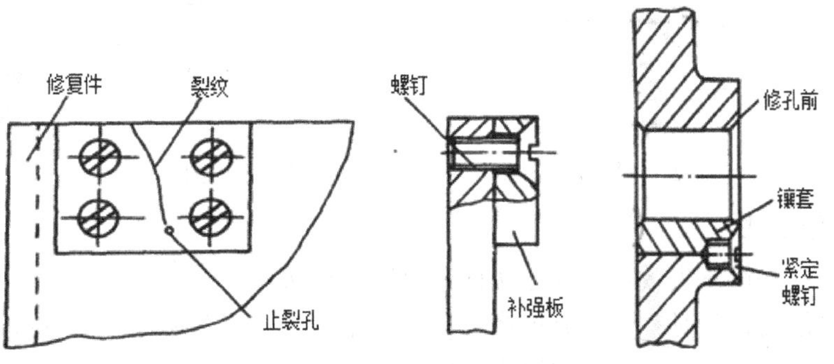

图3-1-16　镶加零件法之加垫及扩孔镶套示例

采用镶加零件法时应注意镶加零件的材料和热处理一般应与基体零件相同，必要时选用比基体性能更好的材料。为防止松动，镶加零件与基体零件配合要有适当的过盈量，必要时可在端部加胶粘剂、止动销、紧定螺钉、骑缝螺钉或点焊固定等方法定位。

(3) 局部修换法。对于各部位磨损量不均匀，只是某个部位磨损严重，其余部位尚好或磨损轻微的零件，如果零件结构允许，将磨损严重的部位切除，重制该部位新件，用机械连接、焊接或粘接的方法固定在原来的零件上，使零件得以修复的方法称为局部修换法。

图 3-1-17 所示的失效齿轮修复即采用了局部修换法。

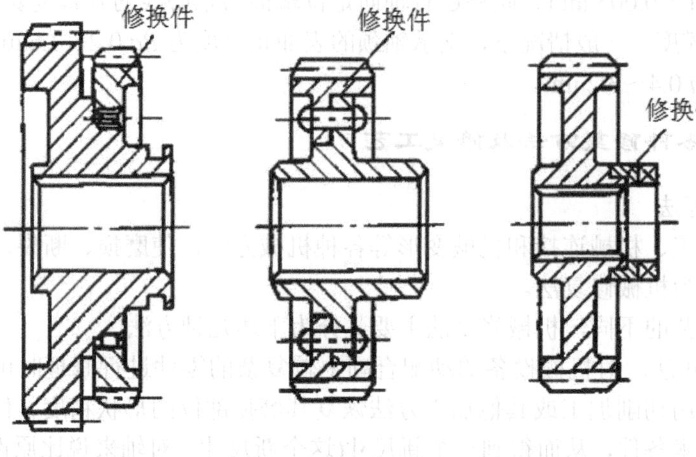

图 3-1-17　局部修换法用于齿轮失效修复示意图

(4) 塑性变形法。塑性材料零件磨损后，为了恢复零件表面原有的尺寸精度和形状精度，可采用塑性变形法修复，常用的工艺手段有滚花、镦粗、挤压、扩张、热校直等。

(5) 换位修复法。某些零件如果局部磨损且可调头转向使用，则可采用换位修复法。此法应用必须结构对称或稍微加工即可实现调头转向使用。

如图 3-1-18 为键槽和螺孔换位修复法示意图。

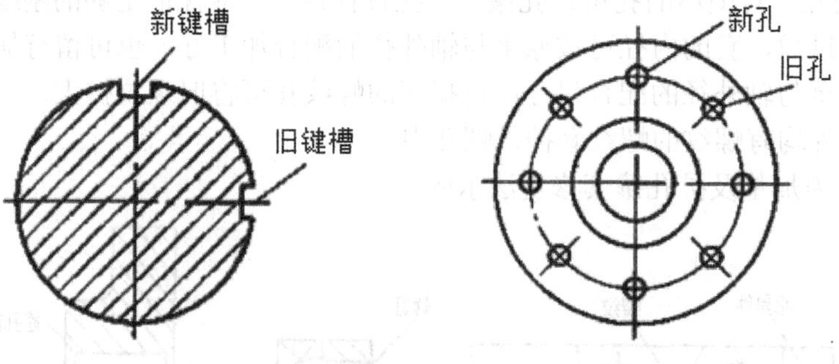

图 3-1-18　键槽及螺孔换位修复法示意图

2．焊接修复法

利用焊接技术修复失效零件的方法称为焊接修复法。

焊接修复法的特点是：结合强度高、修复质量好、生产效率高、成本低，灵活性大；可以修复大部分金属零件因各种原因引起的损坏，可局部修换，也能切割分解零件，还可用于校正形状以及对零件预热和热处理；但其热影响区大，易产生变形和应力以及裂纹、气孔、夹渣等缺陷；重要零件焊接后应进行退火处理以消除内应力；焊接修复法不宜修复较高精度、细长、薄壳类零件。

下面介绍钢制零件常用的焊接修复方法——手工堆焊和自动堆焊。

手工堆焊是利用电弧或氧乙炔火焰熔化基体金属和焊条，采用手工操作进行的堆焊方法。该法应用最为广泛，适用于工件数量较少且没有其他堆焊设备的条件下，或工件外形不规则、不利于机械堆焊的场合。

手工堆焊典型工艺过程(以齿轮轮齿点蚀失效为例)如下：

(1) 退火。减少齿轮内部的残余应力，降低硬度，为修复后齿轮机加工和热处理作准备。

(2) 清洗。为减少堆焊缺陷，焊前必须对齿轮表面油污、锈蚀和氧化物进行认真清洗。

(3) 施焊。对于渗碳齿轮，可以用 20Cr 及 40Cr 钢丝，以碳化焰或中性焰进行气焊堆焊；也可用 65Mn 焊条进行电焊堆焊。对于用中碳钢制成的整体淬火齿轮，可用 40 钢钢丝以中性焰尽可能均匀堆焊至无缺陷。

(4) 机械处理。用车床加工外圆和端面，然后铣齿或滚齿。如果件数少，也可用钳工修整。

(5) 热处理。对于中碳钢齿轮，800℃淬火后，再 300℃回火。渗碳齿轮应在 900℃渗碳，保温 10～12 h，随炉缓冷，然后加热到 820～840℃在水中或油中淬火，再 180～200℃回火。

自动堆焊采用专门设备实施堆焊操作，主要有振动电弧堆焊和埋弧自动堆焊两种。

振动电弧堆焊工作原理如图 3-1-19 所示，将工件夹持在专用机床上，并以一定速度旋转，堆焊机头沿工件轴向移动。焊丝以一定频率和振幅振动而产生电脉冲，焊嘴 2 受交流电磁铁 4 和调节弹簧 9 的作用而产生振动。

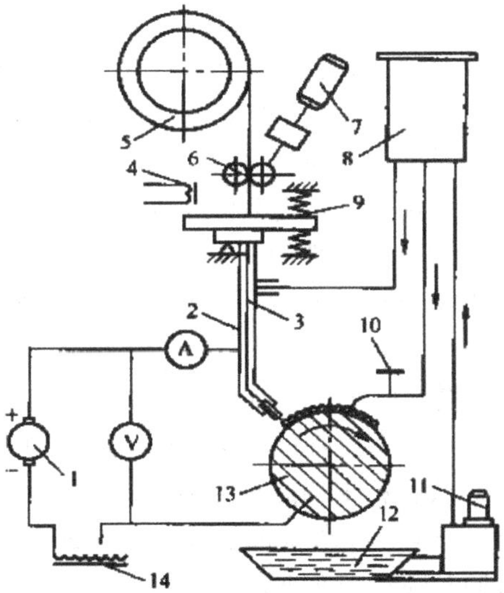

1—电源；2—焊嘴；3—焊丝；4—交流电磁铁；5—焊丝盘；6—送丝轮；7—电动机；8—水箱；9—弹簧；10—开关；11—水泵；12—沉淀箱；13—工件；14—电感线圈

图 3-1-19　振动电弧焊示意图

振动电弧焊典型工艺过程(以修复曲轴为例)如下：

(1) 焊前准备。首先清除全部油污和锈迹；然后用各种方法检查曲轴有无裂纹，发现有裂纹应先处理后堆焊，检验是否有弯曲或扭曲，若变形超差，则要先进行校正；再用碳棒等堵塞各油孔；最后预热曲轴到150～200℃。

(2) 堆焊。先堆焊连杆轴颈，其堆焊顺序对焊后变形量影响很大。

(3) 焊后处理。钻通各轴颈油孔并在曲轴磨床上进行磨削加工，然后进行探伤并检查各部尺寸是否合格。

埋弧自动堆焊又称焊剂层下自动堆焊，适用于修复磨损量大、外形比较简单的零件。

埋弧自动堆焊典型工艺过程(以大型曲轴为例)如下：

(1) 焊前准备。与振动堆焊基本相同，只是预热温度稍高，约为300℃。

(2) 焊丝和焊剂。一般选用ϕ0.15～ϕ2.0 mm的50CrVA、30CrMnSiA、45或50钢丝。采用国产焊剂431与其配套使用。当选用的焊丝含碳量较低时，应在焊剂中添加适当石墨。

(3) 堆焊。埋弧焊的规范主要包括堆焊速度、送丝速度、堆焊螺距、电感、工作电压及工作电流，根据具体修复对象的不同而选择。

3. 热喷涂修复法

用高温热源将喷涂材料加热至熔化或呈塑性状态，同时用高速气流使其雾化，喷射到经过预处理的工件表面上形成一层覆盖层的过程称为喷涂。将喷涂层继续加热，使之达到熔融状态而与基体形成冶金结合，获得牢固的工作层称为喷焊或喷熔，这两种工艺总称为热喷涂。

设备维修中最常用的是氧乙炔火焰喷涂和喷焊。

氧乙炔火焰喷涂的工艺如下：

(1) 喷前准备：包括工件清洗、表面预加工、表面粗化和预热等工序。清洗的主要对象是工件表面油污、锈蚀和氧化皮层；表面预加工常用方法有车削和磨削，目的是去除工件表面的疲劳层、渗碳硬化层、镀层和表面损伤，修正不均匀磨损表面和预留涂层厚度；表面粗化是将待喷表面粗化处理以提高喷涂层与基体的结合强度，常用喷砂、电火花拉毛及机加工等方法；预热的目的是除去表面吸附的水分，减少冷却时的收缩应力和提高结合强度，可用喷枪以微碳化焰进行预热，温度不超过200℃。

(2) 喷涂结合层：对预处理后的工件应立即喷涂结合层。结合层厚度一般为0.10～0.15 mm，喷涂距离为180～200 mm，太厚会降低工作层结合强度，使工作层厚度减少，且不经济。

(3) 喷涂工作层。结合层喷好后应立即喷涂工作层，其质量主要取决于送粉量和喷涂距离。送粉量过大使涂层内生粉增多而降低涂层质量，过小则降低了生产率；喷涂距离以150～200 mm为宜，距离太近会使粉末加热时间不足和工件温升过高，距离太远又会使合金粉到达工件表面时间和温度下降。工件表面的线速度为20～30 m/min。另外，在喷涂过程中还应注意粉末的喷射方向与喷涂表面垂直。

(4) 喷涂后处理：喷涂后应注意缓冷。当喷涂层的尺寸精度和表面粗糙度不能满足零件技术要求时，可采用车削或磨削的方法对工件进行精加工。

氧乙炔火焰喷焊与基体之间结合主要是原子扩散型冶金结合，结合强度是喷涂结合强度的 10 倍左右，氧乙炔火焰喷焊对工件的热影响介于喷涂与堆焊之间。

氧乙炔火焰喷焊的工艺如下：

(1) 喷前准备：包括工件清洗、表面预加工和预热等几道工序，预热的温度比喷涂的要高，一般碳钢工件的预热温度为 250℃，淬火倾向大的钢材为 300℃左右。

(2) 喷粉和重熔：喷焊时喷粉和重熔紧密衔接，按操作顺序分为一步法和二步法两种。一步法即喷粉和重熔一步完成，二步法就是先喷后熔两步完成。前者适用于小零件或喷焊面积小的零件；后者适用于回转件和大面积喷焊，生产效率高。

(3) 喷焊后处理：为了避免工件喷焊后产生变形和裂纹，可采用放入石棉灰中缓冷或放入 750～800℃炉中随炉冷却的冷却措施。

4. 电镀修复法

电镀是利用电解的方法，使金属或合金沉积在零件表面上形成金属镀层的工艺方法。

电镀可用于修复失效零件的尺寸，还可用于提高零件表面的耐磨性、硬度和耐腐蚀性等其他用途。目前常用的电镀修复法有镀铬、镀铁和电刷镀等工艺，其中镀铬、镀铁属于槽镀。

镀铬层具有硬度高(高于渗碳钢、渗氮钢)、摩擦因数小(为钢和铸铁的 50%)、耐磨性高(比无镀铬层高 2～50 倍)、导热率比钢和铸铁约高 40%等特点，且具有较高化学稳定性，抗腐蚀性强，镀层与基体结合强度高；其主要缺点是性脆，只能承受均布载荷，受冲击时易破裂，且随着镀层厚度增加，镀层强度、疲劳强度降低。

镀铬的一般工艺过程如下：

(1) 镀前表面处理：主要包括机械准备加工、绝缘处理、除去油脂和氧化膜。对不需要镀覆的表面要作绝缘处理，通常先刷绝缘性清漆，再包扎乙烯塑胶带，工件孔眼用铅堵牢。

(2) 施镀：装上挂具吊入镀槽中电镀。根据镀铬层种类和要求选定电镀规范，按时间控制镀层厚度。设备修理中常用电解液成分是：CrO_3 为 150～250 g/L，H_2SO_4 为 0.75～2.5 g/L，工作温度为 55～60℃。

(3) 镀后检查和处理：镀后检查镀层质量，观察镀层表面是否镀满及色泽度，测量镀层厚度和均匀性；对镀铬层厚度超过 0.1 mm 的较重要零件应进行热处理，以提高镀层的韧性和结合强度。最后根据零件技术要求进行磨削加工，必要时抛光处理，镀层薄时直接镀到尺寸要求。

镀铁工艺分为高温镀铁和低温镀铁，目前一般采用后者，具有可控制镀层硬度(30～65HRC)、可提高耐磨性、沉积速度快(0.60～1 mm/h)、镀层厚度可达 2 mm 及成本低、污染小等优点。当磨损量较大又需要耐腐蚀时，可用镀铁层作底层或中间层补偿磨损的尺寸。

电刷镀是依靠一个与阳极接触的垫或刷提供电镀所需电解液的电镀方法，可通过调整电镀时间、镀笔与工件相对运动速度及电流密度获得所需镀层厚度。

电刷镀工作原理如图 3-1-20 所示。工件与专用电源负极连接，镀笔与正极连接。镀笔阳极上包裹着棉花和棉纱布，蘸上刷镀专用电解液，与工件待镀表面接触并作相对运动。接通电源后，电解液中的金属离子在电场作用下向工件表面迁移，从工件表面获得电子后还原成金属离子，结晶沉积在工件表面形成金属镀层。

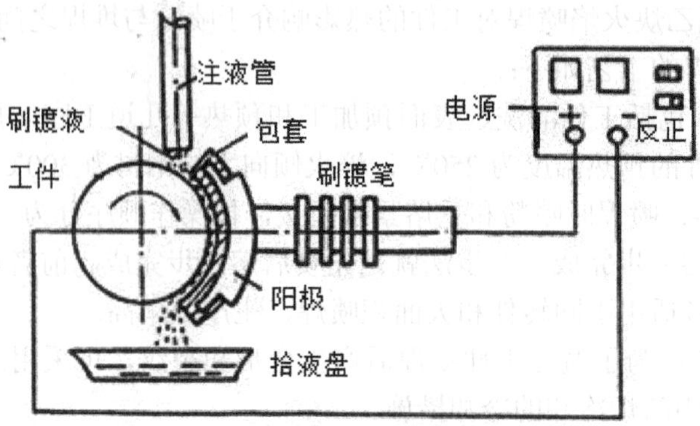

图 3-1-20　电刷镀工作原理示意图

电刷镀的主要工艺过程如下：

(1) 镀前准备：用脱脂、除锈、去飞边和毛刺等方法清整工件表面，塞堵预制键槽和油孔。

(2) 电净处理：通电使电净液成分离析，形成气泡，撕破工件表面油膜，达到脱脂目的。

(3) 活化处理：其实质是除去工件表面的氧化膜、钝化膜或析出的碳元素微粒黑膜，使工件表面露出纯净的金属层，为提高镀层与基体之间的结合力创造条件。

(4) 镀过渡层：过渡层的作用是提高镀层与基体的结合强度及稳定性。常用的过渡层镀液有特殊镍(SDY101)、碱铜(SDY403)或低氢脆性镉镀液。

(5) 镀工作层：根据情况选择工作层并刷镀到所需厚度，电刷镀时单一镀层厚度不能过大。

(6) 镀后检查和处理：电刷镀后，用自来水彻底清洗干净工件上的残留镀液并用压缩空气或吹风机吹干，检查镀层色泽及有无起皮、脱层等缺陷，测量镀层厚度，必要时送机械加工。

各种修复技术各有优缺点，一种技术不能完全取代另一种技术，而是应用于不同范围。

(三) 轴类零件失效分析与修复

1. 轴类零件失效与修复分析

轴类零件常见失效形式、损伤特征、产生原因及修复方法如表 3-1-12 所示。

表 3-1-12　轴类零件常见失效形式、损伤特征、产生原因及修复方法

失效形式	损伤特征	产生原因	修复方法
粘着磨损	两表面的微凸体接触，引起局部粘着、撕裂，有明显粘贴痕迹	低速重载或高速运转、润滑不良引起胶合	① 修理尺寸法 ② 电镀 ③ 热喷涂 ④ 镶套 ⑤ 堆焊 ⑥ 粘接
磨粒磨损	表层有条形沟槽刮痕	较硬杂质介入	
疲劳磨损	表面疲劳、剥落、压碎、有坑	受变应力作用，润滑不良	
腐蚀磨损	接触表面滑动方向呈均细磨痕，或点状、丝状磨损痕迹，或有小凹坑，伴有黑灰色、红褐色氧化物细颗粒、丝状磨损物	在氧化性、腐蚀性较强的气液体作用、外载荷或振动作用下，在接触表面产生微小滑动	

续表

失效形式	损伤特征	产生原因	修复方法
疲劳断裂	可见到断口表层或深处的裂纹痕迹，并有新的发展迹象	交变应力作用，局部应力集中，微小裂纹扩展	① 焊补 ② 焊接断轴 ③ 断轴接段 ④ 断轴套接
脆性断裂	断口由裂纹源处呈鱼骨状或人字形花纹状扩展	温度过低，快速加载，电镀等使氢渗入轴中	
韧性断裂	断口有塑性变形和挤压变形痕迹、颈缩现象或纤维扭曲现象	过载、材料强度不够，热处理使韧性降低，低温、高温等	
过量弹性变形	受载时过量变形，卸载后变形消失，运转时噪声大，运动精度低，变形出现在受载区或整轴上	轴的刚度不足，过载或轴系结构不合理	① 冷校 ② 热校
过量塑性变形	整体出现不可恢复的弯、扭曲与其他零件接触处出现局部塑性变形	强度不足、过载过量，设计结构不合理，高温导致材料强度降低，甚至发生蠕变	

2. 轴类零件具体修复内容及修复方法

轴的修复内容主要有轴颈磨损修复、中心孔损坏修复、轴上圆角及螺纹修复、键槽修复、花键轴修复、轴上裂纹或断轴修复、轴弯曲变形或其他失效形式的修复。

当轴颈因磨损而失去原有的尺寸和形状精度，变成椭圆或圆锥形等时，常用以下方法修复：

(1) 修理尺寸法。当轴颈磨损量小于 0.5 mm 时，可用机械加工方法使轴颈恢复正确的几何形状，然后按轴颈的实际尺寸选配新轴衬。此法可避免变形，经常使用。

(2) 堆焊法。几乎所有的堆焊工艺都能用于轴颈的修复。堆焊后不进行机械加工的，堆焊层厚度应保持在 1.5～2.0 mm 之间；若堆焊后仍需进行机械加工，则堆焊层厚度比轴颈名义尺寸大 2～3 mm，堆焊后应进行热处理退火。

(3) 电镀或热喷涂。当轴颈磨损量在 0.4 mm 以下时，可用镀铬修复，但成本较高，只适用于重要的轴。对于非重要的轴用低温镀铁修复效果很好，镀层厚度可达 1.5 mm，硬度较高。磨损量不大的可用热喷涂修复。

(4) 粘接修复。把磨损的轴颈车小 1 mm，然后用玻璃纤维蘸上环氧树脂胶，一层一层缠在轴颈上，待固化后加工到规定的尺寸。

轴的中心孔损坏修复前应首先除去孔内的油污和铁锈，检查损坏情况。如果损坏不严重，用三角刮刀或油石等修整；当损坏严重时，应将轴装在车床上用中心钻加工修复至完全符合规定的技术要求。

轴的圆角磨伤用细锉或车削、磨削加工修复。当磨损很大时，需进行堆焊，退火后车削至原尺寸。

轴上螺纹碰伤、螺母不能拧入时，可用圆板牙或车削加工修整；若螺纹滑牙或掉牙，可先把螺纹全部车削掉，然后进行堆焊，再车削加工修复。

轴上键槽有小凹痕、毛刺或轻微磨损时，可用细锉、油石或刮刀进行修整；若键槽磨损较大，可扩大键槽或重新开槽，也可在原槽位置上旋转 90° 或 180° 重新开槽，开槽前需先把旧键槽用气焊或电焊填满。

轴出现裂纹甚至折断时的主要修复方式有以下几种：

(1) 粘接法。适用于轻微裂纹。先在裂纹处开槽，然后用环氧树脂填补和粘接，固化后机加工。

(2) 焊补法。适用于承载较小或不重要的轴，且裂纹深度不超过轴直径的 10%。焊补前先清洁轴，并在裂纹处开好坡口；焊补时，先在坡口周围加热，然后焊补；焊补后回火处理以消除内应力，最后通过机械加工达到规定的技术要求。

(3) 焊接法。对一般受力不大或不重要的轴折断可采用焊接修复方法，分别有焊接断轴、断轴套接和断轴接段三种工艺手段。

图 3-1-21 为焊接法修复断轴。左图中，用焊接法把断轴两端对接起来，焊接前先将两轴端面钻好圆柱销孔、插入圆柱销，然后开坡口对接，销直径一般为(0.3～0.4)d，d 为断轴直径；右图为用双头螺柱代替圆柱销。

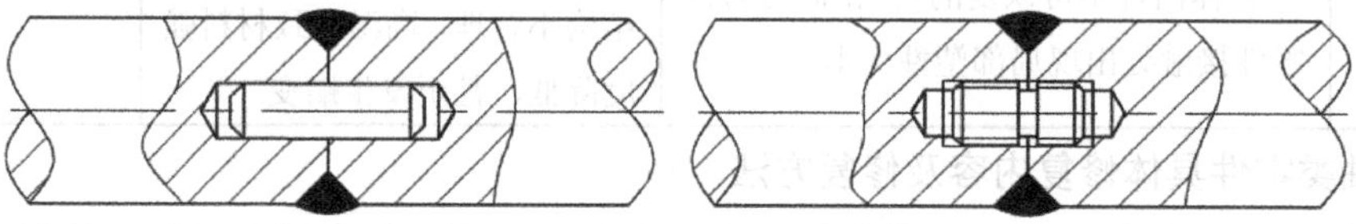

图 3-1-21　焊接法修复断轴

如果是轴的过渡部分折断，另加工一段新轴代替折断部分，新轴一端车出带有螺纹的尾部，旋入轴端已加工好的螺孔内，然后进行焊接，此法属于断轴套接；本项目案例 3 中新轴与旧轴上保留的齿轮间采用过盈连接后进行焊接，也是属于断轴套接。

如果是折断轴的断面经过修整后，轴的长度缩短了，那么此时在轴的断口部位再接上一段轴颈，即断轴接段修理法。

值得注意的是，对于承受载荷很大或重要的轴，当裂纹深度超过轴直径的 10%或存在角度超过 10° 的扭转变形时，当载荷大或重要的轴出现折断时，都应予以及时调换。

对于弯曲变形的轴可采用热校或冷校法修复。其中弯曲量较小(一般小于长度的 8/1000)可用冷校法，通常在车床上校正，也可用千斤顶或螺旋压力机，此法校正量可达 0.05～0.15 mm/m；对要求较高或弯曲量较大的轴则用热校法，即通过加热使轴的温度达到 500～550℃，待冷却后进行校正，热校后应使轴的加热处退火，恢复到原来的技术要求。

下面以某减速器齿轮轴断裂修复为例讲解工程实践中轴断裂失效分析及修复的工作思路。

案例 3　某 ZD40 型减速器齿轮轴突然断裂，采用修复断轴办法处理，断裂轴图样如图 3-1-22 所示。(本案例摘自百度文库。)

1．断轴失效与修复分析

首先进行工况调查及资料查询。该减速器用于 1.7 m × 2.5 m 风扫式煤磨系统，所配电动机为 JR116-6 型，功率为 95kW，转速为 1000 r/min，故保证齿轮的原始强度、硬度及轴的刚度是修理的关键。

(1) 失效形式：疲劳断裂。

(2) 损伤特征：可见到断口表层或深处的裂纹痕迹，并有新的发展迹象。

(3) 产生原因：交变应力作用，局部应力集中，微小裂纹扩展。

(4) 修复方法：可采用焊接断轴、断轴套接或断轴接段。

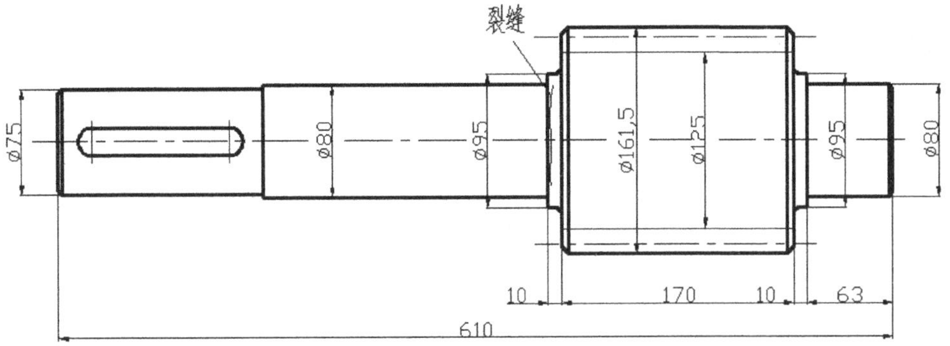

图 3-1-22　ZD40 减速器断裂齿轮轴结构尺寸及裂纹位置示意图

2. 确定修复方案

根据对该轴结构及作用分析，以及轴裂纹产生及断裂位置分析，拟采用断轴套接法，即把齿轮中心镗空后与另加工的一根ϕ95 新轴套接；可以采用整体换轴并用键连接或整体换轴并用过盈连接的办法修复。

由图 3-1-22 可知，齿顶圆ϕ161.5，齿根圆ϕ125，计算得模数 $m = 8$；轴径ϕ95，查表得键槽尺寸为 28 × 16，轴上键槽深度 $t_1 = 10$，毂上键槽深度 $t_2 = 6.4$，齿轮齿根与键槽槽底距离 δ(见图 3-1-23)仅为 8.6；而在齿轮结构设计中可知，当 $\delta \leqslant 2.5$ m(m 为齿轮的模数)时，宜采用齿轮轴，δ 距离过近很可能导致齿轮报废，不宜采用键连接，故采用过盈连接来连接新轴和齿轮。

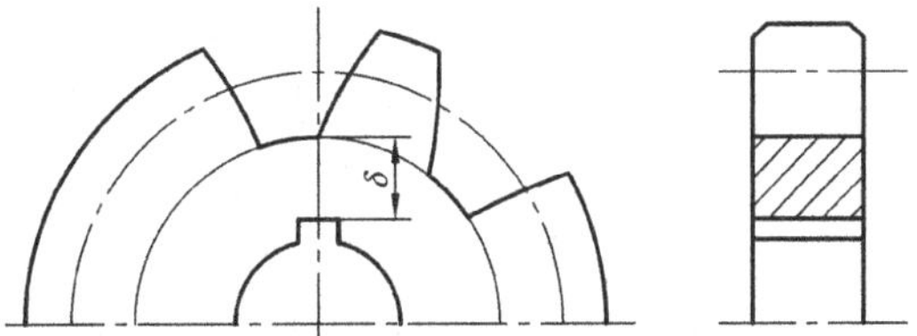

图 3-1-23　齿轮齿根与键槽槽底距离示意图

3. 拟定修复工艺

(1) 确定新轴材质。原齿轮轴的材质为 40Cr，根据轴与齿轮的结合要求，选用综合性能较好的经调质处理的 45 钢作为新轴的材料(45 钢与 40Cr 力学性能大体相当，价格较 40Cr 便宜一半，故选择 45 钢用于零件修复)。

(2) 确定齿轮内孔与轴配合尺寸。由于修复后轴与齿轮结合处将传递较大的扭矩，因而应选用大过盈量的配合。确定齿轮与轴结合处的轴孔基本尺寸为ϕ95 mm，选用 H7/y7 配合，查表得其配合值为 $\phi 95^{+0.035}_{0} / \phi 95^{+0.249}_{+0.214}$。

(3) 齿轮的处理。齿轮镶全轴，必须把齿轮中心镗空。将齿轮夹在车床上，以齿轮外径及端面为基准进行找正，保证两者跳动度均不大于 0.022 mm，即可进行加工。先车去齿轮上所带的残轴，然后在齿轮中心钻孔，并镗至图 3-1-24 所示的尺寸。

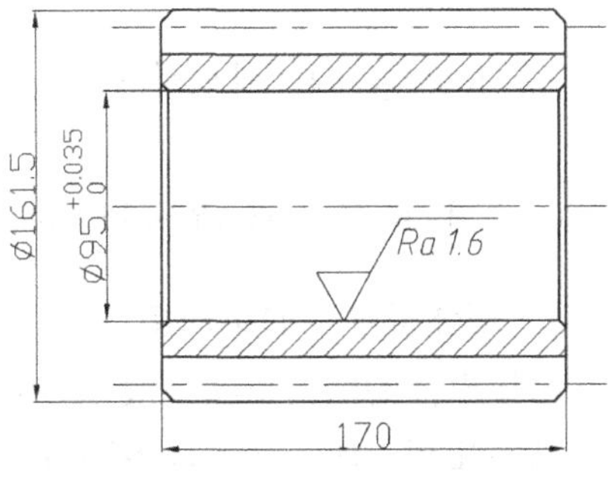

图 3-1-24　齿轮的加工尺寸示意图

(4) 轴的初加工。为保证齿轮与轴的结合强度，在轴与齿轮过盈配合组装后，还将在齿轮两端与轴结合处进行焊接作业。这样，有可能造成轴的变形。因此，在初加工轴时，要保证后加工工序有较大的加工余量。

初加工后的轴如图 3-1-25 所示。

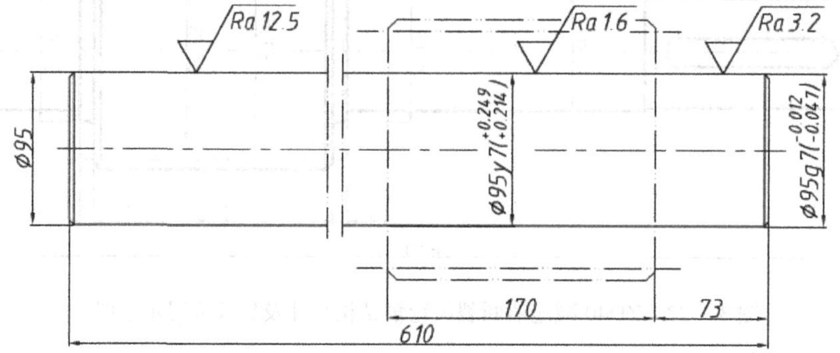

图 3-1-25　轴的初加工尺寸示意图

(5) 轴与齿轮的装配。经过加工的齿轮和初加工的轴在装配时，因选用的配合过盈量较大，采用压力法及油煮法装配难度较大，因而选用柴火加热方法装配。该法具有温度适中，基本不影响齿轮强度的优点，且可以因陋就简，因而在现场检修中经常采用。

加热时要注意将齿轮牢固支起，齿轮周围要有防风设施，以免齿轮受热不均。加热时要缓慢，不能大火猛烧，造成齿轮局部过热而影响齿轮强度。待齿轮内孔胀到合适尺寸(可做一专用测量工具)，即可用吊具将轴吊装入齿轮孔中。装配前要在轴上做好记号，确保一次到位，然后熄火等待轴与齿轮冷却抱死。

(6) 轴与齿轮的焊接。为增加轴与齿轮的结合强度，待轴与齿轮降至同温后，在齿轮两端选用抗裂性能较好的 J427 焊条进行焊接。

焊接时采用小电流对称焊，高度达到能加工出 *R*5 圆弧即可。焊接时要用敲击法消除内应力，同时要尽力减小轴的热变形。

(7) 齿轮轴的加工。经过焊接的齿轮轴待温度完全降至室温后即可上车床加工。

在加工前，首先要以齿轮外径为基准，在齿轮外径跳动度小于 0.022 mm 的情况下，对轴两端的中心孔进行修正。然后轴两端用顶尖顶住，按原图纸的要求，对轴上各段进行加工，达到要求为止。

三、箱体类零件检测与修复

(一) 箱体类零件结构特点与技术要求

1. 箱体类零件的结构特点

箱体零件的结构形状一般比较复杂，壁薄且不均匀，内部呈腔形，在壁上既有许多精度较高的孔和平面，又有许多精度较低的紧固孔。

图 3-1-26 所示为某减速器箱体零件图。

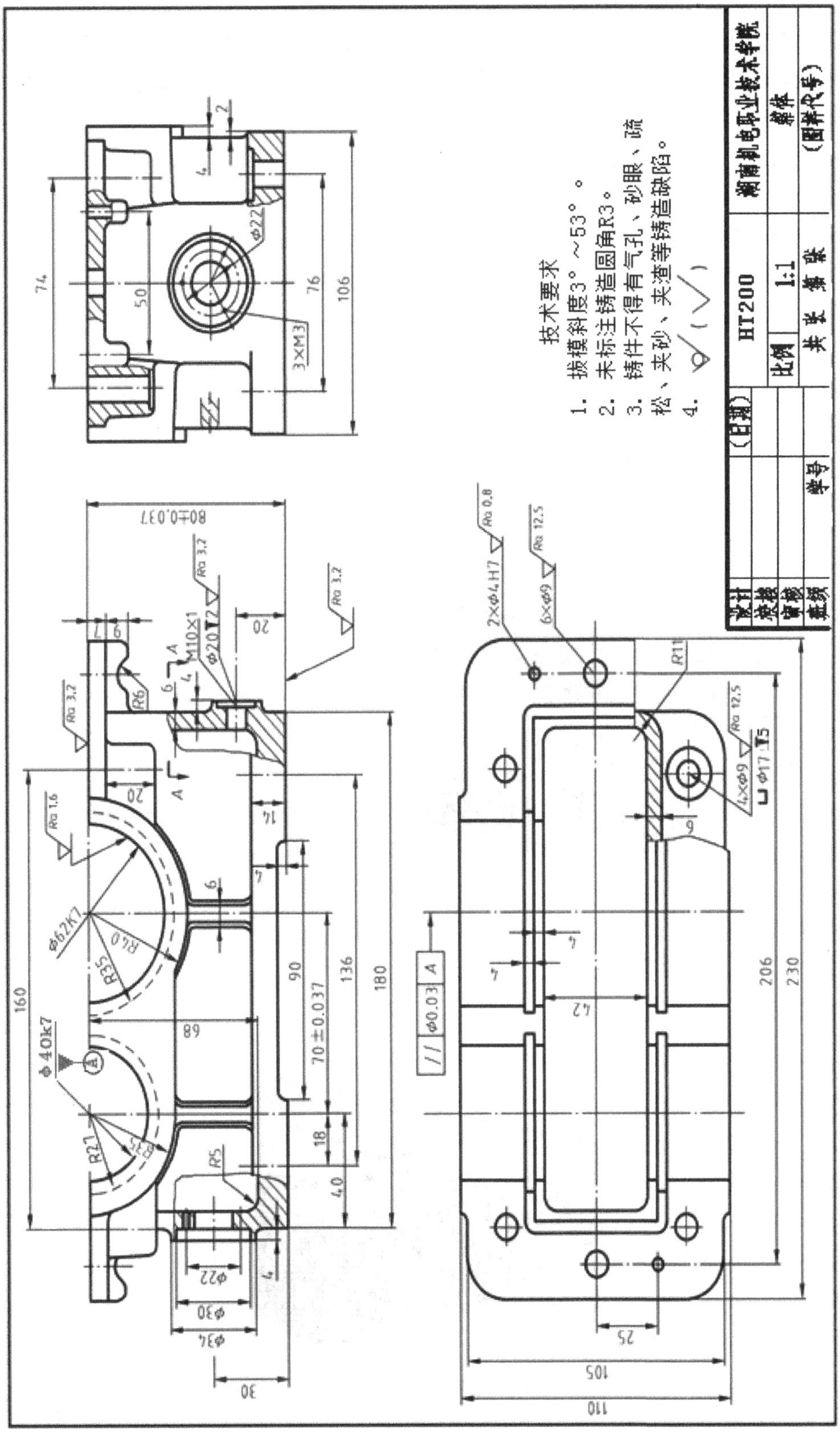
技术要求
1. 拔模斜度3°～53°。
2. 未标注铸造圆角R3。
3. 铸件不得有气孔、砂眼、疏松、夹砂、夹渣等铸造缺陷。
4. ✓(✓)
湖南机电职业技术学院
箱体
(图样代号)
HT200
比例 1:1
共 张 第 张
设计
校核
审核
班级
学号
(日期)

图3-1-26　某减速器箱体零件图

2．箱体类零件的技术要求

箱体类零件如减速器箱体技术要求主要有公差配合、表面粗糙度及形位公差，如箱体孔与轴承外圈的配合精度、轴孔中心距公差、定位销孔配合精度、两轴孔轴线平行度公差，以及减速器箱体的铸造质量要求等。

(二) 箱体类零件失效修复方法

1．金属扣合法

金属扣合法是利用高强度合金材料制成的特殊连接件以机械方式将损坏的机件重新牢固地连接成一体，达到修复目的的工艺方法。该方法主要适用于大型铸件裂纹或折断部位的修复。

(1) 强固扣合法：适用于修复壁厚为 8～40 mm 的一般强度要求的薄壁机件。

其工艺过程如图 3-1-27 所示：首先在垂直于机件裂纹或折断面方向上加工出具有一定形状和尺寸的波形槽；然后镶入形状与波形槽相吻合的高强度波形键，并在常温下铆击使波形键产生塑性变形充满槽腔，这样波形键的凸线与波形槽的凹部相互扣合，损坏的两面重新牢固地连接成一体。

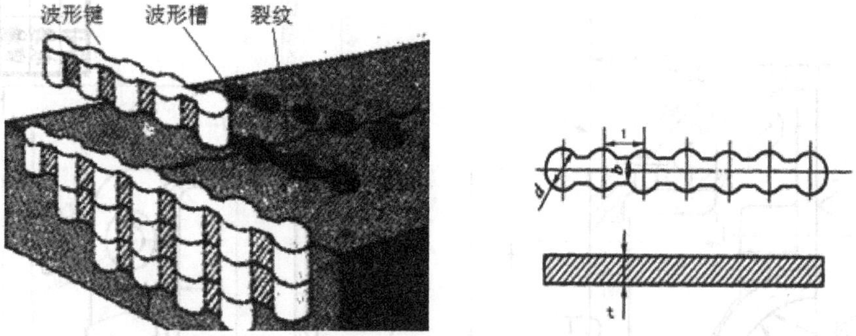

图 3-1-27　强固扣合法及其所采用的波形键

(2) 强密扣合法：对于有密封要求的机件，如承受高压的汽缸、高压容器等防渗漏的零件，除了保证一定强度外，还应保证其密封性，此时可采用强密扣合法，如图 3-1-28 所示。

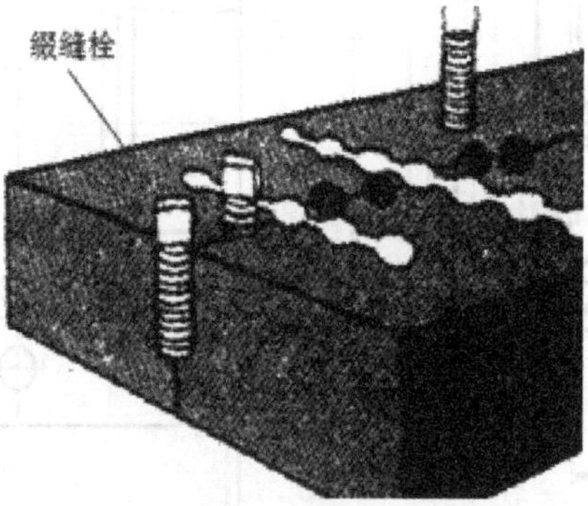

图 3-1-28　强密扣合法

此法是在强固扣合基础上，在两波形键之间、裂纹或折断面的结合线上加工缀缝拴孔，并使第二次钻的缀缝拴孔稍微切入已装好的波形键和缀缝拴，形成一条密封的“金属纽带”，以达到阻止流体受压渗漏的目的。缀缝拴可用直径为$\phi 5 \sim \phi 8$ mm 的低碳钢或纯铜等软质材料制造，便于铆接。

(3) 优级扣合法：主要应用于修复在工作过程中要求承受高载荷的厚壁机件，如水压机横梁、轧钢机主梁、辊筒等。为了使载荷分布到更多的面积并远离裂纹或折断处，在垂直于裂纹或折断面的方向上应镶入钢制的砖形加强件，用缀缝拴连接，有时还用波形键加强，如图 3-1-29 所示。根据结构需要，砖形加强件可制成其他形状；有时对于承受冲击载荷的机件，为保持一定弹性，在靠近裂纹处也不加缀缝拴。

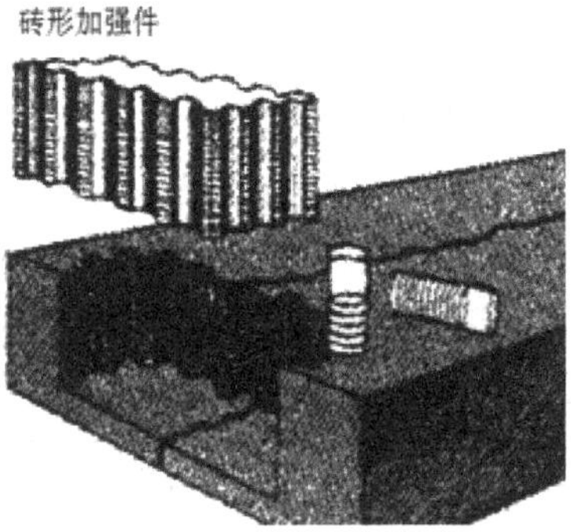

图 3-1-29　优级扣合法

(4) 热扣合法：利用加热的扣合件在冷却过程中产生收缩而将开裂的机件锁紧，适用于修复大型飞轮、齿轮和重型设备机身的裂纹和折断面。如图 3-1-30 所示，圆环状扣合件适用于修复轮廓部分的损坏，工字形扣合件适用于机件壁部的裂纹或断裂。

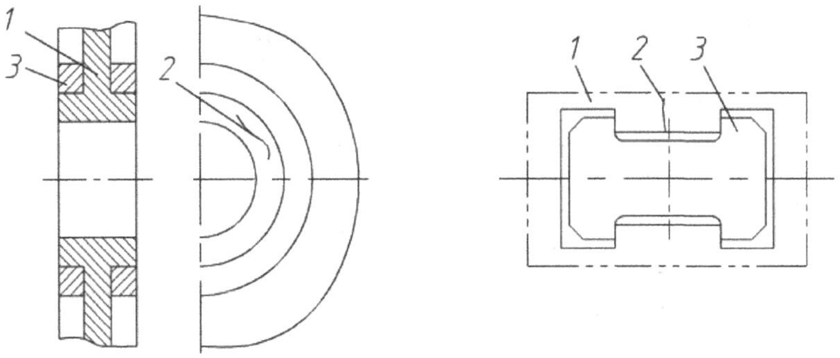

1—机件；2—裂纹；3—扣合件

图 3-1-30　热扣合法

综上所述，金属扣合法的优点是修复机件具有足够的强度和良好的密封性，所需设备、工具简单，可现场施工，修理过程不会产生热变形和热应力等；其缺点是不宜应用于厚度小于 8 mm 的薄壁机件，且波形键和波形槽的制作加工过程较麻烦。

2. 焊修法

铸铁材料的壳体类零件有裂纹时常进行焊补，铸铁件的焊修分为热焊法和冷焊法，下面介绍铸铁冷焊常用的手工电弧焊工艺过程：

(1) 焊前准备。首先将焊接部位彻底清整干净，对于未完全断开的工件要找出全部裂纹及端点位置，钻出止裂孔。如果看不清裂纹，则将可能有裂纹的部位用煤油浸湿，再用氧乙炔火焰将表面油质烧掉，用白粉笔涂上白粉，裂纹内部的油慢慢渗出时，白粉上即可显示出裂纹的痕迹。此外，也可采用王水腐蚀法、手砂轮打磨法等确定裂纹的位置，再将部位开出坡口。为使断口合拢复原，可先点焊连接，再开坡口。由于铸件组织较疏松，可能吸有油质，因此焊前要用氧乙炔火焰火烤脱脂，并在低温(50～60℃)均匀预热后进行焊接。焊接时要根据工件的作用及要求选用合适的焊条，其中使用较为广泛的是镍基铸铁焊条。

(2) 施焊。焊接场地应无风、暖和。采用小电流、快速焊、先点焊定位，用对称分散的顺序、分段、短段、分层交叉、断续、逆向等操作方法，每焊一小段，熄弧后马上捶击焊缝周围，使焊件应力松弛，并且在焊缝温度下降到60℃左右不烫手时，再焊下一道焊缝，最后焊止裂孔。经打磨铲修后，修补缺陷，便可使用或进行机械加工。

铸铁件常用焊修方法的优缺点及适用范围见表3-1-13。

表3-1-13 铸铁件常用的焊修方法

焊补方法		要点	优点	缺点	适用范围
气焊	热焊	焊前预热至650～700℃，保温、缓冷	焊缝强度高，裂纹、气孔少，不易产生白口，易于修复加工	工艺复杂，加热时间长，容易变形，准备工序的成本高，修复周期长	焊补非边角部位，焊缝质量要求高的场合
	冷焊	不预热，焊接过程中采用加热减应法	不易产生白口，焊缝质量好，成本低，易于修复加工	要求焊接技术高，对结构复杂的零件难以进行全方位焊补	适于焊补边角部位
电弧焊	冷焊	用铜铁焊条冷焊	焊件变形小，焊缝强度高，焊条便宜	易产生白口组织，切削加工性差	用于焊后不需加工的零件
		用镍基焊条冷焊	焊件变形小，焊缝强度高，焊条便宜，劳动强度低，切削加工性能极好	要求严格	用于零件的重要部位，薄壁件修补，焊后需加工
		用纯铁芯焊条或低碳钢芯铁粉型焊条	焊接工艺性好，成本低	易产生白口组织，切削加工性差	用于非加工面的焊接
		用高钒焊条冷焊	焊缝强度高，加工性能好	要求严格	用于焊补强度要求较高的厚件及其他部件
	热焊	用钢芯石墨化焊条，预热400～500℃	焊缝强度与基体相近	工艺较复杂，切削加工性不稳定	用于大型铸件缺陷在中心部位而四周刚度大的场合
		用铸铁芯焊条预热、保温、缓冷	焊后易于加工，焊缝性能与基体相近	工艺复杂，易变形	应用广泛

另外，铸铁件对钎焊修复法的适应性较好，即采用比基体金属熔点低的金属材料作钎料，将钎料放在焊件连接处，一同加热到高于钎料熔点、低于基体金属熔点的温度，利用液态钎料润湿基体金属，填充接头间隙并与基体金属相互扩散，实现连接焊件的焊接方法。钎焊较其他焊接方法焊缝强度低，适用于强度要求不高的零件的裂纹和断裂修复，尤其适用于低速运动零件的研伤、划伤等局部缺陷的补修。

3．粘补法

利用粘结剂把相同或不相同的材料或损坏的工件连接成一个连续的牢固的整体，使其恢复使用性能的方法称为粘接或胶接，在机械设备修理中的应用主要有以下几个方面：

(1) 机床导轨磨损的修复。机床导轨严重磨损后，如采用刨削、磨削或刮研修复，会破坏机床原有尺寸链，如果采用合成有机粘结剂，将工程塑料薄板如聚四氟乙烯板、101尼龙板等粘接在铸铁导轨上，可提高导轨的耐磨性，同时可改善导轨的防爬行性和抗咬焊性。若机床导轨面出现拉伤、研伤等局部损伤，可采用粘结剂直接填补修复。如采用502瞬干胶加还原铁粉(或氧化铝粉、二硫化钼等)粘补导轨的研伤处。

(2) 零件动、静配合磨损部位的修复。机械零部件如轴颈磨损、轴承座孔磨损、机床楔铁配合面的磨损等均可用粘接工艺修复，比镀铬、热喷涂等修复工艺简便。

(3) 零件裂纹和破损部位的修复。零件产生裂纹或断裂时采用焊接修复常常会产生内应力和热变形，尤其是一些易燃易爆的危险场合更不宜采用，采用粘接法则安全可靠，简便易行。

(4) 填补铸件的砂眼和气孔。采用粘接法修补铸造缺陷，简便易行，省工省时，且颜色可保持与铸件基本一致。

(5) 用于连接表面的密封堵漏和紧固防松。如防止油泵泵体与泵盖结合面的渗油现象，可将结合面处理干净后涂一层液态密封胶，晾置后在中间再加一层纸垫，将泵体与泵盖结合，拧紧螺栓即可。

(6) 用于连接表面的防腐。如化工管道、储液罐等表面的防腐。

(7) 可用于简单零件粘接成复杂件，替代铸造、焊接等以缩短加工周期；用环氧树脂代替锡焊、点焊，省锡节电。

粘接修复法的优点：不受材质限制；与焊接、铆接、螺纹连接相比，结构重量较轻，表面光滑美观；粘接接缝具有良好的密封性和化学稳定性；粘接工艺简便易行，便于现场修复；不破坏原件强度，接头应力分布均匀；工艺过程温度不高，不会引起基体金相组织变化或产生热变形，因而可以粘补铸铁件、铝合金件和薄件、微小件，而不会发生烧损、应力集中和局部变形与裂纹、强度下降等现象。

粘接修复法的主要缺点是不耐高温，耐冲击性能较差，抗弯和不均匀剥离强度低，接头胶层容易老化变质；与焊接、铆接相比强度不高；使用有机粘结剂尤其是溶剂型粘结剂存在有毒、易燃等安全问题；粘接质量尚无可行的无损检测方法，等等。

粘接工艺过程：表面处理—配粘结剂—涂粘结剂—晾置—合拢—清理—固化—检查—加工，其中表面处理的目的是为获得清洁、粗糙活性的表面，以保证粘接接头牢固，是整个粘接工艺中最重要的工序，关系到粘接的成败。

粘接接头的形式是保证粘接接头的承载能力的主要环节之一，其基本设计原则如下：

(1) 尽可能使粘接接头承受剪切力和拉伸力。粘接接头粘合强度的一般规律是：抗拉>抗剪切>抗剥离>抗冲击。

(2) 尽量提高接头承载能力。如增大粘接面积、在粘结剂内添加填料、改善接头结构或采用复合接头等措施。

(3) 保持粘接层均匀连续。粘接层缺粘结剂、厚度不均、气孔会造成应力集中，降低强度。

(4) 方便整个工艺的实施。粘接接头的结构应为粘接工艺的实施提供方便。

图 3-1-31 所示为常见粘接接头形式，从左至右依次为搭接、角接、T 接、嵌接、套接。

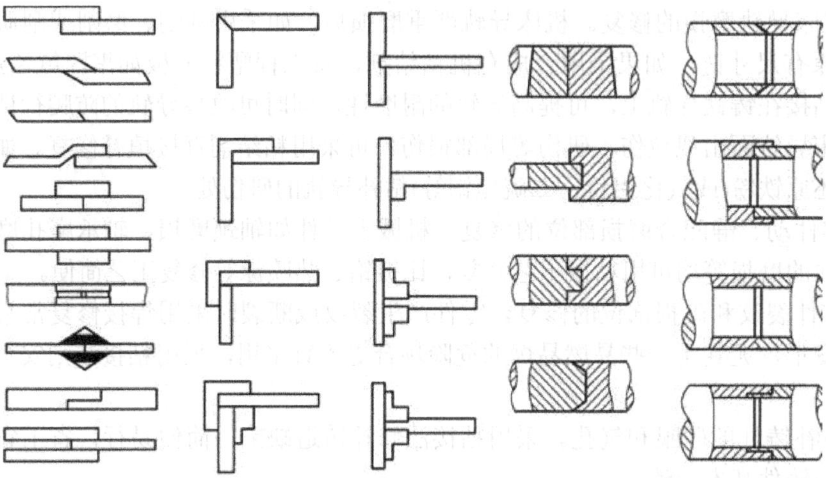

图 3-1-31　常见粘接接头形式

(三) 典型箱体类零件失效分析与修复

1. 汽缸体失效分析与修复

(1) 缸体裂纹。一般发生在水套薄壁、进排气门垫之间、燃烧室与气门座之间、两汽缸之间、水道孔与缸盖螺钉固定孔等部位，产生裂纹的主要原因有：急剧的冷热变化形成内应力；冬季忘记放水而冻裂；气门座附近局部高温产生热裂纹；装配时因过盈量过大引起裂纹。常用的修复方法有焊补、粘补、栽铜螺钉填满裂纹、用螺钉把补板固定在汽缸体上等。

(2) 缸体及缸盖变形。变形不仅破坏了几何形状，而且使配合表面的相对位置偏差增大；另外还引起密封不良、漏水、漏气，甚至冲坏汽缸衬垫。变形产生的主要原因有：制造过程中产生的内应力和负荷外力相互作用、使用过程中缸体过热、拆装过程中未按规定进行等。修复方法主要有：汽缸体平面螺孔附近凸起，用油石或细锉修平；汽缸体和汽缸盖平面不平，可用铣、刨、磨等加工修复，也可刮削、研磨；汽缸盖翘曲，可进行加温，然后在压力机上校正或敲击校正。

(3) 汽缸磨损。带来的危害主要有压缩不良、起动困难、功率下降和机油消耗量增加等，甚至发生缸套与活塞的非正常撞击。其原因是腐蚀、高温和与活塞环的摩擦，主要发生在活塞环运动的区域内。修复方法主要有修理尺寸法，即用镗削和磨削的方法，将缸径扩大到某一尺寸，然后选配与汽缸相符合的活塞和活塞环，恢复正确的几何形状和配合间隙；当缸径超过标准直径直至最大限度尺寸时可用镶套法或镀铬法。

汽缸的其他失效，如主轴承座同轴度偏差较大时，需进行镗削修整，其尺寸根据轴瓦瓦背镀层厚度确定；当同轴度偏差较小时，可用加厚的合金轴瓦进行一次镗削，弥补座孔的偏差；对于单个磨损严重的主轴承座孔，可将座孔镗大，配上钢制半圆环，用沉头螺钉固定，镗削到规定尺寸；座孔轻度磨损时，可使用刷镀方法修复，但要保证镀层与基体的结合强度和镀层厚度均匀一致，并不得超过规定的圆柱度要求。

2．变速器箱体失效分析与修复

可能产生的失效形式有箱体的变形、裂纹以及箱体上轴承孔的磨损等，原因主要有箱体在制造加工中出现的内应力和外载荷、切削热和夹紧力；装配不良，间隙调整方法不当或未达到技术要求；变速器使用过程中超载、超速；润滑不良等。可采用的修复方法主要有：

(1) 研磨法或机械加工法，当箱体上平面翘曲较小时，可将箱体倒置于研磨平台上进行研磨修平；当箱体上平面翘曲较大时采用磨削或铣削加工，应以孔的轴心线为基准找平，保证加工后平面与轴心线平行度。

(2) 当箱体产生裂纹应用焊补法，此时应注意尽量减少箱体的变形和产生的白口组织。

(3) 镶加零件法或修理尺寸法，当箱体的轴承孔磨损或孔的中心距之间的平行度超差时，可用镗孔镶套的方法修复，轴承孔磨损还可采用修理尺寸法。

(4) 根据箱体的轴承孔磨损时的具体情况还可采用局部电镀、喷涂或刷镀等方法修复。

如图 3-1-32 所示，某变速器箱体几何尺寸较大，现壳体轴承松动需修复。如采用镗孔镶套法，费时费工；如采用轴承外环镀铬方法，则给以后更换轴承带来麻烦；可采用在现场利用零件建立一个临时电镀槽进行局部电镀的方法，直接修复孔的尺寸。

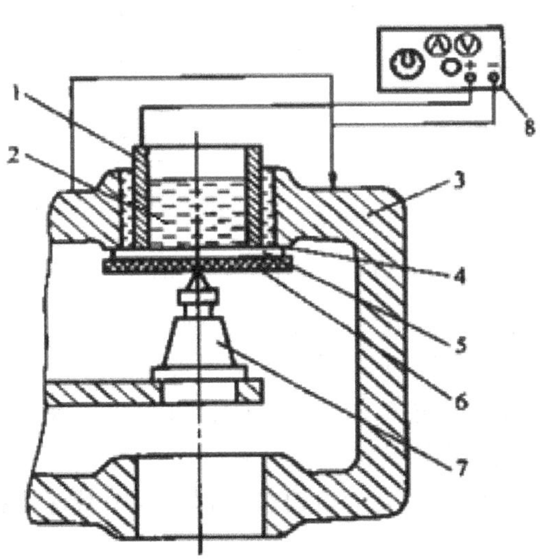

1—纯镍阳极；2—电解液；3—箱体；4—聚氯乙烯薄膜；5—泡沫塑料；

6—层压板；7—千斤顶；8—电源

图 3-1-32　局部电镀法修复箱体轴承孔

图 3-1-33 所示为CA6140 型卧式车床主轴箱体。在车床使用过程中，由于轴承外圈的游动，易造成主轴箱体轴承安装孔的磨损，影响主轴回转精度和主轴刚度，现分析其修复方法。

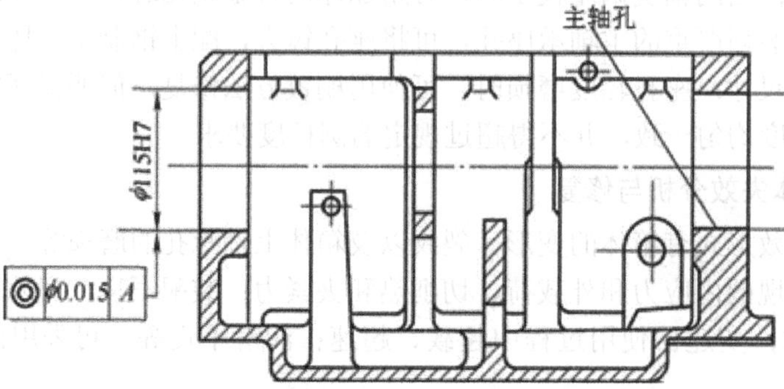

图 3-1-33　CA6140 卧式车床主轴箱体

查阅 CA6140 有关技术资料可知，该箱体要求前后轴承孔圆度误差不超过 0.012 mm，圆柱度误差不超过 0.01 mm，前后轴承孔的同轴度误差不超过ϕ0.015 mm。

在修理前先用内径千分表测量前后轴承的圆度和尺寸，观察孔的表面质量是否有明显的磨痕、研伤等缺陷，然后在镗床上用镗杆和杠杆千分表测量前后轴承孔的同轴度，如图 3-1-34 所示。

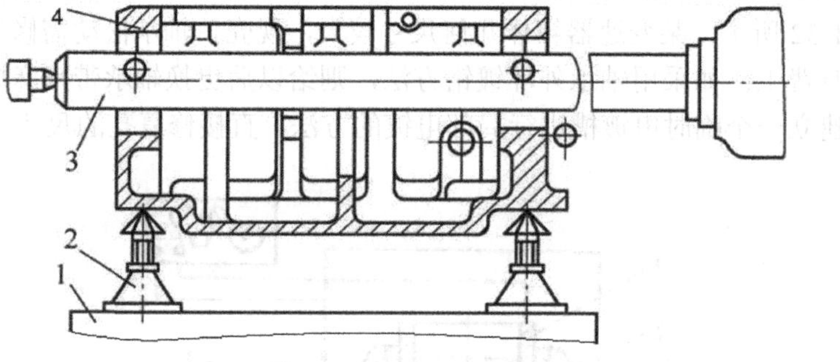

1—工作台；2—可调千斤顶；3—镗杆；4—主轴箱体

图 3-1-34　在镗床上用镗杆和杠杆千分表测量前后轴承孔同轴度

由于主轴箱前后轴承孔是标准配合尺寸，不宜研磨或修刮，一般采用镗孔镶套或镀镍修复。当轴承孔圆度、圆柱度超差不大时，可采用镀镍法修复，镀镍前要修正孔的精度，采用电刷镀镀镍工艺，镀镍后经过精加工恢复此孔与滚动轴承的公差配合要求；若轴承孔圆度、圆柱度误差过大，则采用镗孔镶套法修复。

下面以某减速器齿轮轴断裂修复为例讲解工程实践中减速器箱体断裂(或出现裂纹)修复的工作思路。

案例 4　图 3-1-35 所示为某 TY165 推土机用变速器箱体裂纹位置示意图，在装配时发现箱体上的两处裂纹位置，现进行焊接修复，请进行焊接工艺分析。(本案例摘自百度文库。)

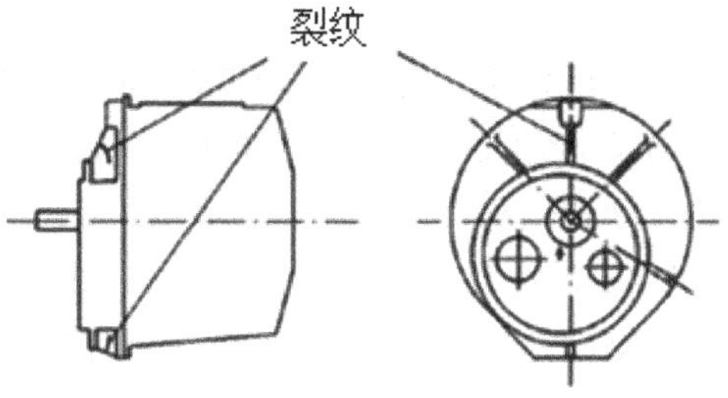

图 3-1-35 变速器箱体裂纹位置示意

1. 箱体焊接性分析

箱体材质是 HT250，S、P 等有害杂质含量较高，焊接接头发生裂纹的敏感性较大。由于焊接熔池凝固快，焊缝及近缝处极易产生脆性组织，强度低、塑性差。另外，焊接时局部加热不均匀，快速冷却易产生较大的焊接应力，也会导致焊缝及近缝区域产生裂纹。因此，要保证修复质量就必须制定合理的补焊工艺和严格的焊接规范。

2. 焊接方法及焊接材料

使用 CO_2 气体保护焊进行修复，CO_2 气体在电弧高温下分解出原子态氧，具有很强的氧化性，焊接时能使母材过渡到焊缝中的碳大部分烧损，从而避免了焊缝中白口和淬硬组织的出现，焊缝不易出现裂纹。焊机选用 KR－200 型，焊丝选用 H08Mn2SiA，直径为 ϕ0.8 mm。

3. 焊前准备

(1) 清除焊缝表面的油渍及其他杂质，用着色探伤的方法找出裂纹终点。

(2) 在裂纹终点前 10 mm 处用手电钻钻出直径 10 mm 的止裂孔，如图 3-1-36 所示。

(3) 如图 3-1-37 所示，用角向砂轮在裂纹处开出较大坡口来降低熔合比，减少焊缝中 S、P 等成分增加。

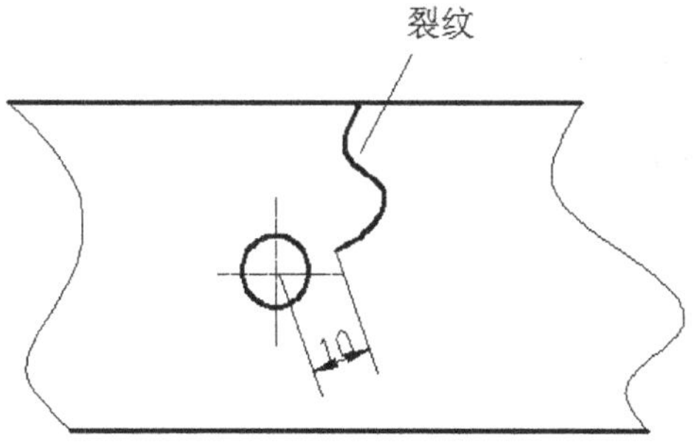

图 3-1-36 钻出止裂孔

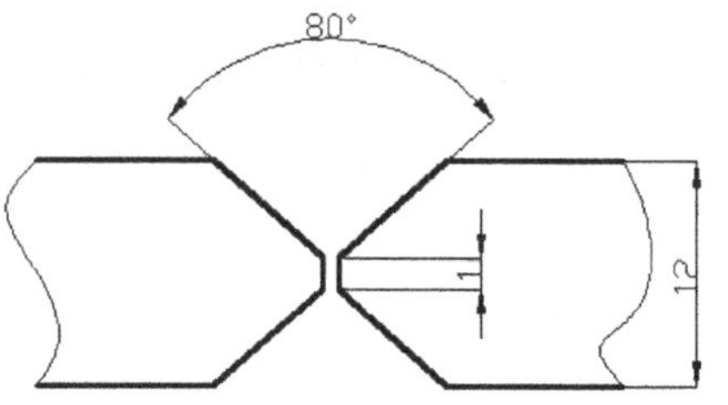

图 3-1-37 坡口尺寸图

(4) 焊前须检查焊丝表面，不得有水分、油污等杂质，这是由于 CO_2 气体保护焊对铁锈的敏感性不太高，但对水分、油污等杂质特别敏感，易产生气孔等焊接缺陷。

(5) 由于箱体已经装配，故需对坡口周围进行预热，以清除铸件中石墨所吸收的油渍及润滑脂，直到不再渗出油渍为止。

4. 焊接工艺

(1) 为减小白口和热影响区的宽度，采用小直径焊丝，较快焊速。在通常情况下，使用 CO_2气体保护焊，极性选择常选用反极性，即负极接于母材上，目的是为增加熔深。而此时系堆焊修补，为减小熔合区和熔深，故选用正接方式。

(2) 采用短焊缝，断续焊，分散焊。因随焊缝的增长，纵向应力增大，焊缝发生裂纹的倾向也越大。故每次焊缝长度确定为 20～24 mm 左右。当焊后的箱体尚处于较高温度，塑性最好时，立即用带圆角的小锤快速锤击焊缝，使焊缝金属承受塑性变形，以降低焊缝应力。为了尽量避免焊补处局部温度过高，宜采用断续焊，待焊缝的热影响区冷却至不烫手时(50～60℃)，再焊下道焊缝。必要时也可采用分散焊，即不在固定部位连续焊接，焊完一段马上到另一处再焊一段。这样可以更好地避免焊补区温度过高，以避免裂纹发生。

(3) 采用多层多道焊接，每层厚度控制在 2～3 mm 左右。

(4) 直线运条，不摆动，每焊完一段熄弧时，须将弧坑填满，并把电弧引至引弧处熄灭。

5. 焊后处理及检测

焊后用石棉布覆盖在焊接区域，以减缓冷却速度；待冷却至室温时，将焊接区域清理干净，先用低倍数放大镜检查，未见裂纹；再将滑石粉撒在裂纹处，用手锤轻敲，也未见裂纹。

❖项目实施

一、项目实施步骤

(一) 减速器失效零件检测与修复工量具准备

工量具准备参见表 2-2-6，另需准备轴测绘工量具。

(二) 减速器失效零件检测与修复步骤

(1) 传动轴失效检测及测绘。

① 拆卸减速器低速轴。

② 分析其可能的失效形式。

③ 测绘低速轴。

(2) 减速器箱体检测。

① 检查拆卸下的减速器箱体外观，分析其可能的失效。

② 对减速器箱体进行必要的检测。

(3) 失效零件修复工艺讨论。

① 将减速器轴的主要失效形式、原因和修复工艺选择填入表 3-1-14 中。

表 3-1-14 JZQ 型二级斜齿圆柱齿轮减速器轴主要失效形式、产生原因及修复工艺

失效形式	产生原因	修复工艺

② 将减速器箱体的主要失效形式、产生原因及修复工艺填入表 3-1-15 中。

表 3-1-15 JZQ 型二级斜齿圆柱齿轮减速器箱体主要失效形式、产生原因及修复工艺

失效形式	产生原因	修复工艺

(4) 装配传动轴、装配减速器。最后，整理现场。

二、项目作业

(一) 选择题

1. 机械设备修理类别按修理内容、技术要求和工作量大小分为________等几类。(多选)

A) 大修　B) 小修　C) 项修　D) 定期精度调整

2. 为了全面深入地掌握设备的实际技术状态，在修前安排的设备检查称为预检。在设备预检前应做好的准备工作有________。(多选)

A) 阅读设备使用说明书　B) 查阅设备档案

C) 查阅设备图册　D) 向设备操作工和维修工了解设备的技术状态

3. 针对点检和定期检查发现的问题，拆卸有关的零部件，清洗设备，检查、调整，更换或修复失效的零件，以恢复设备正常性能，满足生产工艺要求的设备维修方式属于________。

A) 大修　B) 中修　C) 小修　D) 项修

4. 在生产实践中，最主要的失效形式是________。

A) 磨损　B) 变形　C) 断裂　D) 蚀损

5. 在生产实践中，最危险的失效形式是________。

A) 磨损　B) 变形　C) 断裂　D) 蚀损

6. 零件磨损特性表明机械零件磨损分为磨合阶段、稳定磨损阶段和剧烈磨损阶段，在

________阶段，如果使用保养得好，可以延长磨损寿命，提高设备的可靠性及有效利用率。

A) 磨合　　B) 稳定磨损　　C) 剧烈磨损

7. 在某设备维修中发现两半联轴器间的连接平键已经磨损，此时采用________方式解决最为合理。

A) 更换新键　　B) 重新修复旧键　　C) 更换键轴　　D) 修复键轴

8. 在机械设备检修中，对于失效的一般零件和标准零件，采用方法的是________。

A) 更换一般零件修复标准零件　　B) 修复一般零件、更换标准零件

C) 都更换　　D) 都修复

9. 磁粉探伤法可检测表面以下________范围内的裂纹和缺陷。

A) 小于 1 mm　　B) 5～6 mm　　C) 10～15 mm　　D) 15～20 mm

10. 机械修复法是利用________等各种机械方法，使磨损、断裂、缺损的零件得以修复的方法。(多选)

A) 机械加工　　B) 机械连接　　C) 机械变形　　D) 电解

11. 粘接的修复方法与其他修复方法相比具有________的特点。(多选)

A) 适用零件材料广泛　　B) 与基体结合强度高

C) 能够承受较大冲击　　D) 操作简便易于施工

12. 下列技术要求中，________等几项是轴类零件的主要技术要求。(多选)

A) 配合轴颈直径的尺寸精度

B) 支承轴颈的几何精度要求，如圆度、圆柱度

C) 配合轴颈对支承轴颈的径向圆跳动要求

D) 要求轴内无砂眼、气孔

13. 当轴颈的磨损量小于________时，可用镀铬法修补，当磨损量大于此值时，宜采用振动堆焊法修补。

A) 0.1 mm　　B) 0.15 mm　　C) 0.2 mm　　D) 0.3 mm

14. 采用________修复工艺，可以得到较厚的修补层。

A) 镀铁　　B) 振动电弧堆焊　　C) 涂镀　　D) 镀铬

15. 对于承受载荷很大或重要的轴，若发现其产生裂纹，而且裂纹深度超过轴直径的10%或存在角度超过 10° 的扭转变形，则应采取________方法解决。

A) 焊补　　B) 更换新轴　　C) 粘补　　D) 电镀

16. 对于要求较高、需精确校正的轴或弯曲量较大的轴，可以采用________方法修复。

A) 螺旋压力机上校正　　B) 在车床上校正

C) 用千斤顶校正　　D) 热校法

17. 在镶加零件法中，应注意镶加零件的材料和热处理一般应________。

A) 与基体零件相同或更好　　B) 比基体零件差一些

C) 与基体材料无关　　D) 远远超过基体零件

18. 在有色金属零件采用焊修法时，常采用________修复法。

A) 手工堆焊　　B) 振动电弧堆焊　　C) 钎焊　　D) 埋弧自动堆焊

19. 对于重要零件焊接后应进行________处理，以消除内应力，不宜修复较高精度、细长、薄壳类零件。

A) 正火　　B) 淬火　　C) 调质　　D) 退火

20. 如果某主轴轴颈的磨损量有 2 mm 左右，同时要求耐腐蚀，那么可以采用________层做底层或中间层补偿磨损的尺寸，然后再镀耐腐蚀性好的镀层。

A) 镀铁　　B) 镀锌　　C) 镀银　　D) 镀铬

21. 整件零件进入镀槽进行电镀前，对不需要镀覆的表面应进行________处理。

A) 防腐　　B) 除锈　　C) 绝缘　　D) 脱脂

22. 用高温热源将喷涂材料加热至融化或呈塑性状态，同时用高速气流使其雾化，喷射到经过预处理的工件表面上形成一层覆盖层的过程称为________。

A) 喷焊　　B) 喷熔　　C) 喷涂　　D) 喷砂

23. 粘接工艺过程中，关系到粘接成败的、整个粘接工艺中最重要的工序是________。

A) 选择胶粘剂　　B) 设计接头　　C) 表面处理　　D) 完成粘接

24. 变速箱体可能产生的主要缺陷有________。(多选)

A) 箱体变形　　B) 箱体裂纹　　C) 轴承孔磨损　　D) 轴承孔变形

25. 当变速箱体的上平面发生翘曲且翘曲较小时，一般可以采用________的方法修复。

A) 将箱体倒置于研磨平台上研磨修平　　B) 磨削加工

C) 铣削加工　　D) 手锤敲打

26. 在汽缸磨损而且缸径没有超过标准直径至最大限度尺寸时，采用镗削和磨削的方法将缸径扩大到某一尺寸，然后选配与汽缸相符合的活塞和活塞环，恢复正确的几何形状和配合间隙，这种方法称为________。

A) 修理尺寸法　　B) 镶加零件法　　C) 局部修换法　　D) 金属扣合法

27. 铸铁冷焊修复裂纹时多采用手工电弧焊，所作焊前准备主要包括________。(多选)

A) 将焊接部位彻底清整干净　　B) 找出全部裂纹及端点位置

C) 钻出止裂孔　　D) 将部位开出坡口

28. 轴上所倒圆角修复方法有细锉修复、车削加工修复、磨削加工修复及______修复。

A) 堆焊法　　B) 粘接法　　C) 电镀法　　D) 喷涂法

29. 在轴的折断修复中，有时折断的轴断面经过修整后，轴的长度缩短了，此时需要采用________进行修复，即在轴的断口部位再接上一段轴颈。

A) 焊补法　　B) 接段修理法　　C) 粘接法　　D) 金属扣合法

30. 电镀修复法不仅可用于修复失效零件尺寸，还可提高零件表面________。(多选)

A) 耐磨性　　B) 硬度　　C) 耐腐蚀性　　D) 接触精度

(二) 判断题

1. 机械设备大修，必须严格按原设计图样完成，不得对原设备进行改装。

2. 只要修复零件的费用与修复后的使用期之比小于新制零件的费用与新件使用期之比，就一定得修复，不得使用新件。

3. 零件修复后的耐用度，应能维持一个修理周期。

4. 相配合的主要件和次要件磨损后，一般是更换主要件，修复次要件。

5. 重型设备的主要承力件，发现裂纹必须更换。

6. 机械设备维修中，机械零件的检验内容分为修前检验、修后检验和装配检验。

7. 机械零件通过检验分为可用的、不可用的和需要修理的三大类。

8. 对于镶加、局部修换的零件，应采取过盈、粘接等措施将其固定。

9. 镶加零件的材料和热处理一般与基体零件相同，有时选用比基体性能差一点的材料。

10. 对于铸件的裂纹，在修复前一定要在裂纹的末端钻出止裂孔。

11. 经有机胶粘剂修复的零件，可在 3000° 的温度下长期工作。

12. 电镀是利用电离的方法，使金属或合金沉积在零件表面上形成金属镀层的工艺方法。

13. 当发现减速箱体的上表面发生翘曲时，可用铁锤在凸起部分锤击，使其平整。

14. 振动电弧堆焊的焊层质量好，焊后可不进行机械加工。

15. 采用振动电弧堆焊法修复曲轴时必须先清除曲轴的全部油污和锈迹。

16. 采用手工电弧焊修复铸铁零件的裂纹时，每焊一小段，熄弧后马上锤击焊缝周围，使焊件应力松弛。

17. 电镀修复法可修复零件的尺寸，并提高零件的强度、硬度和刚度。

18. 采用镀铬法修复零件的镀铬层硬度高、耐磨、耐热、耐腐蚀。

19. 在汽缸体产生裂纹时，可以采用粘补的方法进行修复。

20. 轴上键槽磨损较大时可直接在原位置上旋转 90° 或 180° 重新按标准开槽。

项目 3.2　卧式车床导轨检测与修复

▶▶▶ 项目内容

(1) 完成图 3-2-1 所示的卧式车床床身导轨几何精度的检验。

(2) 进行卧式车床床身导轨失效分析及修复工艺讨论。

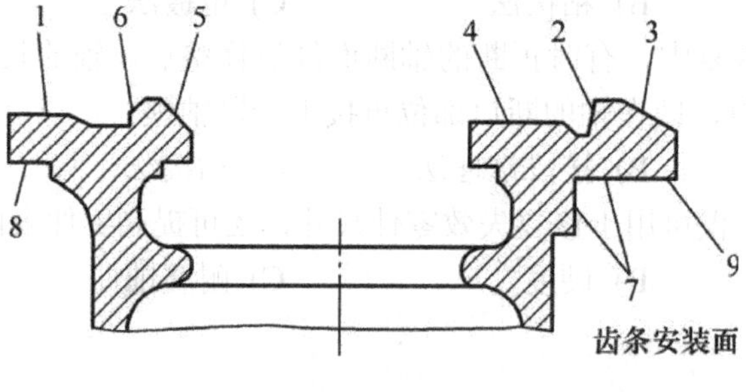

1、2、3—床鞍用导轨面；4、5、6—尾座用导轨面；7—齿条安装面；8、9—床身下导轨面

图 3-2-1　卧式车床床身导轨结构示意图

▶▶▶ 项目要求

(1) 了解机修钳工常用检具及量仪的用法，掌握框式水平仪的使用及数据分析。

(2) 掌握卧式车床床身导轨几何精度检测内容及方法，能完成其几何精度检测。

(3) 了解机床导轨失效修复工艺，可选择适当零件利用修复工艺完成机床导轨修复。

❖知识链接

一、卧式车床床身导轨几何精度检测标准

(一) 机床床身导轨的精度对被加工零件的影响及达到床身精度要求的方法

1．机床床身导轨的精度影响

机床床身导轨是确立机床主要部件位置和刀架运动的基准，其精度直接影响到被加工零件的几何精度和相互位置精度，其精度保持对机床的使用寿命也有很大影响。机床经过长期使用运行后，导轨面会有一定程度的磨损，甚至还会出现导轨面的局部损伤，如划痕、拉毛等，严重影响机床的加工精度。

2．达到床身导轨精度的方法

可通过磨削或刮研方法来实现床身导轨的精度保证，这两种方法的安装步骤不同。

首先进行的都是结合面去毛刺倒角，以保证两零件的平整结合，同时在整个结合面垫以纸垫防漏；对于磨削加工方法，安装前已由磨削达到精度，可将床身置于可调的机床垫铁上(垫铁应安放在机床地脚螺孔附近)，用水平仪指示读数来调整各垫铁，使床身处于自然水平位置，并使溜板用导轨的扭曲误差至最小值，各垫铁应均匀受力，使整个床身搁置稳定；对于以刮削达到精度的方法，则在将床身安装在床腿上时进行导轨面的刮削工作。

(二) 机床床身导轨的修复要求及检测标准

1．床身导轨的精度要求(以 CA6140 卧式车床为例)

(1) 纵向：导轨在垂直平面内的直线度，全长为 0.02 mm，在任意长 250 mm 测量长度上的局部允差为 0.0075 mm，只许凸(见表 3-2-1)。

(2) 横向：导轨应在同一平面内，全长允差为 0.04 mm/1000 mm(见表 3-2-1)。

(3) 溜板移动在水平面内的直线度允差，在全长上为 0.02 mm(见表 3-2-2)。

(4) 尾座移动对溜板移动的平行度允差，在垂直和水平面内全长均为 0.03 mm，在任意 500 mm 长测量长度上的局部允差为 0.02 mm(见表 3-2-3)。

(5) 溜板用导轨与下滑面的平行度允差全长为 0.03 mm，在任意 500 mm 测量长度上的局部允差为 0.02 mm，只许车头处厚。

(6) 导轨面的表面粗糙度要求，用磨削时高于 Ra 1.6 μm，用刮削时每 25 mm × 25 mm 面积不少于 10 点(见表 3-2-4)。

2．床身导轨的几何精度检测标准

机床几何精度按 GB/T 4020—1997 项目进行检测，该标准共有 15 个项目。下面介绍与床身导轨的精度要求有关的 G1 组、G2 组和 G3 组项目，包括检测内容、允差值和检测方法。

G1 组项目检测内容及允差值如表 3-2-1 所示。

表 3-2-1　G1 项目的允差值

检验项目	允差①/mm		
	精密级	普通级	
	Da≤500 和 DC≤1500	Da≤800	800<Da≤1600
床身导轨调平 a 纵向：导轨在垂直平面内的直线度	DC≤500	DC≤500	
	0.01(凸)	0.01(凸)	0.015(凸)
	500<DC≤1000 0.015(凸)	500<DC≤1000	
		0.02(凸)	0.03(凸)
		局部公差任意 250 测量长度上为	
		0.0075	0.01
	1000<DC≤1500	DC>1000 最大工件长度每增加 1000 允差增加	
	0.02(凸)	0.01	0.02
	局部公差任意 250 测量长度上为 0.005	局部公差任意 500 测量长度上为	
		0.015	0.02
b 横向：导轨应在同一平面内	水平仪的变化 0.03/1000	水平仪的变化为 0.04/1000	
备注：① DC=最大工件长度，Da=床身上最大回转直径(下同)			

(1) 纵向，实质上就是检测导轨在垂直平面内的直线度。检验简图如图 3-2-2 所示。

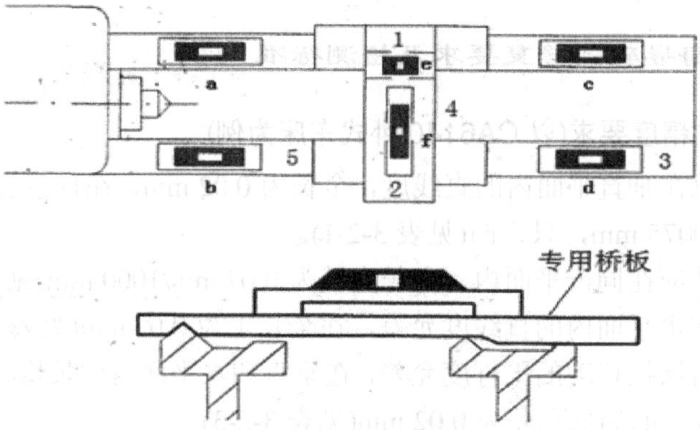

1、2、3—水平仪；4—溜板；5—导轨

图 3-2-2　床身导轨 G1 组几何精度检验简图

检验时，在溜板上靠近刀架的地方放置一个与纵向导轨平行的水平仪 1。移动溜板，在全部行程上分段检验，每隔一段距离(如 250 mm)记录一次水平仪的读数，然后将水平仪读数依次排列，画出导轨的误差曲线。曲线上任意局部测量长度的两端点相对曲线两端点连线的坐标差值，就是导轨的局部误差；曲线相对其两端点连线的最大坐标值就是导轨全长的直线度误差。

(2) 横向，实质上就是检测前后导轨在垂直平面内的平行度，要求前后导轨在同一平面内，无扭曲。如图 3-2-2 所示，检验时在溜板上横向放一水平仪 2，等距离移动溜板 4 进行检验，移动的距离等于局部误差的测量长度，每隔 250 mm(或 500 mm)记录一次水平仪读数。水平仪在全部测量长度上读数的最大代数值就是导轨的平行度误差。

G2 项目检测内容及允差值如表 3-2-2 所示。

表 3-2-2 G2 项目的允差值

检验项目	允差/mm		
	精密级	普通级	
	Da≤500 和 DC≤1500	Da≤800	800＜Da≤1600
溜板 溜板移动在水平面内的直线度 在两顶尖轴线和刀尖所确定的平面内检验	DC≤500	DC≤500	
	0.01	0.015	0.02
	500＜DC≤1000	500＜DC≤1000	
	0.015	0.02	0.025
	1000＜DC≤1500 0.02	DC>1000 最大工件长度每增加 1000 允差增加 0.005 最大允差	
		0.03	0.05

G2 项目检测方法根据溜板行程不同而不同。

图 3-2-3 为溜板行程不大于 1600 mm 时的检验简图。检验时将百分表固定在床鞍上，使其触头触及主轴和尾座顶尖间的检验棒表面，调整尾座，使百分表在检验棒两端的读数相等。移动溜板，在全部行程检验，百分表读数的最大差值就是该导轨在水平面的直线度误差。

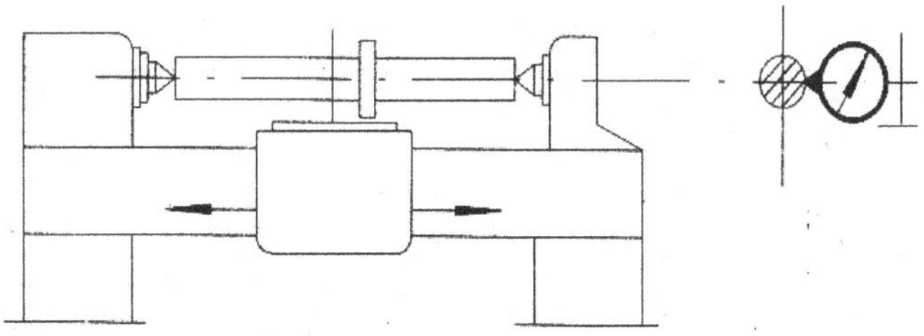

图 3-2-3 床身导轨 G2 组几何精度检验简图

G3 项目检测内容及允差值如表 3-2-3 所示。

表 3-2-3 G3 项目的允差值

检验项目	允差/mm		
	精密级	普通级	
	Da≤500 和 DC≤1500	Da≤800	800＜Da≤1600
尾座移动对溜板移动的平行度： (a) 在水平面内 (b) 在垂直平面内	(a) 0.02，局部公差在任意 500 测量长度上为 0.01 (b) 0.03，局部公差在任意 500 测量长度上为 0.02	DC≤1500	
		(a)和(b) 0.03	(a)和(b)0.04
		局部公差任意 500 测量长度上为 0.02 DC＞1500 (a)和(b)0.04，局部公差在任意 500 测量长度上为 0.03	

G3 项目几何精度检验简图如图 3-2-4 所示。

检验时将指示器固定在溜板上，使其触头触及尾座端面的顶尖套上，*a* 为在水平平面内，b 为在竖直平面内，锁紧顶尖套。使尾座与床鞍一起移动，在床鞍全行程上检验，指示器在任意 500 mm 行程上和全部行程上读数的最大差值就是局部长度上和全长度上的平行度误差值。a 和 b 的误差分别计算。

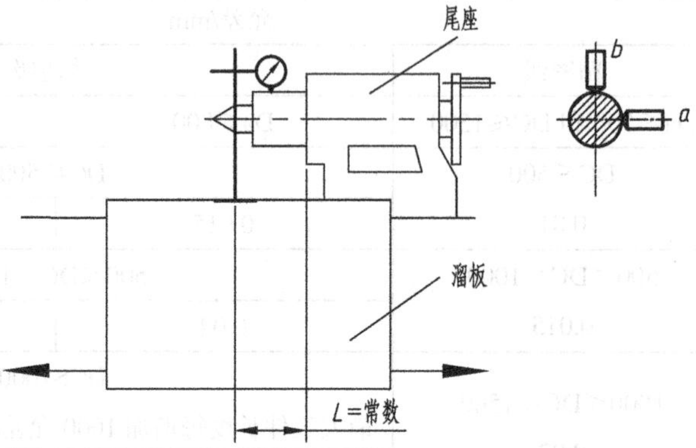

图 3-2-4　床身导轨 G3 项目几何精度检验简图

3．机床导轨的刮研精度检验标准

机床导轨刮研精度的检查一般用边长为 25 mm × 25 mm 的方框罩在被检测面上，根据方框内显示的研点数的多少来表示刮研质量。在整个平面内任何位置抽检都应达到规定的点子数。

各种平面接触精度的研点数见表 3-2-4。

表 3-2-4　各种平面接触精度的研点数

平面种类	每 25 mm × 25 mm 内研点数	应　用
一般平面	2～5	较粗糙零件的固定结合面
	5～8	一般结合面
	8～12	一般基准面、机床导向面、密封结合面
	12～16	机床导轨及导向面、工具基准面、量具接触面
精密平面	16～20	精密机床导轨、直尺
	20～25	1 级平板、精密量具
超精密平面	＞25	0 级平板、高精度机床导轨、精密量具

二、卧式车床床身导轨几何精度检测方法

（一）机床几何精度检测常用检具

1．平尺

平尺主要作为测量基准，用于检验工件的直线度和平面度误差，也可作为刮研基准，有时还用来检验零部件的相互位置精度。平尺精度分为 0 级、1 级、2 级三个等级。机床几何精度检验常用 0 级或 1 级精度。

平尺有图 3-2-5 所示的桥形平尺、平行平尺和角形平尺三种。桥形平尺是刮研和测量机床导轨直线度的基准工具，只有一个工作面(上平面)，刚性好，使用时受温度变化影响

较大，用其工作面和机床导轨对研显点，达到相应级别要求的显点数时，表明导轨达到了相应等级精度；平行平尺的两个工作面都经过精刮且相互平行，常与垫铁配合使用来检验导轨间的平行度，平板的平面度、直线度等，其受温度变化的影响较小，使用轻便，应用比桥形平尺广泛；角形平尺可用来检验工件的两个加工面的角度组合平面，如燕尾导轨的燕尾面，角度和尺寸的大小视具体导轨而定。

图 3-2-5　平尺的种类

2．平板

平板结构如图 3-2-6 所示。用于涂色法检验工件的直线度、平行度，也可作为测量基准检查工件的尺寸精度、平行度或形位公差。精度等级分为 000 级、00 级、0 级、1 级、2 级和 3 级六个等级，机床几何精度用 00 级、0 级或 1 级检验平板。

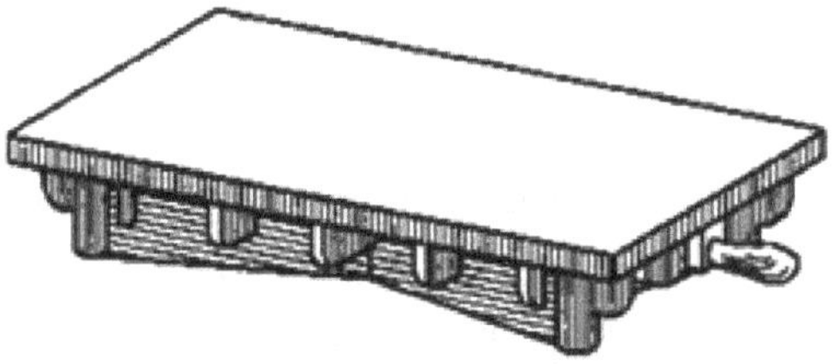

图 3-2-6　平板结构

检验平板常用作测量工件的基准件，和被检验平面对研时，其研点数达到相应级别的显点数时，就可认为被检验的平面达到了相应精度等级。

3．方尺和直角尺

常用来检查机床部件间垂直度的工具有方尺、平角尺、宽底座角尺和直角平尺，如图 3-2-7 所示，一般采用合金工具钢或碳素工具钢并经淬火和稳定性处理制成。

图 3-2-7　方尺和直角尺

4．检验棒

检验棒是机床精度检验的常备工具，主要用来检查主轴、套筒类零件的径向跳动、轴向窜动、相互间同轴度、平行度及轴与导轨的平行度等。

检验棒一般用工具钢经热处理及精密加工而成，有锥柄检验棒和圆柱检验棒两种。机床主轴孔都是按标准锥度制造的。莫氏锥度多用于中小型机床，其锥柄大端直径从 0～6 号逐渐增大；铣床主轴锥孔常用 7∶24 锥度，锥柄大端直径从 1～4 号逐渐增大；重型机床则用 1∶20 公制锥度，常用 80、100、110 三号(80 指锥柄大端直径为 80 mm)。检验棒的锥柄必须与机床主轴锥孔配合紧密，接触良好。为便于拆装及保管，可在棒的尾端做拆卸螺纹及吊挂孔，用完后要清洗、涂油，以防生锈，并妥善保管。

按结构形式及测量项目不同，常用检验棒分成长检验棒、短检验棒及圆柱检验棒几种，如图 3-2-8 所示。长检验棒用于检验径向跳动、平行度、同轴度，短检验棒用于检验轴向窜动，圆柱检验棒用于检验机床主轴和尾座中心线连线对机床导轨的平行度及床身导轨在水平面内的直线度。

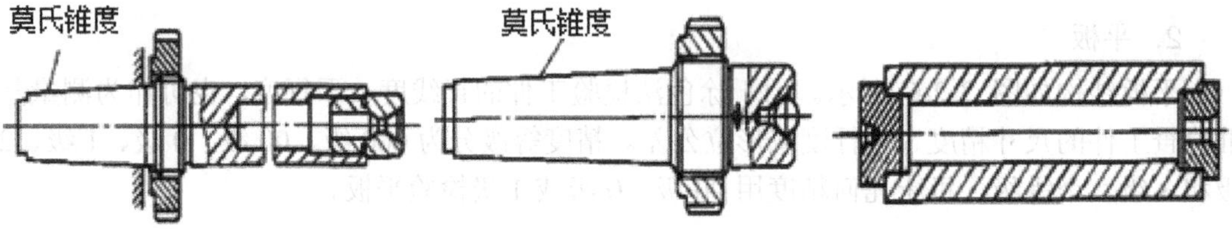

图 3-2-8 检验棒

5．垫铁

在机床制造及修理中，垫铁是一种测量导轨精度的通用工具，主要用作水平仪及百分表架等测量工具的基座，其平面及角度面都应精加工或刮研，保证与导轨面接触良好，否则会影响测量精度。垫铁材料多为铸铁，根据导轨的形状不同而做成多种形状，如图 3-2-9 所示。

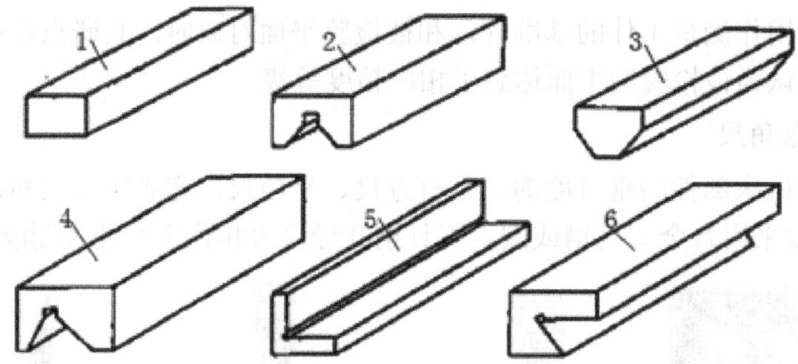

1—平面表座；2—V 形表座；3—凸 V 形表座；4—V 形不等边表座；

5—直角表座；6—55° 角表座

图 3-2-9 垫铁的种类

6．检验桥板

检验桥板用于检验导轨间相互位置精度，常与水平仪、光学平直仪等配合使用，按不同形状的机床导轨做成不同的结构形式，主要有 V-平面形、山-平面形、V-V 形、山-山形等，如图 3-2-10 所示。为适应多种机床导轨组合的测量，也可做成可调式检验桥板。

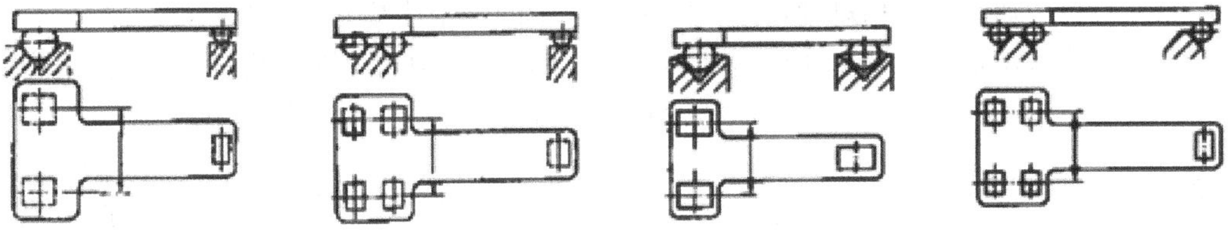

图 3-2-10　专用检验桥板

(二) 机床几何精度检测常用量仪

1. 水平仪

水平仪主要用于测量机床导轨在垂直面内的直线度、工作台面的平面度、零部件间的垂直度和平行度等，是机床修理中常用的精密量仪。

水平仪有框式水平仪、条式水平仪、合像水平仪等，如图 3-2-11 所示。框式水平仪主要用来检验导轨在垂直平面内的直线度、工作台面的平面度、零部件间的垂直度和平行度等；条式水平仪主要用来检验平面对水平位置的偏差；合像水平仪是用来检验水平位置或垂直位置微小角度偏差的角值量仪，是一种高精度的测角仪器，一般分度值为 2″(0.01 mm/1000 mm)。

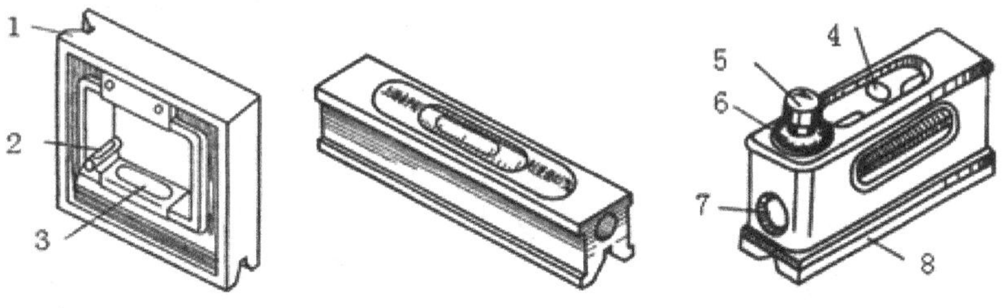

1—框架；2—调整水准；3—主水准器；4、7—窗口；5—微分盘旋钮；6—微分盘；8—底座

图 3-2-11　水平仪的种类

1) 水平仪的读数原理

水平仪中的水准器是一封闭玻璃管，内装精馏乙醚，并留有一定量的空气以形成气泡，水平仪倾斜时气泡永远保持在最上方，即液面永远保持水平。框式水平仪的精度是以气泡偏移一格时被测平面在 1 m 内的高度差来表示的。如偏移一格，高度差为 0.02 mm，则分度值(精度)为 0.02/1000 mm。

2) 水平仪的读数方法

分为绝对读数法、相对读数法和平均值读数法。

绝对读数法是将气泡在中间位置读作“0”，水平仪逆时针方向倾斜，气泡向右偏离起始端读为“+”，水平仪顺时针方向倾斜，气泡向左偏离起始端读为“−”，或用箭头表示气泡的偏移方向。图 3-2-12 中的三个读数分别为 0、+2、−3。

相对读数法是将水平仪在起始端测量位置的读数总是读作“0”，不管气泡是否在中间位置；然后依次移动水平仪垫铁，记下每一次相对零位的气泡移动方向和格数，其正负值读法也是向右偏离起始端为“+”，向左偏离起始端为“-”，或用箭头表示气泡的偏移方向。

机床精度检验中通常采用相对读数法。图 3-2-13 中的三个读数分别为 0、−2、−5。

平均值读数法是为了避免环境温度影响，从气泡两端边缘分别读数，然后取其平均值，这样读数的精度高。图 3-2-12 如果采用平均值读数法，三个读数分别为 0、+2、−2.5。

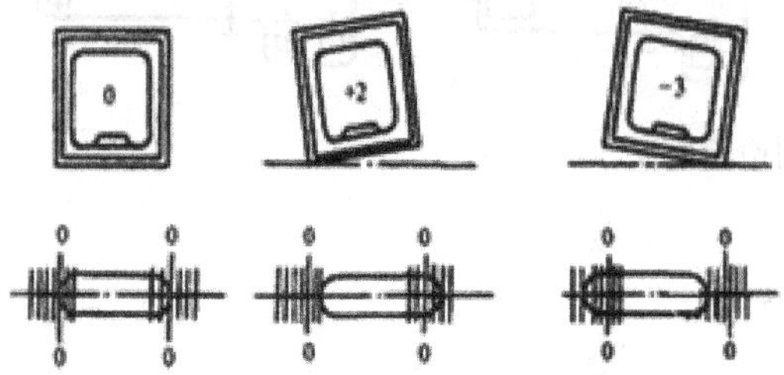

图 3-2-12　水平仪绝对读数法示意图

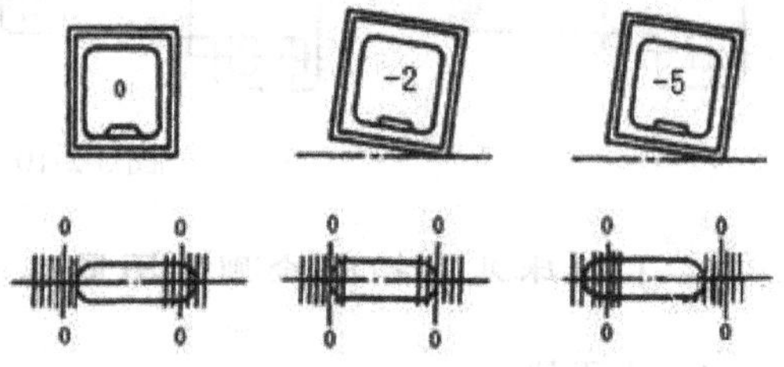

图 3-2-13　水平仪相对读数法示意图

3) 高度差的计算

测量时高度差的计算公式是 $\Delta h = n \times l \times i$，其中 n 为偏移格数，l 为被测平面长度，i 为水平仪精度。图 3-2-12 中的气泡向右移动了 2 格，被测平面长度 400 mm，水平仪精度为 0.02/1000 mm，则高度差 $\Delta h = n \times l \times i = 2 \times 400 \times 0.02/1000 = 0.016$ mm(右边高)。

2．光学平直仪

光学平直仪又称为自准直仪，用来检验机床导轨在垂直平面内和水平面内的直线度误差以及检验平板的平面度误差，测量精度高。图 3-2-14 所光为学平直仪外观图及工作原理示意图。

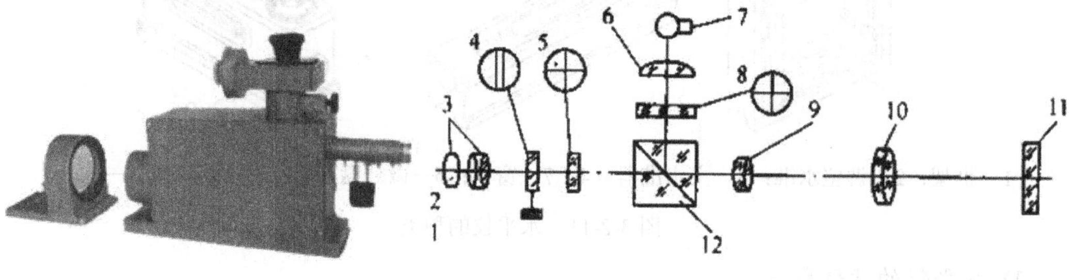

1—鼓轮；2—测微螺杆；3—目镜；4、5、8—分划板；6—聚光镜；7—光源；9、10—物镜组；11—目标反射镜；12—棱镜

图 3-2-14　光学平直仪外观图及工作原理示意图

光学平直仪的工作原理是：从光源 7 发出的光线，经聚光镜 6 照明分划板 8 上的十字线，由半透明棱镜 12 折向测量光轴，经物镜 9、10 成平行光束射出，再经目标反射面 11 反射回来，把十字线成像于分划板上。由鼓轮通过测微螺杆 2 移动，照准双刻划线(刻在可动分划板 4 上)，由目镜 3 观察，使双刻划线与十字线像重合，然后在鼓轮 1 上读数。测微鼓轮的示值读数每格为 1″，测量范围为 0～10″，测量工作距离为 0～9 m。

(三) 卧式车床床身导轨直线度误差及平行度检测

1．卧式车床床身导轨在垂直平面内的直线度检测方法与检测步骤

如图 3-2-2 所示，检测床身导轨在垂直平面内直线度的步骤如下：

(1) 分段检测。将框式水平仪 1 纵向放置在溜板上靠近前导轨处，从刀架处于主轴箱一端的极限位置开始，从左向右移动刀架，每次移动距离应近似等于水平仪的边框尺寸。

(2) 分段记录。依次记录刀架在每一测量长度位置时的水平仪读数，相对读数法。

(3) 绘制误差曲线。将这些读数依次排列，用适当的比例画出导轨在垂直平面内的直线度误差曲线。水平仪读数为纵坐标，刀架在起始位置时的水平仪读数为起点，由坐标原点起作一折线段，其后每次读数都以前折线段的终点为起点，画出对应折线段，各折线段组成的曲线，即为导轨在垂直平面内直线度曲线。

(4) 误差计算。曲线相对其两端连线的最大坐标值，就是导轨全长的直线度误差，曲线上任一局部测量长度内的两端点相对曲线两端点的连线坐标差值，即导轨的局部误差。

(5) 导轨形状分析。根据所绘直线度曲线分析导轨形状，以便进行修复与调整。

2. 卧式车床床身导轨平行度检测方法与检测步骤

导轨平行度误差检验则是将框式水平仪 2 横向放置在溜板上，从一端极限位置开始，从左向右移动刀架，分段检查，读出水平仪上每段误差值，水平仪读数的最大代数差值即为导轨的平行度误差。

如用精度为 0.02 mm/1000 mm 的框式水平仪测量 V-平导轨的平行度，测量长度为 250 mm，导轨长度为 2000 mm。水平仪读数依次为+0.4、+0.2、+0.3、0、+0.2、−0.3、−0.5、−0.4 格，则导轨全长内的平行度误差为

$$\varDelta=[0.4-(-0.5)]\times\frac{0.02}{1000}\times250=0.0045\ \text{mm}$$

3. 卧式车床床身导轨在垂直平面内的直线度检测实例

某卧式车床床身导轨长度为 1600 mm，采用 200 mm × 200 mm、精度为 0.02 mm/1000 mm 的框式水平仪检测其在垂直平面上的直线度误差，请说明检测步骤并进行导轨误差和形状分析。

(1) 分段检测。见图 3-2-2 ，将导轨分成 8 段，使每段长度为水平仪边框尺寸(200 mm)，依次移动水平仪完成分段检测。

(2) 分段记录。测得各段读数为+1、+2、+1、0、−1、0、−1、−0.5。

(3) 绘制误差曲线。如图 3-2-15 所示，绘制误差曲线，将曲线两端首尾连线成Ⅰ-Ⅰ线，经曲线的最高点 *A* 作Ⅰ-Ⅰ的平行线Ⅱ-Ⅱ，则夹在Ⅰ-Ⅰ和Ⅱ-Ⅱ之间的高度 *A-B* 的读数 n 即为导轨的直线度误差格数，测出最大误差格数为 $n = 3.5$。

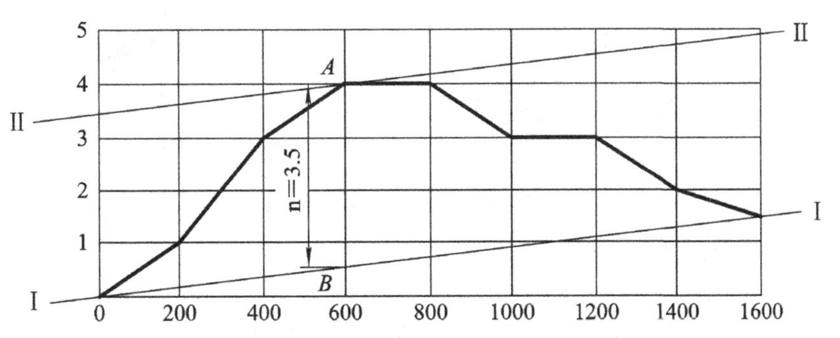

图 3-2-15　某卧式车床纵向导轨直线度误差曲线

(4) 误差计算。最大误差值 $\Delta h = n \times l \times i = 3.5 \times 200 \times 0.02/1000 = 0.014$ mm。

(5) 导轨形状分析。由曲线图可以看出导轨在全长范围内呈中间凸状态，且凸起的最大在导轨 600～800 mm 长度处。将计算出来的误差值与机床出厂允差比对(如 $\Delta_{允} = 0.025(+)$)，可知该导轨直线度 $\Delta h < \Delta_{允}$，合格。

❖技能链接

一、刮研修复法

(一) 刮研及刮研工艺过程

1．刮研技术简介

刮研是利用刮刀、拖研工具、检测器具和显示剂，以手工操作的方式，边刮研加工、边研点测量，使工件达到规定的尺寸精度、几何精度和位置精度的一种精加工工艺。刮研工艺具有如下特点：

(1) 可将导轨或工件平面的几何形状刮成中凹或中凸等各种特殊形状，以解决机械加工不易解决的问题，消除由一般机械加工所遗留的误差。

(2) 手工作业，不受工件形状、尺寸和位置的限制。

(3) 切削力小，产生热量小，不易引起工件受力变形和热变形。

(4) 表面接触点分布均匀，接触精度高。

(5) 刮研掉的金属层可以小到几微米以下，能达到很高的精度要求。

刮研法的显著缺点是劳动强度大、工效低。

2．平面刮研工艺

平面刮研的常用方法有两种，即图 3-2-16 所示的手推式刮研和挺刮式刮研。推刮主要依靠臂力和胯部的推压作用，切削力较大，适于大面积的粗刮和半精刮；挺刮仅依靠臂力加压和后拉，切削力较小，但刮削长度容易控制，适于精刮和刮花。

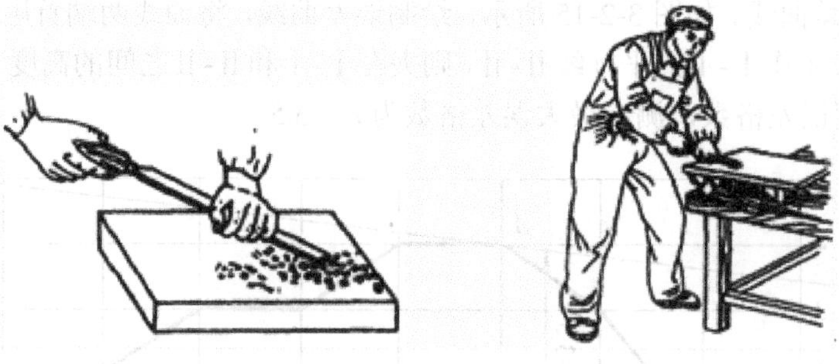

图 3-2-16　平面刮削的常用方法

工件刮研的工艺过程如下：

(1) 粗刮。用粗刮刀进行，并使刀迹连成一片。第一遍粗刮时，可按刨刀刀纹或导轨纵向的 45°方向进行，第二遍刮研时则按上一遍的垂直方向进行(即 90°交叉刮)，连续推刮工件表面。在整个刮研面上刮研深度应均匀，不允许出现中间高、四周低的现象。当粗刮到每刮方内的研点数有 2～3 点时，就可进行细刮。

(2) 细刮。用细刮刀进行，在粗刮的基础上进一步增加接触点。刮研时，刀迹宽度应在 6～8 mm，长 10～25 mm，刮深 0.01～0.02 mm。按一定方向依次刮研。刀迹按点子分布且可连刀刮。刮第二遍时应在与上一遍交叉 45°～60°的方向上进行。在刮研中，应将高点的周围部分也刮去，以使周围的次高点容易显示出来，可节省刮研时间。同时要防止刮刀倾斜，在回程时将刮研面拉出深痕。细刮后一般每刮方内的研点数有 12～15 点。

(3) 精刮。在细刮后为进一步提高工件的表面质量需要进行精刮。刮研时，要用小型刮刀或将刀口磨成弧形，刀迹宽度约 3～5 mm，长 3～6 mm，每刀均应落在点子上。点子可分为 3 种类型刮研，刮去最大最亮的点子，挑开中等点子，留下小点子不刮了，这样连续刮几遍，点子会越来越多。在刮到最后两三遍时，交叉刀迹要大小一致，排列应整齐，以增加刮研面美观。精刮后的表面要求在每刮方内的研点应有 20～25 点以上。

(4) 刮花。刮花可增加刮研面的美观，或能使滑动表面之间形成良好的润滑条件，且可根据花纹的消失来判断平面的磨损程度。一般常见的花纹有斜花纹、鱼鳞花纹和半月形花纹。

平面刮研点方法根据工件形状和面积大小的不同而异，对中小型工件，一般是基准平板固定，工件待刮面在平板上拖研；当工件面积等于或略超过基准平板时，拖研时工件超出平板部分不得大于工件长度的 1/4，否则容易出现假点子；对大型工件，一般是将平板或平尺在工件被刮研面上拖研；对重量不对称的工件，拖研时应单边配重或采取支托的办法解决。

3. 内孔刮研工艺

内孔刮研时刮刀在内孔面上作螺旋运动，以配合轴或检验芯轴作研点工具。研点时将显示剂薄而均匀地涂布在轴表面，然后将轴在轴孔内来回转动显示研点。

内孔刮研方法有如图 3-2-17 所示两种。左图中右手握刀柄，左手四指横握刀身，右手作半圆转动，左手顺着内孔方向作后拉或前推刀杆的螺旋运动；右图中刮刀柄搁在右手臂上，双手握住刀身，刮研时两手的动作和前一种一样。

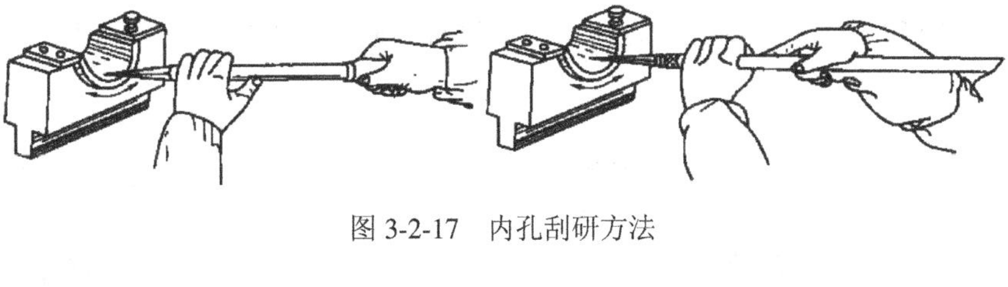

图 3-2-17　内孔刮研方法

二、研磨修复法

(一) 研磨技术简介

1. 研磨技术的特点

研磨是利用涂敷或压嵌在研具上的磨料颗粒，通过研具与工件在一定压力下的相对运动对加工表面进行的精整加工技术。研具是使工件研磨成形的工具，同时又是研磨剂的载体，硬度应低于工件的硬度，又有一定的耐磨性，铸铁研具用于研磨淬硬和不淬硬的钢件及铸铁件，黄铜研具用于研磨各种软金属。

研磨可用于加工各种金属和非金属材料，也可应用于机械零件修复。研磨的主要特点表现在设备简单，精度要求不高，加工质量可靠，可获得很高的精度和很低的Ra值，一般不能提高加工面与其他表面之间的位置精度。

2. 研磨方法分类

(1) 湿研，即把液态研磨剂连续加注或涂敷在研磨表面，磨料在工件与研具间不断滑动和滚动，形成切削运动。湿研一般用于粗研磨，所用微粉磨料粒度粗于W7。

(2) 干研，即把磨料均匀地压嵌在研具表面层中，研磨时只需在研具表面涂以少量的硬脂酸混合脂等辅助材料。干研常用于精研磨，所用微粉磨料粒度细于W7。

(3) 半干研，类似湿研，所用研磨剂是糊状研磨膏。

(二) 研磨工艺过程

1. 外圆柱面的研磨

圆柱面研磨分为外圆柱面和圆柱孔研磨。一般采用手工与机器(车床或钻床)互相配合方式进行。

如图3-2-18所示，研磨环的内径比工件直径大0.025～0.05 mm，长度为孔径的1～2倍，并可以制成能调节的孔径。研磨时研磨工件由机床夹持，先在工件外圆柱面上均匀涂上研磨剂，套上研磨环并调整好研磨间隙(松紧以用力能转动为宜)，然后开动机床低速旋转，一般工件直径<80 mm时转速为100 r/min，直径>100 mm时转速为50 r/min。用手推动研磨环，使它在工件转动的同时沿轴线方向作往复运动，且需经常作断续转动。研磨环在工件上往复运动速度根据研磨环上研出的网纹来控制，以研出的网纹与轴线成45°交角为最好。

研磨一段时间后应将工件调头再研磨，以消除可能出现的锥度，且使研磨环磨损均匀。

2. 研磨圆柱孔

如图3-2-19所示，研磨内孔应在研磨棒上进行。研磨棒有固定式和可调式两种，其长度应为工件长度的1.5～2倍。

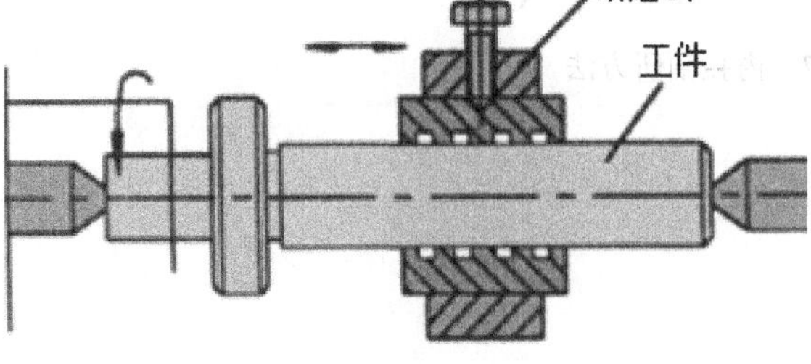

图3-2-18　研磨外圆柱面

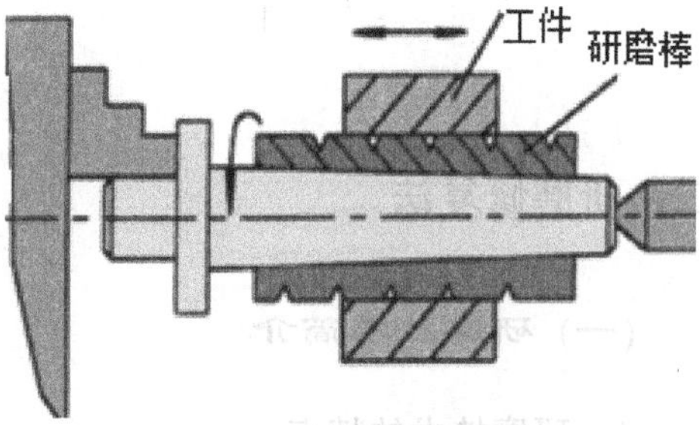

图3-2-19　研磨内孔

研磨时研磨棒用三爪卡盘装夹(长研磨棒的另一端须用尾座顶尖顶住)，把工件套在研磨棒上进行研磨。研磨棒与工件配合的松紧程度以手推动工件不十分费力为宜。研磨时，若工件两端有过多的研磨剂被挤出，应及时擦掉，以免孔口扩大成喇叭口。如果孔口要求高，可将研磨棒两端用砂布磨得小一些，避免孔径扩大。研磨完成后待工件冷却后进行测量。

3. 平面研磨

研磨平面一般在精磨之后进行。

如图 3-2-20 所示，手工研磨平面时，研磨剂涂在研磨平板(研具)上，手持工件作直线往复运动或“8”字形运动。研磨一定时间后，将工件调转 90°～180°，以防工件倾斜。对于工件上局部待研的小平面、方孔、窄缝等表面，也可手持研具进行研磨。批量较大的简单零件上的平面亦可在平面研磨机上研磨。

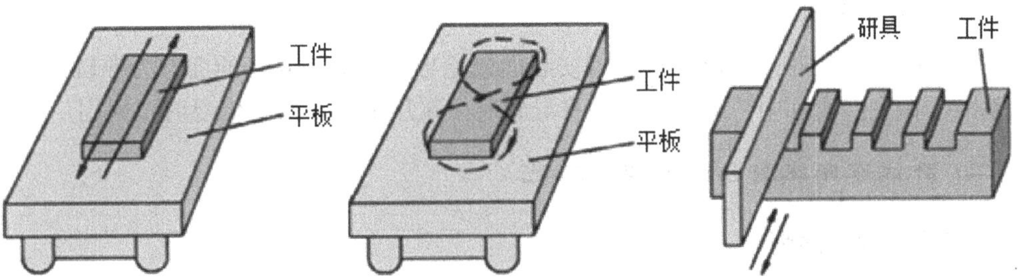

图 3-2-20　研磨平面

研磨法可以应用于高精度机械零件磨损后的修复，如车床丝杠磨损后的修复，一般在丝杠校直后再采用研磨法修复。图 3-2-21 为丝杠工作面单面研磨修复示意图。图中研磨环的内螺纹用特制专用丝锥攻制，需要两个规格不同的丝锥，其中一个中径比丝杠螺纹最大中径大 0.05～0.1 mm，供粗研丝杠用，另一个比丝杠螺纹最小中径大 0.05 mm 左右，供精研丝杠螺纹用。

研磨时根据丝杠齿廓工作面磨损情况决定是单面还是双面研磨，单面研磨时研磨套只与磨损的那个面接触，研磨剂只需涂在需要研磨的那个面上；双面研磨时在研磨环的两个面上都要涂研磨剂，而研磨套的结构也有所不同。如图 3-2-22 所示，可在研磨套 1 上另外附加一个可调研磨套 2，通过 1 和 2 间的连接螺纹来调整研磨套与丝杠的接触面，使之与丝杠成双面齿廓接触，螺母 3 为固定螺母。二者的研磨过程基本相同。

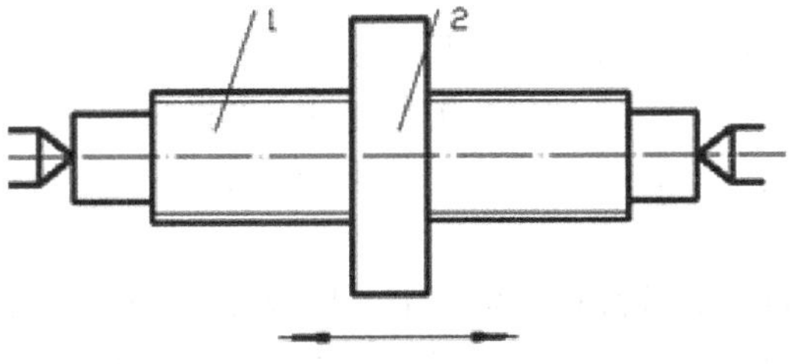

1—丝杠；2—研磨环图

图 3-2-21　研磨法修复车床丝杠单面磨损示意图

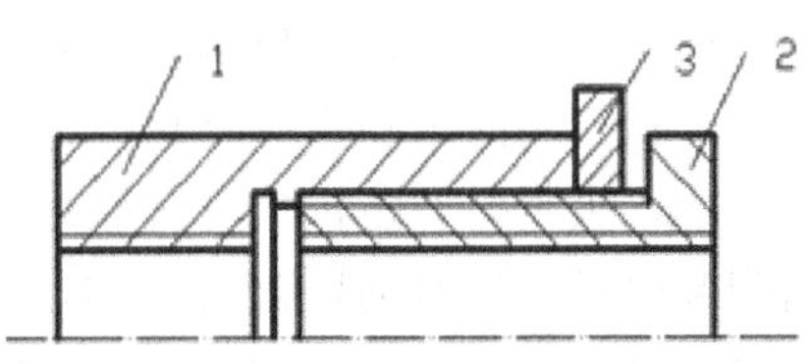

1—研磨套；2—可调研磨套；3—固定螺母

图 3-2-22　双面研磨环结构示意图

三、卧式车床床身导轨修复

(一) 卧式车床床身导轨修理方案

1．确定修理方法

床身修理的实质是修理床身导轨面，其修理方案是根据导轨的损伤程度、生产现场的技术条件及导轨表面的材质确定的，若导轨表面整体磨损，可用刮研、磨削、精刨等方法修复，其中长导轨或表面淬火的导轨多采用磨削，特长或磨损较重的导轨可用精刨，短导轨或磨损较轻的或需拼装的导轨多用刮削修复，导轨较长但位置精度要求项目较多且磨损量不大时，往往也采用刮削方法修复；若导轨表面局部损伤，则用焊补、粘补、涂镀等方法修复。

2．确定修理基准

在修复床身导轨时，可以选择齿条安装面或原导轨上磨损较轻的面作为导轨修复时的测量基准。在生产实际中，刮削修复床身导轨时多采用前者，磨削修复时多采用后者。

(二) 卧式车床床身导轨的修理工艺

1．床身导轨的磨削

如图 3-2-23 所示，床身导轨的磨削可在导轨磨床或龙门刨床上(加磨削头)进行，磨削时将床身从床腿上拆下后置于工作台上，调整垫铁垫稳，调好水平后找正。

图 3-2-23　淬硬床身导轨的磨削修复法

找正时以齿条安装面为直线度基准，即将千分表固定在磨头主轴上，其测头触及齿条安装面，移动工作台，调整垫铁使千分表读数变化量不大于 0.01 mm；再将 90° 角尺的一边紧靠进给箱安装面，测头触及 90° 角尺另一边，转动磨头，使千分尺读数不变。找正后将床身夹紧，夹紧时要防止床身变形。

磨削顺序是首先磨削导轨面 1、4，检查两面等高后，再磨削两压板面 8、9，然后调整砂轮角度，磨削 3、5 面和 2、6 面，磨削过程应严格控制温升，以手感知导轨面不发热为好。

由于导轨中间部位磨损最严重，为了补偿磨损和弹性变形，一般使导轨磨削后导轨面呈中凸状，可采用三种方法：一是反变形法，即安装时使床身导轨适当产生中凹，磨削完成后床身自动恢复成中凸；二是控制吃刀量法，即在磨削过程中使砂轮在床身导轨两端多走刀几次，最后精磨一刀形成中凸；三是靠加工设备本身形成中凸，即将导轨磨床本身的导轨调成中凸状，使砂轮相对工作台走出凸形轨迹，这样在调整后的机床上磨削导轨即呈中凸状。

2. 床身导轨的刮研

首先要选择刮研基准。选择刮研基准的原则是：选择变形小、精度高、刚度好、主要导向的导轨；尽量减少基准转换，便于刮研和测量。

然后确定刮研顺序。确定导轨刮研顺序的原则是：先刮与传动部件有关联的导轨，后刮无关联的导轨；先刮形状复杂的导轨，后刮简单的导轨；先刮长的或面积大的导轨，后刮短的或面积小的导轨；先刮施工困难的导轨，后刮容易施工的导轨。

对于两件配刮时，一般先刮大工件，配刮小工件；先刮刚度好的，配刮刚度较差的；先刮长导轨，配刮短导轨。要按达到精度稳定、搬动容易、节省工时等因素来确定顺序。

再拟定刮研工艺。导轨刮研一般分为粗刮、细刮和精刮几个步骤，其拟定工艺过程的基本原则如下：

(1) 首先修复机床部件移动的基准导轨，如床身导轨、滑座溜板的上导轨、横梁的前导轨和立柱导轨等。

(2) V-平面导轨副应先修刮 V 形导轨，再修刮平面导轨。

(3) 双 V 形、双平面(矩形)等相同形式的组合导轨，应先修刮磨损量较小的导轨。

(4) 修刮导轨时，如果该部件上有不能调整的基准孔(如丝杠、螺母、工作台、主轴等装配基准孔)，应先修整基准孔后，再根据基准孔来修刮导轨。

(5) 与基准导轨配合的导轨，如与床身导轨配合的工作台导轨，只需与基准导轨进行合研配刮，用显示剂和塞尺检查与基准导轨的接触情况，可不必做精度检查。

在上述原则指导下，拟定床身导轨刮研修复工艺如下：

(1) 床身安装与测量。如图 3-2-24 所示，按机床说明书中规定的调整垫铁数量和位置将床身置于调整垫铁上。在自然状态下，调整机床床身并测量床身导轨面在垂直平面内的直线度误差和相互平行度误差(参见图 3-2-2)，并绘制床身导轨的直线度误差曲线，通过误

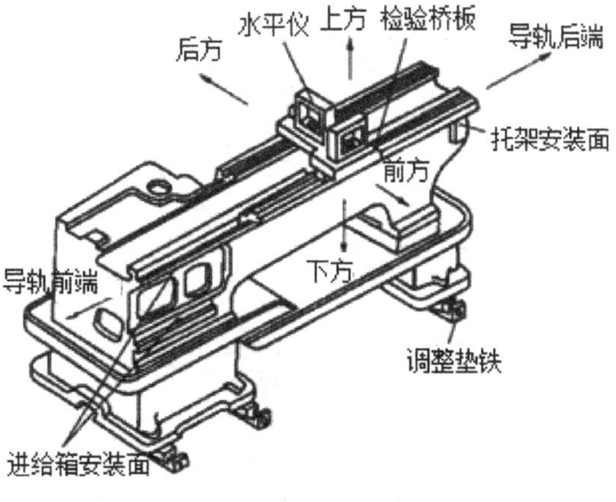

图 3-2-24　车床床身的安装与测量

差曲线了解床身导轨的磨损情况，从而拟定刮研方案。

(2) 粗刮表面 1、2、3。如图 3-2-25 所示，刮研前先测量导轨面 2、3 对齿条安装面 7 的平行度误差。

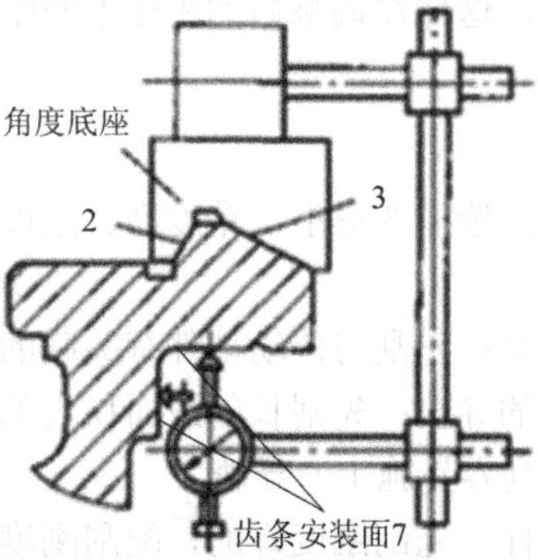

(a) V 形导轨对齿条安装面平行度测量

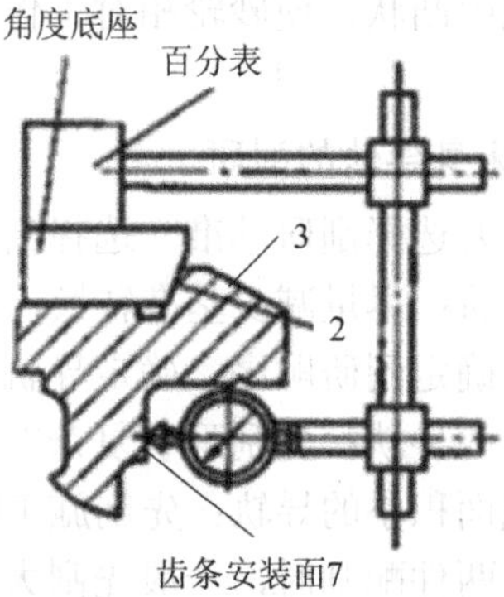

(b) 导轨面 2 对齿条安装面的平行度测量

图 3-2-25 导轨对齿条安装平面平行度测量

分析该项误差与床身导轨直线度误差间的相互关系，从而确定刮研量及刮研部位。然后用平尺拖研及刮研表面 2、3。在刮研时随时测量导轨面 2、3 对齿条安装面 7 之间的平行度误差，并按导轨形状修刮好角度底座。粗刮后导轨全长上直线度误差应不大于 0.1 mm(中凸)，且接触点应均匀分布，使其在精刮过程中保持连续表面。在 V 形导轨初步刮研至要求后，按图 3-2-24 所示测量导轨在垂直平面内直线度误差和导轨的平行度误差。在同时考虑此两项精度的前提下，用平尺拖研并粗刮表面 1(见图 3-2-1)，表面 1 的中凸应低于 V 形导轨。

(3) 精刮表面 1、2、3。利用配刮好的床鞍(床鞍先按床身导轨精度最佳的一段配刮)与粗刮后的床身相互配研。精刮导轨面 1、2、3(见图 3-2-1，精刮时按图 3-2-24 测量导轨在垂直面内的直线度误差和导轨的平行度误差，按图 3-2-26 测量床身导轨在水平面的直线度误差。

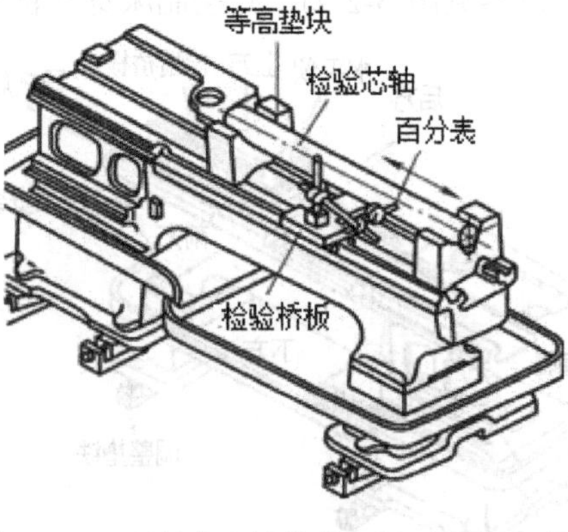

图 3-2-26 测量床身导轨在水平面内的直线度

(4) 刮研表面 4、5、6。用平行平尺拖研及刮研表面 4、5、6，粗刮时按图 3-2-27 所示测量每条导轨面对床鞍导轨的平行度误差。在表面 4、5、6 粗刮全达到全长平行度误差为 0.05 mm 的要求后，用尾座底板作为研具进行精刮，接触点在全部表面上要均匀分布，使导轨面 4、5、6 在刮研后达到修理要求。精刮时测量方法如图 3-2-28 所示。

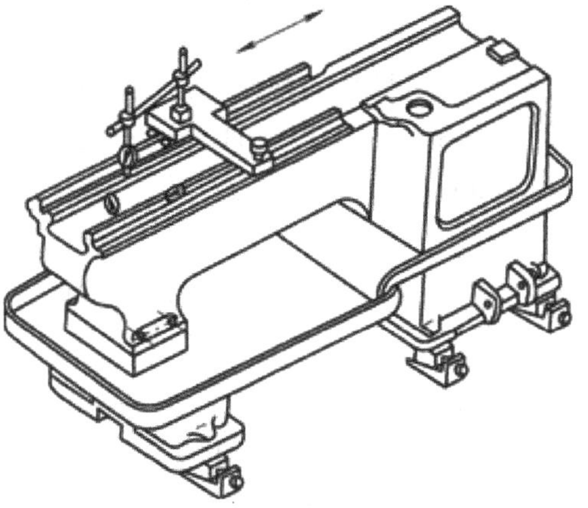

图 3-2-27　测量每条导轨面对床鞍导轨的平行度误差

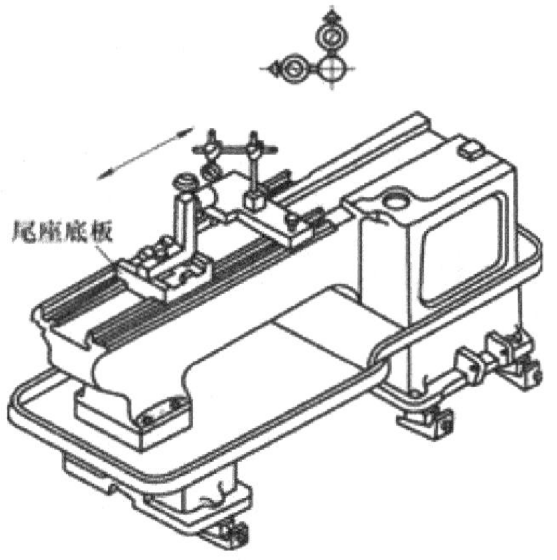

图 3-2-28　测量尾座导轨对床鞍导轨的平行度

导轨刮研修复的应用较广泛。图 3-2-29 中，某卧式铣床工作台 1 与回转滑板 2 之间导轨副就是采用刮研修复。

图 3-2-30 为该铣床结构示意图。其中，工作台的作用是沿着回转溜板上的燕尾导轨作纵向移动，回转溜板带动工作台可在±45° 范围内旋转一定的角度。

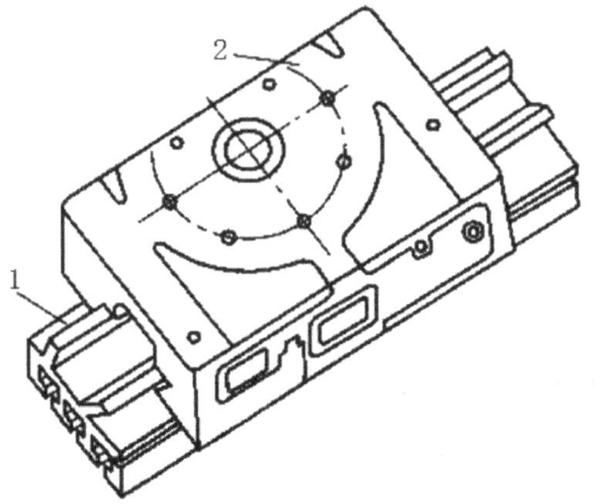

图 3-2-29　卧式铣床工作台与回转滑板结构示意图

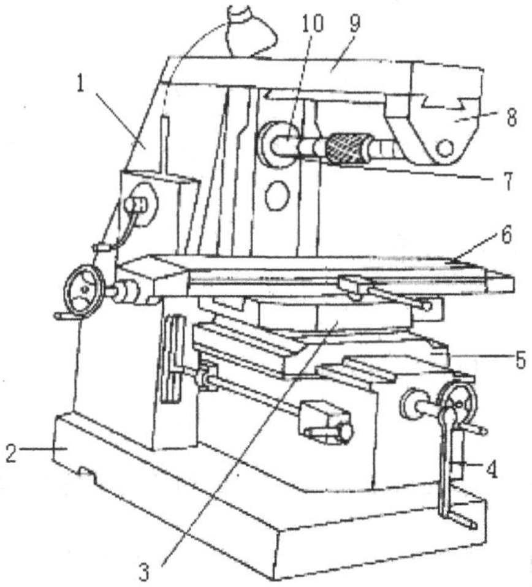

1—床身；2—底座；3—回转溜板；4—升降台；5—床鞍；6—工作台；7—主轴；8—刀杆支架；9—悬梁；10—刀杆

图 3-2-30　铣床结构示意图

某卧式铣床工作台与回转滑板之间导轨副的刮研修复工艺如下：

(1) 确定配刮基准。工作台中央的 T 型槽一般磨损极少，故刮研以中央 T 型槽为基准。

(2) 拟定配刮修复顺序。按工作台上、下表面的平行度纵向允差为 0.01 mm/500 mm、横向允差为 0.01 mm/300 mm，中央 T 型槽与燕尾导轨两侧面平行度允差在全长上为 0.02 mm 的要求刮研好各表面后，将工作台翻过去，以工作台上表面为基准与回转滑板配刮，见图 3-2-30。回转滑板底面与工作台上表面的平行度允差在全长上为 0.02 mm，滑动面间的接触点在 25 mm × 25 mm 内为 6～8 点。

(3) 粗刮楔铁。将楔铁装入回转滑板与工作台燕尾导轨间配研，滑动面的接触点在 25 mm × 25 mm 内为 8～10 点，非滑动面的接触点为 6～8 点。用 0.04 mm 的塞尺检查楔铁两端与导轨面间的密合程度，插入深度应小于 20 mm。

3. 导轨面局部损伤修复工艺

若导轨表面局部损伤，可用电弧冷焊、钎焊、粘结剂加填料粘补，对研伤部位进行金属喷涂或镶嵌等方法加以修复。

例如某机床导轨面产生划伤和研伤，拟采用锡铋合金钎焊，其工艺过程如下：

(1) 制作锡铋合金焊条。在铁制容器内投入 55%(熔点为 232℃)的锡和 45%(熔点为 271℃)的铋，加热至完全熔融，然后迅速注入角钢槽内，冷却凝固后便成锡铋合金焊条。

(2) 配制焊剂。将氯化锌 12%、氯化亚铁 12%、蒸馏水 67%放入玻璃瓶内，用玻璃棒搅拌至完全溶解。

(3) 焊前准备。钎焊的焊前准备主要包括去油、除氧化膜及焊件表面镀覆镀层。

(4) 施焊。将焊剂涂在焊补部位及烙铁上，用已加热的 300～500 W 电烙铁或紫铜烙铁切下少量焊条涂于施焊部位，用侧刃轻轻压住，趁焊条在熔化状态时，迅速在镀铜面上反复移动涂擦，并注意赶出细缝及小凹坑中的气体。

(5) 焊后检查和处理。当导轨研伤完全被焊条填满并凝固之后，用刮刀以 45° 角交叉形式仔细修刮。若有气孔、焊接不牢等缺陷，则再补焊后修刮至要求。最后清理钎焊导轨面，并在焊缝上涂敷一层全损耗系统用油防腐蚀。

❖项目实施

一、项目实施步骤

(一) 卧式车床床身导轨检测与修复工量具准备

表 3-2-5 为卧式车床床身导轨检测与修复工量具及机物料准备表。

表 3-2-5 卧式车床床身导轨检测与修复工量具及机物料准备表

名 称	材料或规格	件数	备 注
工量具准备			
粗、精刮刀		各 1 把	刮削
油石		1 块	刃磨油石
桥形平尺		1	拖研用
角度底座	不等边，200 × 250	1	刮研、测量床身导轨

续表

名　称	材料或规格	件数	备　注
角度底座	等边，长 200～250	1	刮研、测量床身导轨
框式水平仪	0.01/1000	1	导轨几何精度检验用
磁力表架和百分表		1 套	导轨几何精度检验用
塞尺		1 把	导轨配合面间隙检验用
检验桥板	长 250	1	测量床身导轨精度
检验芯轴	$\phi 80\times 1500$	1	测量床身导轨直线度
25×25 显示框		1	刮研精度检查
毛刷		1	清扫刮研面
粉笔		1	标记
机物料准备			
显示剂	红丹粉	若干	刮研精度显示
机床清洁布		1	清洁

(二) 卧式车床床身导轨几何精度检测与修复步骤

1. 卧式车床床身导轨 G1 组几何精度检测

(1) 画出 G1 组几何精度检验简图。

(2) 写出检验步骤和方法。

(3) 完成导轨在垂直平面内直线度检验。

(4) 完成导轨在垂直面内平行度检验。

(5) 完成导轨在垂直平面内直线度曲线绘制和导轨形状分析。

2. 床身导轨刮削法修复

(1) 绘制床身导轨截面图。

(2) 拟定刮削工艺。最后，整理现场。

二、项目作业

(一) 选择题

1. 用涂色法检查机床导轨的直线度和平面度一般常用________。

A) 平尺　　B) 平板　　C) 方尺

2. 平板的精度等级分为 0、1、2 和 3 级，其中________精度最高。

A) 0　　B) 1　　C) 2　　D) 3

3. 水平仪是机床修理和制造中进行________测量的精密测量仪器之一。

A) 直线度　　B) 位置度　　C) 尺寸

4. 水平仪的绝对读数法是按气泡的位置读数，唯有气泡在水平仪________位置时才读作 0；相对读数法是将水平仪在________位置上的气泡位置读作 0。

A) 两条长刻度线中间　　B) 起始测量

5. 读数精度为0.02 mm/1000 mm的水平仪气泡每移动一格，其倾斜角度等于________。

A) 1″　　B) 2″　　C) 4″

6. 修理设备，进行两件配刮时，应按________的顺序进行修理。

A) 先刮大作用面　　B) 先刮小作用面　　C) 同时刮削　　D) 大小面随意刮削

7. 下列机械零件修复法中，________产生热量少，不易引起工件受力变形和热变形。

A) 电镀法　　B) 焊补法　　C) 喷涂法　　D) 刮研法

8. 刮研法中所采用的显示剂的种类有红丹粉、________和松节油等。

A) 铅油　　B) 普鲁士蓝油　　C) 机油　　D) 矿物油

9. 机床导轨严重磨损后，下列方法中不会破坏机床原有的尺寸链的方法是________。

A) 刨削　　B) 磨削

C) 刮削　　D) 合成有机胶粘剂粘接

10. 检验棒在机床精度检验时主要用来检查各轴________及轴与导轨平行度。(多选)

A) 径向跳动　　B) 轴向窜动

C) 相互间同轴度　　D) 相互间平行度

11. 卧式车床在使用过程中，导轨________部位磨损最严重。

A) 靠床尾　　B) 中间　　C) 靠床头　　D) 整个

12. 采用磨削法修复车床导轨时，由于导轨中间磨损最严重，为了补偿磨损和弹性变形，一般应将导轨面磨成________状。

A) 中凹　　B) 中凸　　C) 波纹　　D) 水平

13. 当导轨面损伤特别严重，伤痕或沟槽深度超过 5 mm 时，不宜采用________修复法，因为会大大降低导轨的强度，引起与导轨配合的各部件间的尺寸链变化。

A) 补焊　　B) 粘补　　C) 喷涂　　D) 机械加工

14. 导轨接合面配合过松时将会影响________精度和产生振动。

A) 几何　　B) 接触　　C) 运动　　D) 加工

15. 滑动导轨采用镶条调整间隙，当机床上旧的镶条拆卸下来后，应检查其尺寸情况，必要时更换。无论新旧镶条，装配前都需检查其滑动工作面的________情况。

A) 几何精度　　B) 接触精度　　C) 表面质量　　D) 磨损

(二) 判断题

1. 平尺只可以作为机床导轨刮研与测量的基准。

2. 精密量仪在测量过程中要注意温度对量仪的影响，尽量使量仪和被测工件保持同温。

3. 水平仪气泡的实际变化值与选用垫铁的长短有关。

4. 千分尺是利用螺纹原理制成的量具。

5. 游标卡尺测量内孔时，应使尺面倾斜紧紧压向内表面上，否则测量结果就不准确。

6. 用百分表可以直接测出零件的具体尺寸。

7. 用塞尺可以测量温度较高的工件，在测量时用力不能太小。

8. 万能角度尺可以测量 0°～360°的任何角度值。

9. 测量精度为 0.02/1000 mm 的水平仪，当气泡移动一格时，水平仪底面两端的高度差为 0.02 mm。

10. 两件配刮时，一般先刮小工件，配刮大工件。

11. 方尺和角度尺是用来检测机床零部件间垂直度误差的重要工具。

12. 垫铁和检验桥板是检测机床导轨几何精度的重要量具。

13. 检查 CA6140 车床主轴的精度时，采用的是带 1∶20 公制锥度的检验棒。

14. 用水平仪对机床精度进行检验时，常采用绝对读数法。

15. 机械装配与维修工作中，常用塞尺测量零部件的组装间隙及其他位置误差。

16. 导轨的磨损是机床精度丧失的主要因素之一。

17. 机床导轨面的沟槽较深时，可采用补焊、粘补、喷涂、镶嵌等修复方法。

18. 床身修理的实质是修理床身导轨面。

(三) 计算分析题

1. 用框式水平仪测量机床床身导轨在垂直平面内的直线度误差。已知水平仪规格为 200 mm × 200 mm、精度为 0.02 mm/1000 mm，导轨测量长度为 1400 mm。已测得的水平仪读数值依次为：−1，+1，+1.5，+0.5，−1，−1、−1.5。要求：

① 在坐标图上绘出导轨直线度误差曲线图。

② 计算全长直线度最大误差值。

③ 分析该导轨面的凹凸情况。

2. 用精度为 0.02 mm/1000 mm 框式水平仪测量一长 2 m 的车床导轨在垂直平面内的直线度误差，所绘制的误差曲线如项目作业图 3-2-1 所示，试求出该导轨全长的直线度误差以及任意 500 mm 的测量长度上的直线度误差，并分析该导轨形状。

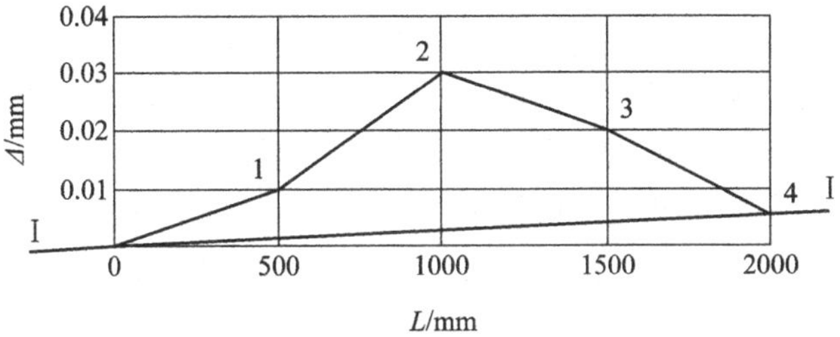

项目作业图 3-2-1　某导轨 G1 误差曲线图

3. 用精度为 0.02 mm/1000 mm 框式水平仪测量上题中所述车床导轨横向平行度误差，设水平仪读数依次为+1、+0.8、+0.5、−0.6 格，试计算该导轨在全长上的平行度误差。

模块四　机械故障诊断与维修

项目 4.1　齿轮泵故障诊断与排除

➤➤➤ 项目内容

(1) 完成图 4-1-1 所示的齿轮泵常见故障模式分析。
(2) 完成齿轮泵故障原因分析及排除方法讨论。

图 4-1-1　CB-B 型齿轮泵安装现场

➤➤➤ 项目要求

(1) 认识机械设备故障，理解故障的一般规律，会故障模式分析。
(2) 认识机械故障诊断与排除工作过程，能进行一般的机械故障诊断。
(3) 熟练掌握固定连接件检修技术，会检修固定连接件。
(4) 熟练掌握轴承故障诊断及检修技术，能完成受损轴承修换。
(5) 认识机械设备治漏技术，能完成对密封部位泄漏的处理。

❖知识链接

一、机械设备的故障

1．故障及故障模式

机器丧失了规定功能的状态称为故障。当机械设备发生故障后，其技术经济指标部分或全部下降而达不到规定的要求。如 CA6140 的 I 轴摩擦片短时期使用后松动，机床起车慢；床头箱内刹车带断裂；刀架重复定位不准；加工件表面有波纹；机床切槽振动；机床挂轮防护处杂声大等常见机床故障就属于技术经济指标达不到规定要求。

故障模式是故障的外在表现形式，机械设备主要有异常振动、磨损、疲劳、裂纹、破断、腐蚀、剥离、渗漏、堵塞、过度变形、松弛、熔融、蒸发、绝缘劣化、短路、击穿、声响异常、材料老化、油质劣化、黏合、污染、不稳定等数种故障模式。

故障按照发生的原因或性质分为自然故障和人为故障。自然故障是指机械设备因各部分零件的磨损、变形、断裂和蚀损而引起的故障，是不可避免的；人为故障是指因使用了不合格零件、不正确的装配、违反操作规程或维护保养不当等人为原因造成的，是可以避免的。

同样的故障现象可能是自然原因也可能是人为原因，比如在精车外径时主轴每一转在圆周表面上有一处振痕，经检查发现是主轴滚动轴承某几粒滚柱磨损严重，既可能是这几粒滚柱自然磨损造成的，又可能是选用了质量不合格的滚动轴承或滚动轴承安装不当原因造成的；又如某医院曾造成人员伤亡重大安全事故的电梯桥箱停层不稳故障，就是由于电梯维护保养时保养工操作不规范，将本应只加到抱闸转臂铰链的润滑油滴到了抱闸闸带上，造成抱闸打滑、电梯失控，属于人为故障。

2. 故障的一般规律

机械设备的故障率随时间的变化规律如图 4-1-2 所示，此曲线又称浴盆曲线。浴盆曲线体现了机械设备故障的三个阶段：第一阶段为早期故障期，即由于设计、制造、运输、安装等原因造成的故障，故障率较高；第二阶段为偶发故障期，随着故障一个个被排除而逐渐减少并趋于稳定，此期间不易发生故障，设备故障率很低，也称为有效寿命期；第三阶段为耗损故障期，随着设备零部件的磨损、老化等原因造成故障率上升，这时若加强维护保养，及时修复或更换失效零部件，则可把故障率降下来，从而延长有效寿命。

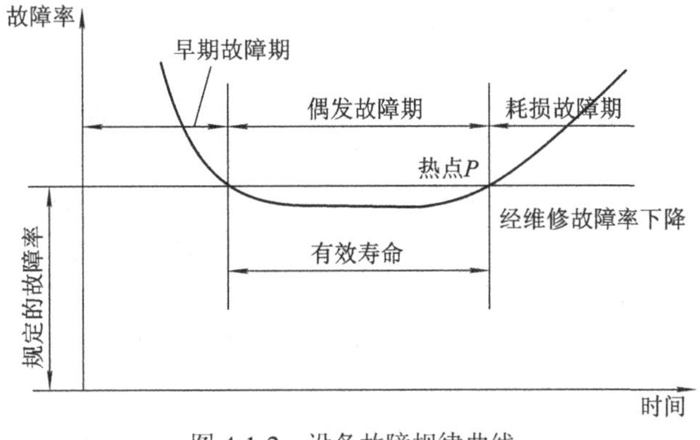

图 4-1-2　设备故障规律曲线

二、机械设备故障诊断技术

（一）实用机械设备故障诊断技术

1. 机械设备故障诊断技术及其分类

机械故障诊断技术就是一种了解和掌握机器在运行过程的状态，确定其整体或局部正常或异常，早期发现故障及其原因，并能预报故障发展趋势的技术，分为实用机械故障诊断技术和现代机械故障诊断技术。

2. 实用机械故障诊断技术

由维修人员的感觉器官对机械设备进行问、看、听、触、嗅等的诊断技术，称为实用机械故障诊断技术。

1) 问

问就是询问设备故障发生的经过，弄清故障是突发还是渐发。在机床故障诊断中通常询问下列情况：

(1) 机床开动时有哪些异常现象。

(2) 故障前后工件的精度和表面粗糙度，以便分析故障产生的原因。

(3) 传动系统是否正常，出力是否均匀，背吃刀量和走刀量是否自动减小等。

(4) 润滑油品牌是否符合规定，用量是否适当。

(5) 机床何时进行过检修和保养等。

2) 看

看，包括看转速、看颜色、看伤痕、看工件、看变形和看油箱与冷却箱。

(1) 看转速。观察主传动速度的变化，如带传动的线速度变慢，可能是传动带过松或负荷太大；对主传动系统中的齿轮，主要看它是否跳动、摆动；对传动轴要看它是否弯曲或晃动。

(2) 看颜色。如果机床转动部位，特别是主轴和轴承运转不正常，就会发热。长时间升温会使机床表面颜色发生变化，大多呈黄色。油箱里的油也会因温升过高而变稀，颜色变样；有时也会因久不换油、杂质过多或油变质而变成深墨色。

(3) 看伤痕。机床零部件碰伤损坏部位很容易发现，若发现裂纹，则应作一记号，隔一段时间再比较它的变化情况，以便进行综合分析。

(4) 看工件。从工件来判别机床的好坏。若车削后的工件表面粗糙度 Ra 值大，则主要是由于主轴与轴承之间的间隙过大，溜板、刀架等部位压板楔铁有松动以及滚珠丝杠预紧松动等原因造成的；若是磨削后的工件表面粗糙度 Ra 值大，则主要是主轴或砂轮动平衡差，机床出现共振以及工作台爬行等原因引起的；若工件表面出现波纹，则看波纹数是否与机床主轴传动齿轮的齿数相等，如果相等，则表明主轴齿轮啮合不良是故障的主要原因。

(5) 看变形。观察机床传动轴、滚珠丝杠是否变形；直径大的带轮和齿轮的端面是否跳动。

(6) 看油箱与冷却箱。主要观察油或冷却液是否变质，确定其是否能继续使用。

3) 听

听，用以判别设备是否运转正常。一般正常运行的机器，其声响具有一定的音律和节奏，并保持持续的稳定。机械运动发出的正常声响大致可归纳为下面所列几种：

(1) 一般作旋转运动的机件发出的正常声响。平静的嘤嘤声，在运转区间较小或处于封闭系统时发出；较大的蜂鸣声，在运转区间较大或处于非封闭系统时发出；低沉而振动声浪很大的轰隆声由各种大型机械设备发出。

(2) 常用传动机构或运动副发出的正常声响。正常运行的齿轮副一般在低速下无明显的声响；链轮和齿条传动副一般发出平稳的唧唧声；直线往复运动机件一般发出周期性的咯噔声；常见的凸轮顶杆机构、曲柄连杆机构和摆动摇杆机构等，通常发出周期性的嘀嗒声；多数轴承副一般无明显的声响，借助传感器(通常用金属杆或螺钉旋具)可听到较为清晰的嘤嘤声。

(3) 各种介质的传输设备产生的正常输送声。一般随传输介质的特性而异。如气体介质多为呼呼声，流体介质为哗哗声，固体介质发出沙沙声或“呵罗呵罗”声。

掌握正常声响及其变化，并与故障时的声音相对比，是采用听觉诊断的关键。下面是几种常见异声：

① 摩擦声。声音尖锐而短促，如发生带打滑或主轴轴承及传动丝杠副之间缺少润滑油。

② 泄漏声。声音小而长，连续不断，如漏风、漏气或漏液等。

③ 冲击声。声音低而沉闷，一般是由于螺栓松动或内部有其他异物碰击。

④ 对比声。用手轻轻敲击来鉴别零件是否缺损。有裂纹的零件敲击后发出的声音不太清脆。如铁路维修人员对铁轨的巡检就常常采用此法。

4) 触

触是用手感来判别机床的故障，通常有以下几方面的应用：

(1) 温升。根据经验，当机器温度在 0℃左右时，手指感觉冰凉，长时间触摸会产生刺骨的痛感；10℃左右时，手感较凉，但可忍受；20℃左右时，手感稍凉，随着接触时间延长，手感潮温；30℃左右时，手感微温有舒适感；40℃左右时，手感如触摸高烧病人；50℃以上时，手感较烫，如掌心扪的时间较长可有汗感；60℃左右时，手感很烫，但可忍受 10s 左右；70℃左右时，手有灼痛感，且手的接触部位很快出现红色；80℃以上时，瞬时接触手感麻辣火烧，时间过长，可出现烫伤。操作中应注意手的触摸方法，一般先用右手并拢的食指、中指和无名指指背中节部位轻轻触及机件表面，断定对皮肤无损害后，方可用手指或手掌触摸。

(2) 振动。轻微振动可用手感鉴别，至于振动的大小可找一个固定基点，用一只手去同时触摸便可以比较出振动的大小。

(3) 伤痕和波纹。肉眼看不到的伤痕和波纹，若用手指去触摸可很容易地感觉出来。摸的方法是：对圆形零件要沿切向和轴向分别去摸；对平面则要左右、前后均匀去摸。摸的时候不能用力太大，只需轻轻把手指放在被检查表面上接触即可。

(4) 爬行。用手摸可直观地感觉出来。

(5) 松或紧。用手转动主轴或摇动手轮，即可感到接触部位的松紧是否均匀适当。

5) 嗅

由于剧烈摩擦或电器元件绝缘破损短路，使附着的油脂或其他可燃物质发生氧化挥发或燃烧产生油烟气、焦糊气等异味，可用嗅觉诊断。

(二) 现代机械故障诊断技术

现代机械故障诊断技术是利用诊断仪器和数据处理对机械装置的故障原因、部位和故障的严重程度进行定性和定量的分析。

1. 润滑油样分析

润滑油在机器中循环流动，在其工作过程中，各种摩擦副的磨损产物便进入润滑油中，必然携带机器中零部件运行状态的大量信息。这些信息可提供机器中零件磨损的类型、程度等情况，可预测机器的剩余寿命，从而进行计划性维修。具体有油液光谱分析法、油样铁谱分析法和磁塞检查法等，整个油样分析工作包括采样、检测、诊断、预测和处理五个步骤。

2. 振动检测

通过安装在机器某些特征点上的传感器，利用振动计来回检测，测量机器上某些测量处的总振级大小，如位移、速度、加速度和幅频特性等，从而对故障进行预测和监测。

3. 噪声谱分析

通过声波计对齿轮噪声信号频谱中的啮合谐波幅值变化规律进行深入分析，识别和判断齿轮磨损失效故障状态。在设备噪声诊断中一般采用声压级 L 表示，L 的单位是 dB，即分贝。

4. 故障诊断专家系统的应用

将诊断所必需的知识、经验和规则等信息编成计算机可以利用的知识库，建立具有一定智能的专家系统。这种系统能对机器状态作出常规诊断，解决常见的各种问题，并可自行修正和扩充已有的知识库，不断提高诊断水平。

5. 温度监测

利用测温探头测量轴承、轴瓦、电动机和齿轮箱等装置的表面温度。

6. 非破坏性检测

利用探伤仪观察内部机体的缺陷，如磁粉探伤、超声波探伤、射线探伤等。

(三) 常用机械故障诊断仪

1. 直读式发射光谱仪

如图 4-1-3 所示，直读式发射光谱仪是利用原子发射光谱技术，采用各种激发源使被分析物质的原子处于激发态，再经分光系统将受激后的辐射线按频率分开。

通过对特征谱线的考察和对其强度的测定，可以判断某种元素是否存在以及它的浓度，用于油样分析。

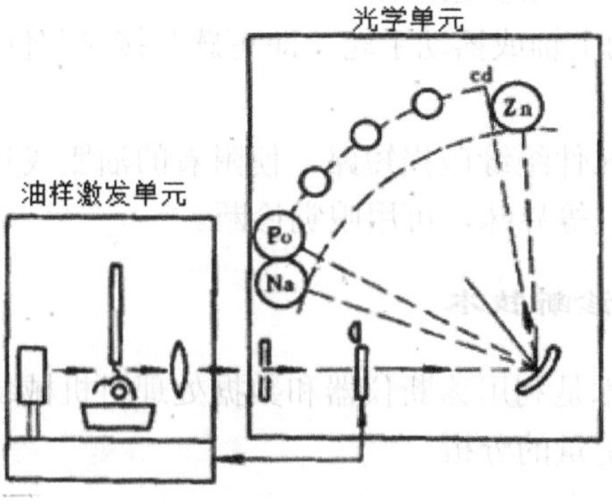

图 4-1-3　直读式发射光谱仪原理图

2. 振动频谱分析仪

在振动检测中，一般用示波器看时域图形，而频谱仪用于测量频域图形，横坐标分别为时间和频率，纵坐标可以是加速度，也可以是振幅或功率，后者反映了在频率范围内，对应于每一个频率分量的幅值。

如图 4-1-4 为故障轴承与完好轴承的频谱图(实验室条件下)，故障滚动轴承的外圈有划伤，明显看出其频谱有较大周期成分，其基频为 184.2 Hz；通过比较完好轴承频谱图可以看出故障后频谱图上有高阶谐波，此例中出现了 184.2 Hz 的 5 阶谐波，且在 736.9 Hz 上出现了谐波共振现象。

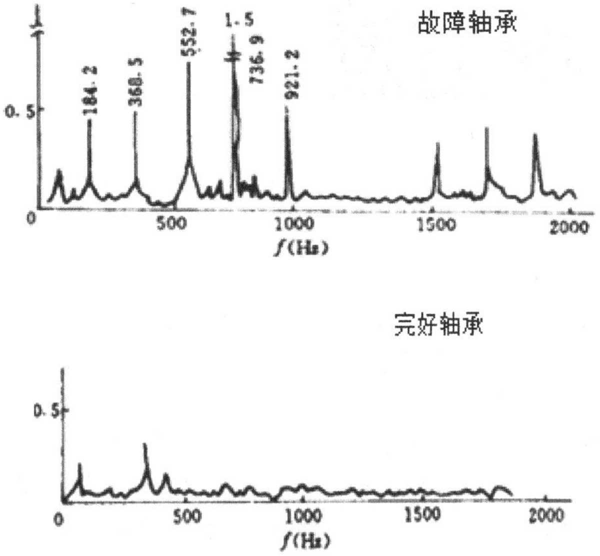

图 4-1-4　外圈有伤痕故障的滚动轴承及完好滚动轴承频谱图

其他常使用的还有声级计、机械故障诊断仪、点温仪、轴承振动听诊仪、电子听诊仪等。

❖技能链接

一、机械故障诊断与排除步骤

1. 故障诊断的基本过程

故障诊断的基本过程包括：数据采集或故障现象采集；数据处理或故障现象原因分析；数据输出并提出故障排除方法。

2. 机械故障诊断与排除工程应用实例

案例 1　图 4-1-5 所示某风场某种风机，采用液压变桨模式。在定期维护时发现轮毂内的变桨机构三角架与行程杆之间的连接螺栓断掉后螺栓头部掉在螺栓孔内，请对其进行故障诊断。

(1) 故障现象采集。

某种风机轮毂内的变桨机构三角架与行程杆之间的连接端盖存在断螺栓问题，即有螺栓断掉后螺栓头部掉在螺栓孔内。

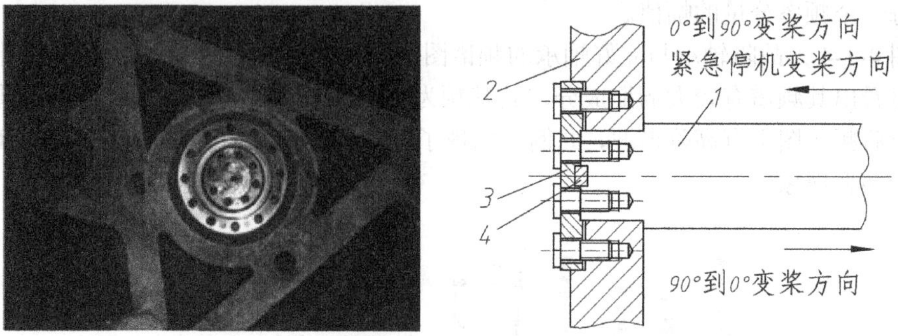

1—变桨行程杆；2—三角架；3—法兰连接盘；4—堵块

图 4-1-5　风机变桨机构结构示意图(局部)

(2) 故障原因分析。

变桨机构工作原理：0°到 90°变桨时，变桨行程杆 1 是驱动元件，带动三角架 2、法兰连接盘 3 和堵块 4 共同(图中向左)运动，期间，全部的作用力由外圈法兰螺栓和变桨行程杆共同承担；90°到 0°变桨时，变桨行程杆 1 是驱动元件，带动三角架 2、法兰连接盘 3 和堵块 4 共同(图中向右)运动，期间，全部的作用力由内圈法兰螺栓承担。

因此，螺栓断裂故障应主要发生于 90°到 0°变桨阶段，且发生于内圈法兰螺栓。

由于风机安装较早，已运行了较长时间，风机变桨机构工作时间较长；风场现场的风向变化较频繁，风机变桨较频繁；风场现场的风沙较大，对轮毂内变桨有磨损。因此属于自然故障。

(3) 提出故障排除方法。

首先对故障危害进行分析。如轮毂内变桨机构内的断螺栓故障不处理，则相较于初始状态，有较少的螺栓承担全部的力，更易造成内圈法兰螺栓的断裂。发展到最后，可能造成变桨行程杆 1 与法兰连接盘 3 之间失去连接。此时，风机可以 0°到 90°变桨，可以紧急停机，但是不可以 90°到 0°变桨。风机最终会因故障紧急停机。

然后提出排除方法。为保证安全，应按下风机机舱内的三个紧急停机按钮，使风机处于紧急停机状态，将变桨行程杆向前(导流罩方向)推出；然后进入轮毂，机舱外的工作人员协助轮毂内的工作人员利用扳手、手电钻、方头淬火钢杆等工具将断头螺栓取出，如图 4-1-6 所示。

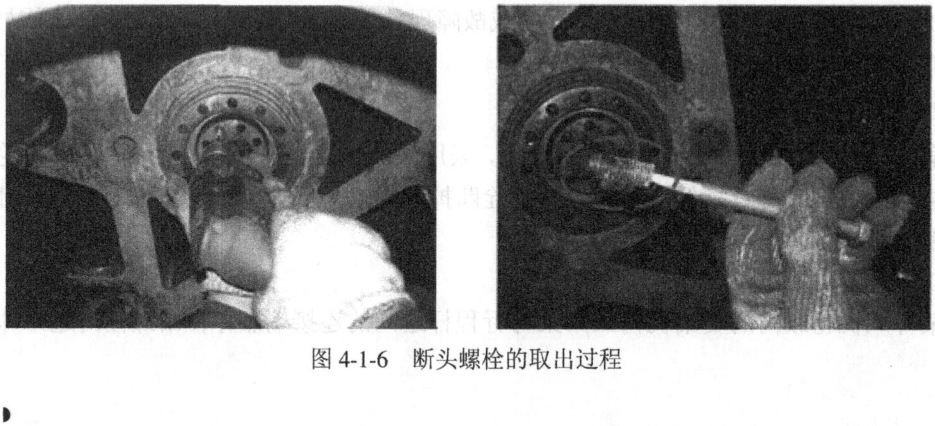

图 4-1-6　断头螺栓的取出过程

案例 2 某品牌汽车在使用中多个客户反映汽车使用一段时间后出现渗油、异响、动力明显下降等现象，经查，原来是发动机排气歧管上的螺栓断裂所致。图 4-1-7 为故障汽车排气歧管与发动机连接部位实物图片，请对其进行故障诊断。

图 4-1-7 某品牌汽车发动机排气歧管与发动机连接部位

(1) 故障现象采集。

某品牌汽车使用一段时间后出现渗油、异响、动力明显下降等现象；发动机排气歧管上的螺栓断裂。

(2) 故障原因分析。

发动机排气歧管是与发动机缸盖排气口相连的装置，作用是将流经缸盖排气口的废气收集后，令其可以畅顺排走。这种车的发动机排气歧管螺栓总长约 75 mm，每辆车上有 12 枚，分六组上下排列，一头旋在发动机上，一头横穿排气歧管，用于固定发动机与排气歧管。

首先查明该汽车发动机是德国原装道依茨发动机，本身没有质量问题；排气系统由国内生产厂家设计制造，二者在汽车厂组装。

经检查，该汽车整个排气系统过于庞大，而增压器排气弯管没有任何的支点来支撑，所有的重量都依托发动机排气歧管上与发动机相连的 12 枚螺栓来支撑，静态下，螺栓能够支撑这一重量，而在动态下，发动机的抖动、不平的路面，都会给排气歧管螺栓带来巨大的作用力，就必然造成螺栓断裂；原装道依茨发动机上的所有螺栓、螺杆、螺母，性能等级都是 8.8 级以上的，排气歧管的螺栓是 10.9 级的，意味着螺栓能承受很大的载荷，而现在连 10.9 级螺栓都承受不了排气系统的重量，只能说明排气系统设计有问题。

另外在维修过程中使用的国内的仿制螺栓从外形上看和进口件没有任何差异，唯一不同的就是硬度级别不够，导致螺栓强度不够。因此是排气系统设计问题及组装上的匹配导致了螺栓的断裂，而维修中使用的国产替代螺栓本身的材质问题又使断裂现象更为严重。

(3) 提出故障排除方法。

首先进行故障危害分析。排气歧管上的这 12 枚螺栓只要断裂一枚，车辆会出现漏气现象，并且伴有异响发生。而漏气则会导致发动机温度过高，造成动力不足甚至趴窝，车辆最终还有可能引起自燃；另外，每次更换螺栓时取出断螺栓花费不少钱，而且螺栓孔都会不同程度地受到损害，只能重新攻丝，久而久之，原本直径为 10 mm 的标准螺栓口已经被扩大到 14 mm，如此下去就只能更换发动机缸盖甚至是发动机，需要花费更多时间和金钱。

然后提出排除方法。采用给增压器附近的排气弯管增加支点，并对排气歧管等进行相应的加固、改装措施，从此以后再没有出现螺栓断裂的情况。

二、典型零部件检修技术

（一）固定连接件检修技术

1. 螺纹连接件的失效分析与修复

表 4-1-1 为螺纹连接件的失效形式、原因分析及修复方法。

表 4-1-1 螺纹连接件的失效形式、原因分析及修复方法

失效形式	原因分析	修复方法
弯曲	头部碰撞变形	用两个螺母拧到螺杆弯曲部位，使弯曲部处于两螺母之间并保持一定距离，然后在虎钳上矫正
端部被镦粗	头部碰撞	① 用三角锉修去变形部分 ② 用板牙重套丝 ③ 若螺纹外露部较长，碰撞严重时，可适当锯去损坏部分，再修锉或重套丝
滑丝	① 螺母或螺钉质量差 ② 间隙大或装配时拧紧力太大	更换螺钉或螺母
螺钉外六角变秃成圆形	① 螺钉拧得太紧 ② 螺纹锈蚀 ③ 扳手开口太大	① 用锉刀将原六角对边锉扁，用扳手拧 ② 用锤子敲击震松，再用钝錾凿六方边缘使之松退 ③ 须更换螺钉或螺母
平头、半圆头螺钉头部损坏	① 旋具操作不当 ② 螺钉头部槽口太浅或损坏	用凿子或锯弓将螺钉头部槽口加深或用小钝凿凿螺钉头部边缘使之松退
折断	螺纹部分损坏或锈死	① 直径在 8 mm 以上螺钉折断，可在其断口上钻孔，楔入一根棱角状钢杆，反拧退出断螺钉 ② 钻孔后攻反螺纹，上反螺钉，拧出断螺钉
严重锈蚀	长期在无油或较差条件下锈蚀	① 将锈蚀零件浸入煤油中，同时可锤击震松螺钉连接部或用钝凿凿螺钉六角头边缘退松 ② 将外露部直接用氧气-乙炔加热，迅速扳退螺母

2. 键连接件的失效分析与修复

表 4-1-2 为键连接件的失效形式、原因分析及修复方法。

表 4-1-2　键连接件的失效形式、原因分析及修复方法

失效形式	原因分析	修复方法
键变形	键的设计不合理或配合精度差	① 增加轮毂槽的宽度，重新配宽键 ② 增加键的长度 ③ 采用双键，相隔 180° ④ 提高键的配合精度
键剪断	装配不合理或超载	修整加宽键槽，重新配键，提高配合精度
键磨损	长期失修或维护不当	① 小型键采用更换键，修整键槽 ② 较大键采用堆焊修复
花键轴与花键套磨损	润滑差，使用时间较长	① 花键轴同一侧面镀铬 ② 刷镀后修磨 ③ 振动堆焊后修磨

3. 销连接的失效分析与修复

销连接的失效形式是销、销孔磨损挤压变形或销切断。销磨损或损坏时，通常采用更换的办法；销孔在允许改大直径的情况下，采用加大孔径，重新钻、铰的方法修理。

4. 过盈连接的失效分析与修复

过盈连接的失效形式表现为过盈量的丧失。对于丧失过盈量的配合表面，一般以修复后的孔为基准，改变修复后的轴的尺寸，使轴、孔间重新产生需要的过盈量。

(二) 轴承故障诊断与检修

1. 滚动轴承故障诊断与检修

表 4-1-3 为滚动轴承常见故障现象、原因分析及排除办法。

表 4-1-3　滚动轴承常见故障现象、原因分析及排除办法

故障现象	原因分析	排除办法
轴承温升过高，接近 100℃	① 润滑中断 ② 用油不当 ③ 密封装置、垫圈、衬套间隙装配过紧 ④ 安装不正确，间隙调整不当 ⑤ 过载、过速	① 加油或疏通油路 ② 换油 ③ 调整并磨合 ④ 调整或重新装配 ⑤ 控制过载或过速
轴承声音异常	① 轴承损坏、保持架碎裂 ② 轴承因磨损而配合松动 ③ 润滑不良 ④ 轴向间隙太小	① 更换轴承 ② 调整、更换、修复 ③ 加强润滑 ④ 调整轴向间隙
轴承内外圈裂纹	① 装配过盈量太大，配合不当 ② 冲击载荷 ③ 制造质量不佳，内部有缺陷	更换轴承或修复轴颈

续表

故障现象	原因分析	排除办法
轴承金属剥落	① 冲击力和交变载荷使滚道或滚动体产生疲劳剥落 ② 内外圈安装歪斜造成过载 ③ 间隙调整过紧 ④ 配合面落入铁屑或硬质脏物 ⑤ 选型不当	① 找到过载原因，予以排除 ② 重新安装 ③ 调整间隙 ④ 保持干净，加强密封 ⑤ 按规定选型
轴承表面有点蚀麻坑	① 油液黏度低，抗极压能力低 ② 超载	① 更换黏度高的油或极压齿轮油 ② 找出超载原因并排除
咬死、刮伤	严重发热造成局部高温	清洗、整修，找出发热原因并改善
轴承磨损	① 超载、超速 ② 润滑不良 ③ 装配不好，间隙调整过紧 ④ 轴承制造质量不好，精度不高	① 限制速度和载荷 ② 加强润滑 ③ 重新装配、调整间隙 ④ 更换轴承

特殊情况下需要对滚动轴承进行修复。滚动轴承的修复主要有以下几种方法：

(1) 选配法。即将同类轴承全部拆卸、清洗、检验，把符合要求的内外圈和滚动体重新装配成套，恢复其配合间隙和安装精度。

(2) 电镀法。凡选配法不能修复的轴承，可通过外圈和内圈滚道镀铬，恢复其原来尺寸后再进行装配。镀铬层不宜太厚，否则容易剥落，降低机械性能，也可用镀铜或镀铁。

(3) 电焊法。圆锥或圆柱滚子轴承的内圈尺寸若能确定修复，可采用电焊修补。其工艺过程是：检查、电焊、车削整形、抛光、装配。

(4) 修整保持架。若保持架有裂纹，可用气焊修补；若保持架有小裂纹，也可通过校正后用粘结剂修补。

2．滑动轴承故障诊断与排除

表 4-1-4 为滑动轴承常见故障现象、原因分析及排除办法。

表 4-1-4　滑动轴承常见故障现象、原因分析及排除办法

故障现象	原因分析	排除办法
高温运行	① 润滑剂选用不当 ② 润滑剂供给不足或中断 ③ 轴弯曲或轴承中心线偏斜	① 正确选用润滑油 ② 对弯曲轴进行检修校直 ③ 间隙小时，可根据设计要求重新调整，使间隙合理 ④ 不应超负荷运行
磨损加快	① 机器年久失修，油楔磨损破坏 ② 润滑剂不清洁，轴承有点蚀、剥落、裂纹等 ③ 轴承受力不均，轴颈磨损成椭圆	① 定期检修机器 ② 及时修换轴承，保持润滑剂清洁 ③ 检修与轴和轴承相关零部件，使之保持良好平衡

续表

故障现象	原因分析	排除办法
轴径向跳动	① 轴承间隙太大 ② 瓦盖螺栓预紧力不够或松动	① 适当减小轴承间隙 ② 拧紧螺栓螺母
轴启动缓慢	① 轴承间隙太小 ② 轴瓦配合面有杂物 ③ 轴承配研精度差 ④ 电压低	① 适当加大间隙 ② 及时清洗杂物 ③ 仔细检查接触精度，配研修理 ④ 保持规定电压
瓦端面漏油	① 油槽与瓦端面连通 ② 油槽及坡口过宽过深 ③ 轴承与轴局部接触 ④ 轴承间隙太大 ⑤ 选用的润滑油黏度低	① 对轴瓦进行修理，各部达到规定要求；必要时重新研瓦，组装时保证正确的间隙值 ② 选用适当润滑油黏度

滑动轴承的修复方法视整体结构或剖分结构而不同。

若是整体轴承，当轴套孔磨损时，调换轴套并通过镗削、铰削或刮削，也可用塑性变形法，减少轴套长度和缩小内径；没有轴套的轴承内孔磨损后，可用镶套法，把轴承孔镗大，压入加工好的衬套，然后按轴颈修整。

如果是剖分式轴承，当严重烧损、瓦口烧损面积大、磨损深度大或瓦衬的轴承合金减薄到极限尺寸或轴瓦发生碎裂、裂纹严重或磨损严重使径向间隙过大不能调整时，均需要更换新瓦。

轴瓦常采用的修复方法是：

(1) 刮研轴承。在运转中擦伤或烧瓦，需清洗后将轴瓦内表面刮研，再与轴颈配合刮研。

(2) 调整径向间隙。对于径向间隙增大而出现漏油、振动、磨损加快等情况，应重新调整径向间隙。

(3) 缩小接触角度、增大油楔尺寸。对于磨损逐渐增大，形成轴颈下沉，接触角度增大，润滑条件恶化而磨损加快，在径向间隙不必调整的情况下，可刮刀开大瓦口，减小接触角度，缩小接触范围，增大油楔尺寸。有时此法与调整径向间隙同时进行，效果更好。

(4) 补焊和堆焊。磨损、刮伤、断裂或有其他缺陷的轴承可用补焊或堆焊修复。一般用气焊修复轴瓦，对巴氏合金轴承常用补焊。

(5) 重新浇注轴承瓦衬。适用于磨损严重而失效的滑动轴承。

(6) 塑性变形法。对于青铜轴套或轴瓦，还可采用塑性变形法，如镦粗、压缩和校正等。镦粗法是用金属模和芯棒定心，在上模加压，使轴套内径减小，再加工其内径；压缩法是将轴套装入模具中，在压力作用下使轴套通过模具把其内、外径都减小，减小后的外径可用热喷涂法恢复到原来的尺寸，然后再加工到需要的尺寸；校正法是将两个半轴瓦合在一起，固定后在压力机上加压成椭圆形，然后将半轴瓦的接合面各切去一定厚度，使轴瓦的内外径均减小，其余处理同压缩法。

3. 轴承故障检修在机械设备维修中的应用

图 4-1-8 为 CA6140 卧式车床主轴部件结构示意图，主轴部件滚动轴承的磨损、变形、裂纹、蚀损等失效都将会引起主轴部件故障，对机床正常运行及生产带来严重影响，必须予以排除。

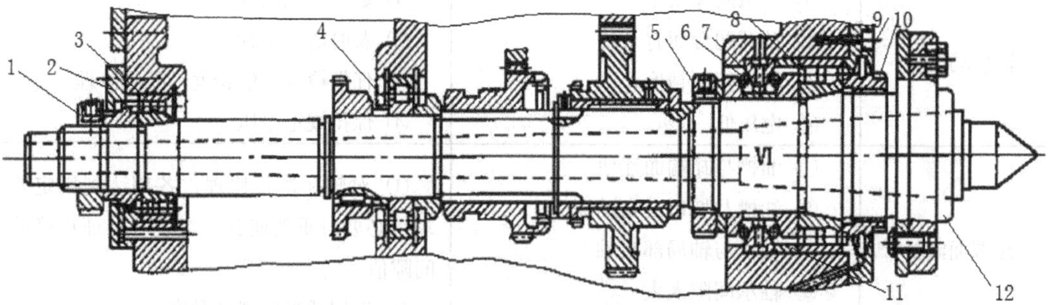

1—螺母；2—端盖；3—双列圆柱滚子轴承；4—圆柱滚子轴承；5—螺母；6—双向推力角接触球轴承；7—垫圈；8—双列圆柱滚子轴承；9—轴承盖；10—螺母；11—隔套；12—主轴

图 4-1-8 CA6140 卧式车床主轴结构示意图

图中主轴 12 是一根空心阶梯轴，主轴前端锥孔为莫氏 6 号锥度，用以安装顶尖和心轴；主轴前端为短锥法兰型结构，用来安装卡盘或夹具；主轴有ϕ48 通孔，用于通过长的棒料；同时在主轴上还安装有轴承、齿轮和其他零件。

主轴轴承间隙过大直接影响加工精度，其旋转精度要求为径向圆跳动和轴向窜动均不超过 0.01 mm。轴承间隙的调整方法是：前轴承 8 用螺母 5 和 10 调整，调整时先拧松螺母 10，然后拧紧带锁紧螺钉的螺母 5，使轴承 8 的内圈锥度为 1∶12 的薄壁锥孔相对主轴锥形轴颈向右移动。由于锥面的作用，薄壁的轴承内圈产生径向膨胀，将滚子与内外圈之间的间隙消除。调整妥当后，再将螺母 10 拧紧。后轴承 3 的间隙用螺母 1 调整。中间的轴承 4 间隙不能调整。一般情况下，只有当调整前轴承后仍不能达到要求的旋转精度时，才需调整后轴承。

例如在生产中出现的故障现象“圆柱形工件加工后外径发生椭圆及棱圆”，经分析可能的原因有：其一主轴轴承间隙过大；其二主轴轴承磨损；其三主轴轴承的外径有椭圆，或主轴箱体轴孔有椭圆，或两者的配合间隙过大。

对主轴轴承间隙的检测可按照精度要求检查主轴的轴向窜动和径向圆跳动，分别为机床几何精度检验标准 GB/T 4020—1997 中的 G4 和 G6 组精度。

如图 4-1-9 为 G4 组几何精度检验简图。检验时先固定百分表，使其触头触及检验棒端部中心孔内的钢球，在测量方向上沿主轴轴线加力 F，慢慢旋转主轴，百分表的最大差值就是轴向窜动误差值，b 点检验的是包含轴向窜动的主轴轴肩支撑面跳动，其大小反映了主轴后轴承精度，检验时先固定百分表，使触头触及主轴轴肩支撑面上的不同直径处进行检验，允差值见表 4-1-5。

如图 4-1-10 为 G6 组几何精度检验简图。a、b 相距 300 mm，检验时将检验棒插入主轴锥孔内，固定百分表，使其测头触及检验棒的表面，分别检查 a、b 两点，检查时需拔出检验棒相对主轴旋转 90°后依次重复检查三次，允差值见表 4-1-6。

表 4-1-5　G4 项目的允差值

检验项目	允差/mm		
	精密级	普通级	
	Da≤500 和 DC≤1500	Da≤800	800<Da≤1600
主轴 (a) 主轴轴向窜动 (b) 主轴轴肩支撑面的跳动	(a) 0.005 (b) 0.01 包括轴向窜动	(a) 0.01 (b) 0.02	(a) 0.015 (b) 0.02
备注：*F* 为消除主轴轴承的轴向游隙而施加的恒定力，下同。			

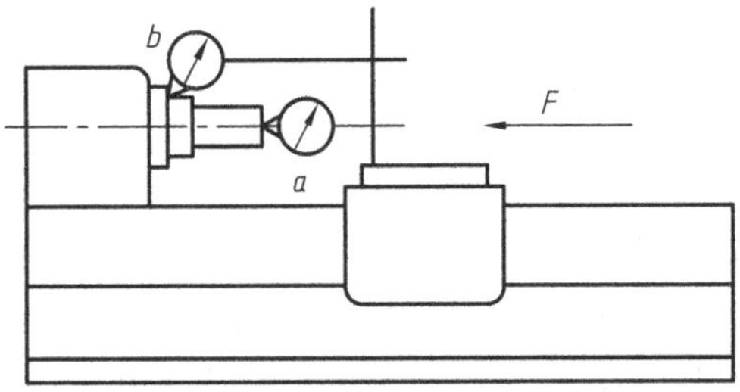

图 4-1-9　主轴 G4 组几何精度检验简图

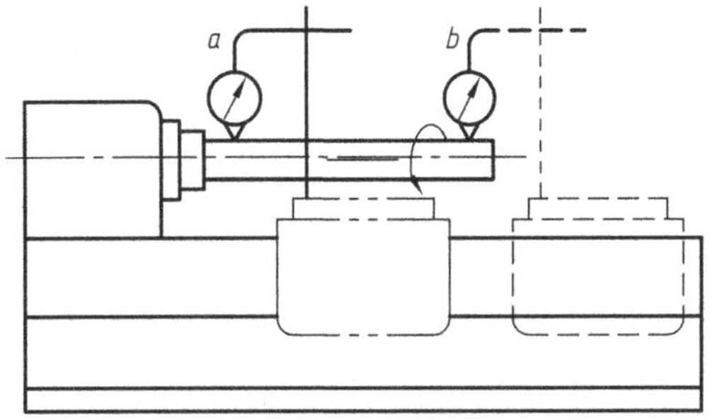

图 4-1-10　主轴锥孔轴线 G6 组几何精度检验简图

表 4-1-6　G6 项目的允差值

检验项目	允差/mm		
	精密级	普通级	
	Da≤500 和 DC≤1500	Da≤800	800<Da≤1600
主轴轴线的径向圆跳动 (a) 靠近主轴端面 (b) 距主轴端面 Da/2 或不超过 300 mm	(a) 0.005 (b)在 300 测量长度上为 0.015，在 200 测量长度上为 0.01，在 100 测量长度上为 0.005	(a) 0.01 (b) 在 300 测量长度上为 0.02	(a) 0.015 (b) 在 500 测量长度上为 0.05

其余几项原因检测则是按照图纸资料检验主轴轴承或箱体的尺寸和形状精度。

通过检测、分析确定了原因之后，针对上述各种原因采取的排除办法及修复方法是：其一，调整主轴轴承的间隙，轴承间隙调整方法如前述，并按 G6、G4 组精度检验合格；其二，更换滚动轴承；其三，修整主轴箱体的轴孔，并保证它与滚动轴承外环的配合精度。

(三) 机械设备密封部位治漏技术

1．漏油及其分级

(1) 渗油(轻微漏油)。固定连接部位每 0.5 h 滴一滴油；活动连接部位每 5 min 滴一滴油。

(2) 滴油(漏油)。每 2～3 min 滴一滴油。

(3) 流油(严重漏油)。1 min 滴五滴油以上。

2．漏油原因

(1) 法兰和垫片的加工精度未达到技术要求，密封面有划伤、划痕，特别是径向贯穿划痕。

(2) 螺栓或垫片材料误用，在同一法兰上混用不同材质的螺栓等。

(3) 预紧螺栓时操作不当，造成垫片压偏、压损或法兰翘曲等。

(4) 法兰密封面不清洁，粘附各种杂物；法兰存在偏口、错口、张口等情况。

(5) 设备管路振动引起螺栓松动等。

(6) 设备操作不稳定，压力、温度波动大或超过允许值。

3．治漏方法

表 4-1-7 所示为治漏方法。

表 4-1-7　治 漏 方 法

方法	具体内容
封堵	应用密封技术堵住界面泄漏的通道，主要用各种性能好的液态密封胶、垫片和填料，减小表面粗糙度，改进密封结构等
疏导	采用回油槽，回油孔，挡板等进行疏导防漏，使结合面处不积存油而顺利流回油池
均压	设置大小适当的通气帽、通气孔，并保持通畅，使箱体内外压力接近，减少泄漏
阻尼	将流体的泄漏通道做成犬牙交错的各式沟槽，人为地加长泄漏路程，加大阻力。或在动结合处控制间隙，形成一层极薄的临界液膜来阻止或减少泄漏
抛甩	通过装甩油环，利用离心力的作用阻止泄漏
接漏	在漏油难以避免的部位增设接油盘、接油杯，或流回油池
管理	制定治漏计划，配备技术力量，落实岗位责任，加强质量管理，普及治漏知识

如图 4-1-11 为卧式加工中心主轴前支承的密封结构，采用了双层小间隙密封装置来防泄漏。图中主轴前端车出两组锯齿形护油槽，1 为进油口，在法兰盘 4 和 5 上开沟槽及泄漏孔，当喷入轴承 2 内的油液流出后被法兰盘 4 内壁挡住，并经其下部的泄油孔 9 和套筒 3 上的回油孔 8 流回油箱； 少量油液沿主轴 6 流出时，主轴护油槽内的油液在离心力作用下被甩至法兰盘 4 的沟槽内，经回油斜孔 8 重新流回油箱，达到了防泄漏的目的。

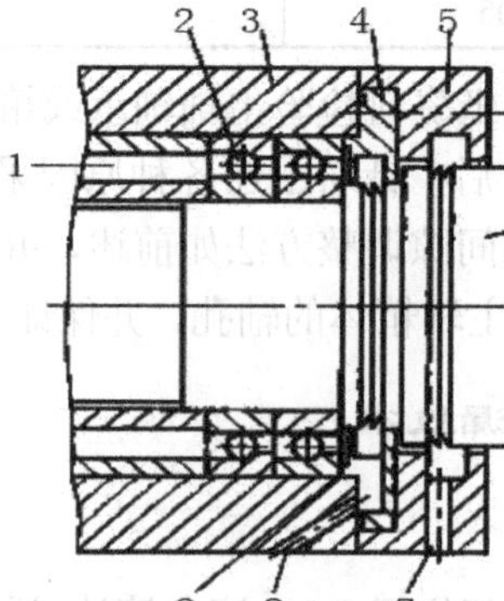

1—进油口；2—轴承；3—套筒；4、5—法兰盘；6—主轴；7—泄漏孔；8—回油斜孔；9—泄油孔

图 4-1-11　加工中心主轴前支承密封结构

❖项目实施

一、项目实施步骤

(一) CB-B 型齿轮泵故障诊断与排除

CB-B 型齿轮泵的常见故障现象包括异常振动(泵体振动)、声响异常(运行噪声)、运行不稳定(流量减少)、运行不稳定(旋转不畅)、温度异常(发热)。

1. 振动与噪声的原因分析及排除方法

(1) 泵运行中可能因吸入空气而产生振动与噪声。

吸入空气原因一：直接硬接触的 CB-B 型齿轮泵的泵体与两侧端盖间接触面的平面度未达到规定要求，泵在工作时容易吸入空气；或因为空气从直接接触的泵的端盖与压盖之间侵入；另外，压盖为塑料制品，由于其损坏或因温度变化而变形，也会使密封不严而进入空气。

排除办法：当泵体或泵盖的平面度达不到规定的要求时，可以在平板上用金钢砂按“8”字形路线来回研磨，或在平面磨床上磨削，使其平面度不超过 5 μm，并需要保证其平面与孔的垂直度要求；对于泵盖与压盖处的泄漏，可采用涂敷环氧树脂等胶粘剂进行密封。

吸入空气原因二：CB-B 型齿轮泵泵轴一般采用骨架式油封密封。若卡紧唇部的弹簧脱落，或将油封装反，或其唇部拉伤、老化，都将使油封后端经常处于负压状态而吸入空气。

排除办法：一般可更换新油封予以解决。

吸入空气原因三：油箱内油量不够，或吸油管口未插至油面以下；回油管口露出油面。

排除办法：往油箱内补充油液至油标线，插好吸油管；回油管口应插至油面以下。

吸入空气原因四：泵的安装位置距油面太高，特别是在泵转速降低时，因不能保证泵吸油腔有必要的真空度造成吸油不足而吸入空气。

排除办法：调整泵与油面的相对高度，使其满足规定的要求。

吸入空气原因五：吸油滤油器被污物堵塞或其容量过小，导致吸油阻力增加而吸入空气；进、出油口的口径较大也有可能带入空气。

排除办法：清洗滤油器，或选取较大容量且进出口径适当的滤油器。

(2) 泵运行中可能因机械原因而产生振动与噪声。

机械原因一：泵与联轴器的连接未达到规定技术要求。应按规定要求调整联轴器。

机械原因二：油中污物进入泵内导致齿轮等部件磨损拉伤而产生噪声。

排除办法：更换油液，加强过滤，拆开泵清洗；修理或更换磨损严重的齿轮。

机械原因三：泵内零件损坏或磨损严重。如齿形误差或周节误差大，两齿轮接触不良，齿面粗糙度高，公法线长度超差，齿侧隙过小，两啮合齿轮的接触区不在分度圆位置；轴承的滚针保持架破损、长短轴轴颈及滚针磨损等，均可导致轴承旋转不畅而产生机械噪声，

排除办法：更换齿轮或将齿轮对研；或拆修齿轮泵，修复长短轴轴颈，更换滚针轴承。

2．齿轮泵输出流量不足原因分析与排除办法

原因一：油温高将使其黏度下降、内泄漏增加，使泵输出流量减小。应查明原因采取措施，对于中高压齿轮泵，须检查密封圈是否破损。

原因二：选用油的黏度过高或过低。应使用黏度合格的油品。

原因三：CB-B 型齿轮泵一般不可以反转，如泵体装反，将造成压油腔与吸油腔局部短接，使其流量减少甚至吸不上油来。应查泵的转向。

原因四：发动机转速不够，造成流量减小。应查明原因并加以排除。

3．旋转不畅原因分析与排除办法

(1) 齿轮泵装配原因造成的旋转不畅。

原因分析：装配时两齿轮轴向间隙或径向间隙太小；装配方法有误，齿轮泵两销孔的加工基准面并非装配基准面，如先将销子打入，再拧紧螺钉，泵会转不动，正确装配方法是边转动齿轮泵边拧紧螺钉，最后配钻销孔并打入销子；安装时泵与发动机联轴器的同轴度差，超过允许值ϕ0.1 mm；另外，装配前泵内零件未退磁也会造成旋转不畅。

排除办法：间隙太小或者同轴度未达到要求应重新加以调整、修配；装配方法有误应按正确方法装配定位销；所有零件装配前消磁。

(2) 齿轮泵运行中其他原因造成的旋转不畅。

原因分析：泵内有污物；工作油输出口被堵塞；滚针套质量不合格或滚针断裂。

排除办法：解体以清除异物；清除输出口异物；修理或更换滚针轴承。

4．发热的原因分析与排除办法

造成齿轮泵旋转不畅的各项原因均能导致齿轮泵发热，排除方法亦可参照其执行。

油液黏度过高或过低、前后泵盖与齿轮端面严重摩擦都会造成发热，应重新选油、修复或更换失效零件；环境温度高，油箱容积小，散热不良，也都会使泵发热，应分别处理。

关于齿轮泵旋转不畅和发热的原因分析与排除办法请同学们讨论。

(二) CB-B 型齿轮泵主要失效零件修复

1．泵体的修复

泵体的磨损主要在内腔与齿轮顶圆相接触的那一面，且多发生在吸油侧。

如果泵体属于对称型，可将泵体翻转 180°后再用；如果属于非对称型，则需采用电镀青铜合金工艺或电刷镀的方法修复泵体内腔孔的磨损部位。

2．长短轴的修复

长、短轴的失效，主要是在与滚针轴承相接触处出现磨损。

如果磨损轻微，可采用抛光修复(并更换新的滚针轴承)；如果磨损严重或折断，则需用镀铬工艺修复，或重新加工。重新加工时，须满足长、短轴上的键槽对轴心线的平行度和对称度的要求；装在轴上的平键与齿轮键槽的配合间隙均不能过大；轴不得在齿轮内孔产生径向摆动；轴颈与安装齿轮部分配合表面的同轴度不得大于 10 μm，两端轴颈的同轴度不得超过 20～30 μm。

3. 滚针轴承座圈的修复

轴承座圈的磨损一般在与齿轮接触的那一端面和与滚针接触的内孔上。

端面磨损或拉毛时，可将 4 个轴承座圈放在平面磨床上，以不与齿轮接触的那一面为基准将拉毛端面磨平，其精度应保证在 10 μm 范围内。若磨损严重，则可研磨，也可适当地加大孔径并重新选配滚针，还可更换轴承座圈。

4. 齿轮的修复

齿轮的修复主要包括齿形的修理及齿轮端面的修理。

齿形修理的方法是用细砂布或油石除去拉伤、磨损或已磨成多棱形的部位，再将齿轮啮合面调换方位并适当地进行对研，最后清洗干净；对用肉眼能观察到的严重磨损件，应予以更换。

齿轮端面由于与轴承座或前后盖相对转动而磨损，轻时会起线，可用研磨方法将起线毛刺痕迹研去并抛光；磨损严重时，应将齿轮放在平面磨床上进行修磨，应注意两个齿轮必须同时放在平面磨床上进行修磨，目的是为了保证两个齿轮的厚度差在 5 μm 范围内，同时必须保证端面与孔的垂直度及两端面的平行度均在 5 μm 范围内，并用油石将锐边倒钝，但切不可倒角，做到无毛刺、飞边即可。

二、项目作业

（一）选择题

1. 机械设备的故障规律表明设备故障分为早期故障、偶发故障及耗损故障三个时间段，其中偶发故障期的故障比另外两个时期的________。

A) 低很多　　B) 高很多　　C) 低一点　　D) 高一点

2. 使用了质量不合格的零件和材料而造成的机械设备故障属于________。

A) 自然故障　　B) 人为故障　　C) 早期故障　　D) 偶发故障

3. 利用现代故障诊断技术可以对机械设备的故障原因、部位和故障的严重程度进行________分析。

A) 定性　　B) 定量　　C) 定性和定量　　D) 大致

4. 利用________得到的信息可提供机器中零件磨损类型、程度等情况，预测机器剩余寿命，从而进行计划性维修。

A) 润滑油液的油样分析　　B) 振动检测

C) 噪声检测　　D) 温度检测

5. 设备噪声大小既是反映机械技术状况的一个指标，也是__________所要控制的重要内容。

A) 减少环境污染　　B) 降低生产成本

C) 提高产品质量　　D) 提高维修人员素质

6. 在检修中如果发现轴上键槽有轻微磨损和毛刺，你建议采用的修复方法是_______。

A) 扩大键槽，重新配键

B) 在原槽位置旋转 90°重新按标准开槽

C) 用油石对键槽进行修整

D) 在原槽位置旋转 180°重新按标准开槽

7. 滚动轴承的疲劳剥落是轴承工作表面因______引起的鳞片状剥落。

A) 滚动变形　　B) 滚动摩擦　　C) 滚动疲劳　　D) 滚动温升

8. 在杂质侵入滚动轴承的滚道和滚动体之间后，将会在滚道和滚动体表面间发生_______。

A) 磨料磨损　　B) 非自然剥落磨损

C) 变形磨损　　D) 疲劳磨损

9. 下列因素中，_______是轴承转动困难、轴承发热及轴承外圈开裂的共同影响因素。

A) 轴承间隙过大　　B) 轴承外圈松动

C) 过载　　D) 轴颈磨损

10. 在减速器的维护保养中要特别注意防止齿轮箱内的齿轮油泄漏，下列措施中，_______方法就是利用了治漏方法中的疏导方法来治漏的。

A) 利用毛毡密封　　C) 开设回油槽

C) 采用甩油环　　D) 采用通气孔

(二) 判断题

1. 机械设备的故障规律遵循“浴盆曲线”，故障变化过程主要分为三个阶段。

2. 旋转机械的故障，都是在机械运行时才产生的，因此诊断应在机械运行中进行。

3. 设备产生异常声音的根源是振动。

4. 对于金属切削机床的故障诊断，除了与一般机械设备共同的故障诊断，还有难度更高的精度诊断，即对机床静态几何精度和动态运动精度的诊断。

5. 振动检测是利用振动计检测设备上预安装的传感器，测量测量点的振级大小，从而对故障进行预测和监测。

6. 通过润滑油样分析法可提供机器中零件磨损的类型、程度等情况，可预测机器的剩余寿命，从而进行故障维修。

7. 噪声监测可用声级计完成，通过噪声测量和分析可以确定机器设备故障的部位和程度。

8. 对于螺钉、螺栓、螺母的任何形式的损坏通常都以更换新件来解决。

9. 平头、半圆头螺钉头部损坏时，只能锯掉螺钉头部，重新钻孔攻丝，更换新螺钉。

10. 在检修中发现键剪切断裂，原因可能是装配不合理或超载，可采用修整加宽键槽、重新配键的方法修复。

11. 若发现滚动轴承发热，则说明轴承装得太紧，应调整其游隙。

12. 滑动轴承发生轴瓦端面漏油时，可能的原因为润滑油黏度过高。

13. 如果发现密封垫损坏造成密封面泄漏应马上修复密封垫。

14. 填料密封损坏后发生泄漏时，应全部拆下，更换新的盘根。

15. 车床主轴箱手柄轴漏油，经查为轴与套间有间隙造成，可采用在轴上车环形槽加 O 型密封圈的方法治漏。

项目 4.2　卧式车床主轴箱检修

项目内容

(1) 完成图 4-2-1 所示的卧式车床主轴箱部件检修。
(2) 完成卧式车床主轴箱常见故障原因分析及排除办法讨论。
(3) 完成卧式车床润滑系统维护与保养。

图 4-2-1　卧式车床主轴箱实物图

项目要求

(1) 了解机械设备部件检修的一般过程。
(2) 了解修理尺寸链，能进行简单修理尺寸链分析。
(3) 掌握车床主轴箱部件的故障诊断和排除技术，理解主轴箱部件的检修工艺。
(4) 掌握车床主轴箱部件的修理内容，能完成主轴箱内主要部件及机构的修理。
(5) 掌握常用传动机构检修技术，能进行常用传动机构的故障诊断与排除。
(6) 了解机械设备润滑技术，能完成对车床润滑系统的维护与保养。

❖知识链接

一、主轴箱部件组成与结构

(一) 卧式车床主轴箱简介

1．主轴箱功用与性能要求

主轴箱部件是 CA6140 车床主要部件之一，其功用在于支承主轴部件和传动其旋转，并使其实现起动、停止、变速和换向等，其动力由皮带轮传入。

主轴箱是卧式车床主运动部件，要求有足够的支承刚度、可靠的传动性能、灵活的变速操纵机构、较小的热变形、低的振动噪声、高的回转精度，其性能直接影响加工零件的精度及表面粗糙度。

2．主轴箱的主要组成

图 4-2-2 为 CA6140 卧式车床主轴箱部件展开图。

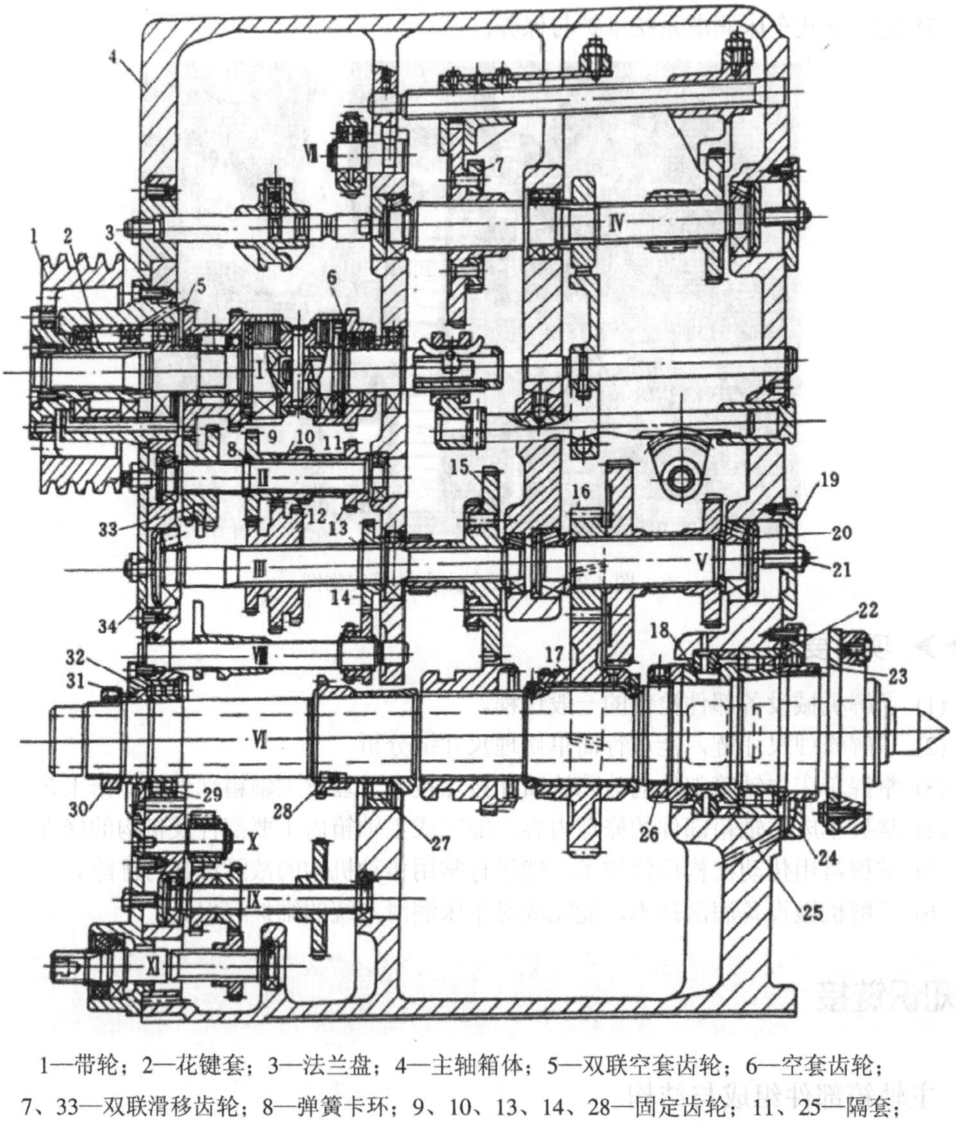

1—带轮；2—花键套；3—法兰盘；4—主轴箱体；5—双联空套齿轮；6—空套齿轮；
7、33—双联滑移齿轮；8—弹簧卡环；9、10、13、14、28—固定齿轮；11、25—隔套；
12—三联滑移齿轮；15—双联固定齿轮；16、17—斜齿轮；18—双向推力角接触球轴承；19—盖板；
20—轴承压盖；21—调整螺钉；22、29—双列圆柱滚子轴承；23、26、30—螺母；24、32、34—轴承端盖；
27—圆柱滚子轴承；31—套筒

图 4-2-2　CA6140 卧式车床主轴箱展开图

主轴箱部件主要包括箱体、主轴部件、传动机构、操纵机构、换向装置、制动装置和润滑装置等，由带轮、主轴箱体等30余种零部件组成。

（二）主轴箱各组成结构简介

1．卸荷式皮带轮

主电动机通过带传动使轴Ⅰ转动，为提高轴Ⅰ旋转的平稳性，轴Ⅰ的带轮采用了卸荷结构，如图4-2-2左上角所示。带轮1通过螺钉与花键套2连成一体，支承在法兰盘3内的两个深沟球轴承上，法兰盘3用螺钉固定在箱体4上。当带轮1通过花键套2的内花键带动轴Ⅰ旋转时，胶带的拉力经轴承、法兰盘3传至箱体4，这样使轴Ⅰ免受胶带拉力，减少轴Ⅰ的弯曲变形，提高了传动平稳性。

2．主轴部件

主轴部件的结构见图4-1-8。主轴上装有三个齿轮，前端处为斜齿圆柱齿轮，使主轴传动平稳，传动时齿轮作用在主轴上的轴向力与进给力方向相反，可减少主轴前支承所受轴向力。主轴轴承润滑由润滑油泵供油，润滑油通过进油孔对轴承进行充分润滑。为了避免漏油，前后轴承均采用了油沟式密封装置。油沟为轴套外表面上锯齿形截面的环形槽。主轴旋转时，由于离心力使油液沿着斜面被甩回，经回油孔流回箱底，最后流回到床腿内的油池中。

3．开停和换向及其操纵机构

(1) 主轴开停及换向机构。位于CA6140主轴箱部件轴Ⅰ组件(如图4-2-3所示)上的双向多片式摩擦离合器实现主轴的开停和换向，左离合器传动主轴正转，右离合器传动主轴反转。摩擦片有内外之分，且相间安装。如果将内外摩擦片压紧，产生摩擦力，轴Ⅰ的运动就通过内外摩擦片而带动空套齿轮旋转；反之，如果松开，轴Ⅰ的运动与空套齿轮的运动不相干，内外摩擦片之间处于打滑状态。正转用于切削，需传递的扭矩较大，而反转主要用于退刀，所以左离合器摩擦片数较多，而右离合器摩擦片数较少。

内外摩擦片之间的间隙大小应适当：如果间隙过大，则压不紧，摩擦片打滑，车床动力就显得不足，工作时易产生闷车现象，且摩擦片易磨损。反之，如果间隙过小，起动时费力；停车或换向时，摩擦片又不易脱开，严重时会导致摩擦片被烧坏，故摩擦离合器还能起过载保护作用。当需要调整内、外摩擦片间的压紧力时，压下弹簧销14，同时转动螺母4，调整螺母4端面相对于摩擦片的距离，确定好螺母4的调整位置后，让螺母4端部的轴向槽对准弹簧销14，弹簧销14在弹簧弹力的作用下自动向上抬起，重新卡入螺母4端部的轴向槽中，以固定螺母4的轴向位置。

(2) 开停及换向操纵机构。开停及换向操纵机构的结构如图4-2-4所示。

离合器由手柄12操纵。当手柄12向上扳动时，连杆14向外移动，通过曲柄15、扇齿11、齿条16使滑套5右移，将元宝销6的右端向下压，元宝销下端推动轴Ⅰ孔内的拉杆3左移带动图4-2-3中压套8向左压紧，则左离合器开始传递运动。同理，将手柄12下压，右离合器接合。

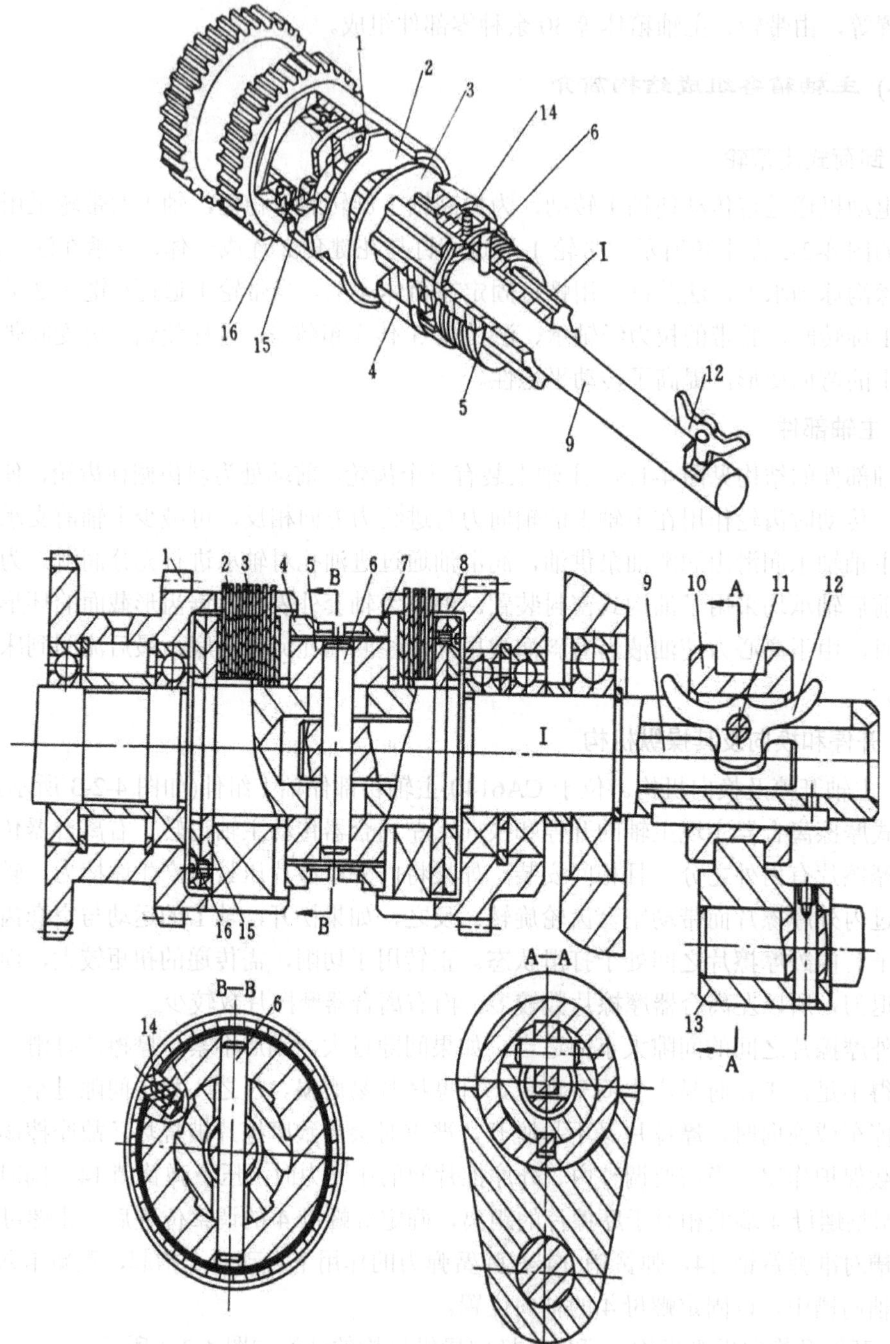

1—双联齿轮；2—外摩擦片；3—内摩擦片；4、7—螺母；5—压套；6—长销；8—齿轮；9—拉杆；10—滑套；11—销轴；12—元宝形摆块；13—拨叉；14—弹簧销；15、16—止推片

图 4-2-3　CA6140 卧式车床主轴箱轴 I 组件

4．制动及其操纵机构

(1) 制动机构。制动机构的结构如图 4-2-4 所示，制动器安装在轴 Ⅳ 上，由制动轮 10、制动钢带 9、调节螺钉 7 和杠杆 8 等组成。

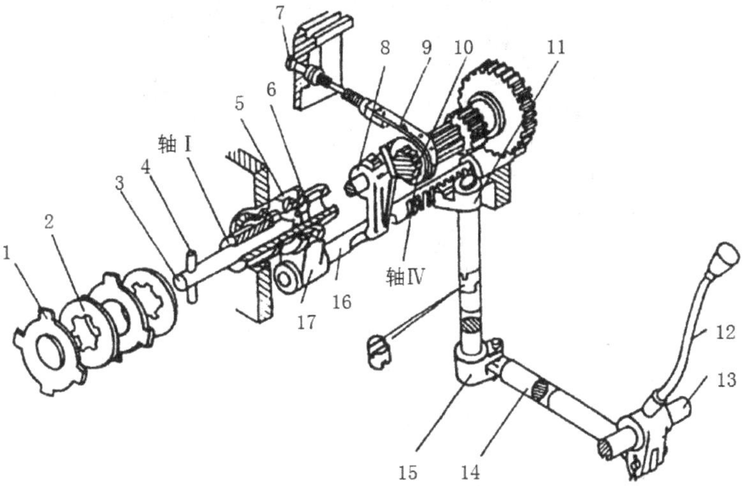

1—外片；2—内片；3—拉杆；4—销；5—滑套；6—元宝销；7—调节螺钉；8—杠杆；9—制动钢带；10—制动轮；11—扇齿轮；12—手柄；13—轴；14—连杆；15—曲柄；16—齿条轴；17—拨叉

图 4-2-4　CA6140 卧式车床主轴箱主轴开停及换向操纵机构

制动机构作用是在左、右离合器全脱开时，使主轴迅速停止转动，以缩短辅助时间；制动钢带 9 的拉紧程度可由螺钉 7 进行调整，其调整到合适的状态后可使停车时主轴迅速停止，而开车时制动带完全松开。

(2) 制动操纵机构。为协调开停和制动两机构的工作，摩擦离合器和制动器采用联动操纵装置，如图 4-2-4 所示。当左、右离合器中一个接合时，杠杆 8 与齿条轴 16 的左侧或右侧的凹槽相接触，使制动带 9 放松；当左、右离合器都脱开时，齿条轴 16 处于中间位置，杠杆 8 与齿条轴 16 上的凸起相接触，杠杆 8 向逆时针方向摆动，将制动带 9 拉紧。制动钢带 9 的内侧固定一层摩擦系数较大的酚醛石棉。

5．变速操纵机构

在图 4-2-2 中，主轴箱中轴Ⅱ上有一个双联滑移齿轮 33，轴 Ⅲ 上有一个三联滑移齿轮 12，这两个滑移齿轮可由一个装在主轴箱前侧面的手柄同时操纵，如图 4-2-5 所示。

其操纵原理是：手柄 9 通过链传动轴 7 传动，在轴 7 上固定有盘形凸轮 6 和曲柄 5。凸轮盘 6 有 6 个不同的变速位置，当杠杆 11 的滚轴和轴上滑移齿轮的操纵机构中心处于凸轮槽曲线的大半径时，轴Ⅱ上的双联滑移齿轮在左端位置，同时，曲柄 5 通过拨叉 3 操纵轴 Ⅲ 上的滑移齿轮，使该齿轮处于左、中、右三种不同的轴向位置。同时，当杠杆 11 的滚子中心处于凸轮槽曲线的小半径时，轴Ⅱ上的双联滑移齿轮在右端位置，同时，轴 Ⅲ 上的滑移齿轮仍有左、中、右三种不同的轴向位置。当手柄转一圈时，靠曲轴和凸轮槽盘的配合，使轴 Ⅲ 得到 6 种不同的转速。

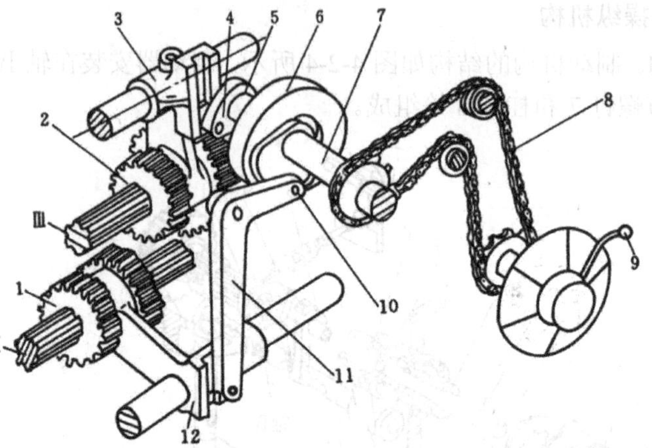

1—双联滑移齿轮；2—三联滑移齿轮块；3、12—拨叉；4—拔销；5—曲柄；
6—盘形凸轮；7—轴；8—链条；9—手柄；10—销子；11—杠杆

图 4-2-5　CA6140 卧式车床主轴箱变速操纵机构

二、主轴箱主要修理尺寸链分析

(一) 修理尺寸链的分析方法

1．修理尺寸链概念

在设备修理前，根据设计尺寸链，按照设备精度检验标准和装配技术要求，通过计算确定修理后的封闭环和包括修理件在内的各组成环的名义尺寸及其公差，这种在修理过程中形成的尺寸链叫做修理尺寸链。修理尺寸链常用于有精度要求的设备，如机床等。

修理尺寸链与设计、制造尺寸链不同，它的解法基本上是按单件生产性质进行。尺寸链的各环已不是图样上的设计基本尺寸和公差，而是实际存在的可以精确测量的尺寸，这样，就可以把不需要修复的尺寸量值绝对化，在公差分配时该环的公差值可以为零。对于固定连接在一起的几个零件，可以根据最短尺寸链原则当作一环来处理，最大限度地减少需要修理的环数，最大限度地扩大各环的修理公差值。

2．修理尺寸链的分析方法

首先研究设备的装配图，根据各零件之间的相互尺寸关系，查明全部尺寸链；其次，根据各项规定允差和其他装配技术要求，确定有关修理尺寸链的封闭环及其公差。在解修理尺寸链时要注意各尺寸链之间的关系，不要孤立地考虑，否则会造成反复修理。

在图 3-2-30 所示的卧式升降台铣床修理中，其修理部件构成的修理尺寸链较多，也比较典型，下面举两例进行分析和研究。

(1) 工作台纵向丝杠的中心线与螺母中心线同轴度的尺寸链。

如图 4-2-6 所示，其 A 组和 B 组的尺寸链方程为

$$\begin{cases} A_1 - A_2 - A_3 \pm A_0 = 0 \\ B_1 - B_2 - B_3 + B_4 \pm B_0 = 0 \end{cases} \tag{4-2-1}$$

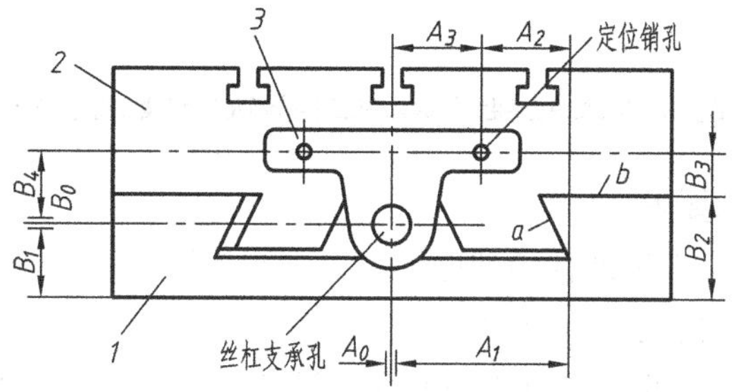

1—回转溜板；2—工作台；3—丝杠支承架

图 4-2-6　工作台纵向丝杠的中心线与螺母中心线同轴度的尺寸链

选用修配法进行设备修理。如果修刮 a 结合面，会使组成环 A_1 增大，A_2 减小，造成封闭环 A_0 增大(精度超差)。当修刮 b 结合面时，会使组成环 B_2、B_3 减小，同样造成封闭环 B_0 增大(精度超差)。为保证封闭环 A_0、B_0 的预定精度，当修刮量较小时(即超差值不大时)，可选 A_2、B_4 为补偿环，移动丝杠支承架位置，使 A_2 增大，B_4 减小，直至封闭环 A_0 符合预定精度，最后重新配做定位销孔。当修刮量较大时(即超差较大时)，选 A_3、B_4 作为补偿环，按螺母中心划线，镗大丝杠支承孔，并更换支承套，使 A_3 增大，B_4 减小，直至封闭环 B_0 符合预定精度。

(2) 床鞍横向丝杠中心线与螺母中心线同轴度的尺寸链。

如图 4-2-7 所示，其 A 组和 B 组的尺寸链方程为

$$\begin{cases} A_1 - A_2 - A_3 \pm A_0 = 0 \\ B_1 + B_3 - B_2 \pm B_0 = 0 \end{cases} \tag{4-2-2}$$

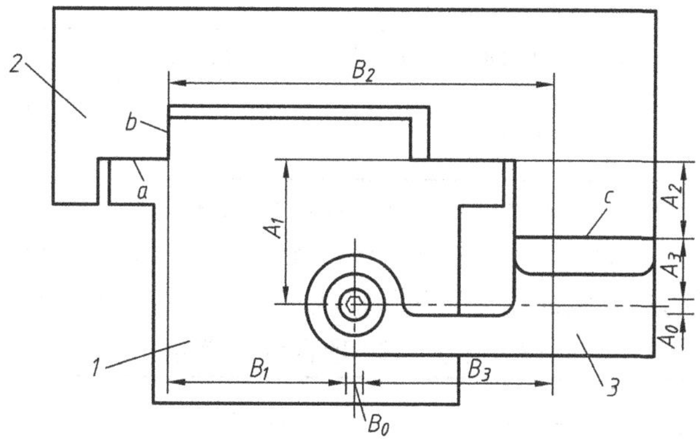

1—床鞍；2—升降台；3—螺母支架

图 4-2-7　床鞍横向丝杠中心线与螺母中心线同轴度的尺寸链

同样采用修配法进行设备修理。当修刮结合面 a 后，组成环 A_1 减小，A_2 增大，封闭环 A_0 增大。当修刮结合面 b 后，组成环 B_1 减小，B_2 增大，封闭环 B_0 增大。为保证封闭环 B_0、A_0 的预定精度，可选 A_3 作为 A 组尺寸链的补偿环，刮研螺母架定位面 c，使丝杠与螺母中心在同一水平面内。B 组尺寸链可选 B_3 为补偿环，移动螺母架，配做定位销孔，使丝杠与螺母中心线在垂直面内同轴。或者选 A_3、B_3 作为补偿环，按丝杠中心划线，镗大螺母固定

孔，并更换新螺母。

(二) CA6140卧式车床主轴轴线对床身导轨修理尺寸链分析

1. 主轴箱装配技术要求

主轴箱检修后重点是主轴部件的精度要求，应在主轴运转达到稳定的温升后调整主轴轴承间隙，使主轴回转精度达到如下要求：

(1) 主轴的轴向窜动为0.01～0.02 mm，即G4组精度(GB/T 4020—1997)。

(2) 主轴轴肩的端面圆跳动误差小于0.015 mm，即G4组精度(GB/T 4020—1997)。

(3) 主轴定心轴颈的径向圆跳动误差小于0.01 mm，即G5组精度(GB/T 4020—1997)。

(4) 主轴锥孔的径向圆跳动靠近主轴端面处为0.015 mm，距离端面300 mm处为0.025 mm，即G6组精度(GB/T 4020—1997)。

其中G5组几何精度主轴定心轴颈的径向跳动包含了几何偏心和回转轴线本身两方面的径向跳动，其检验项目和允差值见表4-2-1，检验方法如图4-2-8所示。检验时，将百分表固定在机床上，使百分表测头触及主轴定芯轴颈表面，沿主轴轴线加一力 F，然后旋转主轴，百分表读数的最大差值就是主轴定心轴颈的径向跳动量。

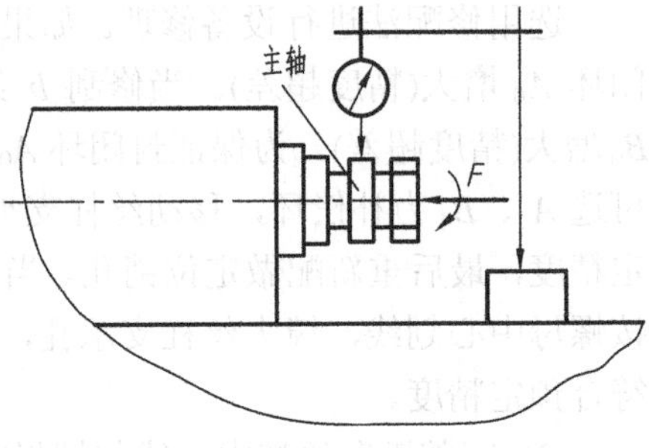

图4-2-8　G5组主轴定心轴颈径向跳动的检验

表4-2-1　G5项目的允差值

检验项目	允差/mm		
	精密级	普通级	
	Da≤500和DC≤1500	Da≤800	800＜Da≤1600
主轴定心轴颈的径向圆跳动	0.007	0.01	0.015

主轴箱内各零部件装配并调整好后，将主轴箱与床身拼装，主轴轴线应达到GB/T 4020—1997标准G7组精度，如果该项精度不合格，将产生锥度，从而降低零件加工精度。因此该项精度检查的目的在于保证工件的几何形状正确。其检验项目及允差值见表4-2-2。

表4-2-2　G7项目的允差值

检验项目	允差/mm		
	精密级	普通级	
	Da≤500和DC≤1500	Da≤800	800＜Da≤1600
主轴轴线对溜板纵向移动的平行度 测量长度Da/2或不超过300① (a) 在垂直平面内 (b) 在水平面内	(a) 在300测量长度上为0.02，向上 (b) 在300测量长度上为0.01，向前	(a) 在300测量长度上为0.02，向上 (b) 在300测量长度上为0.015，向前	(a) 在500测量长度上为0.04，向上 (b) 在500测量长度上为0.03，向前
① 对于Da>800 mm的车床，其测量长度可增加至500 mm			

检验方法如图 4-2-9 所示。

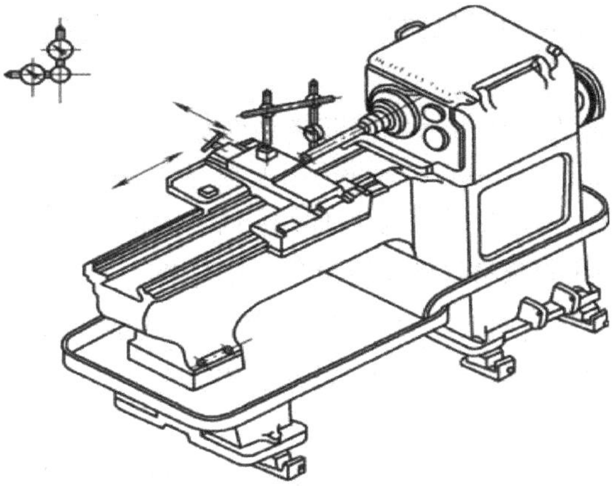

图 4-2-9　主轴轴线对溜板移动平行度检验

先把锥柄长检验棒插入主轴孔内，百分表固定于溜板上，其测头应触及检验棒上的上母线。移动溜板，记下百分表最小与最大读数的差值；然后将主轴旋转 180°，记下百分表最小与最大读数的差值，两次测量读数值代数和的 1/2 即为主轴轴线在垂直面内对溜板移动的平行度误差，检验棒的自由端只允许向上偏。

再旋转主轴 90°，用与上述同样的方法测得侧母线与溜板移动的平行度误差，要求检验棒的自由端只允许向车刀方向偏。

2. 卧式车床主轴轴线与床身导轨的平行度尺寸链组成

如图 4-2-10 所示，主轴轴线与床身导轨间平行度是由垂直面内和水平面内两部分尺寸链控制的。

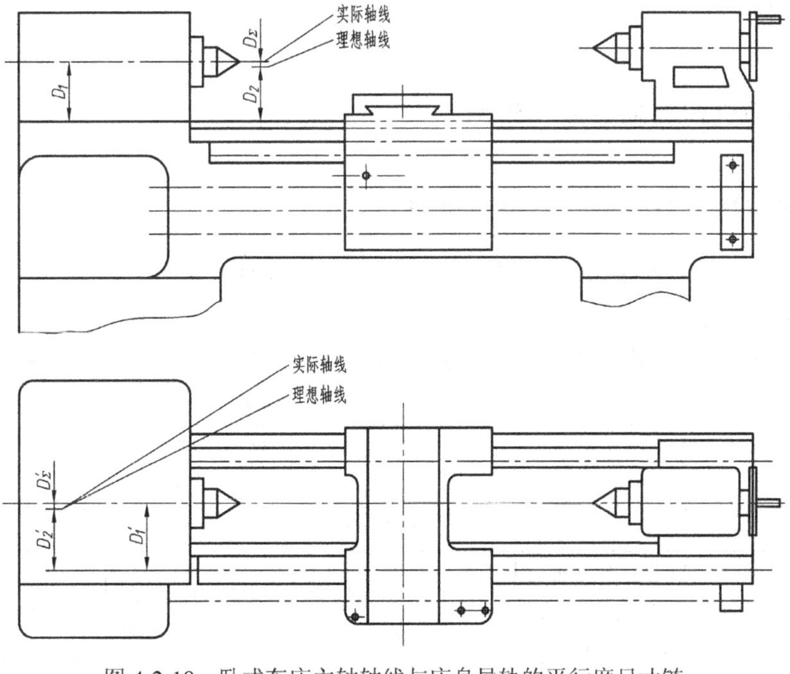

图 4-2-10　卧式车床主轴轴线与床身导轨的平行度尺寸链

主轴轴线在垂直面内与床身导轨间的平行度是由主轴理想轴线到主轴箱安装面(与床身导轨面等高)间距离 D_2 和床身导轨面与主轴实际轴线间距离 D_1 及主轴理想轴线与主轴实际轴线间距离 D_Σ 组成的。

而主轴轴线在水平面内与床身导轨间的平行度是由主轴理想轴线到主轴箱安装面(与床身导轨溜板用导轨面 2、3 的中心平面重合，见图 3-2-1)间距离 D_2' 和主轴箱安装面与主轴实际轴线间距离 D_1' 及主轴理想轴线与主轴实际轴线间距离 D_Σ' 组成的。

3．卧式车床主轴轴线与床身导轨平行度尺寸链分析

在主轴箱部件安装到床身时，主轴箱以底平面和凸块侧面与床身接触来保证正确的安装位置。对主轴箱部件的检修最终应达到 G7 组精度。

首先分析在垂直面内的平行度尺寸链。

D_Σ 为封闭环，D_Σ 的大小为主轴实际轴线与床身导轨在垂直面内的平行度，即 0.02 mm/300 mm，只允许芯轴外端向上。各组成环间尺寸链方程为 $D_1-D_2-D_\Sigma=0$，采用修配法。

垂直面内精度超差时，可选 D_1 作为垂直面内平行度尺寸链的补偿环，刮削主轴箱底面，此时，组成环 D_1 减小，D_2 不变，封闭环 D_Σ 减小。

用同样方法对水平面内平行度尺寸链分析可知，超差时可通过刮削凸块侧面来达到要求。

D_Σ' 为封闭环，D_Σ' 的大小为主轴实际轴线与床身导轨在水平面内的平行度，即 0.015 mm/ 300 mm，只允许芯轴外端朝前。各组成环间尺寸链方程为 $D_1'-D_2'-D_\Sigma'=0$，采用修配法。

水平面内精度超差时，可选 D_1' 作为水平面内平行度尺寸链的补偿环，刮削凸块侧面，此时，组成环 D_1' 减小，D_2' 不变，封闭环 D_Σ' 减小。

❖技能链接

一、常用传动机构故障诊断与维修

(一) 齿轮传动机构故障诊断与维修

1．齿轮常见的失效形式、损伤特征、产生原因及修复方法

表 4-2-3 为齿轮常见失效形式、损伤特征、产生原因及修复方法。

表 4-2-3　齿轮常见失效形式、损伤特征、产生原因及修复方法

失效形式	损伤特征	产生原因	修复方法
轮齿折断	整体折断一般发生在齿根，局部折断一般发生在轮齿一端	齿根处弯曲应力最大且集中，载荷过分集中、多次重复使用、短期过载	堆焊、局部更换、栽齿、镶齿
疲劳点蚀	在节线附近的下齿面上出现疲劳点蚀坑并扩展，呈贝壳状，可遍及整个齿面，噪声、磨损、动载加大，在闭式齿轮中经常发生	长期受交变接触应力，齿面接触强度和硬度不高、表面粗糙度大一些、润滑不良	堆焊、更换齿轮、变位切削

续表

失效形式	损伤特征	产生原因	修复方法
齿面剥落	脆性材料、硬齿面齿轮在表层或次表层内产生裂纹，然后扩展，材料呈片状剥离齿面，形成剥落坑	齿面受高的交变接触应力，局部过载、材料缺陷、热处理不当、黏度过低、轮齿表面质量差	堆焊、更换齿轮、变位切削
齿面胶合	齿面金属在一定压力下直接接触发生粘着，并随相对运动从齿面上撕落，按形成条件分热胶合和冷胶合	热胶合产生于高速重载，引起局部瞬时高温、导致油膜破裂、使齿面局部粘焊；冷胶合发生于低速重载、局部压力过高、油膜压溃、产生胶合	更换齿轮、变位切削、加强润滑
齿面磨损	轮齿接触表面沿滑动方向有均匀重叠条痕，多见于开式齿轮，导致失去齿形、齿厚减薄而断齿	铁屑、尘粒等进入轮齿的啮合部位引起磨粒磨损	堆焊、调整换位、更换齿轮、换向、塑性变形、变位切削、加强润滑
塑性变形	齿面产生塑性流动，破坏了正确的齿形曲线	齿轮材料较软、承受载荷较大、齿面间摩擦力较大	更换齿轮、变位切削、加强润滑

2. 常用的齿轮轮齿损坏修复方法介绍

(1) 调整换位法。将已经磨损的齿轮变换一个方位，利用齿轮未磨损或磨损轻的部位继续工作，适用于单向运转受力齿轮。

(2) 栽齿修复法。对于低速、平稳载荷且要求不高的较大齿轮，单个齿折断后可将断齿根部锉平，根据齿根高度及齿宽情况，在其上面栽上一排与齿轮材质相似的螺钉，并以堆焊连接各螺钉，然后再按齿形样板加工出齿形。

(3) 镶齿修复法。对于受载不大但要求较高的齿轮，单个齿折断后可用镶单个齿的方法修复；如果齿轮有几个齿连续损坏，那么用镶齿轮块的方法修复；若多联齿轮、塔形齿轮中有个别齿轮损坏，则用齿圈替代法修复。

(4) 堆焊修复法。当齿轮的轮齿崩坏，齿端、齿面磨损超限，或存在严重表层剥落时，可以使用堆焊法修复。堆焊后的齿轮要经过加工后才能使用，常用的加工方法有磨合法及切削加工法。磨合法是指按应有的齿形进行堆焊，以齿形样板随时检验堆焊层厚度，基本上不堆焊出加工余量，然后通过手工修磨处理，最后在运转中依靠磨合磨出光洁表面；切削加工法是指齿轮在堆焊时留有一定的加工余量，然后在机床上进行切削加工。

(5) 塑性变形法。塑性变形法应用于齿轮轮齿修复是用一定的模具和装置并以挤压或滚压的方法将齿轮轮缘部分的金属向齿的方向挤压，使磨损的齿加厚。

(6) 变位切削法。利用变位切削，将大齿轮的磨损部分切去，另外配换一个新的小齿轮与大齿轮相配，适用于传动比大、模数大的齿轮传动因齿面磨损失效，成对更换不合算的情况。

(7) 金属涂敷法。此法是利用喷涂、压制、沉积和复合等涂敷方法在齿面上涂上金属粉或合金粉层，然后进行热处理或机械加工，以恢复原有尺寸并获得耐磨及其他特性的覆盖层。

(二) 蜗轮蜗杆传动机构的故障诊断与维修

1. 蜗轮蜗杆传动机构常见的失效形式、损伤特征、产生原因及修复方法

表 4-2-4 为蜗轮蜗杆常见失效形式、损伤特征、产生原因及修复方法。

表 4-2-4 蜗轮蜗杆常见失效形式、损伤特征、产生原因及修复方法

失效形式		损伤特征	产生原因	修复方法
齿面点蚀	初始性疲劳点蚀	首先发生在蜗轮轮齿啮出端，经跑合后点蚀即停止产生	蜗轮材料硬度低，齿面粗糙不平，使局部应力过大	不需修复
	破坏性疲劳点蚀	发生在产生初始点蚀的齿面上，点蚀区由出口向齿面中央扩展	齿面上总接触应力过大，蜗轮齿面硬度和接触强度不够	当点蚀面积占到蜗轮齿面的 1/3 时需更换蜗轮
	化学点蚀	齿面出现均匀分布的点状小坑，随时间增长坑增深，坑中有锈斑脱落	润滑油中含有水分或腐蚀性溶质致使齿面受腐蚀	若蜗杆啮合面上有点蚀，则可将蜗杆轴间移位或调头使用；蜗轮用珩磨法修复
齿面磨损	工作磨损	跑合运转初期实际接触面积小、磨损快，随着接触面积加大，磨损速度减慢，然后达到稳定磨损	齿面间承受载荷超过润滑油压力极限，两齿面进入半液体摩擦状态，产生齿面微凸体峰部接触引起磨损	属于正常磨损，不需修换
	破坏性磨损	齿面磨损痕迹明显加深，并沿滑移速度方向出现严重划痕和刮伤，齿厚减薄	载荷超过磨损极限，磨损速度过快，油温升高，黏度下降；制造、装配误差过大，经过载跑合无法校正	磨损不太严重时可用切向变位法修复蜗杆或蜗轮，磨损严重时则应更换
齿面胶合		蜗轮齿面被硬化和擦伤；蜗杆表层硬度下降，渗碳蜗杆齿面出现龟裂	润滑不充分，工作温度过高，齿面接触应力过大，速度过高	损坏不严重的蜗轮可修复，精加工要去硬化层；龟裂的蜗杆需更换
塑性变形	齿面塑性变形	齿面上沿滑移方向出现明显条状脊棱，常发生在重载	蜗杆齿面短期过载，齿面摩擦系数过大，从而引起齿面金属发生塑性流动	更换蜗轮
	轮齿整体塑性变形	轮齿偏离正确位置，属永久性变形	严重过载或冲击	更换蜗轮
其他损坏	蜗轮毂裂缝	多发生在键槽及齿根等薄弱部位	短期过载、严重冲击或沿接触线的严重载荷集中	焊接或胶接
	蜗杆断裂	多发生在齿根圆角处	表面渗碳淬火使表面和芯部交界处出现残余应力，齿根圆角过小加工时形成裂纹源，受冲击裂纹扩展断裂	焊接或胶接

由于蜗轮蜗杆传动相对滑动速度大、发热大、效率低，因此齿面胶合更易发生；另外由于蜗杆齿是连续的螺旋线，且材料强度高，所以失效总是出现在蜗轮上。

2. 蜗轮蜗杆齿形修复方法介绍

蜗轮蜗杆的修理主要有蜗杆螺旋面的修理和蜗轮齿形的修理。

蜗杆螺旋面的精加工在螺纹磨床上进行，为保证修复后的蜗杆能与配对蜗轮正确啮合及接触良好，应使修复后的蜗杆螺旋面与加工蜗轮的刀具完全一致，为此可采用同磨法和修磨法。同磨法是将蜗轮刀具螺旋面的精加工与需修磨的蜗杆放在同一台机床上，同一次调整，同一次修整砂轮即在完全相同条件下进行加工；修磨法即按蜗轮刀具的实际数据配磨蜗杆的齿形角、齿厚、导程及齿廓曲线。

蜗轮齿形修复方法有机加工修复法及刮研修复法。对于齿面点蚀、磨损、胶合不严重的，可用滚齿、剃齿及珩磨等重新加工齿面；刮研修复法适用于各种情况，是最经济的方法。

(三) 滚珠丝杠螺母副的故障诊断与维修

滚珠丝杠螺母副的维护主要有轴向间隙的调整、支承轴承的定期检查、滚珠丝杠螺母副的润滑和滚珠丝杠的防护。

表 4-2-5 列出了滚珠丝杠螺母副常见失效形式、损伤特征、产生原因及修复方法。

表 4-2-5　滚珠丝杠螺母副常见失效形式、损伤特征、产生原因及修复方法

<table>
<tr><th>失效形式</th><th>损伤特征</th><th>产生原因</th><th>修复方法</th></tr>
<tr><td>接触疲劳失效</td><td>螺母、丝杠的滚道及滚珠的工作表面产生点蚀，材料产生剥落</td><td>① 长期超负荷运行
② 产品缺陷如材料、硬度、滚道表面粗糙度等
③ 润滑剂黏度和用量用法不当
④ 固体颗粒侵入，循环作用造成疲劳损坏
⑤ 未及时维修或维修不当
⑥ 设备老化等</td><td rowspan="3">① 丝杠或螺母一般采用更换的方法，当丝杠磨损量较小时可在校直后用研磨法修复
② 滚珠可更换
③ 换向器采用补焊或修磨的方法修复</td></tr>
<tr><td>磨粒磨损失效</td><td>工作表面犁沟状的擦伤或凹痕，系统运行剧烈颤动，有噪声；滚珠运动阻滞，螺母卡死；滚道工作表面有不均匀凹坑，局部剥离</td><td>① 密封不合适或损坏造成金属颗粒等异物侵入
② 安装或工作环境不清洁，造成污染
③ 润滑剂不合适等</td></tr>
<tr><td>粘着磨损失效</td><td>滚珠或滚道变粗糙；接触面擦伤、材料卷起</td><td>① 滚珠在进入与离开承载区时急剧变速
② 润滑剂的种类与用量不合适
③ 异物侵入，滚珠滚动受阻
④ 有水侵入等</td></tr>
</table>

续表

失效形式	损伤特征	产生原因	修复方法
腐蚀磨损失效	滚道工作表面出现不均匀的坑状锈斑或与滚珠节距相同的锈蚀，丝杠整体生锈及腐蚀	① 存放或使用不当，水、腐蚀性物质侵入 ② 温差变化大，形成冷凝水 ③ 密封失效 ④ 润滑剂、防锈剂不合适等	
严重变形失效	丝杠、螺母滚道严重变形；滚道工作面出现滚珠节距相同的压痕等	① 静载荷过高 ② 运输或使用不当 ③ 受到大的冲击载荷 ④ 异物进入造成运转阻塞等	
疲劳断裂 过载断裂	丝杠、螺母明显的部分脱落或整体裂痕；滚珠碎裂；反向器损坏等	① 载荷过大 ② 安装不好，丝杠倾斜，挠度过大 ③ 使用不当，冲击振动，瞬间载荷过大 ④ 转速过高，急剧的加减速 ⑤ 异物污染造成滚珠运动阻塞 ⑥ 材料缺陷，制造不良等	

(四) 其他传动机构的故障诊断与维修

1. 带传动机构的故障诊断与维修

带传动机构的故障模式有异常振动、异响、磨损、疲劳、裂纹、破断、高温、异味等，常见损坏形式表现为轴颈弯曲、带轮孔与轴配合松动、带轮槽磨损、带拉长或断裂、带轮崩裂等。

当轴颈弯曲时，可用划线盘或百分表在轴的外圆柱面上检查摆动情况，根据弯曲程度采用校直或更换的方法修复；当带轮孔与轴配合松动时，磨损不大时可以修整轮孔，有时也需修整键槽，轴颈可用镀铬法增大直径，磨损较严重时，轮孔可镗大后压入衬套，并用骑缝螺钉固定；当带轮槽磨损时，带底面与带轮槽底部逐渐接近，最后甚至接触而将槽底磨亮。如已发亮则必须换掉传动带并修复轮槽，修复方法是适当车深轮槽，然后再修整外缘；当带拉长在正常范围内时，可调整中心距；若超过正常拉伸量，则必须更换传动带。应将一组V带一起更换，以免松紧不一致；如果带轮崩碎，则必须进行更换。

2. 链传动机构的故障诊断与维修

链传动机构故障模式有异常振动、磨损、疲劳、破断、过度变形、松弛、异响等，常见损坏形式有链被拉长、链和链轮磨损、链节断裂等。

当链被拉长时，会产生抖动和脱链现象。可采用调整中心距，也可采用张紧轮，还可用卸掉一个或几个链节的方法拉紧链条；当链轮磨损时，链条磨损会加快，此时应更换链轮和链条；当个别链节断裂时，可更换个别链节予以修复。

二、卧式车床主轴箱检修

(一) 卧式车床主轴箱检修典型工作过程

1. 准备工作

准备工作主要包括图样分析、编制检修工艺、工量具准备及技术资料准备等。

修理前要仔细研究装配图，分析其装配特点，详细了解其修理要求和存在的主要问题，如主要零部件的磨损情况，主轴箱的几何精度、零件加工精度降低情况以及运转中存在的问题。据此提出预检项目，预检后确定具体的修理项目及修理方案，准备专用工具、检具和测量工具，确定修理后的精度检验项目及试车验收要求。

检修工艺主要包括检修前主轴箱的运行情况检验、主轴箱的拆卸工艺、主要零件的检验工艺、主轴箱的装配工艺及修后检验项目与标准等几项。

2. 修前检查

检修前对主轴箱的运行状况的检查主要有下述项目：

(1) 主轴箱的噪声、振动和轴承温度检查或检测。

(2) 离合器操纵机构和变速操纵机构灵活性、可靠性、准确性检查。

(3) 主轴回转精度检验，主要包括前述G4组精度主轴的轴向窜动和主轴轴肩支撑面的跳动、G5组精度主轴定心轴颈的径向圆跳动以及G6组精度主轴锥孔轴线的径向圆跳动。

3. 部件拆卸

部件拆卸前应断电并放掉主轴箱箱体内的润滑油，拆卸总原则是先外后内、先上后下、先拆成组件和零件，再逐级分解组件和各级分组件；先拟定拆卸工艺，再按工艺拆卸。

4. 部件分解、清洗、检查、修理

主要零(部)件的检验包括下述几个项目：

(1) 主轴轴承和轴颈接触精度的检验。轴颈上涂红丹粉再与轴承对研，接触精度达50%。

(2) 主轴精度的检验。按照主轴零件图上尺寸及形位公差要求完成主轴的几何精度的检验。

(3) 主轴箱的主轴孔的检验。按照主轴箱箱体零件图完成主轴孔的尺寸及形位公差的检验。

检验完毕应对失效零(部)件进行修理或更换，检修各零部件或机构，具体检修内容和方法见后。

5. 部件装配及调整

先拟定装配工艺，再按照工艺完成从各级组件装配到安装油泵和过滤器的全过程，并逐项调整以达到主轴回转精度要求；主轴箱内各零件装配并调整好后，将主轴箱与床身拼装，并使主轴轴线达到G7组精度要求。

6. 试车、检验与调整

关于主轴箱部件检修试车、检验与调整等内容与步骤将在项目5.1中详述。

(二) 卧式车床主轴箱主要修理内容及方法

1. 主轴部件的修理

主轴部件通常是由主轴、轴承和安装在主轴上的传动件、密封件等组成，其修理内容包括主轴精度的检验、主轴的修复、轴承的选配和预紧、轴套的配磨等。

下面以卧式铣床主轴为例讲解主轴轴颈、轴肩面及锥孔的修理方法，图 4-2-11 为其主轴检测示意图。

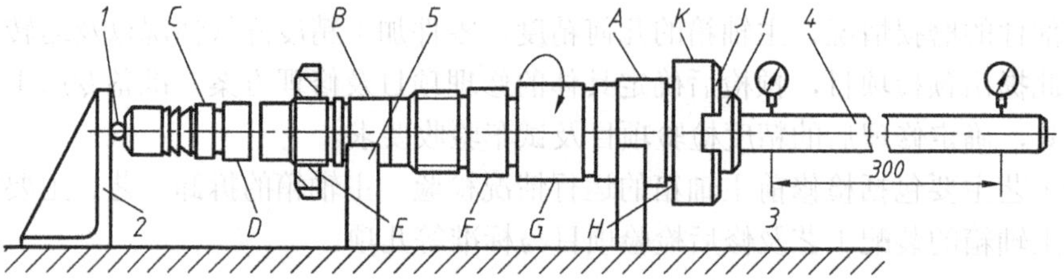

1—钢球；2—挡铁；3—平板；4—检验棒；5—V 形架

图 4-2-11 卧式铣床主轴精度的检测

(1) 主轴轴颈及轴肩面的精度检测和修理。如图 4-2-11 所示，在平板上用 V 形架 5 支承主轴的 *A*、*B* 轴颈，用杠杆千分表测量 *B*、*D*、*F*、*G*、*K* 各表面间的同轴度，其允差为 0.007 mm，如果同轴度超差，可采用镀铬工艺修复并磨削各轴颈至要求。再用千分表检测 *H*、*J* 表面 *E* 的端面圆跳动，允差为 0.007 mm，如果超差，则可以在修磨表面 *A*、*K* 的同时磨削表面 *H*、*J*。表面 *C* 的径向圆跳动允差为 0.005 mm，如果超差，则可以同时修磨至要求。

(2) 主轴锥孔的精度检测与修复。把带有锥柄的检验棒插入主轴锥孔，则并用拉杆拉紧，用千分表检测主轴锥孔的径向圆跳动量，要求在近主轴端的允差为 0.005 mm，距主轴端 300 mm 处为 0.01 mm，如果达不到上述精度要求或内锥表面磨损，则将主轴尾部用磨床卡盘夹持，用中心架支承轴颈 *A*，对支承轴颈 *C* 的径向圆跳动量进行修磨，使其小于 0.005 mm，同时校正轴颈 *C*，使其与工作台运动方向平行；然后修磨主轴锥孔 *I*，使其径向圆跳动量在允许范围内，并使接触率大于 70%。

2. 主轴箱体的修理

主轴箱体检修的主要内容是检修箱体前后轴承孔的精度，具体修复办法见项目 3.1。

3. 主轴开停及制动操纵机构的修理

由于卧式车床频繁开停和制动，部分零件磨损严重，在修理时必须逐项检查各零件的磨损情况，视情况予以更换或修理。

双向多片摩擦式离合器修复的重点是内、外摩擦片，摩擦片间的压紧力是根据离合器应传递的额定转矩调整的，当机床切削载荷超过调整好的摩擦片所传递的力矩时，摩擦片之间就产生相对滑动现象，多次反复，其表面就会研出较深的沟槽。当表面渗碳层完全磨掉时，摩擦离合器失效。修理时一般是更换新的内、外摩擦片。若摩擦片只是翘曲或拉毛，可通过延展校直工艺校平和用平面磨床磨平，然后采取吹砂打毛工艺来修复。元宝形摆块及滑套在使用中经常作相对运动，在二者的接触处及元宝形摆块与拉杆接触处会产生磨损，一般需要更换新件。

由于卧式车床频繁开停，制动机构中制动钢带 9 和制动轮 10 磨损严重(见图 4-2-4)，所以制动带的更换、制动轮的修整、齿条轴 16 凸起部位的焊补是制动机构修理的主要任务。

4. 主轴箱变速操纵机构的修理

主轴箱变速操纵机构各传动件一般为滑动摩擦，长期使用中各零件易产生磨损，在修理时需注意滑块、滚柱、拨叉、凸轮的磨损情况，必要时可更换部分滑块，以保证齿轮移动灵活、定位可靠。

5. 主轴箱的装配

主轴箱的装配内容主要是将各轴组件装配到箱体内的过程，在装配时应根据具体结构确定装配方式，并注意装配技巧。

图 4-2-12 为卧式铣床主传动变速箱展开图，轴Ⅴ为主轴，装配过程分析如下：

轴Ⅰ～Ⅳ的轴承和安装方式基本一样，左端轴承采用内、外圈分别固定于轴上和箱体孔中的方式；右端轴承采用只将内圈固定于轴上，外圈则在箱体孔内游动的方式。

装配Ⅰ～Ⅲ轴时，轴由左端深入箱体孔中一段长度后，把齿轮安装到花键轴上，然后装右端轴承，将轴全部深入箱体内，并将两端轴承调整固定好。

轴Ⅳ应由右端向左装配，先伸入右边一跨，安装大滑移齿轮块；轴继续向前伸至左边一跨，安装中间轴承和三联滑移齿轮块，并将三个轴承调整好。

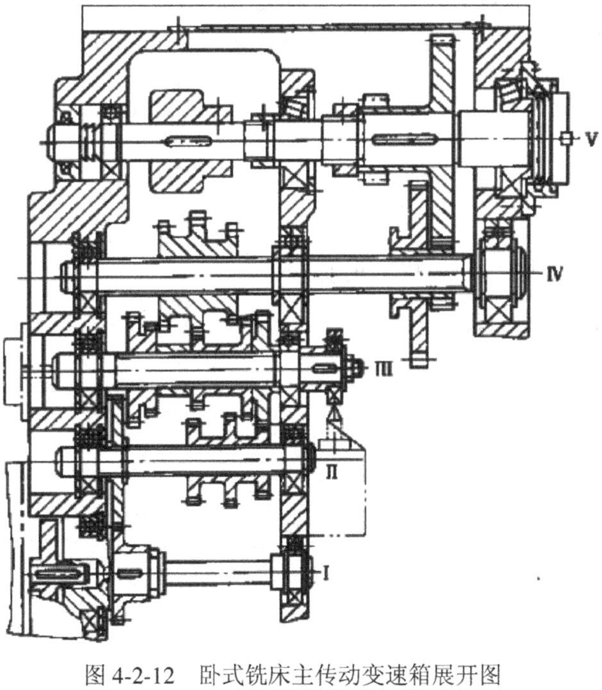

图 4-2-12　卧式铣床主传动变速箱展开图

三、机械润滑系统维护与保养

（一）机械润滑系统简介

1. 润滑的作用及常用润滑材料

润滑是指在摩擦副之间加入润滑介质，使接触面间形成一层润滑膜，用以控制摩擦、降低磨损，达到延长使用寿命的措施，其作用表现为：降低摩擦因数、减少磨损；降温冷却；防腐、防锈；冲洗清洁；密封；减少振动和噪声。

常用润滑材料有润滑油和润滑脂。

润滑油(俗称稀油)是液体润滑材料，其流动性能是最重要的技术性能，直接影响润滑系统的工作，常用的指标有黏度、黏度指数、凝固点及流动性。

在选择润滑油时如果外载荷大，则难以形成油膜，一般选择黏度高的；如果速度高，则摩擦大，一般选黏度低的；若温度高，油会变稀，故选黏度高的；若比压大，则油容易挤出，此时应选黏度高的。

润滑脂(俗称干油)是由稠化剂分散在润滑油中得到的半固体膏状物质，在使用上有着很多润滑油无法相比的优点，如补给周期长，附着力强，密封性好，可以抗水冲淋，防锈，不易漏失，加入特殊添加剂可赋予特殊性质等。

润滑脂的重要质量指标有滴点和锥入度。

2. 润滑方式及润滑系统

根据润滑材料供往润滑点的方式不同，可分为分散润滑和集中润滑。

在润滑点附近设置独立的润滑装置对摩擦副进行润滑，称为分散润滑；由一个润滑装置同时供给几个或许多润滑点进行润滑，称为集中润滑。

图 4-2-13 是带齿轮泵、供油能力较小、整体式组装的标准稀油站系统图。

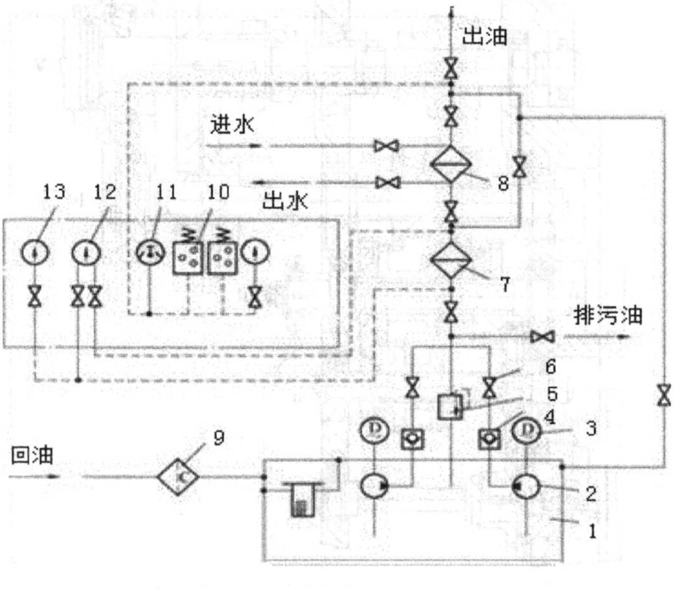

1—油箱；2—齿轮泵；3—电机；4—单向阀；5—安全阀；6—截止阀；7—网式过滤器；8—板式冷却器；9—磁性过滤器；10—压力调节器；11—接触式温度计；12—差式压力计；13—压力计

图 4-2-13　某稀油润滑站系统图

稀油站的工作原理：齿轮泵从油箱中吸出润滑油，经单向阀、双筒网式过滤器及冷却器送到各润滑点。正常工作时，一台齿轮泵工作，一台备用，当因某种原因(如各机组都在最大能力下运转)耗油量增加，一台油泵供油不足，系统压力就下降，当下降到一定值时，通过压力调节器(整体式稀油站)或电接触压力计(分散式稀油站)自动开启备用泵，与工作油泵一起工作，直到系统压力恢复正常，备用泵即自动停止；在过滤器及冷却器的进出口装有差式压力计，当前后压力差超差时，则表明过滤器或冷却器堵塞，需检修清洗；回油管路可进行站内循环过滤，磁性过滤器可将回油中的细小铁末吸附过滤掉，保证油液清洁。

干油集中润滑系统就是以润滑脂作为摩擦副的润滑介质，通过干油站向润滑点供送润滑脂的一整套设备。

图 4-2-14 为某手动双线供脂的干油集中润滑系统，其工作原理是：从干油站用手动压出的润滑脂经过过滤后，经主管输至给油器，由给油器依次供给各摩擦副。

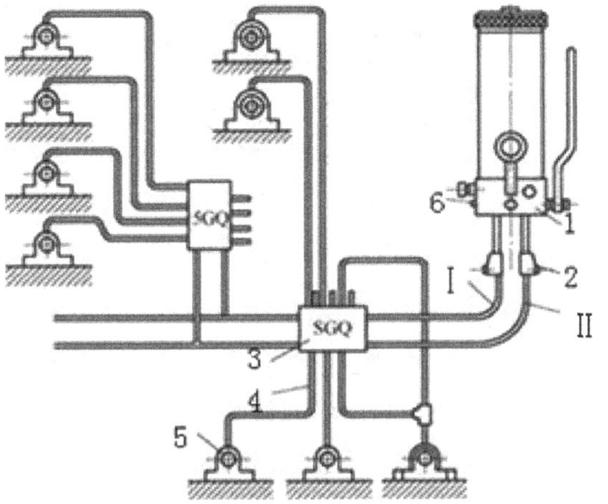

1—手动干油站；2—干油过滤器；3—双线给油器；4—输油脂支管；
5—轴承副；6—换向阀；Ⅰ、Ⅱ—输油脂主管

图 4-2-14　手动干油集中润滑系统

工作过程：摇动干油站 1 手柄，干油经 2 沿主管Ⅰ送到 3，各给油器在压力油脂作用下，根据预先调整好的量，把润滑脂经输油支管分别送到各润滑点。继续摇动手柄直到压力计达到一定值(约 7 MPa)，表明系统所有给油器工作完毕，停止摇动手柄并放回原来位置，此次压力是建立在管Ⅰ内，管Ⅱ经换向阀 6 内的通路和储油器连通，润滑脂经管Ⅱ挤回储油器，管内无压力。最后，换向阀 6 从左端移到右端极限位置换向，管Ⅰ和储油器连通，管内高压消除。

经过一定时间(即加脂周期)，人工继续摇动干油站 1 手柄，第二次向摩擦副供给润滑脂，润滑脂经管Ⅱ输送到各摩擦副润滑点，管Ⅰ内多余润滑脂被挤回储油站；当管Ⅱ压力达到一定值时(约 7 MPa)时，停止摇动手柄，进行换向(把换向阀 6 从右端移到左端)。

(二) 卧式车床润滑系统维护与保养

1. CA6140 卧式车床润滑系统介绍

图 4-2-15 为 CA6140 主轴箱及进给箱润滑系统示意图，主要包括油槽(在床腿内)、转子油泵、滤油器、分配器及油管等。

主轴箱内的主要润滑方式有：飞溅润滑，即将齿轮浸泡在油里，当齿轮转动时带起的油使两齿轮啮合处润滑；压力润滑，即液压泵将油加压顺着铜管流到主轴轴承的上面再滴

下去来润滑轴承；重力润滑，即飞溅到床头箱盖的油通过油槽回到主轴箱所有轴承处，然后再滴下去来润滑轴承。

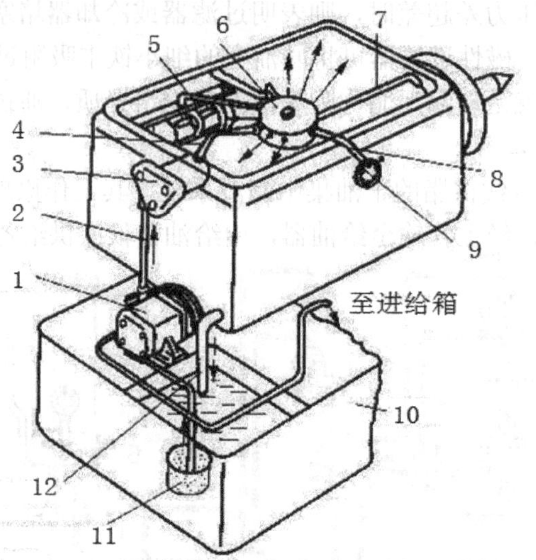

1—油泵；2、4、5、7、8—油管；3—过滤器；6—分油器；9—油标；

10—床腿；11—网式过滤器；12—回油管

图 4-2-15　集中供油强制循环润滑系统图

2．CA6140 润滑系统的维护与保养

CA6140 润滑点分布如图 4-2-16 所示，机床上用红色标记表示相应润滑点，另外，在机床床身上还贴有润滑标牌，以方便润滑系统保养。

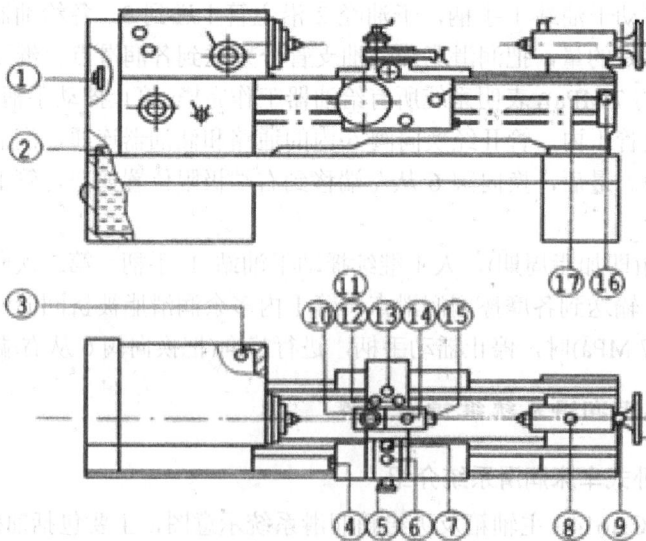

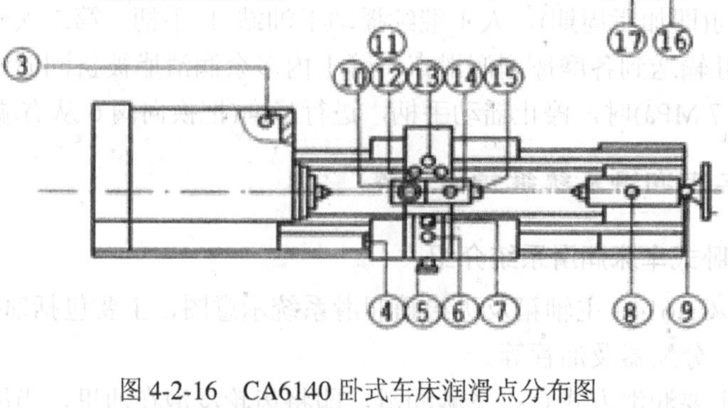

图 4-2-16　CA6140 卧式车床润滑点分布图

各润滑点的润滑剂牌号、润滑周期见表 4-2-6。

表 4-2-6　CA6140 润滑点分布图

<table>
<tr><td>机床部件</td><td colspan="3">床头箱、进给箱</td><td colspan="2">溜板箱</td><td colspan="5">床鞍、床身导轨</td><td colspan="2">尾座</td><td colspan="3">刀架</td><td colspan="2">丝杠、光杠</td></tr>
<tr><td>润滑点</td><td>①</td><td>②</td><td>③</td><td>④</td><td>⑤</td><td>⑥</td><td>⑦</td><td>⑪</td><td>⑫</td><td>⑬</td><td>⑧</td><td>⑨</td><td>⑩</td><td>⑭</td><td>⑮</td><td>⑯</td><td>⑰</td></tr>
<tr><td>润滑剂</td><td>2 号钙机脂</td><td colspan="16">HL46 液压油</td></tr>
<tr><td>润滑周期</td><td>▲</td><td>★</td><td>◆</td><td>★</td><td colspan="13">▲</td></tr>
<tr><td colspan="18">注 1：换油前清洗所有润滑点。　注 2：润滑周期是按两班制车间，每班工作 8 小时提出的。
▲每班加油一次　◆7 天加油一次　★50 天换油一次</td></tr>
</table>

润滑系统的保养内容主要包括：

(1) 检查各箱中的润滑油要求其不得低于各油标中心；所有润滑点按时注入干净的润滑油；

(2) 经常注意油泵的工作情况，以保证主轴箱及进给箱有足够的润滑油；

(3) 每次启动机床主电机后，必须等润滑泵正常工作，油窗来油后，才能启动主轴；

(4) 每周清洗主轴箱进油处的滤油器的滤油铜网，以保证润滑油清洁；

(5) 使用中心架或跟刀架必须润滑二者的支承块与工作的接触表面；

(6) 每班必须向床鞍润滑油盒内加油，保证床鞍移动时有充足的润滑。

3. 润滑系统大修内容

润滑系统大修时需清洗或更换滤油器，检修液压泵供油状态，检查各润滑油管供油情况，更换润滑油。

四、主轴箱常见故障诊断与排除

(一) 卧式车床主轴箱常见故障及排除方法

卧式车床主轴箱故障通常分为车削工件质量问题、产生运动机械障碍和润滑系统故障。

1. 卧式车床主轴箱润滑系统常见故障及排除方法

表 4-2-7 列出了 CA6140 卧式车床主轴箱润滑系统常见故障、原因分析及排除方法。

表 4-2-7　CA6140 卧式车床主轴箱润滑系统常见故障、原因分析及排除方法

序号	故障内容	产生原因	排除方法
1	主轴箱油窗不滴油	① 油箱内缺油或滤油器油管堵塞 ② 油泵磨损，压力过小或油量过小 ③ 进油管漏压	① 检查油箱里是否有润滑油；清洗滤油器(包括粗滤油器和精滤油器) ② 检查修理或更换油泵 ③ 检查漏压点，拧紧管接头
2	主轴箱润滑不良	没有按规定对润滑系统加油	① 车床采用 L—AN46 号全损耗系统用润滑油。主轴箱采用箱外循环强制润滑，严格按润滑周期加油 ② 油泵由主电机拖动，把油打到主轴箱内 ③ 三角形滤油器，每周应用煤油清洗一次

续表

序号	故障内容	产生原因	排除方法
3	主轴前法兰盘处漏油	① 法兰盘与箱体回油孔对不正 ② 法兰盘封油槽太浅使回油空间不够用，迫使油从旋转背帽和法兰盘间隙中流出来	① 使回油孔畅通 ② 加深封油槽，从 2.5 mm 加深至 5 mm；加大法兰盘上面的回油孔；压盖上涂密封胶或安装纸垫
4	主轴箱手柄座轴端漏油	手柄轴在套中转动，轴与孔之间配合为 8H7/f7，油从配合间隙渗出来	将轴套内孔一端倒棱 C2.5，使已溅的油顺着倒棱流回箱体内 注意提高装配质量
5	主轴箱轴端法兰盘处漏油	① 法兰盘与箱体孔配合太长，箱体孔与端面不垂直，螺钉紧固后憋劲 ② 纸垫太薄，没有压缩性 ③ 有的螺孔钻透了	① 尽可能减小法兰盘与箱体孔配合长度 ② 纸垫加厚或改用塑料垫 ③ 精心加工和装配

2．卧式车床主轴箱常见故障及排除方法

卧式车床主轴箱存在的故障除了振动、噪声、温度异常、气味异常之外，有些故障通常会通过工件加工质量表现出来，因此我们可以根据工件质量来分析故障产生的部位、原因，并提出相应的排除办法，及时予以调整和修理。

卧式车床主轴箱常见故障及排除方法参见项目 5.2 中表 5-2-2 车床常见故障、原因分析及排除方法的第一至第十一项。

❖项目实施

一、项目实施步骤

（一）卧式车床主轴箱检修工量具及场地准备

表 4-2-8 为 CA6140 卧式车床主轴箱检修工量具及机物料准备表。

表 4-2-8　CA6140 卧式车床主轴箱检修工量具及机物料准备表

名　称	材料或规格	件　数	备　注
工量具准备			
活动扳手	18 寸及 10 寸	各 1 把	零部件拆装
钩形扳手		1 套	零部件拆装
内六角扳手		1 套	零部件拆装
内外弹性挡圈钳		各 1 把	零部件拆装
螺钉旋具		1 把	零部件拆装
手锤		1 把	零部件拆装

续表

名　称	材料或规格	件　数	备　注
大、小铝棒		各 1 根	零部件拆装
冲子		1	零部件拆装
拉拔器		1	零部件拆装
撬杠	1.5 m 长	1	取出轴或轴上零部件
拔销器		1 套	拔销
三角刮刀		1 把	修复
钢珠	ϕ6 mm	1	几何精度检验
百分表及磁力表架		1	几何精度检验
内径表	50～160 mm	1	几何精度检验
千分尺	150～175 mm	1	几何精度检验
V 型铁及可调 V 型铁		各 1	几何精度检验
主轴锥孔检验棒	莫氏 6 号		几何精度检验
机物料准备			
铜皮			调整
显示剂	红丹粉		刮研精度显示
煤油及油盆		煤油若干，盆 1 个	清洗
机床清洁布		1	清洁

(二) 卧式车床主轴箱检修项目实施步骤

(1) 完成 CA6140 主轴箱轴 I 组件检修。

① 完成对指定车床主轴箱从皮带轮到轴 I 组件的拆卸。

② 完成所拆零部件的清洗及检查。

③ 完成轴 I 组件的分解、清洗及检查。

④ 完成轴 I 组件的检修及装配。

⑤ 完成主轴箱的重新装配。

⑥ 检查装配质量。

(2) 完成 CA6140 主轴箱润滑系统检修。

对指定车床主轴箱润滑系统进行保养。

(3) 主轴箱常见故障分析和排除方法讨论。最后整理现场。

二、项目作业

(一) 填空题

1．主轴组件通常是由______、______和安装在主轴上的______等组成的。

2．CA6140 卧式车床主轴箱的皮带轮卸荷装置的主要作用是使 I 轴不产生由皮带传动引起的______变形，提高了Ⅰ轴寿命，同时使______减小。

3．当主轴前、后轴承内孔的偏心方向______（填“相同”或“相反”）时，产生的径向跳动误差最大，装配时应尽量避免。

4．齿轮常用的维修方法有______、______、______、______、塑性变形法、变位切削法和金属涂敷法等七种。

5．齿轮键槽损坏后，可用插、刨或钳工把原来的键槽尺寸______，同时配制相应尺寸的键修复。如果损坏的键槽不能用上述方法修复，可转位在与旧键成90°的表面上______，同时将旧键槽______。

6．齿轮孔径磨损后，可用______、镀铬、镀镍、镀铁、_______、_______等工艺方法修复。

7．蜗杆传动的失效形式与齿轮传动相同，其中尤以______更易发生。

8．由于蜗杆传动相对滑动速度大、效率低，并且蜗杆齿是连续的螺旋线，且材料强度高，所以失效总是出现在______（填“蜗轮”或“蜗杆”）上。

9．蜗轮蜗杆副的修理主要有______和______。

10．滚珠丝杠螺母副的维护主要有轴向间隙的调整、___________、滚珠丝杠螺母副的润滑和___________。

11．车床主轴箱的主要润滑方式有______、______和重力润滑。

12．CA6140主轴箱润滑系统大修时需清洗或更换______，检修______的供油状态，检查______供油情况，更换______。

（二）选择题

1．大修时拆下某齿轮，发现在齿宽方向只有60%磨损，齿宽方向的另一部分没有参加工作，这是由于______造成的。

A）装配时调整不良　B）齿轮制造误差　C）通过这个齿轮变速的转速使用频繁

2．主轴箱的变速手柄扳到正确位置后，箱体内某轴的滑移齿轮仅有全齿宽的50%啮合，这时应______。

A）更换齿轮　B）不用这个转速　C）调整控制该齿轮的偏心调正装置

3．带轮相互位置不正确会带来张紧不均和过快磨损，中心距不大时用______测量。

A）长直尺　B）卷尺　C）拉绳　D）皮尺

4．两带轮在使用过程中，发现轮上的三角带张紧程度不等，这是______原因造成的。

A）轴颈弯曲　B）带拉长

C）带磨损　D）带轮与轴配合松动

5．带传动机构使用一段时间后，三角带陷入槽底，这是______原因造成的。

A）轴弯曲　B）带拉长　C）带轮槽磨损　D）轮轴配合松动

6．当带轮孔加大，必须镶套，套与轴为键连接，套与带轮常用______方法固定。

A）键连接　B）螺纹连接　C）过盈连接　D）加骑缝螺钉

7．链传动在使用过程中，常发现脱链，是______原因造成的。

A）链被拉长　B）链磨损　C）轮磨损　D）链断裂

8．蜗杆传动齿侧间隙的检查，对于要求较高的用_______方法检查。

A) 塞尺　　B) 压铅丝　　C) 百分表　　D) 游标卡尺

9. 安装渐开线圆柱齿轮时，接触斑点处于异向偏接触的不正确位置，其原因是两齿轮_______。

A) 轴线歪斜　　B) 轴线平行　　C) 轴线不平行　　D) 中心距不准确

10. 齿轮传动中，为增加接触面积，改善啮合质量，在保留原齿轮的情况下，采取_______措施。

A) 刮研　　B) 研磨　　C) 锉削　　D) 加载跑和

11. 对分度机构中齿轮传动的主要要求是_______。

A) 保证无噪声　　B) 保证传动平稳　　C) 保证无振动　　D) 保证运动精度

12. 链传动中，链和链轮磨损较严重，用_______方法修理。

A) 修轮　　B) 修链　　C) 链、轮全修　　D) 更换链、轮

13. 钠基脂适用于_______场合的润滑。

A) 潮湿　　B) 高温重载　　C) 高速　　D) 精密仪器

14. 石墨润滑脂多用于_______的润滑。

A) 滚动轴承　　B) 高速运转滑动轴承

C) 高温重载轴承　　D) 外露重载滑动轴承

15. 零件的密封试验应在_______阶段进行。

A) 装配同时　　B) 试车　　C) 装配前准备　　D) 调整工作

16. 润滑剂能防止漏水、漏气的作用称为_______。

A) 润滑作用　　B) 冷却作用　　C) 防锈作用　　D) 密封作用

17. 润滑油的选用原则是温度高、负荷大时要选用_______的。

A) 黏度高的　　B) 黏度低的　　C) 黏度适中　　D) 价格贵

18. 车床主轴轴向窜动将使被加工零件产生_______误差。

A) 圆柱度　　B) 径向圆跳动　　C) 端面圆跳动　　D) 平行度

19. 铣床主轴的径向跳动将影响被加工零件的_______。

A) 平面度　　B) 圆度　　C) 同轴度　　D) 平行度

20. 车床主轴前轴承对主轴回转精度的影响_______后轴承。

A) 大于　　B) 小于　　C) 等于　　D) 不确定

21. 精车外圆时，主轴每一转在圆周表面上有一处振痕，可能是由于_______造成的。

A) 主轴上传动齿轮安装偏心　　B) 主轴轴承某几粒磨损严重

C) 主轴轴承预紧量过小　　D) 主轴转速过高

22. 当发现链条伸长，但伸长量不超过原有长度的3%时，可以采用_______方法修复。

A) 更换此链条　　B) 更换链轮

C) 取出此链条中的一、二个链节　　D) 同时更换链、轮

23. 滚珠丝杠副常发故障是传动间隙增大，其原因多为丝杠弯曲和_______造成丝杠与螺母间隙增大而超出规定范围。

A) 冲击疲劳破坏　　B) 磨损　　C) 扭曲变形　　D) 振动过大

24. 当滚珠丝杠副的丝杠弯曲时，可采用_______方法修复。

A) 校直法　　B) 金属扣合法　　C) 修理尺寸法　　D) 换位修复法

25. 带陷入槽底，是因为带被带轮槽磨损造成的，此时的修理方法是______。

A) 更换轮　B) 更换三角带　C) 带轮槽镀铬　D) 车深槽轮

26. 在检修中应明确蜗杆与蜗轮的轴心线之间的关系是______。

A) 垂直　B) 倾斜

C) 垂直且空间交叉　D) 重合

27. 压力循环供油系统有两种形式：一种为油泵供油，另一种是高位油箱利用______作用将油送到各润滑点。

A) 惯性　B) 流动性　C) 移动性　D) 重力

28. 当双向多片摩擦离合器的元宝形摆块产生磨损时，一般采用______方法。

A) 更换新件　B) 焊补　C) 粘补　D) 喷涂

29. 花键连接花键轴磨损，可采用表面______方法修复。

A) 镀铬　B) 镀锌　C) 镀锡　D) 镀铜

30. 卧式车床主轴箱主轴的______是由双向多片摩擦离合器及其操纵机构完成。

A) 开停　B) 换向　C) 开停及换向　D) 转速调整

(三) 判断题

1. 摩擦式离合器装配后，摩擦力大小已定，不可调整。
2. 机床设备修前不必进行停机检查，只要严格把好修后的精度检验标准检查就行。
3. 拆卸是机修的一个环节，但不会影响机床的精度。
4. 机床设备修前各项准备工作，对于设备的停机时间和修理质量有直接影响。
5. 带轮孔与轴磨损较严重时，轮孔可以镗削后压入衬套，并用骑缝螺钉固定。
6. 多片式摩擦离合器的摩擦片数越多，传递的转矩越大。
7. 加强润滑和清洁防尘是减小链传动磨损的很重要的办法。
8. 蜗杆传动机构的损坏形式主要表现在蜗杆齿齿面的磨损。
9. 蜗杆传动的接触斑点根据精度等级不同，其要求也不同。
10. 对于锈蚀严重的螺栓，尤其是直径较大的，可采用火焰加热法将螺母或螺栓拆下。
11. 双联齿轮往往是其中小齿轮磨损严重，可将其轮齿切去，重制一个小齿圈，进行局部修换，并加以固定。
12. 主轴轴向窜动将会导致车削螺纹时螺纹中径尺寸误差。
13. 主轴发热是主轴常见故障之一，原因有轴承损伤或不清洁、轴承油脂耗尽或油脂过多、轴承间隙过小等。
14. 车床主轴支承轴颈的圆度也会造成主轴径向跳动误差，从而影响工件的加工精度。
15. 在卧式车床预检中发现带轮有摆头现象，而且皮带抖动，原因可能是轴弯曲。
16. V带经长期使用后被拉长，可以采取调整的办法对带的松紧进行调整。
17. 链的下垂度越小，越容易造成链的抖动和脱链。
18. 在检修中如果发现链和链轮磨损较严重，较合理的处置方式是修好链轮，更换链条。
19. 对于滚珠丝杠螺母副，为了保证反向传动精度和轴向刚度，必须消除轴向间隙。
20. 保证导轨面之间具有最小的间隙是维护导轨副的一项重要工作。
21. 某些金属切削机床采用的整体式稀油润滑系统在油箱回油口处装有回油磁过滤器，

用于对润滑之后返回油中夹杂的细小铁末进行磁性过滤，以保持油液的清洁。

22．当主轴转速较低时，宜选用低黏度主轴油。

23．润滑剂的流动可将机械摩擦产生的热量带走，使机件的工作温度不致过高。

24．由于主轴前轴承对主轴回转精度的影响大于后轴承，所以一般要求前轴承精度要比后轴承精度低一级。

25．车床主轴的径向跳动将影响被加工零件的圆度。

26．主轴推力轴承与箱体孔端面接触的应为紧圈，其内孔应与轴颈有较紧的配合。

27．主轴箱体轴承安装孔的磨损，将影响主轴回转精度的稳定性和主轴的刚度。

28．CA6140 主轴箱 I 轴中的双向多片摩擦离合器的修理是主轴部件修理的重要内容，当摩擦片出现翘曲或拉毛时，必须更换。

29．在车削时出现“闷车”现象，可能是由于电动机皮带过松原因造成。

30．卧式车床主轴内控制主轴开停及换向的双向多片摩擦式离合器在装配时如果摩擦片调整过紧将会产生停车后主轴仍有自转的现象。

（四）读图分析题

项目作业图 4-2-1 为图 3-2-30 所示铣床的悬梁支架孔中心线与主轴中心线同轴度的尺寸链，采用修配装配法，请对其进行修理尺寸链分析。

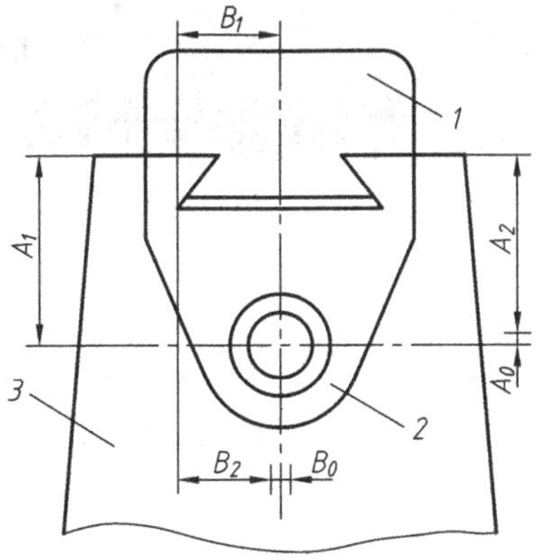

1—悬臂；2—刀杆支架；3—床身

项目作业图 4-2-1　悬梁支架孔与主轴中心线同轴度尺寸链

① 请分别写出 A 组和 B 组尺寸链方程。

② 当修刮导轨结合面后，组成环 A_1________、A_2________，封闭环 A_0________；组成环 B_1________、B_2________，封闭环 B_0________。(填增大或减小)

③ 为保证封闭环 A_0、B_0 的预定精度，选________、________为补偿环。

④ 所用的修理方法是________。

模块五　整机检修与试车验收

项目 5.1　卧式车床几何精度检验

➤➤➤ 项目内容

(1) 完成图 5-1-1 所示卧式车床主轴箱指定几何精度检验项目的检验。

(2) 对检验中发现的几何精度超差原因、后果及排除方法进行分析、讨论。

图 5-1-1　某检修后待检验试车的卧式车床

➤➤➤ 项目要求

(1) 熟悉卧式车床试车验收内容及步骤，能完成主轴箱指定项目的几何精度检验。

(2) 能综合应用所学知识完成对超差几何精度项目的原因分析及排除方法讨论。

❖知识链接

机床总装或经修理后，需进行试车验收，主要包括空运转试验、负荷试验、机床几何精度检验和机床工作精度检验。其顺序安排一般是在完成空运转试验、负荷试验之后，确认所有机构正常，且主轴等部件已达到稳定温度即可进行工作精度检验，而一般机床的几何精度检验要分两次进行，一次在空运转试验后进行，一次在工作精度检验后进行。

机床的加工精度是衡量机床性能的一项重要指标。影响机床加工精度的因素很多，有机床本身的精度影响，还有因机床及工艺系统变形、加工中产生的振动、机床的磨损以及刀具的磨损等因素的影响，其中，机床本身的精度是一个重要因素。例如，在车床上车削圆柱面，其圆柱度主要取决于工件旋转轴线的稳定性、车刀刀尖移动轨迹的直线度以及刀尖运动轨迹与工件旋转轴线之间的平行度，即主要取决于车床主轴与刀架的运动精度以及刀架运动轨迹相对于主轴的位置精度。

机床的精度包括几何精度、传动精度、定位精度以及工作精度等，不同类型的机床对这些精度的要求是不同的。

1. 几何精度

机床的几何精度是指机床某些基础零件工作面的几何精度，它指的是机床在不运动或运动速度较低时的精度。

机床的几何精度规定了决定加工精度的各主要零部件之间以及这些零部件的运动轨迹之间的相对位置允差。例如，床身导轨的直线度、工作台的平面度、主轴的回转精度等。在机床上加工的工件表面形状是由刀具相对于工件的运动轨迹决定的，而刀具和工件是由机床执行部件直接带动的，所以，机床的几何精度是保证加工精度的最基本的条件。

2. 定位精度

机床定位精度是指机床主要部件在运动终点时所达到的实际位置的准确程度，实际位置与预期位置之差称为定位精度。

如图 5-1-2 左图所示，车床上车削外圆时，为了获得一定的直径尺寸 *d*，要求刀架横向移动 *L*，使车刀刀尖从位置Ⅰ移到位置Ⅱ，如果刀尖到达的实际位置与预期的位置Ⅱ不一致，则车出的工件直径 *d* 将会产生误差，此即定位精度。

机床运动部件在某一给定位置上，作多次重复定位时实际位置的一致程度，称为重复定位精度。

如图 5-1-2 右图所示，某车床液压刀架，由定位螺钉顶住死挡铁实现横向定位，以获得一定的工件直径尺寸 *d*，在加工一批工件时，如果每次刀架定位时的实际位置不同，即刀尖与主轴轴线之间的距离在一定范围内变动，则车出的各个工件的直径尺寸 *d* 也不一致，此即重复定位误差。

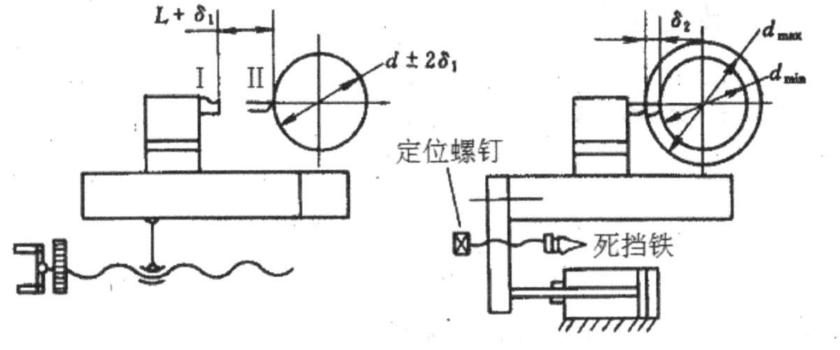

图 5-1-2　车刀的定位误差

对于主要通过试切和测量工件尺寸来确定运动部件定位位置的机床，如卧式车床、万能升降台铣床等通用机床，对定位精度的要求并不太高。但对于靠机床本身的测量装置、定位装置或自动控制系统来确定运动部件定位位置的机床，如各种自动化机床、数控机床、坐标测量机床等，对定位精度必须有很高的要求。

3. 传动精度

机床的传动精度是指机床内联系传动链两末端件之间的相对运动精度，这方面的误差就称为该传动链的传动误差。

例如车床在车削螺纹时，主轴每转一转，刀架的移动量应等于螺纹的导程。但是，实际上由于主轴与刀架之间的传动链中，齿轮、丝杠及轴承等存在着误差，使得刀架的实际移动量与要求的移动量之间有了误差，这个误差将直接造成工件的螺距误差。

为了保证工件的加工精度，不仅要求机床有必要的几何精度，而且还要求内联系传动链有较高的传动精度。

4. 工作精度

机床的几何精度、传动精度和定位精度通常是在没有切削载荷以及机床不运动或运动速度较低的情况下检测的，称为机床的静态精度。静态精度主要取决于机床上的主要零部件，如主轴及其轴承、丝杠螺母、齿轮以及床身等零部件的制造精度以及它们的装配精度。

静态精度只能在一定程度上反映机床的加工精度，因为机床在实际工作状态下，还有一系列的因素会影响加工精度。例如，由于切削力、夹紧力的作用，机床的零部件会产生弹性变形；在机床内部热源以及外部环境温度变化的情况下，机床零部件将产生热变形；由于切削力和运动速度的影响，机床会产生振动。机床运动部件以工作速度运动时，由于相对滑动面之间的油膜以及其他因素的影响，其运动精度也会与低速下测得的精度不同，所有这些都将引起机床实际精度的变化，影响工件的加工精度。

机床在外载荷、温升及振动等工作状态作用下的精度称为机床的动态精度。动态精度与静态精度、抗振性和热稳定性等密切相关。

目前，生产中一般是通过切削加工出的工件精度来检测机床的综合动态精度，称为机床的工作精度，它是各种加工因素对加工精度影响的综合反映。

❖技能链接

一、卧式车床空运转及负荷试验

（一）卧式车床开机前的安全操作

1. 基本操作

(1) 不能触摸变压器、电机及带有高压接线端子等部位，不能湿手触摸开关，以免电击。

(2) 熟悉急停开关位置，以便需要时，无须寻找就会按到它。

(3) 机床故障或危机状态时应首先按下急停按钮，然后关闭总电源；故障排除前不能送电。

(4) 停电时应马上断开总电源开关。

(5) 不要乱碰开关。

(6) 使用推荐的润滑油和油脂或认可的同等性能的油。

2. 接通电源之前的要求

(1) 在接通电源前应检查是否有绝缘皮损坏的缆线、软线或导线。

(2) 接通电源前应仔细检查电气系统是否完好，电动机是否有受潮。

(3) 应将油箱的油灌到油标处，参照润滑标牌完成对各润滑点的润滑。

(4) 检查各个开关及操作手柄是否灵活、平滑好用，检查其动作情况。

(5) 穿好防油的绝缘鞋，穿戴好工作服并配带其他安全防护用品。

3. 接通电源后的常规检查

(1) 检查电机、齿轮箱和其他部件是否发出异常的噪声。

(2) 检查各滑动部件的润滑情况。

(3) 检查安全保护装置是否处于良好的状态。

(4) 检查皮带的松紧，千万不能将手指插到皮带和带轮间检查。

4. 开机前注意事项

(1) 应检查电气系统是否完好，接通后应检查电机旋转方向是否符合规定。

(2) 检查各操作手柄是否灵活，并将各操作手柄置于中间空挡位置。

(3) 检查所有安全防护装置的功能，如限位碰停、互锁机构等。

(4) 开机前关好皮带罩门。

(二) 卧式车床空运转试验

1. 空运转试验前准备

空运转是在无负荷状态下运转机床，检验各机构的运转状态、温度变化、功率消耗，检验操纵机构的灵活性、平稳性、可靠性和安全性。试验前应使机床处于水平位置，一般不应用地脚螺钉固定，调整机床安装水平的目的是为了得到机床的静态稳定性以利后面的检验。

在卧式车床空运转试验前应做好以下准备工作：

(1) 总装后需清理现场并对机床进行全面清洗。

(2) 检查各润滑油路，根据润滑图表要求，注入符合规格的润滑油和冷却液。

(3) 检查紧固件是否可靠；溜板、尾座滑动面是否接触良好，压板调整是否松紧适宜。

(4) 用手转动各传动件，要求运转灵活；各变速、变向手柄应定位可靠，变换灵活；各移动机构手柄转动时应灵活、无阻滞现象，并且反向空行程量小。

2. 卧式车床空运转试验内容

(1) 从低速开始依次运转主轴所有转速挡进行主轴空运转试验，各级转速运转时间不少于 5 min，最高转速运转时间不少于 30 min。在最高速运转时，主轴的稳定温度如下：滑动轴承不超过 60℃，温升不超过 30℃；滚动轴承不超过 70℃，温升不超过 40℃；其他机构的轴承温度不超过 50℃，温升不超过 20℃。在整个试验过程中润滑系统应畅通、正常并无泄漏现象。

(2) 在主轴空运转试验时，变速手柄变速操纵应灵活、定位准确可靠；摩擦离合器在合上时能传递额定功率而不发生过热现象，处于断开位置时，主轴能迅速停止运转；制动闸带松紧程度合适，达到主轴在 300 r/min 转速运转时，制动后主轴转动不超过 2～3 r，非制动状态下制动闸带能完全松开。

(3) 检查进给箱各挡变速定位是否可靠，输出的各种进给量与转换手柄标牌指示的数值是否相符；各对齿轮传动副运转是否平稳，应无振动和较大的噪声。

(4) 检查床鞍与刀架部件，要求床鞍在床身导轨上，中、小滑板在其燕尾导轨上移动平稳，无松紧、快慢感觉，各丝杠旋转灵活可靠。

(5) 检查溜板箱各操纵手柄操纵灵活，无阻卡现象，互锁准确可靠。纵、横向快速进给运动平稳，快慢转换可靠；丝杠开合螺母控制灵活；安全离合器弹簧调节松紧合适，传力可靠，脱开迅速。

(6) 检查尾座部件的顶尖套筒由套筒孔内端伸出至最大长度时无不正常的间隙和阻滞现象，手轮转动灵活，夹紧装置操作灵活可靠。

(7) 调节带传动装置，4 根 V 带松紧一致。

(8) 电气控制设备准确可靠，电动机转向正确，润滑、冷却系统运行可靠。

(三) 卧式车床负荷试验

1. 机床负荷试验的内容

负荷试验是检验机床在负荷状态下运转时的工作性能及可靠性，即加工能力、承载能力及其运转状态，包括速度的变化、机床振动、噪声、润滑和密封等。

机床负荷试验内容包括机床主传动系统最大转矩试验以及短时间超过最大转矩 25%的试验、机床最大切削主分力的试验及短时间超过最大切削主分力 25%的试验，负荷试验一般在机床上用切削试件方法或用仪器加载方法进行。

2. 卧式车床主传动系统最大转矩试验

主传动系统最大转矩试验是考核车床主传动系统能否输出设计所允许的最大扭转力矩和功率。试验方法是将尺寸为$\phi100 \times 250$ mm 的中碳钢试件，一端用卡盘夹紧，一端用顶尖顶住。用硬质合金 YT5 的 45°标准右偏刀进行车削，切削用量为 $n = 63$ r/min、$a_p = 12$ mm、$f = 0.6$ mm/r，强力切削外圆。

试验要求在全负荷下，车床所有机构均应正常工作，动作平稳，不能有振动和噪声，主轴转速不得比空转时降低 5%以上。各手柄不得有颤抖和自动换位现象。试验时，允许将摩擦离合器调紧 2～3 孔，待切削完毕再松开至正常位置。安全防护装置和保险装置必须安全可靠，超负荷时能及时切断运动。

二、卧式车床工作精度检验

(一) 卧式车床工作精度检验项目

1. 工作精度检验前的准备

机床的工作精度是在动态条件下对工件进行加工时所反映出来的。工作精度检验应在标准试件或由用户提供的试件上进行，采用机床具有的精加工工序。

机床进行工作精度检验前应重新检查机床安装水平并将机床固紧；按工作精度检验标准要求的试切件形状、尺寸、材料准备切件；按试切要求准备刀具、卡盘，按检验要求准备检验试切件精度、表面粗糙度的量具和量仪。

2. 工作精度检验项目

卧式车床工作精度检验项目包括：精车外圆试验、精车端面试验和精车螺纹试验，必要时可增加切槽试验。当发现试件超差时，应分析原因，采取措施，予以排除。

(二) 卧式车床工作精度检验标准及试验方法

1. 精车外圆试验标准及试验方法

该试验项目是为了检查主轴的旋转精度和主轴轴线对床鞍移动方向的平行度。

检验项目、允差值以及检验简图见表 5-1-1。

表 5-1-1　精车外圆试验项目的允差值

<table>
<tr><th>简　图</th><th>检验项目</th><th>允差值</th></tr>
<tr><td rowspan="2">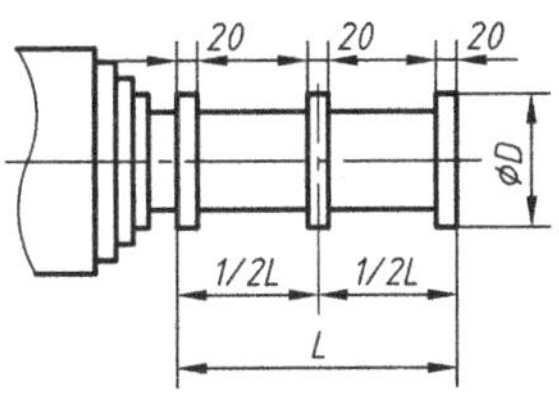
$D \geqslant Da/8$　　L=0.5Da
L_{max} =500 mm</td><td rowspan="2">精车外圆
(a) 圆度
(b) 在纵截面内直径的一致性
在同一纵向截面内测得的试件各端环带处加工后直径间的变化，应该是大直径靠近主轴端</td><td>L = 300 mm 时：
(a) 0.01
(b) 0.04
其余 L 尺寸按 L = 300 mm 折算(a)、(b)值</td></tr>
<tr><td>相邻环带间的差值不应超过两端环带之间测量差值的 75%(只有两个环带时除外)</td></tr>
</table>

试切件材料为中碳钢(一般为 45 钢)，外径 D 要大于或等于车床最大切削直径(400 mm)的 1/8，且不小于 50 mm，一般选用 80～100 mm 的圆棒料。通常取检验长度 L = 300 mm。轴环宽度 20 mm，空刀槽不作限制。试验具体操作如下：

(1) 装夹试件。试切件夹持在卡盘中，或插在主轴前端的内锥孔中(不允许用顶尖支承)。

(2) 选择车刀。用硬质合金外圆车刀或高速钢车刀。

(3) 选择参数。切削用量取 n = 397 r/min，a_p = 0.15 mm，f = 0.1 mm/r。

(4) 开机进行车削。

(5) 检验。精车后用千分尺或其他量具在 3 段直径上检验试件的圆度和圆柱度误差。要求表面粗糙度 Ra 不大于 3.2 μm。

2. 精车端面试验标准及试验方法

该试验项目的目的是检查车床在正常温度下，刀架横向移动轨迹对主轴轴线的垂直度和横向导轨的直线性。检验项目、允差值以及检验简图见表 5-1-2。

表 5-1-2　精车端面试验项目的允差值

简图	检验项目	允差值
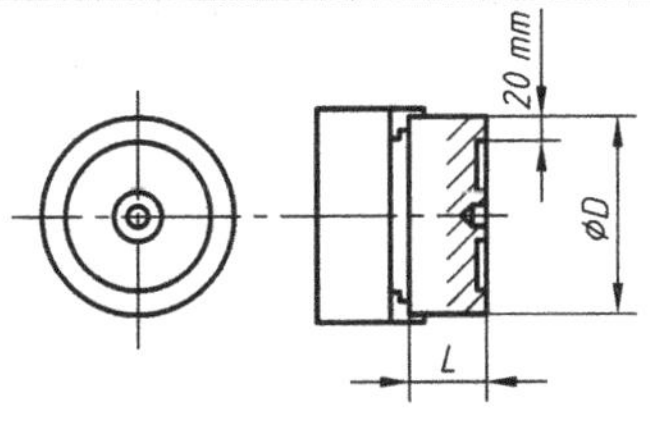 $D \geqslant 0.5Da$　　L_{max} = Da/8	精车端面的平面度 (只许凹)	D = 300 mm 时 0.025 其他 D 值按 D=300 的 0.025 折算允差值

试件材料为铸铁，要求铸件无气孔、砂眼、夹砂，材质无白口。外径要求大于或等于该车床最大切削直径的 1/2，一般取 300 mm 或稍大些的铸铁盘形试件，最大长度为最大车

削直径的1/8，即50 mm。

具体操作如下：

(1) 装夹试件。试切件夹持在主轴前端的三爪自定心卡盘中。

(2) 选择车刀。用硬质合金45°右偏刀。

(3) 选择参数。切削用量取 $n = 230$ r/min，$a_p = 0.2$ mm，$f = 0.15$ mm/r。

(4) 开机进行车削。

(5) 检验。精车后用千分表检验，将千分表固定在横刀架上，使其测头触及端面的后半面半径上，移动刀架检验，千分表读数最大差值的一半即为平面度误差。

3. 精车螺纹试验标准及试验方法

该试验项目的目的是检查车床加工螺纹传动系统的精度。

检验项目、允差值以及检验简图见表5-1-3。

表5-1-3 精车螺纹试验项目的允差值

简 图	检验项目	允 差 值
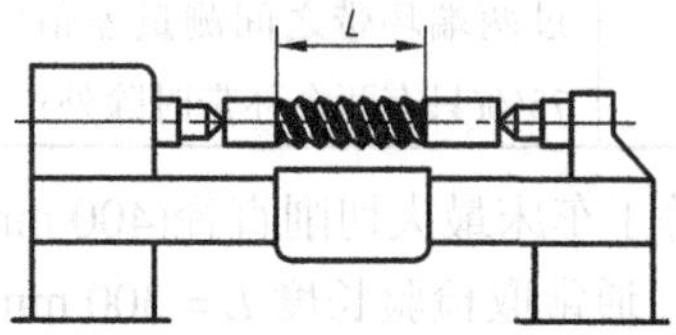	精车300 mm长螺纹的螺距累积误差	(a) 在300 mm测量长度上为： DC≤2000，0.04 DC=3000，0.045 (b) 在任意60测量长度上为0.015

试件材料为45钢，试切件的螺距应与车床丝杠螺距相等，外径也尽可能和车床丝杠接近。对于CA6140，试件的直径取40 mm，螺距取12 mm，试件的长度取400 mm(留出两端的工艺料头后，可以保证螺纹处的长度为300 mm)，牙型为60°普通螺纹。

具体操作如下：

(1) 装夹试件。试切件夹持在车床两顶尖间，用拨盘带动工件旋转。

(2) 选择车刀。采用高速钢60°标准螺纹车刀，车削时可加切削液冷却。

(3) 选择参数。切削用量取 $n = 19$ r/min，$a_p = 0.02$ mm，$f = 12$ mm/r。

(4) 开机进行车削。

(5) 检验。 精车后用螺纹规或游标卡尺测量螺距误差应不超过允差值，螺纹表面粗糙度不大于Ra3.2 μm，无振动波纹。

4. 切断试验方法

用宽5 mm的标准切断刀切断 $\phi80 \times 150$ mm的45钢棒料试件，要求切断后试件切断底面不应有振痕。

三、卧式车床几何精度检验

(一) 卧式车床几何精度检验项目

1. 卧式车床几何精度检验应注意的问题

(1) 卧式车床几何精度是机床未受外载荷下的原始精度，检验时一般不允许紧固地脚螺钉。

(2) 凡是与主轴轴承温度有关的项目，都应在主轴运转达到稳定温度后进行。

(3) 各运动部件的检验应采用手动操作，不适于手动或机床质量大于 10t 的机床，允许用低速运动。

(4) 凡规定的检验项目，均应在允许范围内，若因超差需要调整或返修的，返修或调整后必须对所有几何精度重新检验。

2. 卧式车床几何精度检验项目

机床几何精度检验内容包括几何精度的检验项目、检验方法、检验工具和允差值，其中的检验项目及允差值均可在有关机床几何精度检验标准中查到，卧式车床的执行标准是 GB/T4020—1997。

机床几何精度检验的目的就是将检测值(实测值)与允差(标准)对比，如果超差则进行调整或重新装调直至达到允差值。

GB/T 4020—1997《卧式车床几何精度检验标准》共包含 15 个检验项目，其中 G1～G7 组几何精度已经学习，本项目学习其他 8 组检验项目。

(二) 卧式车床几何精度检验标准及检验方法

1. G8 组几何精度检验标准及检验方法

该项目是针对主轴顶尖径向圆跳动情况进行检验，检验项目及允差值见表 5-1-4，检验方法见图 5-1-3。

检验时，顶尖插入主轴锥孔内，固定百分表，使其测头垂直触及顶尖锥面上，沿主轴轴线加一力 *F***旋转主轴，百分表读数的最大差值乘以 $\cos(\alpha/2)$(α 为顶尖圆锥角)就是顶尖跳动误差值。

表 5-1-4　G8 项目的允差值

检验项目	允差/mm		
	精密级	普通级	
	Da≤500 和 DC≤1500	Da≤800	800<Da≤1600
主轴顶尖径向圆跳动	0.01	0.015	0.02

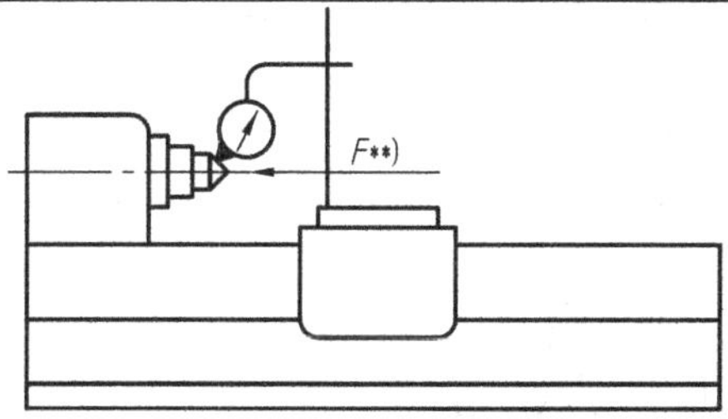

图 5-1-3　G8 组主轴顶尖径向圆跳动检验

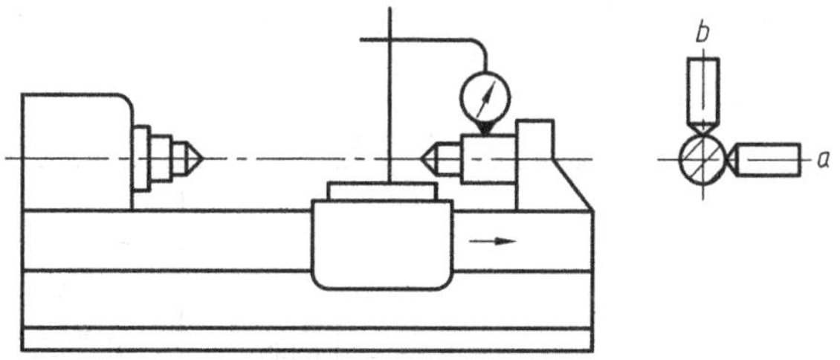

图 5-1-4　G9 组尾座套筒轴线对溜板移动平行度检验

2. G9 组几何精度检验标准及检验方法

该项目是针对尾座套筒轴线对溜板移动平行度进行检验，检验项目及允差值见表 5-1-5，检验方法见图 5-1-4。

检验时，将尾座紧固在检验位置，当被加工件最大长度 Dc≤500 mm 时，应紧固在床身的末端。当 Dc>500 mm 时，应紧固在 Dc/2 处，但最大不大于 2000 mm。尾座顶尖套伸出量约为最大伸出量的一半，并锁紧。将百分表固定在床鞍上，使其测头触及尾座套筒的表面，*a* 为水平平面内，*b* 为竖直平面内。移动床鞍检验，百分表读数的最大差值就是平行度误差值。*a*、*b* 的误差分别计算。

表 5-1-5　G9 项目的允差值

检验项目	允差/mm		
	精密级	普通级	
	Da≤500 和 DC≤1500	Da≤800	800<Da≤1600
尾座套筒轴线对溜板移动的平行度 (a) 在水平面内 (b) 在垂直面内	(a) 在 100 测量长度上为 0.01，向前 (b) 在 100 测量长度上为 0.015，向上	(a) 在 100 测量长度上为 0.015，向前 (b) 在 100 测量长度上为 0.02，向上	(a) 在 100 测量长度上为 0.02，向前 (b) 在 100 测量长度上为 0.03，向上

3. G10 组几何精度检验标准及检验方法

该项目针对尾座套筒锥孔轴线对溜板移动平行度，检验项目及允差值见表 5-1-6，检验方法见图 5-1-5。

检验时，尾座位置同检验项目 G9，顶尖套筒退入尾座孔内，并锁紧。在尾座套筒锥孔内插入锥柄长检验棒，百分表固定在床鞍上，使其测头触及检验棒表面，*a* 为水平平面内，*b* 为竖直平面内。移动溜板进行检验，一次检验后，拔出检验棒，旋转 180° 后重新插入尾座顶尖套锥孔中，重复检验。两次测量结果的代数和之半，就是平行度误差。

表 5-1-6　G10 项目的允差值

检验项目	允差/mm		
	精密级	普通级	
	Da≤500 和 DC≤1500	Da≤800	800<Da≤1600
尾座套筒锥孔轴线对溜板移动的平行度 测量长度 Da/4 或不超过 300① (a) 在水平面内 (b) 在垂直面内	(a) 在 300 测量长度上为 0.02，向前 (b) 在 300 测量长度上为 0.02，向上	(a) 在 300 测量长度上为 0.03，向前 (b) 在 300 测量长度上为 0.03，向上	(a) 在 500 测量长度上为 0.05，向前 (b) 在 500 测量长度上为 0.05，向上
① 对于 Da>800 mm 的车床，其测量长度可增加至 500 mm。			

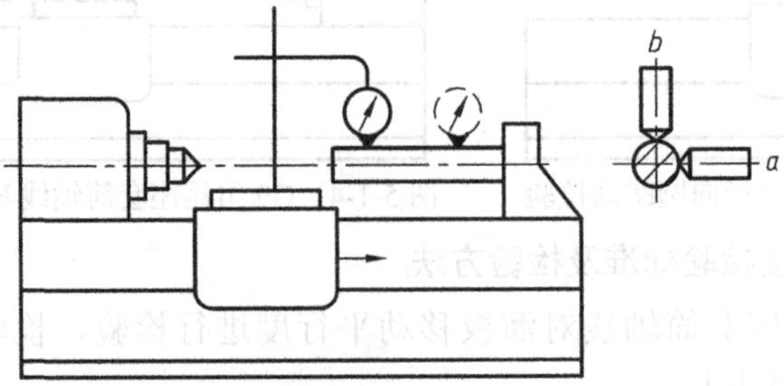

图 5-1-5　G10 组主轴和尾座两顶尖等高度检验

4. G11 组几何精度检验标准及检验方法

该项目针对主轴和尾座两顶尖的等高度，实际上是检验主轴中心线与尾座顶尖孔中心线的同轴度。如果不同轴，当用前后顶尖顶住零件加工外圆时会产生直线性误差。如尾座上装铰刀铰孔时不正确，其孔径会变大。检验项目及允差值见表 5-1-7，检验方法见图 5-1-6。

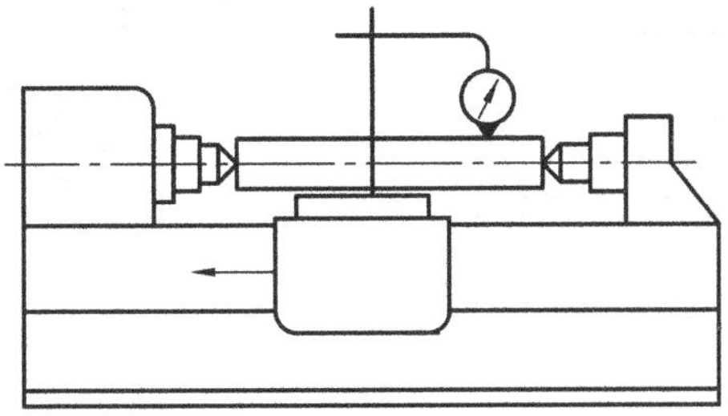

图 5-1-6　G11 组尾座套筒锥孔轴线对溜板移动平行度检验

检验时，在主轴与尾座顶尖间装入长圆柱检验棒，百分表固定在床鞍上，使其测头触及检验棒侧母线，移动溜板，如果百分表读数不一致，则应对尾座进行调整，使主轴中心与尾座中心沿侧母线方向同心。然后调换百分表位置，使其触及检验棒的上母线，移动溜板，百分表在两端读数的最大差值，就是等高度误差。检验时，尾座顶尖套应退入尾座孔内并锁紧。

表 5-1-7　G11 项目的允差值

检验项目	允差/mm		
	精密级	普通级	
	Da≤500 和 DC≤1500	Da≤800	800<Da≤1600
顶尖 主轴和尾座两顶尖的等高度	0.02 尾座顶尖高于主轴顶尖	0.04 尾座顶尖高于主轴顶尖	0.06 尾座顶尖高于主轴顶尖

5. G12 组几何精度检验标准及检验方法

该项目是针对小刀架移动对主轴轴线的平行度进行检验，检验项目及允差值见表 5-1-8，检验方法见图 5-1-7。

检验时，将锥柄长检验棒插入主轴锥孔中，百分表固定在小滑板上，使其测头在水平平面内触及检验棒。调整小滑板，使百分表在检验棒两端的读数相等。再将百分表测头在竖直平面内触及检验棒，移动小滑板进行检验，然后将主轴旋转 180° 再检验一次，两次测量结果的代数和之半，就是平行度误差。

表 5-1-8　G12 项目的允差值

检验项目	允差/mm		
	精密级	普通级	
	Da≤500 和 DC≤1500	Da≤800	800<Da≤1600
小刀架移动对主轴轴线的平行度	在 150 测量长度上为 0.015	在 300 测量长度上为 0.04	

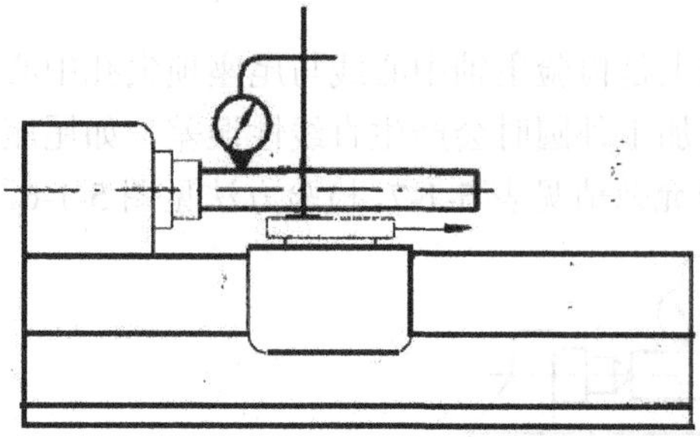

图 5-1-7　G12 小刀架纵向移动对主轴轴线平行度检验

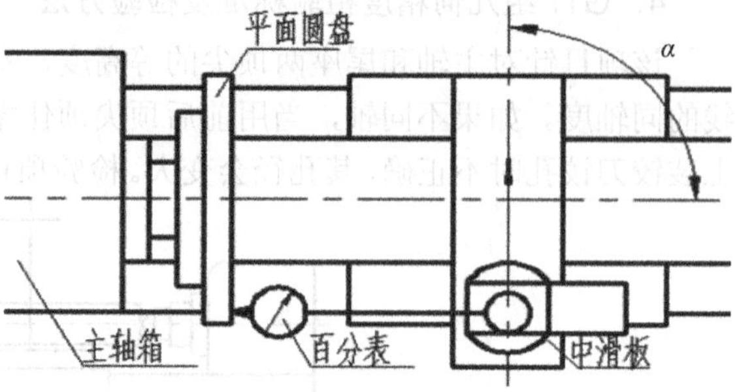

图 5-1-8　G13 中滑板横向移动对主轴轴线垂直度检验

6．G13 组几何精度检验标准及检验方法

该项目是针对中刀架横向移动对主轴轴线的垂直度进行检验，检验项目及允差值见表 5-1-9，检验方法见图 5-1-8。检验时，将平面圆盘固定在主轴上，百分表固定在中滑板上，使其测头触及圆盘平面，移动中滑板进行检验，然后将主轴旋转 180° 再检验一次，两次测量结果的代数和之半，就是垂直度误差。

表 5-1-9　G13 项目的允差值

检验项目	允差/mm		
	精密级	普通级	
	Da≤500 和 DC≤1500	Da≤800	800<Da≤1600
中刀架横向移动对主轴轴线的垂直度	0.01/300 偏差方向 α≥90°	0.02/300 偏差方向 α≥90°	

7．G14 组几何精度检验标准及检验方法

该项目是针对丝杠的横向窜动进行检验，检验项目及允差值见表 5-1-10，检验方法见图 5-1-9。

检验时，固定百分表，使其测头触及丝杠顶尖孔内的钢球上(钢球用黄油粘牢)。在丝杠的中段闭合开合螺母，旋转丝杠检查。检验时，有托架的丝杠应在装有托架的状态下检验。百分表读数的最大差值，就是丝杠的轴向窜动误差值，正反转均应检验。

表 5-1-10　G14 项目的允差值

检验项目	允差/mm		
	精密级	普通级	
	Da≤500 和 DC≤1500	Da≤800	800<Da≤1600
丝杠的横向窜动	0.01	0.015	0.02

8．G15 组几何精度检验标准及检验方法

该项目是针对由丝杠所产生的螺距累积误差进行检验，检验项目及允差值见表 5-1-11，检验方法见图 5-1-10。该误差主要由机床误差、传动系统调整不精确和切削过程中的变形等因素引起的，其中机床丝杠的螺距误差影响最大，直接反映到被加工的工件螺距上，通常采用校准装置来消除丝杠误差的影响；另外，丝杠的轴向窜动和径向跳动也会引起工件

螺距周期性误差。

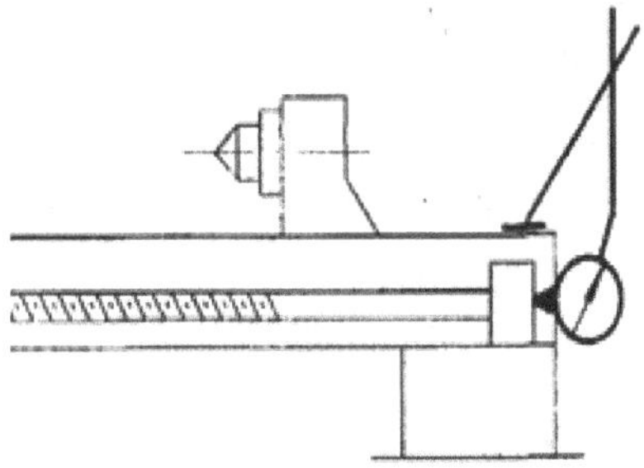

图 5-1-9　G14 组丝杠轴向窜动检验

图 5-1-10　G15 组丝杠所产生的螺距累计误差检验

表 5-1-11　G15 项目的允差值

检验项目	允差/mm		
	精密级	普通级	
	Da≤500 和 DC≤1500	Da≤800	800<Da≤1600
由丝杠所产生的螺距累积误差	(a) 在任意 300 测量长度上为 0.03 (b) 在任意 60 测量长度上为 0.01	(a) 在 300 测量长度上为 DC≤2000 时，允差为 0.04；DC>2000 时，最大工件长度每增加 1000，允许增加 0.005，最大允差为 0.05 (b) 任意 60 测量长度上为 0.015	

❖项目实施

一、项目实施步骤

（一）卧式车床几何精度检测工量具准备

表 5-1-12 为 CA6140 卧式车床几何精度检验工量具及机物料准备表。

表 5-1-12　CA6140 卧式车床几何精度检验工量具及机物料准备表

名　称	材料或规格	件数	备　注
工量具准备			
活动扳手	18 寸及 10 寸	各 1 把	零部件拆装及调整
钩形扳手		1 套	零部件拆装及调整
内六角扳手		1 套	零部件拆装及调整
手锤		1 把	零部件拆装
钢珠	ϕ6 mm	1	测量 G4、G14 组几何精度
百分表及磁力表架		2	G2、G3、G4、G5、G6、G7、G8、G9、G10、G11、G12、G13、G14
水平仪	精度 0.02/1000	2	测量 G1 组几何精度

续表

名　称	材料或规格	件数	备　注
检验桥板	长 250	1	测量 G1 组几何精度
长圆柱检验棒	$\phi80 \times 1500$	1	测量 G2、G11 组几何精度
锥柄短检验棒	莫氏锥度	1	测量 G4 组几何精度
锥柄长检验棒	莫氏锥度	1	测量 G6、G7、G10、G12 组几何精度
游标卡尺	0.01	1	测量 G15 组几何精度
机物料准备			
黄油		少量	测量 G4、G14 组几何精度
机床清洁布		1	清洁

(二) 卧式车床主轴箱几何精度检测

(1) 查阅实训工厂 CA6140 卧式车床的产品说明书，填入表 5-1-13 中。

表 5-1-13　某 CA6140 卧式车床出厂几何精度一览表

产品型号：						出厂编号：					
床身上最大回转直径 Da：						最大工件长度 Dc：					
执行标准：											
项目	允差	实测	项目	允差	实测	项目	允差	实测	项目	允差	实测
G1			G5			G9			G13		
G2			G6			G10			G14		
G3			G7			G11			G15		
G4			G8			G12					

(2) 完成实训场地 CA6140 卧式车床 G4/G5/G6 组几何精度检验，填入表 5-1-14 中。

表 5-1-14　CA6140 卧式车床 G4/G5/G6 组几何精度检验表

序号	检验简图	检验项目	工量具	允差值	实测值
G4					
G5					
G6					

(3) 讨论精度是否超差并讨论精度超差可能带来的加工精度影响。

(4) 如果超差，则进行原因分析及排除办法讨论。

(5) 整理现场。

二、项目作业

(一) 填空题

1. 机床的几何精度，指的是机床在______的条件下的原始精度。

2. 机床的精度主要包括______精度、______精度、传动精度和定位精度等几个方面。

3. 调整机床安装水平的目的，不是为了取得机床零部件理想的水平或垂直位置，而是为了得到机床的______以利后面的检验。

4. 机床故障或危机状态时应首先按下______，然后关闭总电源；故障排除前不能送电。

5. 卧式车床经修理后，需进行试车验收，主要包括空运转试车前的准备、空运转试车、负荷试车、______和______。

6. 卧式车床主轴空运转试验时，各级转速运转时间不少于______，最高转速的运转时间不少于______。

7. 在最高转速下运转时，主轴滑动轴承不超过______℃，温升不超过______℃，滚动轴承不超过______℃，温升不超过______℃，其他机构的轴承温度不超过______℃。

8. 机床负荷试验用于检验机床各种机构的强度，以及在负荷下机床各种机构的工作情况，一般在机床上用______方法或______方法进行。

9. G15 组检验项目丝杠螺距累积误差主要由机床误差、传动系统调整不精确和切削过程中的变形等因素引起，其中______影响最大。

10. G11 组主轴和尾座两顶尖的等高度的检验实际检测的就是主轴中心线与尾座顶尖孔中心线的______。

(二) 选择题

1. 涂色法检验机床结合面装配质量是指每______面积内接触点数不得少于规定点数。

A) 25 mm × 25 mm　　B) 20 mm×20 mm

C) 15 mm×15 mm　　D) 28 mm×28 mm

2. 一般来说对机床的几何精度检验分______进行。

A) 一次　　B) 两次　　C) 三次　　D) 四次

3. 经过修复后的机床，应进行空转试验。试验时机床的主运动应从最低速依次运转，一般在最高转速运转时间不得少于______min。

A) 15　　B) 30　　C) 45　　D) 60

4. 机床空运转试验时，主轴的稳定温度如下：滑动轴承温度不应超过 60℃，允许温升______℃；滚动轴承不超过 70°，温升不超过 40°。

A) 30　　B) 40　　C) 60　　D) 70

5. 在主轴空运转试验时，制动闸带松紧程度合适，达到主轴在 300 r/min 转速运转时，制动后主轴转动不超过______ r。

A) 2～3　　B) 5～6　　C) 8～10　　D) 10～12

6. 精车外圆试验是为了检查主轴的旋转精度和主轴轴线对床鞍移动方向的______。

A) 平行度　　B) 垂直度　　C) 同轴度　　D) 位置度

7. 当G11组几何精度超差，即主轴中心线与尾座顶尖中心线的同轴度超差时，假如在尾座上装铰刀铰孔，加工出来的孔径______。

A) 会变小　　B) 会出现椭圆孔

C) 会变大　　D) 会出现周期变化

8. 车削螺纹时，主轴轴向窜动将导致螺纹______误差。

A) 螺距周期　　B) 中径尺寸　　C) 牙型半角　　D) 公称直径

9. 普通车床精度标准中规定床身导轨在垂直面内的直线度只许______。

A) 中间凸　　B) 中间凹

C) 呈波折状　　D) 朝一个方向倾斜

10. 项目作业图5-1-1为G11组主轴和尾座两顶尖等高度检验的检验简图，检验时先将百分表测头触及检验棒侧母线，移动溜板检验，如果百分表读数不一致，应采取的调整方法是______。

A) 调整尾座的横向位置　　B) 调整主轴箱的横向位置

C) 调整尾座的高低位置　　D) 调整主轴箱的高低位置

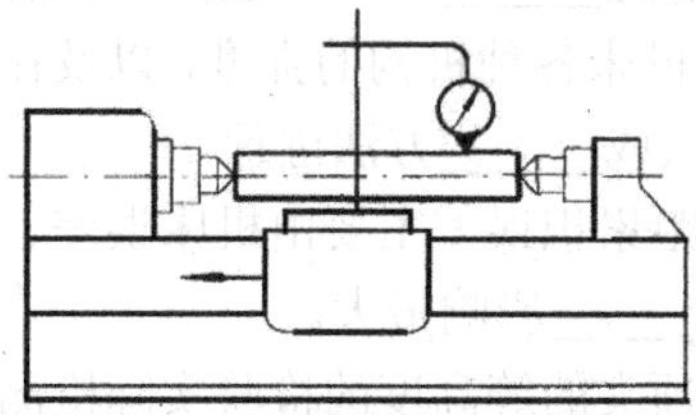

项目作业图5-1-1　G11组主轴和尾座两顶尖的等高度的检验简图

(三) 判断题

1. 垫铁和检验桥板是检测机床导轨几何精度的常用量具。

2. 高速旋转机器的启动试运转，通常不能突然加速，也不能在短时间内升速至额定工作转速。

3. 在机床的空运转试验中，机床主运动机构应从最低速依次运转。

4. 机器试车前，必须进一步对总装工作进行重点检查，看是否符合试车要求。

5. 试车完毕验收时，机器的电气、液压、气动系统和涂漆质量应符合规定。

6. 卧式车床试车验收只要进行负荷试验合格即可，不需进行空运转试验。

7. 在进行卧式车床几何精度检验时，凡是与主轴轴承温度有关的项目应在主轴温度达到稳定后方可进行检验。

8. 检查主轴机构的精度，不仅需要检查静态条件下的精度，还需要检查动态条件下的精度。

9. 在检查主轴锥孔轴线的径向跳动误差时需要在检验棒上相隔300 mm的a、b两点分别检查。

10. 安装卧式车床通过楔形垫铁调整床身导轨的凸起量时，同时会影响主轴轴线对溜板移动在垂直面内的平行度误差。

11. 检查CA6140车床主轴的精度时，采用的是带1∶20公制锥度的检验棒。

12．车床主轴支承轴颈的圆度也会造成主轴径向跳动误差，影响工件的加工精度。

13．丝杠的轴向窜动和径向跳动都会引起工件螺距的周期性误差。

14．G11 组检验项目主轴与尾座两顶尖的等高度规定主轴中心线最大允许高于尾座中心 0.04 mm。

15．由于尾座移动磨损将使尾座下沉，因此尾座与主轴两顶尖等高度规定只许尾座低。

16．根据 G13 组检验项目可知卧式车床中滑板横向移动对主轴轴线有垂直度要求。

17．主轴的定心轴颈和主轴锥孔都是用来定位安装各种夹具的表面，因此主轴定心轴颈的径向跳动包含了几何偏心和回转轴线本身两方面的径向跳动。

18．当进行 G6 组几何精度检验时发现靠近主轴端的 a 点处的主轴轴线径向圆跳动量合格，而离主轴端 300 mm 处的 b 点处检测值超差，说明主轴的前轴承装配不正确，应加以调整。

19．主轴轴肩支承面的端面圆跳动量包含主轴轴向窜动量，因此对该项精度的检查应该在主轴轴向窜动检查前进行。

20．主轴轴向窜动量过大时，如果加工平面则将直接影响加工表面的平面度。

(四) 计算分析题

1．计算：某箱体孔用假轴检测平行度时，已知两假轴左端间距 $A = 50.13$ mm，右端间距 $B = 49.86$ mm，A、B 两测点间距离 $L = 500$ mm，求该箱体孔平行度偏差 x。

2．分析：

① 普通车床精度标准中为什么规定床身导轨在垂直面内的直线度只许中间凸？

② 普通车床精度标准中为什么规定主轴轴线及尾座锥孔轴线对溜板移动的平行度，只许向上和向前偏？

项目 5.2　卧式车床检修

➤➤➤ 项目内容

(1) 完成图 5-2-1 所示的卧式车床整机检修。

(2) 完成卧式车床常见故障原因分析及排除办法讨论。

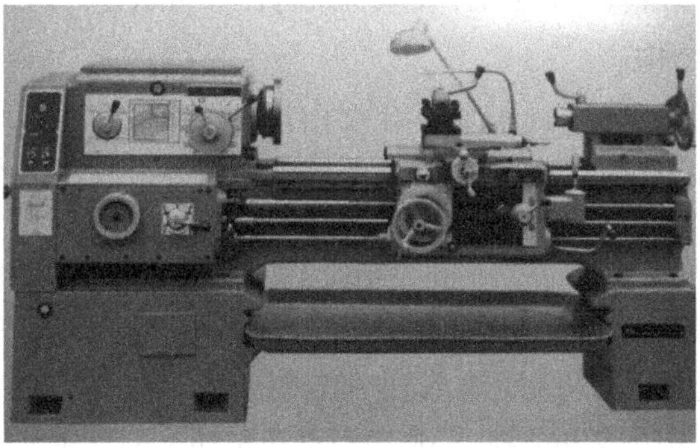

图 5-2-1　CA6140 机床实物图

▶▶▶ 项目要求

(1) 认识机械设备维修全过程，理解车床大修工艺。

(2) 掌握卧式车床主要部件的修理内容，能完成卧式车床主要部件的修理。

(3) 掌握卧式车床总装顺序和方法，理解整机拆卸、装配及调整全过程。

(4) 能对卧式车床大修后的常见故障进行诊断与排除。

❖知识链接

一、卧式车床主要部件介绍

(一) 卧式车床主要组成及其功用

1. 卧式车床的主要组成

卧式车床是加工回转类零件的金属切削设备，图 5-2-1 所示的 CA6140 卧式车床主要组成部件包括主轴箱、进给箱、溜板箱、刀架部件、尾座部件及床身。

2. 卧式车床主要组成的功用

主轴箱固定在床身左上部，功用是支承主轴部件，并使主轴部件及工件以所需速度旋转；进给箱固定在床身左端前壁，装有变速装置用以改变机动进给量或被加工螺纹螺距；溜板箱安装在刀架部件底部，通过光杠或丝杠接受自进给箱传来的运动，并将运动传给刀架部件，使刀架实现纵、横向进给或车螺纹运动；刀架部件装在床身的导轨上，可通过机动或手动使夹持在刀架上的刀具作纵向、横向或斜向进给运动；尾座部件安装在床身尾座导轨上，可根据工件长度调整其纵向位置，尾座上可安装后顶尖以支承工件，也可安装孔加工刀具进行孔加工；而床身固定在左右两个床腿上，用以支承其他部件，并使它们保持准确的相对位置。

(二) 卧式车床主要组成的结构

前面已经学习了主轴箱、刀架部件及床身结构，不再赘述，这里介绍其他几种部件。

1. 进给箱组成与结构

图 5-2-2 所示为进给箱结构示意图，主要由基本螺距机构、倍增机构、改变加工螺纹种类的移换机构、丝杠与光杠的转换机构以及操纵机构等组成，箱内主要传动轴以两组同心轴的形式布置。

轴Ⅻ、ⅩⅣ、ⅩⅦ及丝杠布置在同一轴线上，轴ⅩⅣ两端以半圆键连接两个内齿离合器，并以套在离合器上的两个深沟球轴承支承在箱体上。内齿离合器的内孔中安装有圆锥滚子轴承，分别作为轴Ⅻ右端及轴ⅩⅦ左端的支承。轴ⅩⅦ右端由轴ⅩⅧ左端内齿离合器孔内的圆锥滚子轴承支承。轴ⅩⅧ由固定在箱体上的支承套 6 支承，并通过联轴节与丝杠相连。两侧的推力球轴承 5 和 7 分别承受丝杠工作时所产生的两个方向的轴向力。

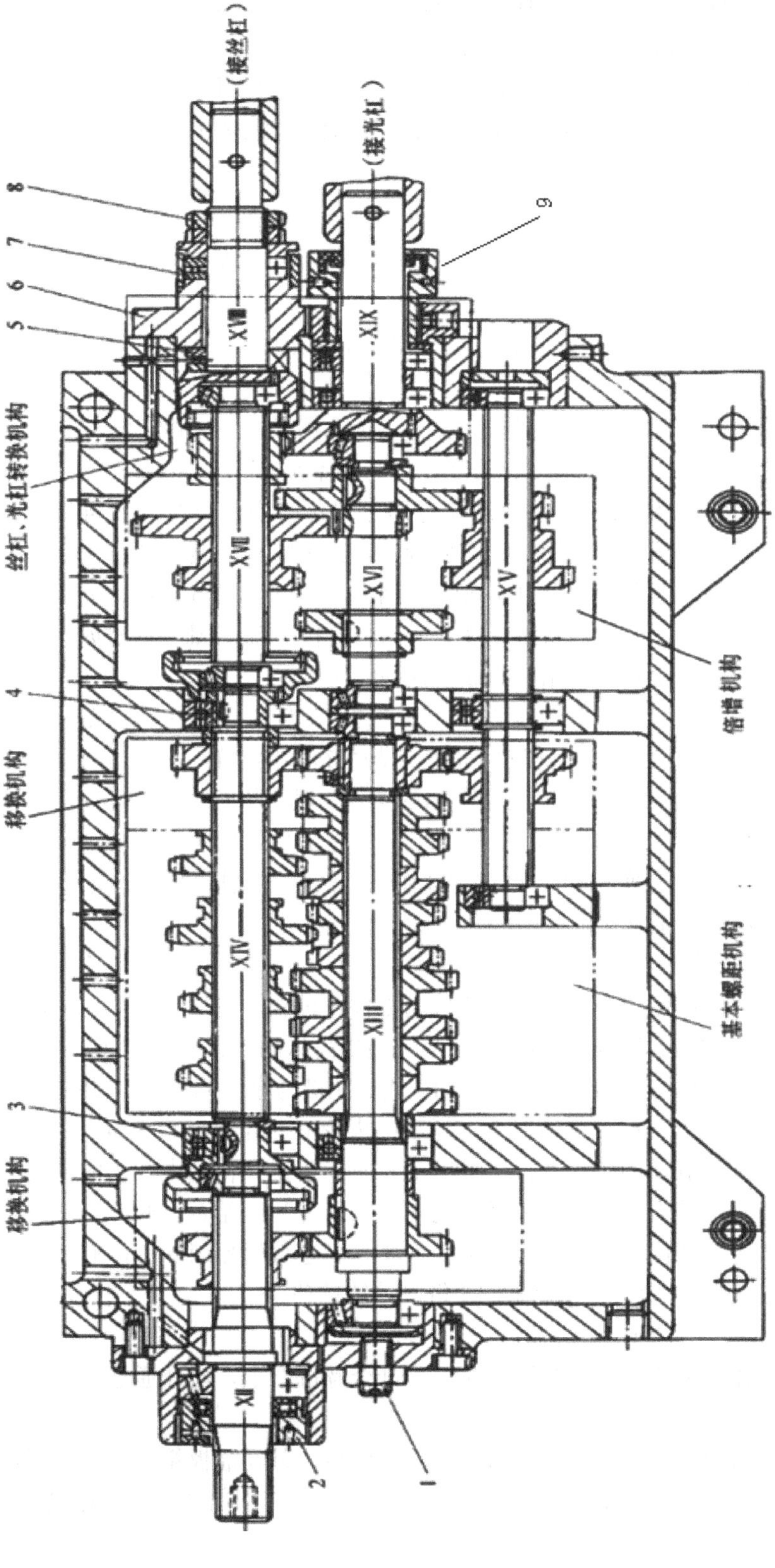

1—调节螺钉；2、9—调整螺母；3、4—深沟球轴承；6—支承套；5、7—推力球轴承；8—锁紧螺母

图 5-2-2 进给箱部件结构示意图

松开锁紧螺母 8，然后拧动其左侧的调整螺母，可调整轴 XⅧ 两侧推力轴承间隙，以防止丝杠在工作时作轴向窜动。拧动轴 Ⅻ 左端的调整螺母 2，可以通过轴承、内齿离合器端面以及轴肩使同心轴上的所有圆锥滚子轴承的间隙得到调整。

轴 XⅢ、XⅥ 及 XⅨ 组成一同心轴组。轴 XⅢ 及 XⅥ 上的圆锥滚子轴承可通过轴 XⅢ 左端螺钉 1 进行调整。轴 XⅨ 上角接触球轴承可通过右侧调整螺母 9 进行调整。

2. 溜板箱组成与结构

溜板箱部件包含以下机构：实现刀架快慢移动转换的超越离合器，起过载保护作用的安全离合器，接通、断开丝杠传动的开合螺母机构，接通、断开和转换纵、横向机动进给运动的操纵机构，以及避免运动干涉的互锁机构等。

图 5-2-3 所示为 CA6140 的安全离合器及超越离合器结构示意图。

1) 超越离合器的结构及工作原理

超越离合器装在齿轮 Z_{56} 与轴 XⅫ上，由齿轮 Z_{56}、三个滚柱 8、三个弹簧 14 和星形体 5 组成，星形体 5 空套在轴 XⅫ上，而齿轮 Z_{56} 又空套在星形体 5 上。

当刀架机动进给时，由光杠传来的运动通过超越离合器传给安全离合器后再传给轴 XⅫ。这时，齿轮 Z_{56}(即外环 6)按图示的逆时针方向旋转，三个短圆柱滚柱 8 分别在弹簧 14 的弹力及滚柱 8 与外环 6 间的摩擦力作用下，楔紧在外环 6 与星形体 5 之间，外环 6 通过滚柱 8 带动星形体 5 一起转动，于是运动便经过安全离合器传至轴 XⅫ。这时如将进给操纵手柄扳到相应的位置，便可使刀架作相应的纵向或横向进给。

当按下快速电机启动按钮使刀架作快速移动时，运动便由齿轮副 13/29 传至轴 XⅫ，轴 XⅫ及星形体 5 得到一个与齿轮 Z_{56} 转向相同，而转速却快得多的旋转运动。由于滚柱 8 与 6 及 5 之间的摩擦力，滚柱 8 压缩弹簧 14 向楔形槽的宽端滚动，从而脱开外环 6 与星形体 5(以及轴 XⅫ)间的传动联系。此时虽然光杠及齿轮 Z_{56} 仍在旋转，但不再传动轴 XⅫ。

当快速电动机停止转动时，在弹簧 14 和摩擦力作用下，滚柱 8 又楔紧于齿轮 Z_{56} 和星形体 5 之间，光杠传来的运动又正常接通。

2) 安全离合器的结构及调整

安全离合器是一种过载保护机构，可使机床的传动零件在过载时自动断开传动，以免机构损坏。图 5-2-3 中，安全离合器 M_7 由两个端面带螺旋形齿爪的结合子 4 和 10 组成，左结合子 4 通过平键 9 与星形体 5 相连，右结合子 10 通过花键与轴 XⅫ 相连，并通过弹簧 3 的作用与左结合子紧紧啮合。在正常情况下，运动由齿轮 6 传至左结合子 4，并通过螺旋形齿爪将运动经右结合子 10 传于轴 XⅫ。当出现过载时，齿爪在传动中产生的轴向力 F 轴超过预先调好的弹簧力，使右结合子压缩弹簧向右移动，并与左结合子脱开，两结合子之间产生打滑现象，从而断开传动，保护机构不受损坏。当过载现象消除后，右结合子在弹簧作用下，又重与左结合子啮合，并使轴 XⅫ 得以继续转动。

3) 开合螺母机构的结构与调整

用于接通或断开从丝杠传来的运动，车螺纹时，将开合螺母合上，丝杠通过开合螺母带动溜板箱及刀架。

如图 5-2-4 所示，开合螺母由上、下两个半螺母 2、1 组成，装在溜板箱后壁的燕尾形导轨中，可上下移动。上、下半螺母的背面各装有一个圆柱销 3，其伸出端分别嵌在槽盘 4

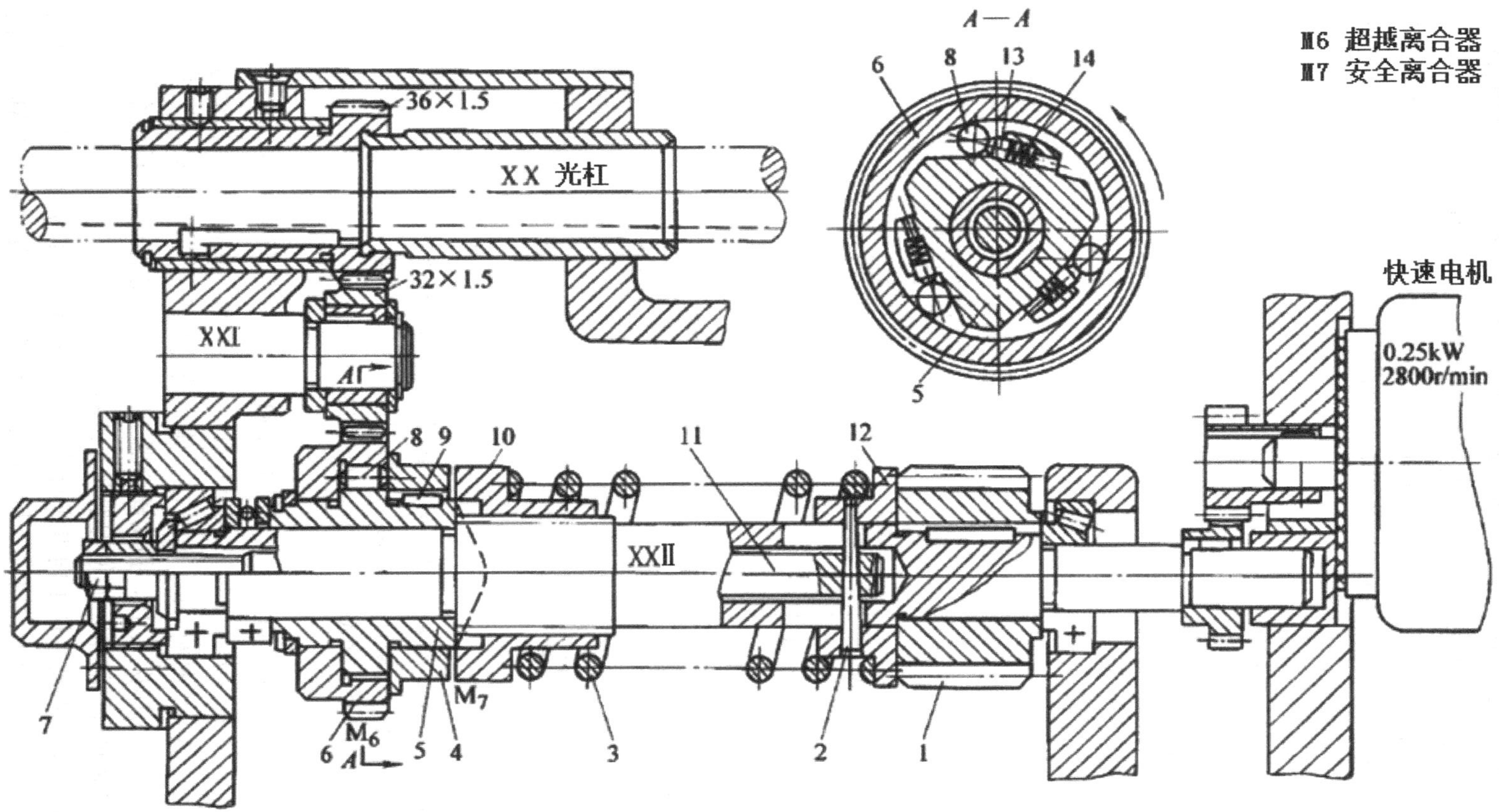

1—齿轮；2—圆柱销；3、14—弹簧；4—安全离合器 M_7 左半部(左结合子)；5—星形体；
6—齿轮 Z_{56}(超越离合器 M_6 外环)；7—调整螺母；8—滚柱；9—平键；
10—安全离合器 M_7 右半部(右结合子)；11—拉杆；12—弹簧座；13—顶销

图 5-2-3　安全离合器及超越离合器结构示意图

的两条曲线槽中。扳动手柄 6，经轴 7 使槽盘逆时针转动时，曲线槽迫使两圆柱销互相靠近，带动上、下螺母合拢，与丝杠啮合，刀架便由丝杠螺母经溜板箱传动。槽盘顺时针转动时，曲线槽通过圆柱销使两半螺母相互分离，与丝杠脱开啮合，刀架便停止进给。开合螺母合上时的啮合位置，由销钉 10 限定。利用螺钉 9 调节销钉 10 的伸出长度，可调整丝杠与螺母间的间隙。开合螺母与箱体上燕尾导轨间的间隙，可用螺钉 8 经镶条 5 进行调整。

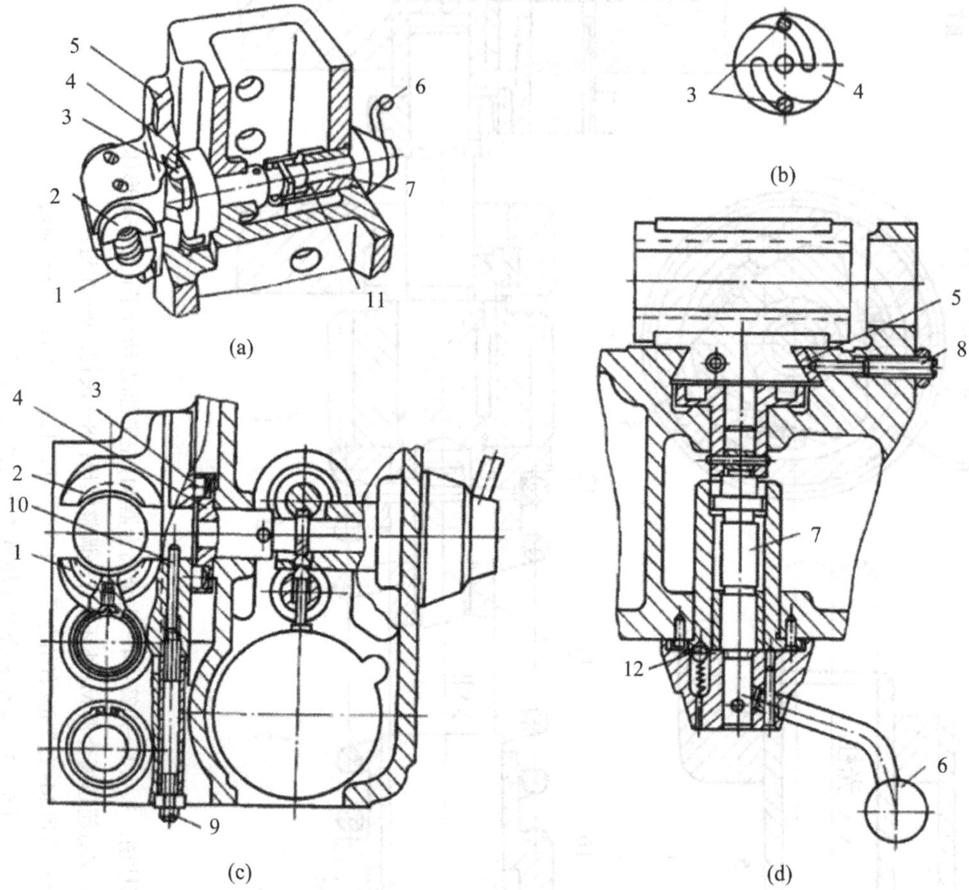

1—下半螺母；2—上半螺母；3—柱销；4—圆盘；5—平镶条；6—手柄；
7—轴；8、9—螺钉；10—销钉；11—支承套；12—钢球

图 5-2-4 CA6140 开合螺母机构结构示意图

4) 纵、横向机动进给操纵机构

如图 5-2-5 所示，纵、横向机动进给的接通、断开和换向由一个手柄集中操纵。手柄 1 通过销轴 2 与轴向固定的轴 23 相连接。向左或向右扳动手柄 1 时，手柄下端缺口通过球头销 4 拨动轴 5 轴向移动，然后经杠杆 11、连杆 12、偏心销使圆柱形凸轮 13 转动。凸轮上的曲线槽通过圆销 14、轴 15 和拨叉 16，拨动离合器 M8 与空套在轴 XⅫ上的两个空套齿轮之一啮合，从而接通纵向机动进给，并使刀架向左或右移动。

当需要横向进给运动时，拨动手柄 1 向里或向外，带动轴 23 以及固定在其左端的凸轮 22 转动，其上的曲线槽通过圆销 19、杠杆 20 和圆销 18，使拨叉 17 拨动离合器 M_9，从而接通横向机动进给，使刀架向前或向后移动。

操纵手柄扳动方向与刀架进给方向一致使操纵十分方便。

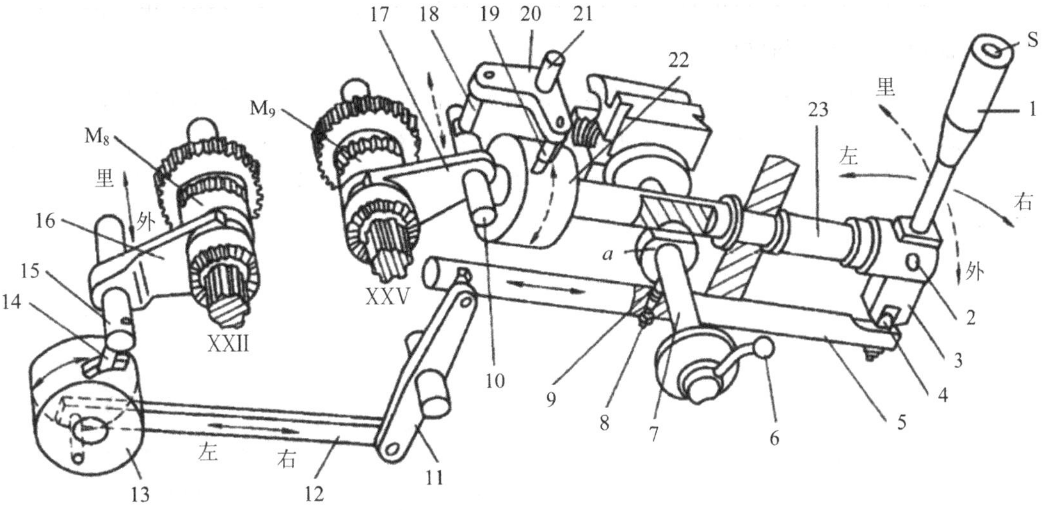

1、6—手柄；2、21—销轴；3—手柄座；4、9—球头销；5、7、23—轴；8—弹簧销；10、15—拨叉轴；11、20—杠杆；12—连杆；13—凸轮；14、18、19—圆销；16、17—拨叉；22—凸轮；S—按钮

图 5-2-5 纵、横向机动进给操纵机构结构示意图

5) 互锁机构结构原理

互锁机构可防止机床工作时因操作错误同时将丝杠和纵、横向机动进给(或快速运动)接通而损坏机床，其工作原理如图 5-2-6 所示。

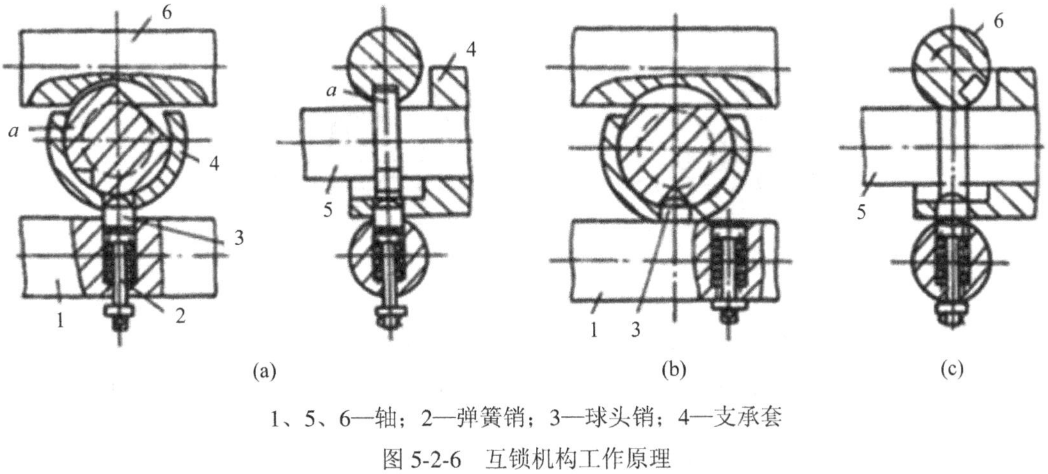

1、5、6—轴；2—弹簧销；3—球头销；4—支承套

图 5-2-6 互锁机构工作原理

图 5-2-6(a)为合上开合螺母的情况。这时由于轴 5 转过一个角度，它的凸肩 *a* 嵌入轴 6 的槽中，将轴 6 卡住，使之不能转动，同时凸肩又将装在固定套 4 径向孔中的球头销 3 往下压，使它的下端插入轴 1 的孔中，由于销 3 一半在轴 1 孔中，另一半在固定套 4 中，所以就将轴 1 锁住，使之不能移动。这时，纵、横向机动都不能接通。

图 5-2-6(b)为轴 1 移动后的情况。这时纵向机动进给或纵向快速移动被接通。由于轴 1 移动了位置，轴上的径向孔不再与球头销 3 对准，使球头销不能往下移动，因而轴 5 就被锁住而无法转动，开合螺母不能合上。

图 5-2-6(c)是轴 6 转动后的情况。这时横向机动进给或快速移动被接通。由于轴 6 转动了位置，其上的沟槽不再对准轴 5 上的凸肩 a，使轴 5 无法转动，开合螺母也不能合上。

3．尾座部件组成与结构

图 5-2-7 为 CA6140 的尾座图。尾座可以根据工件长短调整纵向位置，位置调整妥当后用快速紧固手柄 8 加以夹紧，向后推动快速紧固手柄 8，通过偏心轴及拉杆，就可将尾座夹紧在床身导轨上。有时为了将尾座紧固得更牢固可靠，可拧紧螺母 10，这时螺母 10 通过螺钉 13 用压板 14 将尾座紧固地夹紧在床身上。

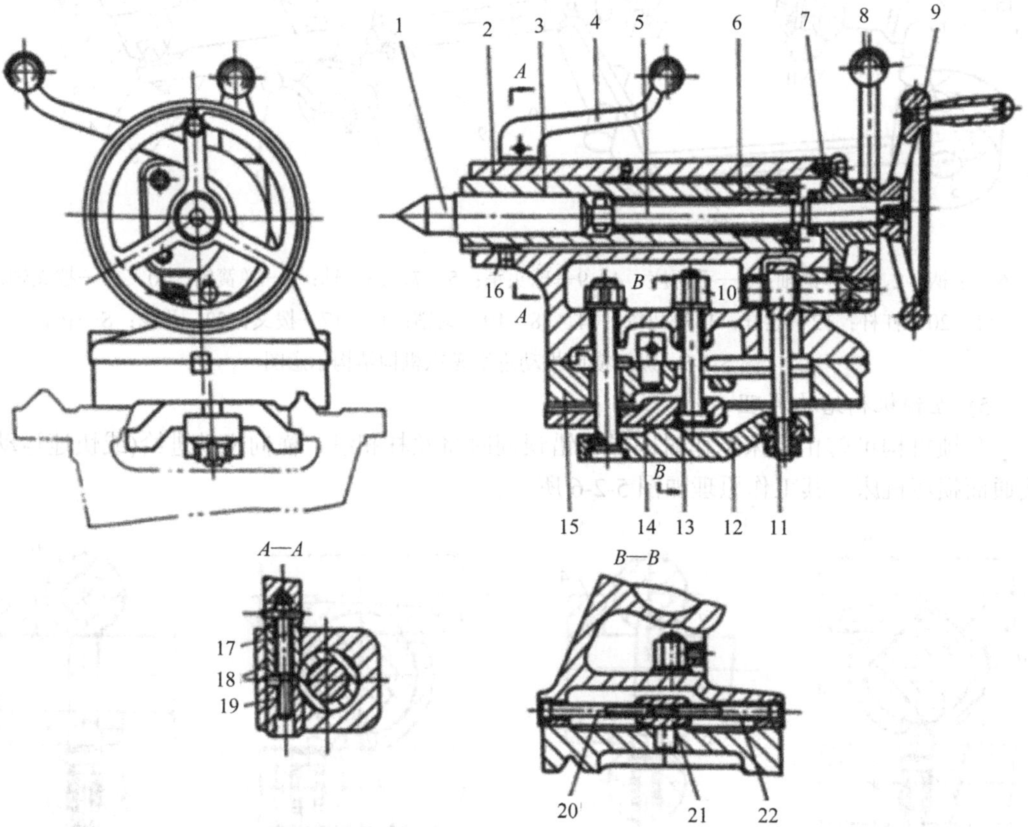

1—后顶尖；2—尾座体；3—尾座套筒；4、8、9—手柄；5—丝杠；6，10—螺母；7—端盖；11—拉杆；12、14—压板；13—螺钉；15—尾架底座；16—平键；17—螺杆；18、19—套筒；20、22—调整螺钉；21—调整螺母

图 5-2-7　CA6140 尾座部件装配图

后顶尖 1 安装在尾座套筒 3 的锥孔中，尾座套筒 3 装在尾座体 2 的孔中，并由平键 16 导向，所以只能轴向移动，不能转动。摇动手柄 9，可使尾座套筒 3 纵向移动。当尾座套筒移至所需位置后，可用手柄 4 转动螺杆 17 以拉紧套筒 18 和 19，从而将尾座套筒 3 夹紧。如果要卸下顶尖，可转动手柄 9，使尾座套筒 3 后退，直到丝杠 5 的左端顶住后顶尖，将后顶尖从锥孔中顶出。

在车床中，也可将钻头等孔加工刀具装在尾座套筒的锥孔中。这时，转动手轮 9，借助于丝杠 5 和螺母 6 的传动，可使尾座套筒 3 带动钻头等孔加工刀具纵向移动，进行孔的加工。

调整螺钉 20 和 22 用于调整尾座体 2 的横向位置，也就是使调整后顶尖中心线在水平面内的位置并使其与主轴中心线重合，或用以车削锥度较小的锥面(工件由前后顶尖支承)。

二、卧式车床修理尺寸链分析

(一) 卧式车床大修要求及修理顺序

1. 卧式车床大修理要求

(1) 达到零件的加工精度及工艺要求。

(2) 保证机床的切削性能。

(3) 机床操作机构应省力、灵活、安全、可靠。

(4) 排除机床的热变形、噪声、振动、漏油等故障。

2. 卧式车床修理基准及修理顺序

在进行卧式车床修理时应合理选择修理基准和修理顺序，它对保证机床修理精度和提高修理效率有着很大意义。一般来说，应根据机床的尺寸链关系确定修理基准和修理顺序。

在进行机床大修时，可选择床身导轨作为修理基准。在确定修理顺序时，要考虑卧式车床尺寸链各组成环之间的相互关系。卧式车床修理顺序是床身修理、溜板部件修理、主轴箱部件修理、刀架部件修理、进给箱部件修理、溜板箱部件修理、尾座部件修理及总装配。在修理过程中，为提高工作效率，可根据现场实际条件，采取几个主要部件的修复和刮研工作交叉进行，还可对主轴、丝杠等修理周期较长的关键零件的加工优先安排。

(二) 卧式车床修理尺寸链分析

卧式车床在使用过程中各种运动部件之间产生的磨损和变形，使车床尺寸链发生了变化。车床修理主要工作之一就是修理和恢复这些尺寸链各环间的精度关系，以保证装配尺寸精度。

CA6140 卧式车床所需保证的主要修理尺寸链如图 5-2-8 所示。

1. 保证前后顶尖等高的尺寸链

前后顶尖等高性是保证加工零件圆柱度的主要尺寸，也是检验床鞍沿床身导轨纵向移动直线度的基准之一。这项尺寸链的组成环包括：床身导轨基准到主轴轴线高度 A_1，尾座垫板厚度 A_2，尾座轴线到其安装底面距离 A_3，尾座轴线与主轴轴线高度差 A_Σ。其中 A_Σ 为封闭环，A_1 为减环，A_2、A_3 为增环，各组成环关系为 $A_\Sigma=A_2+A_3-A_1$。车床经过长时间的使用，由于尾座的来回运动，尾座垫板与车床导轨接触的底面受到磨损，使尺寸链中的组成环 A_2 减小，从而封闭环 A_Σ 误差扩大，因此，大修时 A_Σ 尺寸的补偿是必须完成的工作之一。

2. 控制主轴轴线对床身导轨平行度的尺寸链

由垂直面内和水平面内两部分尺寸链控制，在垂直面内各组成环关系为 $D_\Sigma=D_1-D_2$，在水平面内各组成环关系为 $D'_\Sigma=D'_1-D'_2$，在项目 4.2 中已经进行了分析，不再赘述。

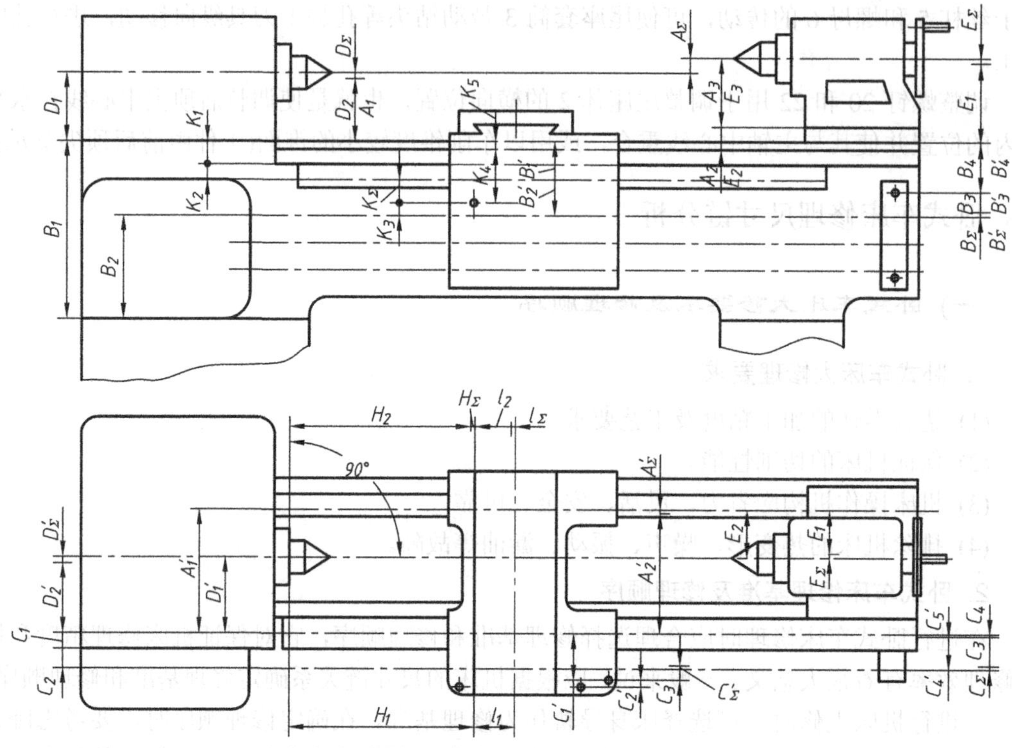

图 5-2-8　CA6140 卧式车床修理尺寸链分析

❖技能链接

一、卧式车床修理前准备

1．卧式车床预检

卧式车床大修前应参照表 3-1-1 金属切削机床类设备的典型预检内容完成预检，形成预检报告，并讨论确定修理方案。

制定具体修理方案时应满足卧式车床大修后的四项要求，还应根据企业产品工艺特点，对使用要求进行具体分析、综合考虑，制定出经济性好、又能满足机床性能和加工工艺要求的修理方案。如对于日常只加工圆柱类零件的内外孔径、台阶面等而不需加工螺纹的卧式车床，在修复时可删除有关丝杠传动的检修项目，简化修理内容。

2．大修技术文件编制

大修技术文件主要包括修理技术任务书、修换件明细表及图样、材料明细表、修理工艺、专用工、检、研具明细表及图样，修理质量标准等。其中修理技术任务书可按照表 3-1-2 所列机械设备大修的修理技术任务书主要内容编制；修理工艺具体规定设备的修理程序、零部件的修理方法、总装配与试车的方法和技术要求；修理质量标准主要包括工作精度标准、几何精度标准、空运转试验及负荷试验的程序、方法，检验的内容和应达到的技术要求以及外观质量标准等五项内容。

本项目重点学习卧式车床大修的修理工艺。

二、部件拆卸、检查与检修

(一) 卧式车床部件拆卸顺序

CA6140 卧式车床部件拆卸顺序如下：

(1) 首先由电工拆除车床上的电器设备和电器元件，断开影响部件拆卸的电器接线，并注意不要损坏、丢失线头上的线号，将线头用胶带包好。

(2) 放出溜板箱和前床身底座油箱和残存在主轴箱、进给箱中的润滑油，拆掉润滑泵。放掉后床身底座中的冷却液，拆掉冷却泵和润滑、冷却附件。

(3) 拆除防护罩、油盘，并观察、分析部件间的联系结构。

(4) 拆除部件间的联系零件，如联系主轴箱与进给箱的挂轮机构，联系进给箱与溜板箱的丝杠、光杠和操纵杠等。

(5) 拆除基本部件，如尾座、主轴箱、进给箱、刀架、溜板箱和溜板部件等。

(6) 将床身与床身底座分解。

(7) 按先外后内、先上后下的顺序，分别把各部件分解成各级组件和零件。

(二) 卧式车床主要部件修理内容及工艺

本项目重点学习 CA6140 除床身和主轴箱外的其他部件的修理内容及工艺。

1．溜板部件的修理内容及工艺

溜板部件由大溜板(床鞍)、中溜板和横向进给丝杠螺母副等组成，其自身的精度与床身导轨面之间配合状况良好与否，将直接影响加工零件的精度和表面粗糙度。

图 5-2-9 为溜板部件的修理示意图。

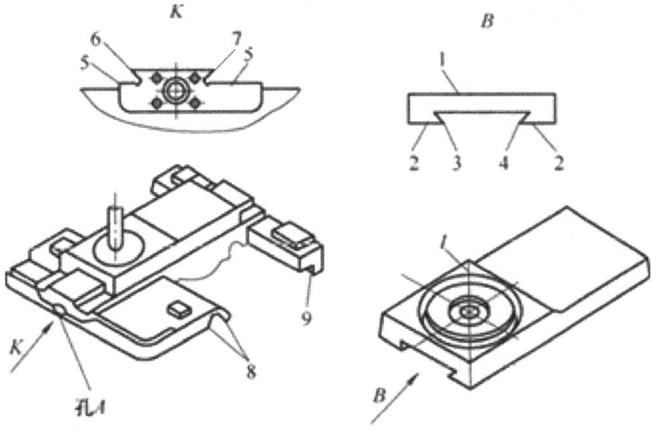

1、2—中溜板表面；3、4—中溜板导轨面；5、6—大溜板导轨面；7—大溜板横向导轨面；8、9—大溜板纵向导轨面

图 5-2-9　溜板部件的修理示意图

溜板部件的修理重点如下：

(1) 保证大溜板上、下导轨的垂直度要求。修复上、下导轨的垂直度实质上是保证中溜板导轨对主轴轴线的垂直度(参见表5-1-9机床精度检验项目G13)。

(2) 补偿因大溜板及床身导轨磨损而改变的尺寸链。由于床身导轨面和大溜板下导轨面的磨损、刮研或磨削，必然引起溜板箱和大溜板倾斜下沉，使进给箱、托架与溜板箱上丝杠、光杠孔不同轴，同时也使溜板箱上的纵向进给齿轮啮合侧隙增大，改变了以床身导轨为基准的与溜板部件有关的几组尺寸链精度。

溜板部件的修理内容主要有各导轨面的修复和丝杠螺母副的修理。导轨面一般采用刮研修复，磨损的丝杠可予以更换，或采用修丝杠、配螺母，修轴颈、换(镶)铜套的方式进行。

下面介绍溜板部件导轨副的刮研修复工艺。

大溜板横向导轨在修刮时，应以横向进给丝杠安装孔*A*为修理基准，然后再以横向导轨面作为转换基准，修复大溜板纵向导轨面8、9，其修理过程如下：

(1) 刮研中溜板表面1、2。用标准平板作研具，拖研中溜板转盘安装面1和中溜板接触导轨面2。一般先刮好表面2，当用0.03 mm塞尺不能插入时，观察其接触点情况，达到要求后，再以平面2为基准校刮表面1，保证1、2表面间的平行度误差不大于0.02 mm。

(2) 刮研大溜板导轨面5、6。将大溜板放在床身上，用刮好的中溜板为研具拖研表面5，并进行刮研，拖研的长度不宜超出燕尾导轨两端，以提高拖研的稳定性，表面6采用平尺拖研，刮研后应与中溜板导轨3、4进行配刮角度，在刮研表面5、6时应保证与横向进给丝杠安装孔*A*的平行度，测量方法见图5-2-10。

(3) 刮研中溜板导轨面3。以刮好的大溜板导轨面6与中溜板导轨面3互研达到精度要求。

(4) 刮研大溜板横向导轨面7，配置镶条。可利用原有镶条装入中溜板内配刮表面7，刮研时，保证导轨面7与导轨面6的平行度误差，使中溜板在溜板的燕尾导轨全长上移动平稳、均匀，刮研中用图5-2-11所示方法测量表面7对表面6的平行度。

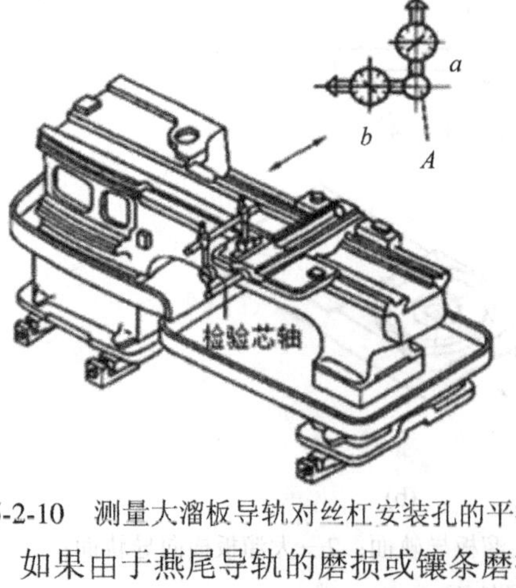

图5-2-10　测量大溜板导轨对丝杠安装孔的平行度

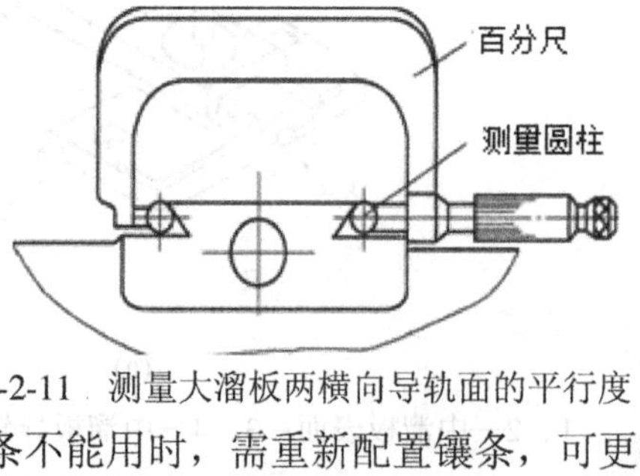

图5-2-11　测量大溜板两横向导轨面的平行度

如果由于燕尾导轨的磨损或镶条磨损严重，镶条不能用时，需重新配置镶条，可更换新镶条或对原镶条进行修理，修理镶条的方法主要有：在原镶条大端焊接一段使之加长，再将镶条小头截去一段，使镶条工作段的厚度增加；或在镶条的非滑动面上粘一层尼龙板、聚四氟乙烯胶带或玻璃纤维板，恢复其厚度。

配置镶条后应保持大端尚有 10～15 mm 的调整余量，在修刮镶条的过程中应进一步配刮导轨面 7，以保证燕尾导轨与中滑板的接触精度，要求在任意长度上用 0.03 mm 塞尺检查，插入深度不大于 20 mm。

(5) 修复大溜板上、下导轨的垂直度。将刮好的中溜板在大溜板横向导轨上安装好，检查大溜板上、下导轨垂直度误差。若超过允差则修刮大溜板纵向导轨面 8、9 使之达到垂直度要求。

在修复大溜板上、下导轨垂直度误差时，还应测量大溜板上溜板箱结合面对床身导轨的平行度(见图 5-2-12)及该结合面对进给箱结合面的垂直度(见图 5-2-13)，使之在规定的范围内，以保证溜板箱中的丝杠、光杠孔轴线与床身导轨平行，使其传动平稳。

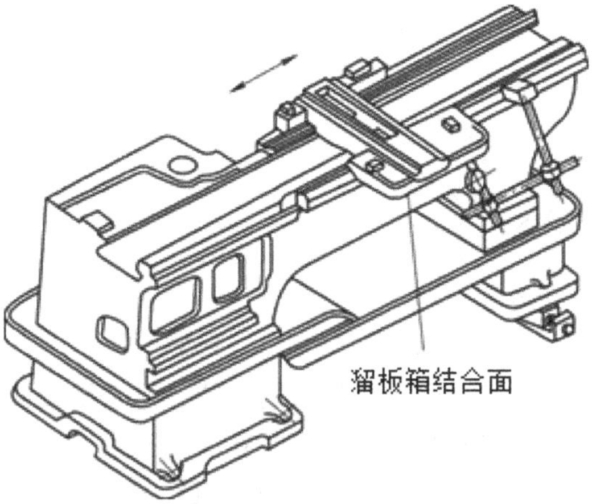

图 5-2-12　测量溜板箱结合面对床身导轨的平行度

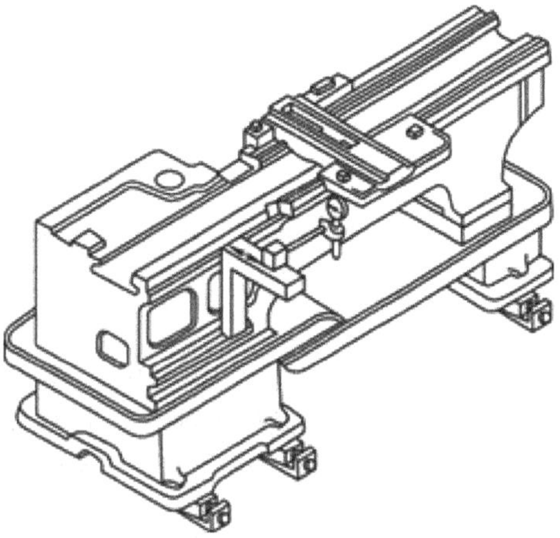

图 5-2-13　测量溜板箱结合面对进给箱结合面的垂直度

(6) 校正中溜板导轨面 1。图 5-2-14 为测量中溜板上转盘安装面与床身导轨的平行度误差，测量位置接近床头箱处，此项精度误差将影响车削锥度时工件母线的正确性，若超差则用小平板对表面刮研至要求。

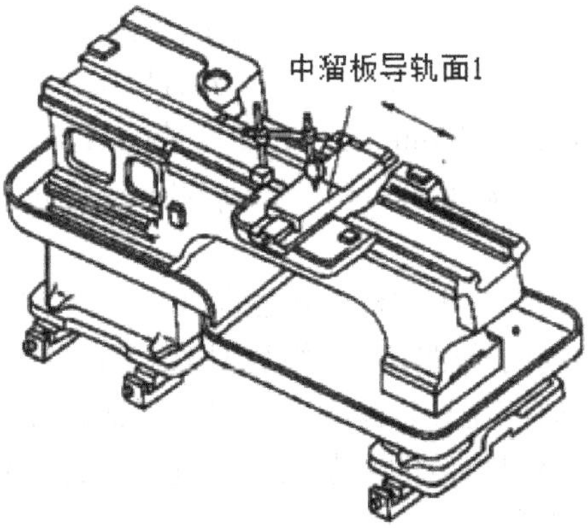

图 5-2-14　测量中溜板转盘安装面与床身导轨平行度误差

导轨修复完毕应完成部装，主要包括大溜板与床身的拼装及中溜板与大溜板的拼装。

(1) 大溜板与床身的拼装。大溜板与床身的拼装主要内容包括刮研床身的下导轨面 8、

9(参见图 3-2-1)及配刮两侧压板。

首先如图 5-2-15 所示，测量床身上、下导轨面的平行度，根据实际误差刮削床身下导轨面 8、9，使之达到对床身上导轨面的平行度误差在 1000 mm 长度上不大于 0.02 mm，全长上不大于 0.04 mm。然后配刮压板，使压板与床身下导轨面 8、9 的接触精度为 6～8 点/25 mm × 25 mm，刮研后调整紧固压板全部螺钉，应满足如下要求：用 250～360 N 的推力使大溜板在床身全长上移动无阻滞现象，用 0.04 mm 塞尺检验接触精度，端部插入深度小于 10 mm。

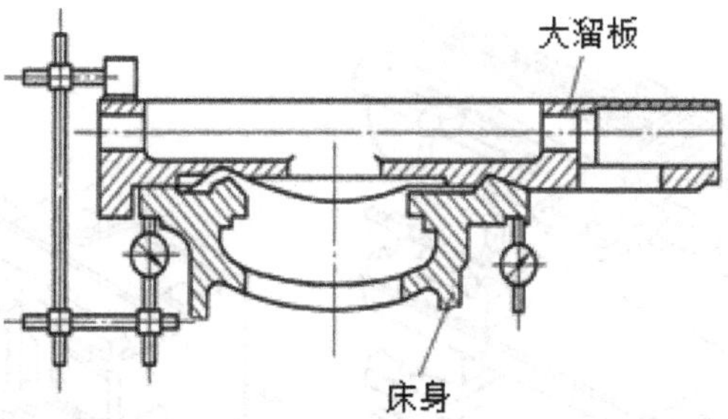

图 5-2-15　测量床身上、下导轨平行度误差

(2) 中溜板与大溜板的拼装。包括镶条的安装及横向进给丝杠的安装。镶条用于调整中溜板与大溜板燕尾导轨间隙，安装后应调整其松紧程度，使中溜板在大溜板上横向移动时均匀、平稳，调整方法见项目 2.3 中关于燕尾导轨间隙的调整；丝杠安装过程参见图 2-3-9。

2．刀架部件的修理内容及方法

刀架部件的修理重点是刀架移动导轨的直线度和刀架重复定位精度的修复，修理内容主要包括小溜板、转盘和方刀架等零件主要工作面的修复。

小溜板的修理。小溜板导轨面 2(参见图 2-3-5)可在平板上拖研修刮；燕尾导轨面 6 采用角形平尺拖研修刮或与已修复的刀架转盘燕尾导轨配刮，应保证导轨面的直线度及与丝杠孔的平行度；表面 1 由于定位销的作用留下一圈磨损沟槽，可将表面 1 车削后与方刀架底面 8 进行对研配刮，以保证接触精度；更换小溜板上的刀架转位定位销锥套(参见图 2-3-6)，保证它与小滑板安装孔ϕ22 mm 之间的配合精度 H7/k6；采用镶套或涂镀的方法修复刀架座与方刀架孔的配合精度ϕ48 H7/h6，保证ϕ48 mm 定位圆柱面与小溜板上表面 1 的垂直度。

方刀架的刮研。配刮方刀架与小溜板的接触面 8、1，配刮方刀架上的定位销，保证定位销与小溜板上定位销锥套孔的接触精度，修复刀架上的刀具夹紧螺纹孔。

方刀架转盘的修理。刮研燕尾导轨面 3、4、5，保证各导轨面的直线度和导轨相互之间的平行度。修刮完毕后，将已修复的镶条装上，进行综合检验，镶条调节合适后，小溜板的移动应无轻、重或阻滞现象。

丝杠螺母的修理和装配。一般采用换丝杠配螺母或修复丝杠重新配螺母的方法修复，在安装丝杠和螺母时一般采用如下两种方法保证丝杠与螺母的同轴度。

(1) 设置偏心螺母法。如图 5-2-16 所示，在卧式车床花盘 1 上装专用三角铁 6，将小溜板 3 和转盘 2 用配刮好的镶条楔紧，一同安装在专用三角铁 6 上，将加工好的实心螺母体 4 压入转盘 2 的螺母安装孔内(之间为过盈配合)；在卧式车床花盘 1 上调整专用三角铁 6，以小溜板丝杠安装孔 5 找正，并使小溜板导轨与卧式车床主轴轴线平行，加工出实心螺母体 4 的螺纹底孔；然后再卸下螺母体 4，在卧式车床四爪卡盘上以螺母底孔找正加工出螺母螺纹，最后再修螺母外径以保证与转盘螺母安装孔的配合要求。

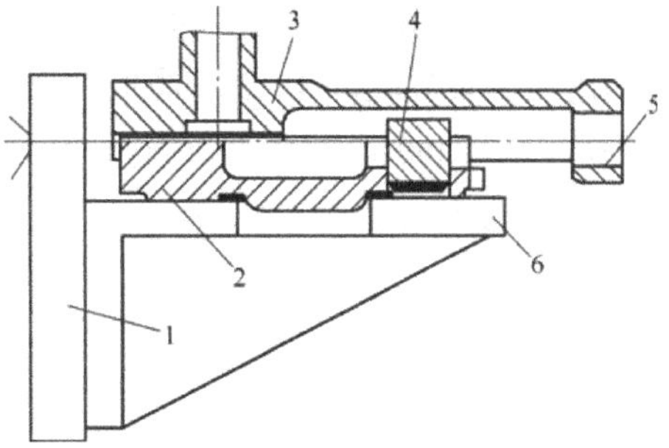

1—花盘；2—转盘；3—小溜板；4—实心螺母体；5—丝杠孔；6—三角铁

图 5-2-16　设置偏心螺母法保证丝杠与螺母同轴度示意图

(2) 设置丝杠偏心轴套法。就是将丝杠轴套做成偏心式轴套，在调整过程中转动偏心轴套使丝杠螺母达到灵活转动位置，这时做出轴套上的定位螺钉孔，并加以紧固。

3. 进给箱部件的修理内容及方法

进给箱部件的主要修复内容包括基本螺距机构、倍增机构及其操纵机构的修理。将磨损或失效的齿轮、轴承、轴等零件进行修理或更换，修理丝杠轴承支承法兰及进给箱变速操纵机构。

丝杠连接法兰及推力球轴承的修理。在车削螺纹时，要求丝杠传动平稳，轴向窜动小。丝杠连接轴在装配后轴向窜动量不大于 0.01～0.015 mm，若轴向窜动超差，可通过选配推力球轴承和刮研丝杠连接法兰表面 1、2 来修复。丝杠连接法兰修复如图 5-2-17 左图所示，用刮研芯轴进行研磨修正，使表面 1、2 保持相互平行，并使其对轴孔中心线垂直度误差小于 0.006 mm，装配后按图 5-2-17 右图所示测量其轴向窜动，F 为测量时所加轴向压力。

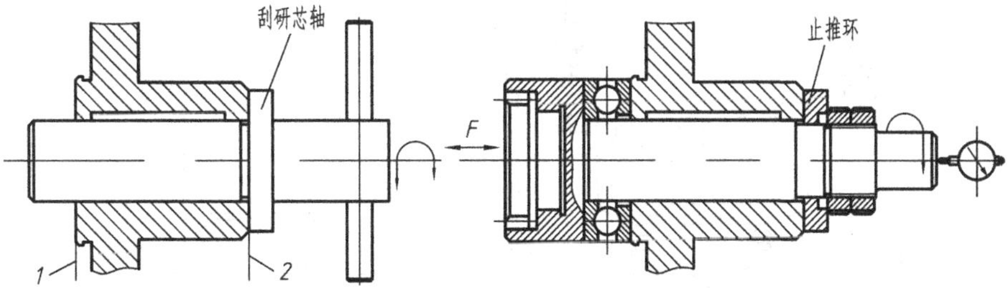

图 5-2-17　丝杠连接轴轴向窜动的测量与修复

托架的调整与支承孔的修复。床身导轨磨损后，溜板箱下沉，丝杠弯曲，使托架孔磨损。为保证三支承孔的同轴度，在修复进给箱时，应同时修复托架。托架支承孔磨损后，一般采用镗孔镶套来修复，使托架的孔中心距、孔轴线至安装底面的距离均与进给箱尺寸一致。

4. 溜板箱部件的修理内容及方法

溜板箱部件的修理内容主要包括丝杠传动机构的修理、光杠传动机构修理、安全离合器和超越离合器修理及纵横向操纵机构修理。丝杠传动机构主要由丝杠、开合螺母及溜板箱安装控制部分组成。对于丝杠的修复可采用校直和精车的方法，其他可参考下列方法进行。

溜板箱燕尾导轨的修理。如图 5-2-18 所示，用平板配刮导轨面 1，用专用角度底座配刮导轨面 2。刮研时要用 90° 角尺测量导轨面 1、2 对溜板结合面的垂直度误差，其误差值为在 200 mm 长度上不大于 0.08～0.10 mm，导轨面与研具间的接触点达到均匀即可。

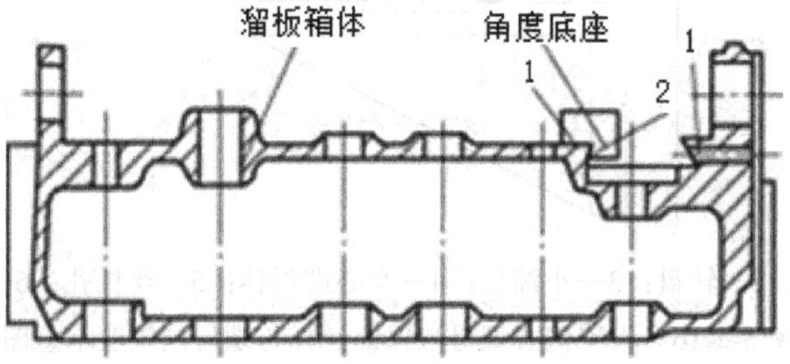

1、2—导轨面

图 5-2-18　溜板箱燕尾导轨的修理

开合螺母的修理。由于燕尾导轨的刮研，开合螺母体的螺母安装孔中心位置产生位移，造成丝杠螺母的同轴度误差增大。当其误差超过 0.05～0.08 mm 时，将使安装后的溜板箱移动阻力增加，丝杠旋转时受到侧弯力矩的作用，因此当丝杠螺母的同轴度误差超差时必须设法消除，一般采取在开合螺母体燕尾导轨面上粘贴铸铁板或聚四氟乙烯胶带的方法消除。其补偿量的测量方法如图 5-2-19 所示，测量时将开合螺母体夹持在专用芯轴 2 上，然后用千斤顶将溜板箱在测量平台上垫起，调整溜板箱的高度，使溜板箱结合面与 90° 角尺直角边贴合，使芯轴 1、芯轴 2 母线与测量平台平行，测量芯轴 1 和芯轴 2 的高度差 Δ 值，此测量值 Δ 的大小即为开合螺母体燕尾导轨修复的补偿量(实际补偿量还要加上开合螺母体燕尾导轨的刮研余量)。

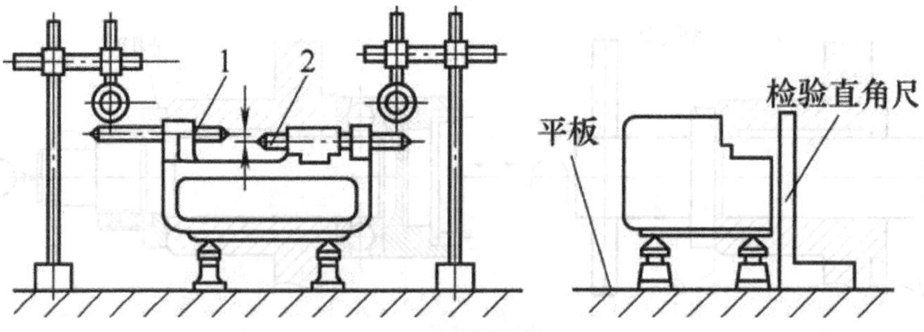

1、2—专用芯轴

图 5-2-19　溜板箱燕尾导轨补偿量的测量

消除上述误差后，须将开合螺母体与溜板箱导轨面配刮。刮研时首先车一实心的螺母坯，其外径与螺母体相配，并用螺钉与开合螺母体装配好，然后和溜板箱导轨面配刮，要求两者间的接触精度不低于 8～10 点每 25 mm × 25 mm，用芯轴检验螺母体轴线与溜板箱结合面的平行度，其误差控制在 200 mm 测量长度上不大于 0.08～0.10 mm，然后配刮调整塞铁。

开合螺母的配作。应根据修理后的丝杠进行配做，其加工是在溜板箱体和螺母体的燕尾导轨修复后进行的。首先将实心螺母坯和刮好的螺母体安装在溜板箱上，并将溜板箱放置在卧式镗床的工作台上；按图 5-2-19 所示方法找正溜板箱结合面，以光杠孔中心为基准，按孔间距的设计尺寸平移工作台，找出丝杠孔中心位置，在镗床上加工出内螺纹底孔；然后以此孔为基准，在卧式车床上精车内螺纹至要求，最后将开合螺母切开为两半并倒角。

光杠传动机构的修复。光杠传动机构由光杠、传动滑键和传动齿轮组成。光杠的弯曲、光杠键槽及滑键的磨损、齿轮的磨损，将会引起光杠传动不平稳，床鞍纵向工作进给时产生爬行。光杠的弯曲采用校直修复，校直后再修正键槽，使装配在光杠轴上的传动齿轮在全长上移动灵活。滑键、齿轮磨损严重时一般予以更换。

安全离合器和超越离合器的修理。超越离合器经常出现传递力小时易打滑、传递力大时快慢转换脱不开的故障，造成机床不能正常运转，一般采用加大滚柱直径(传递力小时打滑)或减小滚柱直径(传递力大时快慢转换脱不开)来解决上述问题。安全离合器的修复重点是左右两半离合器接合面的磨损，一般需要更换，然后调整弹簧压力，使之能正常传动。

纵横向进给操纵机构的修理。由于使用频繁，操纵机构的凸轮槽和操纵圆销容易磨损，使拨动离合器不到位、控制失灵。另外，离合器齿形端面易产生磨损，造成传动打滑。一般采用更换这些磨损件的方法进行修复。

5. 尾座部件的修理内容及方法

尾座部件修理内容主要包括尾座体孔、顶尖套筒、尾座底板、丝杠螺母、夹紧机构的修理，修复的重点是尾座孔。

尾座体孔的修理。一般先恢复孔的精度，再根据已修复的孔的实际尺寸配尾座顶尖套筒。

由于顶尖套筒受径向载荷并经常处于夹紧状态下工作，尾座体孔容易磨损和变形，使尾座体孔孔径呈椭圆形，孔前端呈喇叭形。在修复时，若孔磨损严重，可在镗床上精镗修正，然后研磨至要求，修镗时需考虑尾座部件的刚度，将镗削余量严格控制在最小范围；若磨损较轻则可采用研磨方法进行修正。

研磨时，采用如图 5-2-20 所示的方法，利用可调式研磨棒，以摇臂钻床为动力在垂直方向研磨，以防止研磨棒的重力影响研磨精度。尾座体孔修复后应达到如下精度要求：圆度、圆柱度误差不大于 0.01 mm，研磨后的尾座体孔与更换或修复后的尾座顶尖套筒配合为 H7/h6。

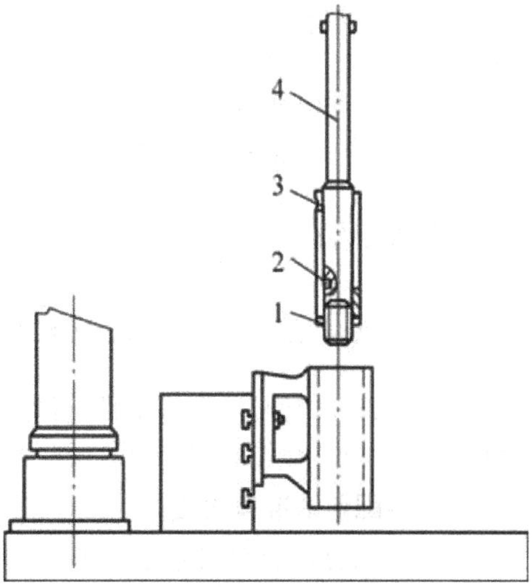

1—螺母；2—定位销；3—研磨套；4—心轴

图 5-2-20　研磨尾座体孔示意图

顶尖套筒的修理。尾座体孔修磨后必须配制

相应的顶尖套筒才能保证两者间的配合精度。顶尖套筒的配制根据尾座孔修复情况而定，当尾座孔磨损严重采用镗修法修正时，可更换新制套筒，并增加外径尺寸，达到与尾座体孔配合要求；当尾座孔磨损较轻，采用研磨法修正时，可将原件经修磨外径及锥孔后整体镀铬，然后再精车外圆，达到与尾座体孔的配合要求。顶尖套筒经修配后应达到套筒外径圆度、圆柱度小于 0.008 mm，锥孔轴线相对外径的径向圆跳动误差在端部小于 0.01 mm，在 300 mm 处小于 0.02 mm；锥孔端面轴向位移不超过 5 mm。

尾座底板的修理。床身导轨刮研修复以及尾座底板的磨损都必然会使尾座孔中心线下沉，导致尾座孔中心线与主轴轴线高度方向的尺寸链产生误差，可采用修刮主轴箱底面或增加尾座底板厚度的方法来修复，前者因主轴箱重量太大翻转困难较少采用，一般用在尾座底板上粘贴一层铸铁板或聚四氟乙烯胶带，然后再与床身导轨配刮修复。

丝杠螺母副及锁紧装置的修理。尾座丝杠螺母磨损一般可更换新的丝杠螺母副，也可修丝杠配螺母；尾座顶尖套筒修复后必须相应修刮锁紧套筒，如图 5-2-21 所示，使锁紧套筒圆弧面与尾座顶尖套筒圆弧面接触良好。

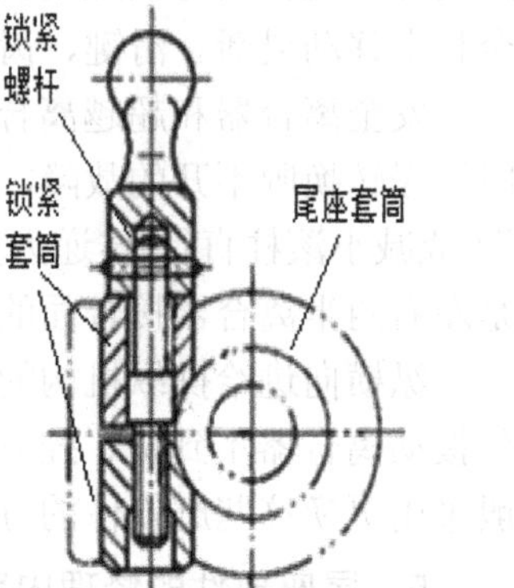

图 5-2-21　尾座紧固块示意图

尾座部件修理完毕后应完成部件与床身的拼装。在进行该部件与床身的拼装时应通过检验和进一步刮研，使尾座安装后达到如下要求：

(1) 尾座体与尾座底板的接触面之间用 0.03 mm 塞尺检查时不得插入。

(2) 床鞍移动对尾座顶尖套筒伸出方向的平行度在 100 mm 长度上，上母线不大于 0.02 mm，向上，侧母线不大于 0.015 mm，向前(G9 组检验标准，参见表 5-1-5)，测量方法见图 5-1-4。

(3) 床鞍移动对尾座顶尖套筒锥孔轴线的平行度误差，在 300 mm 测量长度上，上母线不大于 0.03 mm，向上，侧母线不大于 0.03 mm，向前(G10 组检验标准，参见表 5-1-6)，测量方法见图 5-1-5。

(4) 主轴锥孔轴线和尾座顶尖套筒锥孔轴线对床身导轨的等高度误差不大于 0.04 mm，且只允许尾座端高(G11 组检验标准，参见表 5-1-7)，测量方法见图 5-1-6。

三、设备总装

(一) 机械设备大修的装配工艺过程

机械设备大修时，在各部件检修完毕应进行装配，检修后典型装配工艺过程包括装配前的准备阶段、部件装配和总装配阶段、调整、检验和试运转阶段。

1．装配前的准备阶段

(1) 熟悉设备装配图和技术要求，熟悉修理技术要求和有关说明及修理装配工艺文件。

(2) 确定装配方法、顺序，准备所需的工具、夹具、量具。

(3) 清理全部部件，配套齐全，对更换件、修复件进行检验。

(4) 对必须进行平衡试验的零部件进行平衡试验；有密封要求的零部件进行密封性试验；有试运转要求的部件进行试运转。

(5) 大件和基础件间的拼装达到技术要求。

2．部件装配和总装配阶段

(1) 将零件装成部件，按部件技术条件检验达到合格。

(2) 将部件和零件装配成一台完整的设备，达到零部件配套齐全，装配关系符合图样要求。

3．调整、检验和试运转阶段

(1) 调整。检查设备各机构之间工作的协调性，调整零件之间、部件之间及零部件之间的相互位置、配合间隙、结合松紧程度等，使其动作协调，运转灵活，安全可靠，无故障发生。

(2) 精度检验。包括几何精度检验和工作精度检验。

(3) 试运转。做空运转试验和负荷试验。试验设备的灵活性及振动、工作温升、噪声、转速、功率等性能和参数，检查其是否达到要求。

设备经试车合格后，进行清理、喷漆、涂油。

(二) 卧式车床总装前的准备工作

1．控制装配精度时应注意的几个因素

为达到各项装配精度要求，装配时须注意以下几个因素，并在工艺上采取必要的补偿措施。

(1) 零件刚度对装配精度的影响。由于零件刚度不够，装配后受到机件的重力和紧固力而产生变形。例如在车床装配时，将进给箱、溜板箱等装到床身上后，床身导轨的精度会受到重力影响而变形。因此，必须再次校正其精度，才能继续进行其他的装配工序。

(2) 工作温度变化对装配精度的影响。机床主轴和轴承的间隙将随着温度的变化而变化，一般都应调整到使主轴部件达到热平衡时具有合理的最小间隙为宜。又如机床精度一般都是指机床在冷车或热车(达到机床热平衡)状态下都能满足的精度。由于机床各部位受热温度的不同，将使机床在冷车下的几何精度与热车下的几何精度有所不同。实验证明，机床的热变形状态主要决定于机床本身的温度场情况，对车床受热变形影响最大的是主轴轴心线的抬高和在垂直面内的向上倾斜，其次是由于机床床身略有扭曲变形，使主轴轴心线在水平面内向内倾斜，因此，在装配时必须掌握其变形规律，对其公差带进行不同的压缩。

(3) 磨损的影响。在装配某些组成环的作用面时，其公差带中心坐标应适当偏向有利于抵偿磨损的一面，这样可以延长机床精度的使用期限。例如车床主轴顶尖和尾座顶尖对溜板移动方向的等高度就只许尾座高，车床床身导轨在垂直面内的直线度只许凸。

2．确定总装装配顺序

卧式车床经过检修，总装装配顺序的确定一般可按下列原则进行：

首先选择正确的装配基面。这种基面大部分是床身导轨面，因为床身是车床的基准支承件，上面安装着车床的各主要部件，且床身导轨面是检验机床各项精度的检验基准。因

此机床的装配应从装配床身并取得所选基准面的直线度误差、平行度误差及垂直度误差等着手。

在解决没有相互影响的装配精度时，其装配先后以简单方便来定。一般可按先下后上先内后外的原则进行。例如在装配车床时先解决主轴箱和尾座两顶尖等高度误差，或者先解决丝杠与床身导轨平行度误差，在装配顺序的先后是没有多大关系的，问题在于简单方便顺利。而在解决有相互影响的装配精度时，应先装配确定好一个公共的装配基准，然后再依次达到各有关精度。

对于导轨部件，在通过刮削来达到其装配精度时，其装配顺序可按导轨的装配来进行。

根据上述原则，拟定CA6140卧式车床总装配顺序如下：

(1) 在床腿上安装床身。

(2) 床鞍与床身导轨配刮，安装前后压板。

(3) 安装齿条。

(4) 安装进给箱、溜板箱、丝杠、光杠及托架。

(5) 安装操纵杆前支架、操纵杆及操纵杆手柄。

(6) 安装主轴箱。

(7) 安装尾座。

(8) 安装刀架。

(9) 安装电动机、挂轮架、防护罩及操纵机构。

(三) 卧式车床部装及总装

1. 床身与床脚的安装

首先将床身装到床腿上，并复验床身导轨面的各项精度要求，因为床身导轨面是机床的装配基准面，又是检验机床各项精度的检验基准。床身必须置于可调的机床垫铁上，垫铁应安放在地脚螺栓孔附近，用水平仪检验机床的安装位置，使床身处于自然水平位置，并使垫铁均匀受力，保证整个床身搁置稳定。

床身导轨的精度要求、几何精度检验标准及方法详见项目3.2。

2. 床鞍与床身导轨配刮，安装前后压板

安装工艺在前面已有描述，应达到的装配精度要求如下：

(1) 床鞍与床身导轨结合面的刮削要求：表面粗糙度不大于 $Ra1.6$ μm；接触点在两端不小于12点/25 mm × 25 mm，中间接触点8点/25 mm×25 mm以上；床鞍上下导轨垂直度控制在0.015 mm/300 mm内，只许后端偏向床头，并保证精车端面的平面度要求(只许中凹)。

(2) 床鞍硬度要低于床身硬度，其差值不小于20HB，以保证床身导轨面磨损较小。

(3) 应保证床鞍在全部行程上滑动均匀，用0.04 mm塞尺检查，插入深度不大于10 mm。

3. 安装齿条

(1) 先用夹具把溜板箱试装在床鞍的装配位置，将齿条按原位置装好，检验溜板箱纵向进给，用纵向进给小齿轮与齿条的啮合侧隙来检验，正常啮合侧隙为0.08 mm，同时应保证在床鞍行程全长上纵向进给齿轮与齿条啮合间隙一致。

(2) 在侧隙大小符合要求后，即可重新铰制定位销孔并固定齿条。

4．安装进给箱、溜板箱、丝杠、光杠及托架

装配的相对位置精度要求是：丝杠两端支承孔中心线和开合螺母中心线在上下、前后对床身导轨平行，且等距度误差小于 0.15 mm。其检验示意图如图 5-2-22 所示。

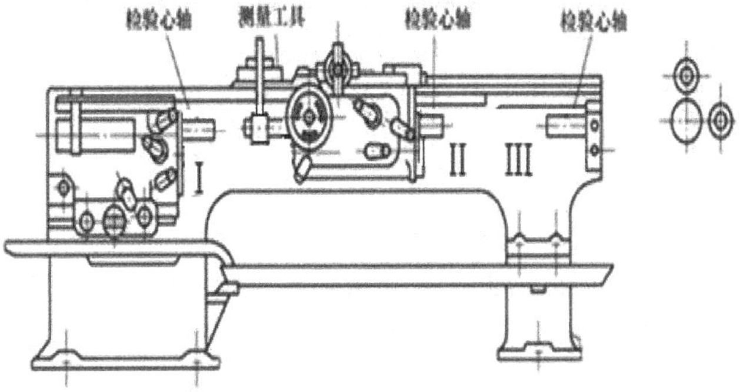

图 5-2-22　测量丝杠轴线和开合螺母中心线对床身导轨的平行度

通过调整进给箱丝杠支承孔中心、溜板箱开合螺母中心和后托架支承孔中心对床身导轨的等距度允差，使其不超过精度要求的 2/3(即小于 0.1 mm)，然后配做进给箱、溜板箱及后托架的定位销以确保精度不变。装配工艺要点如下：

(1) 首先安装进给箱、托架，将进给箱、托架按原来的紧固螺钉孔及锥销位置安装到床身上，测量并调整进给箱、托架的丝杠、光杠支承孔的同轴度、平行度，使进给箱与托架的丝杠、光杠孔轴线对床身导轨的平行度在 100 mm 长度上上母线不大于 0.02 mm(只允许前端向上)，侧母线不大于 0.01 mm(只许向床身方向偏)；使进给箱与托架的丝杠、光杠孔轴线的同轴度上母线、侧母线都不大于 0.01 mm。

(2) 在检查并调整好进给箱、托架后，再安装溜板箱。如图 5-2-23 所示，由于溜板箱结合面的修刮，床鞍与溜板箱之间横向传动齿轮副的原中心距离发生了变化，安装溜板箱时需调整此中心距，可采用左右移动箱体方法，校正横向自动进给齿轮副的啮合侧隙 0.08 mm (可将一张厚 0.08 mm 的纸放在齿轮啮合处，传动齿轮啮合印痕呈现将断不断的状态即为正常)，使齿轮副在新的装配位置上正常啮合，装上溜板后测量并调整溜板箱、进给箱、托架的光杠三支承孔的同轴度，达到修理要求后铰制床鞍与溜板结合面的定位锥销孔、装入锥销，同时，将进给箱、托架与床身结合的锥销孔也微量铰光后，装入锥销。

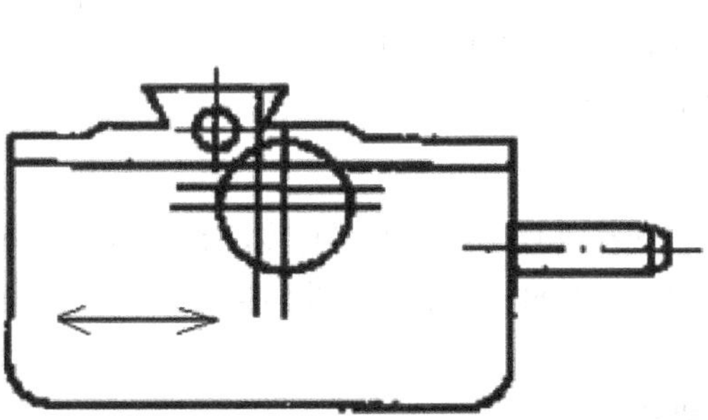

图 5-2-23　检测调整中心距

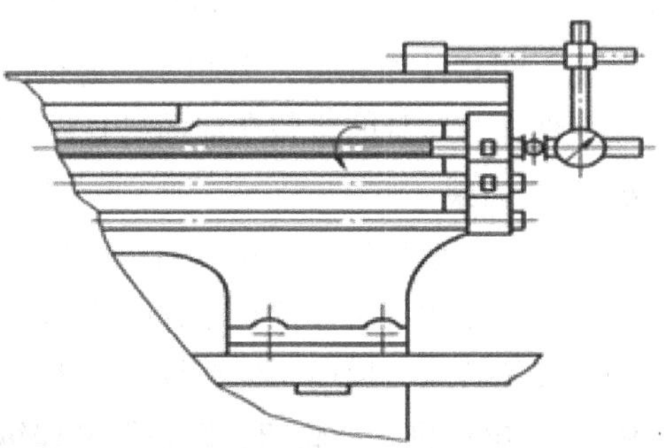

图 5-2-24　测量丝杠的轴向窜动

(3) 在溜板箱、进给箱、托架三支承孔的同轴度校正后安装丝杠和光杠。安装丝杠、光杠时，其左端必须与进给箱轴套端面紧贴，右端与支架端面露出轴的倒角部位紧贴。当

用手旋转光杠时能灵活转动、无忽轻忽重现象，然后再用百分表检验调整。具体如下：

安装丝杠时可参照图 5-2-22 测量丝杠轴线和开合螺母中心对床身导轨的平行度，测量时溜板箱的位置一般应将开合螺母放在丝杠的中间，因为丝杠在此处的挠度最大，并且应闭合开合螺母，以避免因丝杠自重、弯曲等因素造成的影响，要求丝杠轴线和开合螺母中心对床身导轨的平行度在上母线和侧母线都不大于 0.2 mm；丝杠安装后还应测量丝杠的轴向窜动，如图 5-2-24 所示，要求其小于 0.015 mm(即 G14 组精度)；左右移动溜板箱，测量丝杠轴向游隙并使之符合要求，若上述两项超差，可通过修磨丝杠安装轴法兰端面和调整推力球轴承的间隙予以消除。

测量进给箱丝杠支承孔中心、溜板箱开合螺母中心和后托架支承孔中心对床身导轨的等距度允差时，在Ⅰ、Ⅱ、Ⅲ位置(近丝杠支承和开合螺母处)的上母线和侧母线检验。为消除丝杠弯曲误差对检验的影响，可旋转丝杠 180° 再检验一次，各位置两次读数代数和之半就是该位置对导轨的相对距离。三个位置中任意两位置对导轨相对距离之最大差值，就是等距的误差值。装配时上述公差要求控制在 0.1 mm 之内。

5. 安装操纵杆前支架、操纵杆及操纵杆手柄

应保证操纵杆对床身导轨在两垂直平面内的平行度要求。以溜板箱中的操纵杆支承孔为基准，通过调整前支架的高低位置和修刮前支架与床身结合的平面来取得。

6. 安装主轴箱

主轴箱与床身拼装时应达到 G7 组装配精度，即主轴轴线对溜板纵向移动在水平面内的平行度在 300 mm 测量长度上为 0.015(向前)，在垂直面内的平行度在 300 mm 测量长度上为 0.02(向上)，具体检验方法参见项目 4 有关内容。

在安装时是以主轴箱底平面和凸块侧面与床身接触来保证正确安装位置。底面用来控制主轴轴线与床身导轨在铅垂平面内的平行度；凸块侧面用来控制主轴轴线在水平面内与床身导轨的平行度。安装时，若铅垂面内平行度超差则刮削底平面，若水平面内平行度超差则刮削凸块侧面。

7. 安装尾座

尾座的安装分两步进行。第一步，以床身上尾座导轨为基准，配刮尾座底板，使其达到精度要求。将尾座部件安装到床身上，测量尾座的两项几何精度，即 G9 和 G10 组精度，并使其达到要求。第二步，检测并调整主轴锥孔中心线与尾座套筒锥孔中心线对床身导轨的等距度，即 G11 组精度，若超差，通过刮削尾座底板厚度来满足要求。

尾座部件与床身的拼装在前面已有详细描述，不再赘述。

8. 安装刀架

其装配技术要求为小刀架纵向移动对主轴轴线在垂直平面内的平行度，允差为 0.04 mm/300 mm (即 G12 组几何精度)，测量方法参见项目 5.1 的表 5-1-8 及图 5-1-7。若超差，则通过刮削小刀架转盘与横向溜板的接合面来调整。

9. 安装电动机、挂轮架、防护罩及操纵机构

在安装时注意调整好两带轮中心平面的位置精度及 V 带的张紧量。

10. 静态检查

车床总装后，在性能试验之前必须仔细检查车床各部位是否安全可靠，以保证试运转时不出事故，称为静态检查。具体检查过程如下：

(1) 用手转动各传动件，应转动灵活。

(2) 变速和换向手柄应操纵灵活，定位准确，安全可靠。手轮或手柄操作力应小于 80 N。

(3) 移动机构的反向空行程应尽量小，直接传动丝杠螺母不得超过 1/30 转，间接传动的丝杠不得超过 1/20 转。

(4) 溜板、刀架等滑动导轨在行程范围内移动时，应轻便、均匀和平稳。

(5) 顶尖套在尾座孔中全程伸缩应灵活自如，锁紧机构灵敏，无卡滞现象。

(6) 开合螺母机构准确可靠，无阻滞和过松现象。

(7) 安全离合器应灵活可靠，超负荷时能及时切断运动。

(8) 挂轮架交换齿轮间侧隙适当，固定装置可靠。

(9) 各部分润滑充分，油路畅通。

(10) 电器设备启动、停止应安全可靠。

四、试车验收

设备大修后整机装配并调试达到大修质量技术要求后将按设备出厂标准进行整机试车验收，主要进行精度检验、空运转试验、负荷试验等，全面检查和衡量所修设备的质量、精度和工作性能的恢复情况。相关内容在项目 5.1 中已经学习，不再赘述。

五、大修后设备故障诊断与排除

车床经大修后，在工作时往往会出现故障，其常见故障及排除方法见表 5-2-1。

表 5-2-1　车床常见故障、原因分析及排除方法

序号	故障内容	产生原因	排除方法
1	圆柱类工件加工后外径发生锥度	① 主轴箱主轴中心线对床鞍移动导轨的平行度超差 ② 床身导轨倾斜一项超差过多，或装配后发生变形 ③ 床身导轨面严重磨损，主要三项精度均已超差 ④ 两顶尖支持工件时产生锥度 ⑤ 刀具的影响 ⑥ 主轴箱温升过高，引起车床热变形 ⑦ 地脚螺钉或调整垫铁松动	① 重新校正主轴箱主轴中心线的安装位置，使工件在允许的范围内 ② 用调整垫铁来重新校正床身导轨的倾斜精度 ③ 刮研导轨或磨削床身导轨 ④ 调整尾座两侧的横向螺钉 ⑤ 修正刀具，正确选择主轴转速和进给量 ⑥ 如冷却检验工件时精度合格而运转数小时后工件即超差时，可按主轴箱修理中的方法降低油温，并定期换油，检查油泵进油管是否堵塞 ⑦ 按调整导轨精度方法调整并紧固地脚螺钉

续表一

序号	故障内容	产生原因	排除方法
2	圆柱形工件加工后外径发生椭圆及棱圆	① 主轴轴承间隙过大 ② 主轴轴颈的椭圆度过大 ③ 主轴轴承磨损 ④ 主轴轴承(套)的外径(环)有椭圆，或主轴箱体轴孔有椭圆，或两者的配合间隙过大	① 调整主轴轴承的间隙 ② 修理后的主轴轴颈没有达到要求，多发生在采用滑动轴承结构上。当滑动轴承有足够的调整余量时可将主轴的轴颈进行修磨，以达到圆度要求 ③ 刮研轴承，修磨轴颈或更换滚动轴承 ④ 主轴箱体的轴孔修整，并保证它与滚动轴承外环的配合精度
3	精车外径时在圆周表面上每隔一定长度距离上重复出现一次波纹	① 溜板箱的纵走刀小齿轮啮合不正确 ② 光杠弯曲，或光杠、丝杠、操纵杠等三孔不在同一平面上 ③ 溜板箱内某一传动齿轮(或蜗轮)损坏或由于节径振摆而引起的啮合不正确 ④ 主轴箱、进给箱中轴的弯曲或齿轮损坏	① 如波纹之间距离与齿条的齿距相同，这种波纹是由齿轮与齿条不良啮合引起的，应设法使齿轮与齿条正确啮合 ② 这种情况下只是重复出现有规律的周期波纹。消除时将光杠拆下校直，装配时保证三孔同轴及在同一平面 ③ 检查与校正溜板箱内传动齿轮，如齿轮或蜗轮已损坏则必须更换 ④ 校直传动轴，用手转动各轴，在空转时应无轻重现象
4	精车外径圆周表面上与主轴轴心线平行或成某一角度重复出现有规律波纹	① 主轴上的传动齿轮齿形不良或啮合不良 ② 主轴轴承间隙过大或过小 ③ 主轴箱上的带轮外径(或皮带槽)振摆过大	① 出现这种波纹时，如波纹的头数与主轴上的传动齿轮齿数相同就能确定。一般在主轴轴承调整后，齿轮副的啮合间隙不得太大或太小。当啮合间隙太小时可用研磨膏研磨齿轮，然后全部拆卸清洗。对于啮合间隙过大的或齿形磨损过度而无法消除这种波纹时，只能更换主轴齿轮 ② 调整主轴轴承的间隙 ③ 消除带轮的偏心振摆，调整它的滚动轴承间隙
5	精车外圆时圆周表面上有混乱的波纹	① 主轴滚动轴承的滚道磨损 ② 主轴轴向游隙太大 ③ 主轴的滚动轴承外环与主轴箱孔有间隙 ④ 用卡盘夹持工件切削时，因卡爪呈喇叭孔形状而使工件夹紧不稳 ⑤ 四方刀架因夹紧刀具而变形，其底面与上刀架底板的表面接触不良 ⑥ 上下刀架(包括床鞍)的滑动表面间间隙过大	① 更换主轴的滚动轴承 ② 调整主轴后端推力球轴承的间隙 ③ 修理轴承孔达到要求 ④ 可改变工件的夹持方法，即用尾座支持住进行切削，如乱纹消失，即可肯定系卡盘法兰磨损所致，此时可按主轴的定心轴颈及前端螺纹配置新的卡盘法兰。如卡爪呈喇叭孔时，一般加垫铜皮 ⑤ 在夹紧刀具时用涂色法检查方刀架与小滑板结合面接触精度，应保证方刀架在夹紧刀具时仍保持与它均匀全面接触，否则用刮刀修正

续表二

序号	故障内容	产生原因	排除方法
5	精车外圆时圆周表面上有混乱的波纹	⑦ 进给箱、溜板箱、托架的三支承不同轴，转动有卡阻现象 ⑧ 使用尾座支持切削时，顶尖套筒不稳定	⑥ 将所有导轨副的塞铁、压板均调整到合适的配合，使移动平稳、轻便，用 0.04 mm 塞尺检查时插入深度应小于或等于 10 mm，以克服由于床鞍在床身导轨上纵向移动时受齿轮及齿条及切削力的颠覆力矩而沿导轨斜面跳跃一类的缺陷 ⑦ 修复床鞍倾斜下沉 ⑧ 检查尾座顶尖套筒与轴孔及夹紧装置是否配合合适，如轴孔松动过大而夹紧装置又失去作用时，修复尾座顶尖套筒达到要求
6	精车外径时主轴每一转在圆周表面上有振痕	① 主轴的滚动轴承某几粒滚柱(珠)磨损严重 ② 主轴上的传动齿轮节径振摆过大	① 将主轴滚动轴承拆卸后用千分尺逐粒测量滚柱(珠)，如磨损严重或相互间尺寸相差太大时，必须更换轴承 ② 消除主轴齿轮的节径振摆，严重时更换齿轮副
7	精车后的工件端面中凸	① 溜板移动对主轴箱主轴中心线的平行度超差，要求主轴中心线向前偏 ② 床鞍的上、下导轨垂直度超差，溜板上导轨的外端必须偏向主轴箱	① 校正主轴箱主轴中心线的位置，在保证工件正确合格的前提下，要求主轴中心线向前偏向刀架 ② 经过大修后的机床出现该项误差时，必须重新刮研床鞍下导轨面
8	用方刀架进刀精车锥孔时呈喇叭形或表面质量不高	① 方刀架的移动燕尾导轨不直 ② 方刀架移动时对主轴中心线不平行 ③ 主轴径向回转精度不高	①② 参阅“刀架部件的修理”刮研导轨 ③ 调整主轴的轴承间隙，按“误差抵消法”提高主轴的回转精度
9	用割槽刀割槽时产生颤动或外径重切削时产生颤动	① 主轴轴承的径向间隙过大 ② 主轴孔的后轴承端面不垂直 ③ 主轴中心线(或与滚动轴承配合的轴颈)的径向振摆过大 ④ 主轴的滚动轴承内环与主轴的锥度配合不良 ⑤ 工件夹持中心孔不良	① 调整主轴轴承的间隙 ② 检查并校正后端面的垂直要求 ③ 设法将主轴的径向振摆调整至最小值，如滚动轴承的振摆无法避免时，采用角度选配法来减少主轴的振摆 ④ 修磨主轴 ⑤ 在校正工件毛坯后，修顶尖中心孔

续表三

序号	故障内容	产生原因	排除方法
10	重切削时主轴转速低于表牌上的转速或发生自动停车	① 摩擦离合器调整过松或磨损 ② 开关杆手柄接头松动 ③ 开关摇杆和接合子磨损 ④ 摩擦离合器轴上的弹簧垫圈或锁紧螺母松动 ⑤ 主轴箱内集中操纵手柄的销子或滑块磨损，手柄定位弹簧过松而使齿轮脱开 ⑥ 电动机传动 V 带调节过松	① 调整摩擦离合器，修磨或更换摩擦片 ② 打开配电箱盖，紧固接头上螺钉 ③ 修焊或更换摇杆、接合子 ④ 调整弹簧垫圈及锁紧螺钉 ⑤ 更换销子、滑块，将弹簧力量加大 ⑥ 调整 V 带的传动松紧程度
11	停车后主轴有自转现象	① 摩擦离合器调整过紧，停车后仍未完全脱开 ② 制动器过松没有调整好	① 调整摩擦离合器 ② 调整制动器的制动带
12	精车外径时圆周表面上在固定的长度上(固定位置)有一节波纹凸起	① 床身导轨在固定的长度位置上碰伤、凸痕 ② 齿条表面在某处凸出或齿条之间的接缝不良	① 修去碰伤、凸痕等毛刺 ② 将两齿条的接缝配合仔细校正、遇到齿条上某一齿特粗或特细时，可以修整至与其他单齿的齿厚相同
13	精车外径时圆周表面上出现有规律的波纹	① 电动机旋转不平稳引起机床振动 ② 带轮等旋转零件的振幅太大引起机床振动 ③ 车间地基引起机床振动 ④ 刀具与工件之间引起的振动	① 校正电动机转子的平衡，有条件可进行动平衡 ② 校正带轮等旋转零件的振摆，对其外径及带轮槽进行光整车削 ③ 在可能情况下将具有强烈振动来源的机器，如砂轮机等移至离开机床一定距离，减少振源影响 ④ 减少振动，如减少刀杆伸出长度等
14	精车螺纹表面有波纹	① 机床导轨磨损使床鞍倾斜下沉造成丝杠弯曲，与开合螺母啮合不良 ② 托架支承轴孔磨损，使丝杠回转中心线不稳定 ③ 丝杠的轴向游隙过大 ④ 进给箱挂轮轴弯曲、扭曲 ⑤ 所有的滑动导轨面(方刀架中滑板及床鞍)间有间隙 ⑥ 方刀架与小滑板接触面接触不良 ⑦ 切削长螺纹工件时，工件本身弯曲引起表面波纹 ⑧ 电动机、机床固有频率引起的振荡	① 修理机床导轨、床鞍达到要求 ② 托架支承孔镗孔镶套 ③ 调整丝杠的轴向间隙 ④ 更换进给箱的挂轮轴 ⑤ 调整导轨间隙及塞铁、床鞍压板等，各滑动面间用 0.03 mm 塞尺检查，插入深度应≤20 mm，固定接合面应插不进去 ⑥ 修刮小滑板底面与方刀架接触面间接触良好 ⑦ 工件必须加入适当的随刀托板(跟刀架)，使工件不因车刀的切入而引起跳动 ⑧ 摸索、掌握该振动区规律

续表四

序号	故障内容	产生原因	排除方法
15	方刀架压紧手柄压紧后(或刀具在方刀架固紧后)小刀架手柄转不动	方刀架的底面不平 方刀架与小滑板底面的接触不良 刀架夹紧后方刀架产生变形	均用刮研刀架座底面的方法修正
16	溜板箱自动走刀手柄容易脱开	① 脱开蜗杆的压力弹簧调节过松 ② 蜗杆托架上的控制板与杠杆的倾斜磨损 ③ 自动走刀手柄的定位弹簧松动	① 调整溜板箱内脱落蜗杆 ② 将控制板焊补，并将挂钩处修补 ③ 调整弹簧，若定位孔磨损则可铆补后重新打孔
17	溜板箱自动走刀手柄碰到定位挡铁后还脱不开	① 溜板箱内的脱落蜗杆压簧调节过紧 ② 蜗杆的锁紧螺母紧死，迫使进给箱的移动手柄跳开或挂轮脱开	① 调松脱落蜗杆的压力弹簧 ② 松开锁紧螺母，调整间隙
18	光杠丝杠同时传动	溜板箱内的互锁保险机构的拨叉磨损、失灵	修复互锁机构
19	尾座锥孔钻头/顶尖顶不出来	尾座丝杠头部磨损	烧焊加长丝杠顶端
20	主轴箱油窗不注油	① 滤油器、油管堵塞 ② 液压泵活塞磨损、压力或油量过小 ③ 进油管漏压	① 清洗滤油器，疏通油路 ② 修复或更换活塞 ③ 拧紧管接头

❖项目实施

一、项目实施步骤

（一）卧式车床检修工量具准备

本项目实施工量具参见项目 2.3、项目 3.2、项目 4.2 及项目 5.1，表 5-2-2 仅列出 CA6140 卧式车床修理时需要的专用测量工具。

表 5-2-2　CA6140 卧式车床检修需要的专用测量工具

名　称	材料或规格	件数	备　注
工量具准备			
检验桥板	长 250 mm	1	测量床身导轨精度
角度底座	长 200～250 mm	1	刮研、测量床身导轨
角度底座	200 × 250	1	刮研、测量床身导轨
检验芯轴	ϕ80 × 1500	1	测量床身导轨直线度
检验芯轴	ϕ30 × 300	1	测量溜板的丝杠孔对导轨的平行度
角度底座	长 200	1	刮研溜板燕尾导轨
角度底座	长 150	1	刮研溜板箱燕尾导轨
检验芯轴	ϕ50 × 300	1	测量开合螺母轴线
研磨棒		1	研磨尾座轴孔
检验芯轴	ϕ30 × 190/255	1	测量三支撑同轴度

(二) 卧式车床检修项目实施

1. CA6140 大修前的预检

根据卧式车床预检项目完成。

2. 拟定修理方案

在查阅相关资料基础上确定设备大修方案。

3. 编制大修技术文件

通过预检和分析确定大修方案后，完成 CA6140 大修技术文件编制。

4. 部件拆卸、检查与修理

(1) 根据拟定拆卸顺序完成部件拆解。

(2) 按照各部件修理内容及方法完成部件检查与修理。

(3) 完成各部件重新装配并经调整达到部装装配精度要求。

5. 设备总装

按照 CA6140 总装装配顺序及方法完成整机装配及调整，并完成试车验收前的静态检查。

6. 大修后试车验收

按照 CA6140 试车验收程序完成各试车验收项目。最后整理现场。

二、项目作业

(一) 选择题

1. 下面所列不是“在卧式车床上加工圆柱类工件后外径发生锥度”可能原因的是____。

A) 主轴箱主轴中心线对床鞍移动导轨的平行度(G7)超差

B) 床身导轨严重磨损，主要的三项精度(G1、G2、G3)均已超差

C) 中刀架横向移动对主轴轴线的垂直度(G13)超差

D) 主轴箱温升过高，引起车床热变形

2. 当用两顶尖支持工件方法在卧式车床上加工圆柱类工件后外径发生锥度是因为两顶尖支持位置的原因而造成的时，我们可以采取的排除方法是________。

A) 重新校正主轴箱主轴中心线的安装位置

B) 刮研或磨削床身导轨

C) 调整尾座两侧的横向螺钉

D) 调整垫铁校正床身导轨的倾斜精度

3. 当精车外径时在圆周表面上每隔一定长度距离上重复出现一次波纹，下列因素中不可能的影响因素是________。

A) 光杠弯曲

B) 光杠、丝杠、操纵杠三孔不同轴，不在同一平面

C) 主轴箱或进给箱中的轴弯曲或齿轮损坏

D) 主轴轴线与床身导轨的轴线平行度超差

4. 精车外圆时在圆周表面上重复出现有规律的周期波纹，最可能的影响因素是______。

A) 光杠弯曲，或光杠、丝杠、操纵杠三孔不同轴，不在同一平面上

B) 主轴箱或进给箱中的轴弯曲或齿轮损坏

C) 溜板箱的纵走刀小齿轮啮合不正确

D) 主轴轴线与床身导轨的轴线平行度超差

5. 精车外径时在圆周表面上与主轴轴线平行重复出现有规律的波纹，而且波纹的头数(或条数)与主轴上的传动齿轮齿数相同，这时可以判定故障产生的原因是________。

A) 主轴轴承的间隙过大或过小

B) 主轴上的传动齿轮齿形不良或者啮合不良

C) 主轴箱上的带轮外径振摆过大

D) 主轴的轴向窜动量过大

6. 当双向多片摩擦式离合器调整过紧时，可能出现的故障有________。

A) 停车后主轴有自转现象　　B) 用割槽刀割槽时产生颤动

C) 光杠丝杠同时传动　　D) 精车后工件端面中凸

7. 卧式车床用两顶尖支承工件车外圆时产生了较大锥度误差是由于__________误差造成的。

A) 床身导轨在垂直平面内的直线度

B) 尾座移动对溜板移动在垂直平面内的平行度

C) 尾座移动对溜板移动在水平面内的平行度

8. 精车外圆时，圆周表面出现有规律的波纹，可能是由于________造成的。

A) 主轴轴承预紧不良

B) 床身导轨扭曲

C) 床头箱产生了热变形

9. 修磨主轴前端锥孔表面时，用标准锥度检验棒检查，检验棒端面在修磨前后产生

的轴向位移量不得过大，一般莫氏 4 号锥孔不得大于________mm，莫氏 6 号锥孔不得大于_______mm。

A) 3　　B) 4　　C) 5　　D) 6

10. CA6140 车床主轴箱正面右侧的外圈手柄不能转动，主要是由于_______造成的。

A) 转速选择不当

B) 扳动手柄时没用手转动主轴

C) 手柄上的定位螺钉退回

11. 机床大修装配工艺过程包括装配前准备、部件装配和总装配以及调整、检验和_______。

A) 涂油　　B) 喷漆　　C) 试运转　　D) 性能检测

12. 车床总装配后，在性能试验之前必须仔细检查车床各部是否安全、可靠，以保证试运转时不出事故，这个过程称为_______。

A) 静态检查　　B) 动态检查　　C) 安全检查　　D) 预检

13. 下列修理内容中不属于溜板箱部件修理内容的是_______。

A) 安全离合器的修理　　B) 开合螺母的修理

C) 超越离合器的修理　　D) 双向多片式离合器的修理

14. 溜板箱部件中的光杠弯曲、光杠键槽及滑键的磨损、齿轮的磨损，将会引起光杠传动不平稳，床鞍纵向工作进给时产生_______。

A) 振动　　B) 高温　　C) 异响　　D) 爬行

15. 卧式车床电动机旋转不平稳引起机床振动对加工工件质量可能带来的影响是_______。

A) 精车后的工件端面中凸

B) 精车外径时圆周表面出现有规律的波纹

C) 精车外圆时圆周表面上有混乱的波纹

D) 圆柱形工件加工后外径发生椭圆或棱圆

16. 根据卧式车床工作精度要求，精车端面时平面度只许凹，现在精车后发现工件端面中凸，可能的原因是_______。

A) 溜板移动对主轴箱主轴中心线在水平方向上的平行度超差，主轴中心线没有前偏

B) 刀具与工件之间引起的振动

C) 床身导轨磨损严重

D) 主轴回转精度超差

(二) 判断题

1. 车床主轴单纯的轴线摆动，并不影响主轴回转轴线的回转精度，不会造成加工表面的形状误差。

2. 即使机床床身导轨有较高的制造精度，安装机床时若不精心调整也会产生较大误差。

3. 一般主轴轴承调整后，齿轮副的啮合间隙不得太大或太小，在正常情况下侧隙在 0.05 mm 左右。

4．主轴轴颈的椭圆度过大时将有可能造成圆柱形工件加工后外径发生椭圆。

5. 当安装尾座时检测发现主轴锥孔中心线与尾座套筒锥孔中心线对床身导轨的等距度超差可以通过刮研尾座底板厚度来满足要求。

6. 主轴箱与床身拼装时当主轴轴线对溜板纵向移动在水平面内的平行度超差时，可以通过刮研主轴箱凸块侧面来达到要求。

7．当任何一个滑动导轨面(包括方刀架、中滑板及床鞍)之间间隙太大时都可能造成精车螺纹时表面出现波纹。

8．当出现方刀架上的压紧手柄压紧后小刀架手柄转不动的故障时，可以用刮研刀架座底面的方法来修正。

9．当床鞍的上、下导轨垂直度超差，溜板上导轨的外端没有按要求偏向主轴箱时，将会出现精车后的工件端面中凸故障。

10．当车间地基引起机床振动过大时将出现精车外径时圆周表面出现有规律的波纹的故障现象。

11．精车外圆时圆周表面上有混乱的波纹，其产生的原因可能是主轴滚动轴承滚道磨损或滚动轴承外环与主轴箱孔有间隙。

12．精车外圆时圆周表面上有混乱的波纹时，也有可能是因为卡爪呈喇叭形状而使工件夹持不稳造成的。

附　录

附表 1　摩擦因数 f_G

fG	螺纹				外螺纹(螺栓)								
螺纹	材料				钢								
		表面			发黑或用磷酸处理				镀锌(Zn6)		镀镉(Cd6)		粘结处理
	材料	表面		螺纹制造	滚压			切削	切削或滚压				
			螺纹制造	润滑	干燥	加油	MoS_2	加油	干燥	加油	干燥	加油	干燥
内螺纹	钢	光亮	切削	干燥	0.12～0.18	0.10～0.16	0.08～0.12	0.10～0.16	—	0.10～0.18	—	0.08～0.14	0.16～0.25
内螺纹	钢	镀锌	切削	干燥	0.10～0.16	—	—	—	0.12～0.20	0.10～0.18	—	—	0.14～0.25
内螺纹	钢	镀镉	切削	干燥	0.08～0.14	—	—	—	—	-	0.12～0.16	0.12～0.14	—
内螺纹	GG/GTS	光亮	切削	干燥	—	0.10～0.18	—	0.10～0.18	—	0.10～0.18	—	0.08～0.16	—
内螺纹	AlMg	光亮	切削	干燥	—	0.08～0.20	—	—	—	-	—	—	—

附表 2　摩擦因数 f_K

fK	接触面				螺栓头									
接触面		材料			钢									
	材料		表面		发黑或用磷酸处理						镀锌(Zn6)		镀镉(Cd6)	
		表面		螺纹制造	滚压			车削		磨削	滚压			
			螺纹制造	润滑	干燥	加油	MoS_2	加油	MoS_2	加油	干燥	加油	干燥	加油
被连接件材料	钢	光亮	磨削	干燥	—	0.16～0.22	—	0.10～0.18	—	0.16～0.22	0.10～0.18	—	0.08～0.16	—
被连接件材料	钢	光亮	金属切削	干燥	0.12～0.18	0.10～0.18	0.08～0.12	0.10～0.18	0.08～0.12	—	0.10～0.18		0.08～0.16	0.08～0.14
被连接件材料	钢	镀锌	金属切削	干燥	0.10～0.16		—	0.10～0.18	—	0.10～0.18	0.16～0.20	0.10～0.18	—	—
被连接件材料	钢	镀镉	金属切削	干燥	0.08～0.16						—	—	0.12～0.20	0.12～0.14
被连接件材料	GG/GTS	光亮	磨削	干燥	—	0.10～0.18	—	—	—	0.10～0.18			0.08～0.16	—
被连接件材料	GG/GTS	光亮	金属切削	干燥	—	0.14～0.20	—	0.10～0.18	—	0.14～0.22	0.10～0.18	0.10～0.16	0.08～0.16	—
被连接件材料	AlMg	光亮	金属切削	干燥	—	0.08～0.20				—	—	—	—	—

附表 3　装配时预紧力和拧紧力矩的确定

确定螺栓装配预紧力 F_M 和拧紧力矩 M_A(设 $f_G = 0.10$ 时，设定螺杆是全螺纹的，且是粗牙的普通螺纹六角头螺栓或内六角圆柱形螺钉

螺纹直径	性能等级	装配预紧力 F_M/N，当 f_G=							拧紧力矩 M_A/N·m，当 f_K=						
		0.08	0.10	0.12	0.14	0.16	0.20	0.24	0.08	0.10	0.12	0.14	0.16	0.20	0.24
M4	8.8	4400	4200	4050	3900	3700	3400	3150	2.2	2.5	2.8	3.1	3.3	3.7	4.0
	10.9	6400	6200	6000	5700	5500	5000	4600	3.2	3.7	4.1	4.5	4.9	5.4	5.9
	12.9	7500	7300	7000	6700	6400	5900	5400	3.8	4.3	4.8	5.3	5.7	6.4	6.9
M5	8.8	7200	6900	6600	6400	6100	5600	5100	4.3	4.9	5.5	6.1	6.5	7.3	7.9
	10.9	10500	10100	9700	9300	9000	8200	7500	6.3	7.3	8.1	8.9	9.6	10.7	11.6
	12.9	12300	11900	11400	10900	10500	9600	8800	7.4	8.5	9.5	10.4	11.2	12.5	13.5
M6	8.8	10100	9700	9400	9000	8600	7900	7200	7.4	8.5	9.5	10.4	11.2	12.5	13.5
	10.9	14900	14300	13700	13200	12600	11600	10600	10.9	12.5	14.0	15.5	16.5	18.5	20.0
	12.9	17400	16700	16100	15400	14800	13500	12400	12.5	14.5	16.5	18.0	19.5	21.5	23.5
M8	8.8	18500	17900	17200	16500	15800	14500	13300	18	20.5	23	25	27	31	33
	10.9	27000	26000	25000	24200	23200	21300	19500	26	30	34	37	40	45	49
	12.9	32000	30500	29500	28500	27000	24900	22800	31	35	40	43	47	53	57
M10	8.8	29500	28500	27500	26000	25000	23100	21200	36	41	46	51	55	62	67
	10.9	43500	42000	40000	38500	37000	34000	31000	52	60	68	75	80	90	98
	12.9	50000	49000	47000	45000	43000	40000	36500	61	71	79	87	94	106	115
M12	8.8	43000	41500	40000	38500	36500	33500	31000	61	71	79	87	94	106	115
	10.9	63000	61000	59000	56000	54000	49500	45500	90	104	117	130	140	155	170
	12.9	74000	71000	69000	66000	63000	58000	53000	105	121	135	150	160	180	195
M16	8.8	81000	78000	75000	72000	70000	64000	59000	145	170	195	215	230	260	280
	10.9	119000	115000	111000	106000	102000	94000	86000	215	250	280	310	340	380	420
	12.9	139000	134000	130000	124000	119000	110000	101000	250	300	330	370	400	450	490
M18	8.8	102000	98000	94000	91000	87000	80000	73000	210	245	280	300	330	370	400
	10.9	145000	140000	135000	129000	124000	114000	104000	300	350	390	430	470	530	570
	12.9	170000	164000	157000	151000	145000	133000	122000	350	410	460	510	550	620	670
M20	8.8	131000	126000	121000	117000	112000	103000	95000	300	350	390	430	470	530	570
	10.9	186000	180000	173000	166000	159000	147000	135000	420	490	560	620	670	750	820
	12.9	218000	210000	202000	194000	187000	171000	158000	500	580	650	720	780	880	960
M24	8.8	188000	182000	175000	168000	161000	148000	136000	510	600	670	740	800	910	990
	10.9	270000	260000	249000	239000	230000	211000	194000	730	850	960	1060	1140	1300	1400
	12.9	315000	305000	290000	280000	270000	247000	227000	850	1000	1120	1240	1350	1500	1650
M27	8.8	247000	239000	230000	221000	213000	196000	180000	750	880	1000	1100	1200	1350	1450
	10.9	350000	340000	330000	315000	305000	280000	255000	1070	1250	1400	1550	1700	1900	2100
	12.9	410000	400000	385000	370000	355000	325000	300000	1250	1450	1650	1850	2000	2250	2450
M30	8.8	300000	290000	280000	270000	260000	237000	218000	1000	1190	1350	1500	1600	1800	2000
	10.9	430000	415000	400000	385000	370000	340000	310000	1450	1700	1900	2100	2300	2600	2800
	12.9	500000	485000	465000	450000	430000	395000	365000	1700	2000	2250	2500	2700	3000	3300
M33	8.8	375000	360000	350000	335000	320000	295000	275000	1400	1600	1850	2000	2200	2500	2700
	10.9	530000	520000	495000	480000	460000	420000	390000	1950	2300	2600	2800	3100	3500	3900
	12.9	620000	600000	580000	560000	540000	495000	455000	2300	2700	3000	3400	3700	4100	4500
M36	8.8	440000	425000	410000	395000	380000	350000	320000	1750	2100	2350	2600	2800	3200	3500
	10.9	630000	600000	580000	560000	540000	495000	455000	2500	3000	3300	3700	4000	4500	4900
	12.9	730000	710000	680000	660000	630000	580000	530000	3000	3500	3900	4300	4700	5300	5800
M39	8.8	530000	510000	490000	475000	455000	420000	385000	2300	2700	3000	3400	3700	4100	4500
	10.9	750000	730000	700000	670000	650000	600000	550000	3300	3800	4300	4800	5200	5900	6400
	12.9	850000	850000	820000	790000	760000	700000	640000	3800	4500	5100	5600	6100	6900	7500

备注：

螺栓或螺钉的性能等级由两个数字组成，数字之间有一个点。该数值反映了螺栓或螺钉的拉伸强度和屈服点。拉伸强度=第一个数字 × 100(N/mm^2)；屈服点=第一个数字 × 第二个数字 × 10(N/mm^2)

附表4 绘制装配示意图时部分参考使用符号

名 称	符 号	名 称	符 号
机架		盘形凸轮	
轴、杆		圆柱凸轮	
组成部分与轴、杆的固定连接	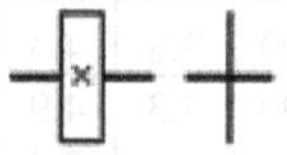	尖顶、曲面、滚子	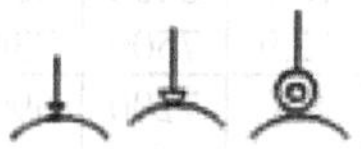
轴上飞轮	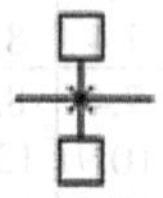	电动机	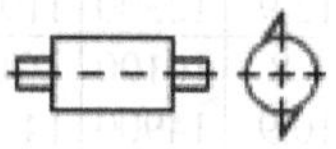
圆柱齿轮	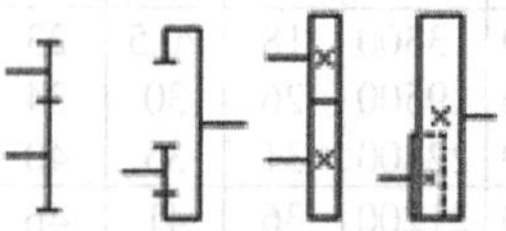	滑动轴承	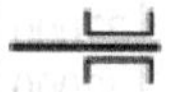
圆锥齿轮		滚动轴承	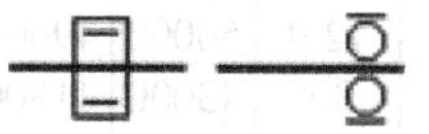
蜗轮蜗杆	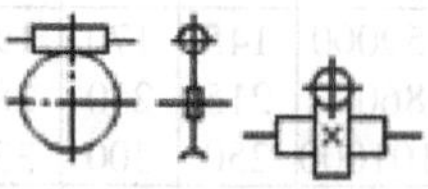	推力轴承	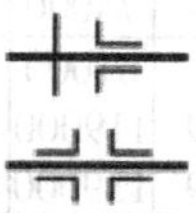
联轴器	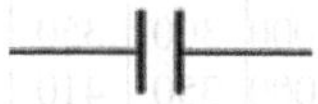	离合器	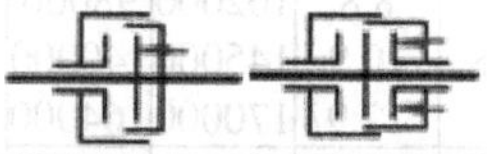
螺钉、螺母、垫片		丝杠、螺母	

附表5 金属切削机床设备完好标准

项目	完好标准
1	精度、性能满足生产工艺要求、精密、稀有机床主要精度性能达到出厂标准
2	各传动系统运转正常，变速齐全
3	各操作系统动作灵敏可靠
4	润滑系统装置齐全，管道完整，油路畅通，油标醒目，油质符合要求
5	电气系统装置齐全，管线完整，性能灵敏，运行可靠
6	滑动部位运转正常，各滑动部位及零件无严重拉、研、碰伤
7	机床内外清洁，无黄袍，无油垢，无锈蚀
8	基本无漏油、漏水、漏气现象
9	零部件完整，随即附件基本齐全，保管妥善
10	安全、防护装置齐全可靠

附表6　金属切削机床维护工作检查标准

<table>
<tr><th>项目</th><th>检查内容</th><th>满分</th><th>项目</th><th>检查内容</th><th>满分</th></tr>
<tr><td rowspan="6">清洁40分</td><td>1．外观无灰尘，油垢，呈现本色</td><td>10</td><td rowspan="6">润滑25分</td><td>1．油箱油质良好，无铁屑杂物</td><td>4</td></tr>
<tr><td>2．各滑动面与导轨、丝杆、光杆、齿条、镗杆等无油黑及锈蚀</td><td>15</td><td>2．油壶、油枪、油桶有固定位置、清洁好用</td><td>5</td></tr>
<tr><td>3．内部各滑动面及啮合件无油黑、油垢</td><td>4</td><td rowspan="2">3．油孔、油嘴、油杯齐全，完整好用，油毡、油线、过滤器清洁，滑动面良好</td><td>6</td></tr>
<tr><td>4．罩盖内部无杂物、灰尘、油垢</td><td>3</td><td>5</td></tr>
<tr><td>5．各部无“四漏”，周围地面干净</td><td>4</td><td>4．润滑油路畅通，冷却液清洁</td><td>5</td></tr>
<tr><td>6．所有电气装置内外均无灰尘杂物</td><td>4</td><td>5．油标醒目、明亮，油池有油，油线齐全，放置合理</td><td>5</td></tr>
<tr><td rowspan="5">整齐20分</td><td>1．应有的螺丝、螺帽、标牌、灯罩、手柄、手球等齐全</td><td>4</td><td rowspan="5">安全15分</td><td>1．定人、定机、有操作证，多班制生产有交接班，记录齐全</td><td>5</td></tr>
<tr><td>2．各手柄灵活，无绳索捆绑与附加物</td><td>4</td><td rowspan="2">2．各限位开关、信号及安全防护装置齐全，灵敏可靠</td><td rowspan="2">5</td></tr>
<tr><td>3．附件、工具摆放整齐</td><td>4</td></tr>
<tr><td>4．电气装置及线路完整、良好</td><td>4</td><td rowspan="2">3．各电器装置绝缘良好，接地可靠，有安全照明</td><td rowspan="2">5</td></tr>
<tr><td>5．工件、毛坯、脚踏板摆放整齐合理</td><td>4</td></tr>
<tr><td colspan="6">备注：100分为满分，85分为合格</td></tr>
</table>

参 考 文 献

[1] 徐兵. 机械装配技术[M]. 北京：中国轻工业出版社，2012

[2] 吴先文. 机械设备维修技术[M]. 北京：机械工业出版社，2010

[3] 黄涛勋. 钳工(中级)[M]. 北京：机械工业出版社，2007

[4] 郑国伟，文德邦. 设备管理与维修工作手册[M]. 长沙：湖南科学技术出版社，1989

[5] 顾京. 现代机床设备[M]. 北京：化学工业出版社，2006

[6] 马喜法，王建，张健. 钳工实训与技能考核训练教程[M]. 北京：机械工业出版社，2009

[7] 刘峰善，杜伟. 钳工技能培训与技能鉴定考试用书[M]. 济南：山东科学技术出版社，2006

[8] 黄志远，黄勇，杨存吉. 检修钳工[M]. 北京：化学工业出版社，2008

[9] 王丽芬. 机械设备维修与安装[M]. 北京：机械工业出版社，2013

[10] 王福绵. 起重机械事故预防与故障分析[M]. 北京：北京理工大学出版社，2008